人工智能缔造师

——构建人工智能的大师们所揭示的真相

ARCHITECTS OF INTELLIGENCE

THE TRUTH ABOUT AI FROM THE PEOPLE BUILDING IT

马丁·福特（MARTIN FORD）　著

朱小虎　李梓玮　译

东南大学出版社
SOUTHEAST UNIVERSITY PRESS

·南京·

图书在版编目(CIP)数据

人工智能缔造师：构建人工智能的大师们所揭示的
真相 /(美)马丁·福特(Martin Ford)著；朱小虎
李梓玮译. — 南京：东南大学出版社，2022.7
书名原文：Architects of Intelligence
ISBN 978-7-5766-0107-7

Ⅰ.①人… Ⅱ.①马… ②朱… Ⅲ.① 人工智能
Ⅳ.①TP18

中国版本图书馆 CIP 数据核字（2022）第 074707 号
图字：10-2019-190 号

© 2018 by PACKT Publishing Ltd.

人工智能缔造师——构建人工智能的大师们所揭示的真相

著　　者：马丁·福特(Martin Ford)
译　　者：朱小虎　李梓玮
责任编辑：张 烨　　责任校对：张万莹　　封面设计：毕 真　　责任印制：周荣虎
出版发行：东南大学出版社
地　　址：南京市四牌楼 2 号　　邮编：210096　　电话：025-83793330
网　　址：http://www.seupress.com
电子邮件：press@seupress.com
经　　销：全国各地新华书店
印　　刷：常州市武进第三印刷有限公司
开　　本：787 mm×980 mm　　1/16
印　　张：26.5
字　　数：519 千
版　　次：2022 年 7 月第 1 版
印　　次：2022 年 7 月第 1 次印刷
书　　号：ISBN 978-7-5766-0107-7
定　　价：128.00 元

本社图书若有印装质量问题，请直接与营销部联系。电话(传真)：025-83791830

译者序

"什么是真？怎样给真下定义，如果说真就是你能感觉到的东西、你能闻到的气味、你能尝到的味道，那么这个真就是你大脑做出反应的电子信号。"

如果看这本书的你同时也是《黑客帝国》的爱好者，我想对于上面这句台词你应该不会感到陌生。这部影片是基于"人工智能控制世界"这个大背景，虽然电影里讲述的人工智能毁灭人类的情节到目前为止并没有发生，看起来好像都是虚幻的，但确实在很大程度上警示了人类通用人工智能的到来，揭示了一种可能的终极人机共存的社会现象。

由此可见，人工智能和我们的未来不可避免地捆绑在一起，既然如此，我们必须要问：我们现在发展得如何？人工智能的现状是怎样的？我们将走向何方？这本书就是为了帮助我们解答这些问题而出版的。未来学家马丁·福特在这本书里面围绕通用人工智能及其影响的相关话题，与23位在人工智能领域有独特地位的哲学家、科学家、教育家、工程师和企业家进行了深度访谈。受访者里面有被美国《外交政策》评为"全球百名思想家"之一的哲学家尼克·博斯特罗姆教授，人工智能经典教材《人工智能：一种现代方法》的作者斯图尔特·罗素教授，他们共同引领了对通用人工智能危机的探索；荣获计算机界最高奖项图灵奖的朱迪亚·珀尔、杰弗里·辛顿、约书亚·本吉奥和扬·勒丘恩教授，他们对人工智能的发展起到了关键作用；机器人奠基者之一、美国人工智能促进协会（AAAI）首位女性主席芭芭拉·格罗斯教授；还有领导了人工智能和机器人研究的麻省理工学院 CSAIL 负责人丹妮拉·鲁斯教授，情感交互机器人研究倡导者、Jibo 创始人辛西娅·布雷西亚，领导构建重要技术开源框架 TensorFlow 的杰夫·迪恩，开发出令世界瞩目的 AlphaGo 的 DeepMind 创始人德米斯·哈萨比斯，共同创立 Coursera，掀起全球在线教育浪潮并推动人工智能发展的达芙妮·科勒和吴恩达教授，打造了 ImageNet 并推动人工智能民主化的李飞飞教授，不断推动人工智能认知科学交叉学科方向的乔什·特南鲍姆教授，深刻的人工智能批评家格雷·马库斯教授，以及产业界的奥伦·埃齐奥尼、罗德尼·布鲁克斯、大卫·费鲁奇、拉娜·埃尔·卡利欧比、布

人工智能缔造师

莱恩·约翰逊、詹姆斯·曼伊卡和著名的未来学家雷·库兹韦尔。他们的心路历程相信会给读者带来很多方面的启发性哲思。

一直以来,市面上有着很多关于人工智能的书籍,但对于人工智能到底是什么,其实一直没有一个非常确定的定义。所有人都还在思考和探索"什么是人工智能?""人工智能和这个世界的关系到底是什么?""未来会走向何方?"这些世纪命题。我觉得究其原因,是"人工智能"这个词其实根本无法单纯只用一个维度来定义,因为不论是从技术还是社会的角度来看人工智能,都有其黑盒(一般指人工智能算法模型具有内部不可知的特性)的地方。我们只能暂时把人工智能当作一个科技发展的必然又偶然的现象。

我们知道,这个世界由三种元素构成:物质、能量和信息。宇宙中的太阳产生原始的能量,诞生人类这样的物质实体,人类的生产与生活每时每刻都离不开信息的收集、传送和处理。随着社会的进步,人类对信息的需求量越来越大,对信息处理的速度和精度的要求越来越高。电能作为新的能量体被广泛利用,传统的用于处理大批量信息的电子计算机这样的物质实体应运而生。随之而来的是网络的逐步发展,由此又产生更多的信息,越来越多的信息又催生新的能量体和拥有更大储存、更快计算能力的计算物质实体诞生,循环往复。

从这个过程可以看到,当催生出来的每一个新的技术进步越过临界点之后,都会发生一种类似相变的现象,真核细胞的涌现,智人的涌现,文字的涌现,印刷术的涌现,蒸汽机的涌现,集成电路、互联网乃至移动互联网的涌现,都可以看成一种相变。人工智能的出现也是由于深度学习算法革命性的诞生和发展、互联网产生的足够多的大数据、集成电路的发展、芯片计算能力的大幅度提高等因素发生的一种历史性相变。只是目前人工智能的发展还处于相变的初期。人工智能确实在能量信息效率上有优势,依靠着这个优势,它通常会有一种不断自我强化的特征。这个特征在人工智能上表现得非常明显,比如因为人工智能的普及率提高,它可以吸收的数据和信息越来越多,算法也会得到更多的优化,而数据和信息越多,算法越优化,它就会越来越智能。同时,随着智能终端和传感器的快速普及,海量数据快速累积,基于大数据的人工智能也因此获得了持续快速发展的动力。而随着人工智能越来越具备对数据的理解、分析、发现和决策能力,我们就越能从数据中获取更准确、更深层次的知识,挖掘数据背后的价值,由此也催生出新的业态、新的模式。等到人工智能技术进一步普及,接近市场饱和点的时候,整个人工智能系统会达到一种新的稳定状态,这个时候人工智能可能才会渐渐显露出它的真实面目和庞大身躯。

译者序

正因为如此，对人工智能的发展和真正人工智能成熟体的出现进行广泛而具有深度的讨论和研究是非常有必要的。《人工智能缔造师》便是满足了这样两个条件的讨论记录。

我们非常荣幸地参与了这本书的翻译工作，在翻译过程中我们发现其蕴含着非常珍贵的科技和商业研究价值。同时，我们也联合了为本书作出贡献的部分专家，创立了 CSAGI(Center for Safe AGI，齐智中心)，我们的使命就是确保通用人工智能（AGI）在技术上有优于人类的高度自主系统，在经济上有优于人类的价值表现，同时又能在安全上保障人类自身的利益，从而造福全人类。我们也欢迎对 CSAGI 有兴趣的朋友们可以共同参与这项计划（参与方式可以联系译者微信号：neil-CSAGI），让我们共同参与和见证人工智能最终新生态的形成。

本书的翻译工作是一项极具挑战性的任务，受访者背景跨度巨大，话题内容广泛且又深刻，译者在此要感谢对译文措辞细致考究的本书编辑史静、张烨，以及两位负责润色文字的东南大学研究生陈海燕、庄玥，他们的优秀工作让访谈以一种准确而又不失自然的方式呈现给读者朋友。此外，译者要感谢来自人类未来研究所（FHI）、生命未来研究所（FLI）、人类兼容人工智能研究中心（CHAI）、DeepMind 和 OpenAI 等机构的专家的鼓励与支持。最后译者要感谢江苏省人工智能学会和江苏省科学技术协会，在他们的关怀和支持下，本书进入了江苏科普创作出版扶持计划。

因译者才疏学浅，译文难免有误，恳请读者批评指正。

朱小虎　李梓玮

University AI & Center for Safe AGI

2022 年 5 月

目　录

引言

马丁·福特(MARTIN FORD)

作家,未来学家

人工智能正在从科幻小说中的情景迅速转变为我们日常生活的现实。我们的设备能够理解人类所说的话,与我们交谈,并以不断提升的流畅性在语言之间进行翻译。人工智能驱动的视觉识别算法正在超越人类,并开始在从自动驾驶汽车到根据医学影像诊断癌症的系统等各个领域找到应用场景。各大媒体机构越来越依赖自动化的新闻报道技术,将原始资料转化为连贯的新闻报道,而这些新闻报道实际上与人类记者所写的新闻报道毫无差别。

这样的例子不胜枚举,很明显,人工智能正成为塑造人类世界的最重要力量之一。与更为专业化的创新不同,人工智能正在成为一种真正的通用技术。换言之,它正在演变成一种与电力类似的公用事业,很可能最终会扩展到每个行业、人类经济的每个领域以及科学、社会和文化的几乎所有方面。

人工智能缔造师

在过去的几年里，人工智能所展示的力量已经引起了媒体的大量曝光和评论。无数的新闻报道、书籍、纪录片和电视节目都在不遗余力地列举人工智能的成就，预示着一个新时代的到来。产生的结果有时令人难以理解，其中既有谨慎的、基于证据的分析，也有炒作、投机以及可能被定性为公然散布恐惧的行为。我们被告知，完全自主的自动驾驶汽车将在短短几年内进入我们的道路，卡车、出租车和优步（Uber）司机的数百万个工作岗位即将蒸发。在某些机器学习算法中已经发现了种族和性别歧视的证据，人们对人工智能技术（如人脸识别）如何影响隐私的担忧似乎是有根据的。媒体经常报道机器人很快将被武器化或真正智能（或超级智能）的机器有一天可能对人类构成存在性威胁的警告。一些非常著名的公众人物——并不是真正的人工智能专家——宣扬相关的警告。埃隆·马斯克（Elon Musk）使用了特别极端的言辞，宣称人工智能研究是"召唤恶魔"，而且"人工智能比核武器更危险"，甚至包括亨利·基辛格（Henry Kissinger）和已故的史蒂芬·霍金（Stephen Hawking）在内的不那么易变的公众人物也发出了可怕的警告。

本书的目的是通过与世界上一些最著名的人工智能科学家和企业家进行一系列深入、广泛的对话，阐明人工智能领域以及与之相关的机遇和风险。这些人中的许多人做出了开创性的贡献，这些贡献直接构成了我们周围所看到的变革的基础；其他人则创立了一些公司，正在推动人工智能、机器人技术和机器学习的前沿。

当然，挑选一份在某一领域工作的最杰出和最有影响力的人物的名单是一项主观的工作，毫无疑问，还有许多人已经或正在对人工智能的发展做出重要贡献。尽管如此，我相信，如果你去请任何一个对这一领域有着深入了解的人列出一份塑造了当代人工智能研究的最重要人物的名单，你会收到一份与本书中采访的人物基本重合的名单。我采访的这些人都是机器智能的真正缔造者，更进一步地说，是机器智能即将带来的智能革命的缔造者。

这里记录的对话通常是开放式的，但其目的是为了解决随着人工智能的不断发展，我们面临的一些最紧迫的问题：哪些特定的人工智能方法和技术最有前途，我们在未来几年可能看到什么样的突破？真正的思维机器或人类水平的人工智能是真的可能吗？这样的突破多久才能实现？与人工智能相关的哪些风险或威胁是我们应该真正关注的？我们应该如何解决这些问题？政府监管有作用吗？人工智能会引发大规模的经济和就业市场混乱，还是这些担忧被夸大了？超级智能机器有一天会脱离我们的控制，构成真正的威胁吗？我们是应该担心人工智能的"军备竞赛"，还是担心某些国家可能会带头？

引　言

不用说，没有人真正知道这些问题的答案。没有人能预测未来。然而，我在这里采访的人工智能专家们确实比任何人都更了解当前的技术状况以及即将到来的创新。他们往往有几十年的经验，并在创造革命方面发挥了重要作用，而这场革命现在正在展开。因此，他们的思想和观点值得被重视。除了我对于人工智能领域及其未来的疑问外，我还深入研究了他们每个人的背景、职业轨迹和目前的研究兴趣，我相信他们不同的出身和不同的成就历程将使本书的内容变得引人入胜和鼓舞人心。

人工智能是一个广泛的研究领域，有许多分支学科，这里采访的许多研究人员都在多个领域工作过。有些人在其他领域也有很高的造诣，例如对人类认知的研究。尽管如此，下面我将试着创建一个较为粗略的路线图，展示出在这里接受采访的个人如何与人工智能研究中最重要的最新创新和未来的挑战相联系。关于每个人的更多背景信息可以在他或她的个人简要背景介绍中找到，背景介绍就接在每篇采访内容之后。

在过去 10 年左右的时间里，我们见到的绝大多数激动人心的进步——从图像识别和面部识别，到语言翻译，再到 AlphaGo 征服围棋这一古老游戏，都是由一种称为深度学习（deep learning）或深度神经网络（deep neural networks）的技术推动的。人工神经网络至少可以追溯到 20 世纪 50 年代，在人工神经网络中，软件可以大致模拟大脑中生物神经元的结构和相互作用。这些网络的简单版本能够执行基本的模式识别任务，在早期引起了研究人员的极大热情。然而，到了 20 世纪 60 年代，至少一定程度上是由于人工智能的早期先驱之一马文·明斯基（Marvin Minsky）对这项技术的批评，神经网络失宠了，并且几乎完全被摒弃，研究人员拥抱了其他方法。

从 20 世纪 80 年代开始，大约 20 年的时间里，一小部分科学家继续相信并推进了神经网络技术。其中最重要的是杰弗里·辛顿（Geoffrey Hinton）、约书亚·本吉奥（Yoshua Bengio）和扬·勒丘恩（Yann LeCun）。这三个人不仅对深度学习的数学理论做出了开创性的贡献，他们还是这项技术的主要传播者。他们共同改进了构建更复杂或更"深"的由多层人工神经元组成的网络的方法。有点像保存和复制经典文本的中世纪僧侣们，辛顿、本吉奥和勒丘恩引领了神经网络在其黑暗时代的发展——直到数十年来，指数级提升的计算能力，加上几乎不可思议的可用数据量的增加，最终促成了"深度学习复兴"。这一进步在 2012 年成为一场彻底的革命，当时一支由来自多伦多大学的辛顿的研究生组建的团队参加了一场重要的图像识别比赛，并利用深度学习获得大胜。

接下来的几年里,深度学习变得无处不在。谷歌、Facebook、微软、亚马逊、苹果等各大科技公司,以及百度、腾讯等中国领先企业,都在这项技术上进行了巨额投资,并在各自的业务中加以利用。设计微处理器和图形(或 GPU)芯片的公司,如英伟达(NVIDIA)和英特尔(Intel),也看到了他们的业务转型,因为他们急于构建针对神经网络优化的硬件。至少到目前为止,深度学习是推动人工智能革命的主要技术。

这本书包含与三位深度学习先驱,杰弗里·辛顿、约书亚·本吉奥和扬·勒丘恩,以及其他一些非常著名的研究人员关于技术前沿的对话。吴恩达(Andrew Ng)、李飞飞(Fei-Fei Li)、杰夫·迪恩(Jeffrey Dean)和德米斯·哈萨比斯(Demis Hassabis)在网络搜索、计算机视觉、自动驾驶汽车和更广泛的智能领域中研究相关的先进神经网络,他们也被公认为教学、管理研究机构和以深度学习技术为中心的创业的领袖。

这本书中其余的对话通常是与那些可能被描述为"深度学习不可知论者"的人,甚至可能是批评家的对话。他们均承认深度神经网络在过去 10 年中取得的显著成就,但他们可能会辩称深度学习只是"工具箱中的一个工具",而要继续取得进展,就需要整合人工智能其他领域的想法。其中一些人,包括芭芭拉·格罗斯(Barbara Grosz)和大卫·费鲁奇(David Ferrucci),都非常关注理解自然语言的问题。格雷·马库斯(Gary Marcus)和乔什·特南鲍姆(Josh Tenenbaum)将职业生涯的大部分时间都投入在研究人类认知方面。其他人,包括奥伦·埃齐奥尼(Oren Etzioni)、斯图尔特·罗素(Stuart Russell)和达芙妮·科勒(Daphne Koller),都是人工智能通才或者专注于使用概率技术。在这一批人中,尤以朱迪亚·珀尔(Judea Pearl)最为杰出,他在2011 年获得了图灵奖(Turing Award)——实质上是诺贝尔计算机科学奖,很大程度上是因为他在人工智能和机器学习中的概率(或贝叶斯)方法方面所做的工作。

除了由他们对深度学习的态度所定义的这种非常粗糙的划分之外,我采访过的几位研究人员都专注于更具体的领域。罗德尼·布鲁克斯(Rodney Brooks)、丹妮拉·鲁斯(Daniela Rus)和辛西娅·布雷西亚(Cynthia Breazeal)都是公认的机器人领域的领军人物。布雷西亚和拉娜·埃尔·卡利欧比(Rana El Kaliouby)是构建能够理解和回应情感,因此有能力与人进行社交互动的系统的先驱。布莱恩·约翰逊(Bryan Johnson)创立了一家名为 Kernel 的初创公司,希望最终能利用科技提升人类的认知能力。

我认为有三个大的方面是我非常感兴趣的,所以我在每次谈话中都会深入研究。第一个是人工智能和机器人技术对就业市场和经济的潜在影响。我个人的观点是,随着人工智能逐渐被证明能够自动完成几乎任何常规的、可预测的任务，而不管其本质是蓝领还是白领工作，我们将不可避免地看到不平等的加剧，而且很可能出现彻底失业，至少在某些工人群体中是这样。我在 2015 年的《机器人的崛起：技术与未来失业的威胁》(*Rise of the Robots：Technology and the Threat of a Jobless Future*)一书中阐述了这一论点。

我采访过的一些人就这种潜在的经济混乱以及可能解决它的政策提出了各种各样的观点。为了更深入地探讨这个话题，我请教了麦肯锡全球研究所(McKinsey Global Institute)主席詹姆斯·曼伊卡(James Manyika)。作为一名经验丰富的人工智能和机器人研究人员，曼伊卡提供了一个独特的视角，他最近将努力方向转向了理解这些技术对组织和工作场所的影响。麦肯锡全球研究所在这一领域的研究处于领先地位，这次对话包括了许多对正在发生的职场混乱的本质的重要见解。

我向每个人提出的第二个问题是关于到达人类水平人工智能的发展道路，也就是通常所说的通用人工智能(Artificial General Intelligence，AGI)。从一开始，通用人工智能就一直是人工智能领域的圣杯。我想知道每个人对一个真正的思考机器的前景、需要克服的障碍以及实现它的时间表有什么想法。每个人都有重要的见解，但我发现有三个对话特别有趣：德米斯·哈萨比斯讨论了 DeepMind 正在进行的努力，这是专门针对通用人工智能的最大且资金最雄厚的项目；大卫·费鲁奇领导了创建 IBM Watson 的团队，现在是 Elemental Cognition 公司的首席执行官，这家初创公司希望通过对语言的理解来获得更通用的人工智能；雷·库兹韦尔(Ray Kurzweil)现在在谷歌负责一个面向自然语言的项目，他在这个主题上也有重要的想法(以及许多其他的想法)。库兹韦尔最著名的著作是 2005 年出版的《奇点临近》(*The Singularity is Near*)。2012 年，他出版了一本关于机器智能的书——《如何创造思维》(*How to Create a Mind*)，这本书引起了拉里·佩奇(Larry Page)的注意，并使他获邀去谷歌工作。

作为这些讨论的一部分，我让这群非常有成就的人工智能研究人员给我一个猜测：什么时候可以实现通用人工智能。我问的问题是："你认为人类水平的人工智能可能在哪一年以 50％ 的概率实现？"大多数参与者更倾向于匿名提供他们的猜测。我在本书末尾的一节中总结了这项特别的非正式调查的结果。有两个人愿意公开他们的猜测。雷·库兹韦尔相信，正如他之前多次声明的那样，人类水平的人工智能将在 2029 年左右实现。另一方面，罗德尼·布鲁克斯猜测的是 2200 年，即约 180 年以后。可以说，这些采访的对话最吸引人的一个方面是大家对一系列重要话题的截然不同的看法。

第三个讨论涉及在不久的将来和更长的时间里将伴随着人工智能发展的各种风险。一个日益明显的威胁是互联、自治系统容易受到网络攻击或黑客攻击。随着人工智能越来越融入我们的经济和社会,解决这个问题将是我们面临的最关键的挑战之一。另一个迫在眉睫的问题是机器学习算法易受偏见的影响,在某些情况下是基于种族或性别的偏见。与我交谈的许多人都强调了解决这一问题的重要性,并谈到了目前正在这一领域进行的研究。一些人也发出了乐观的声音,暗示人工智能也许有一天会被证明是一个强有力的工具,有助于对抗系统偏见或歧视。

许多研究人员关注的一个危险是完全自主武器的幽灵。人工智能界的许多人认为,如果没有引入人类进入决策回路来授权采取任何致命行动,具备杀人能力的人工智能机器人或无人机最终可能像生物武器或化学武器一样危险和不稳定。2018 年 7 月,来自世界各地的 160 多家人工智能公司和 2 400 名研究人员(包括一些在这里接受采访的人)签署了一份公开承诺书,承诺永远不研发此类武器。① 本书中的一些对话深入探讨了武器化人工智能带来的危险。

一个更具前瞻性和推测性的危险是所谓的"人工智能对齐(AI alignment)问题"。这是一个对真正智能或者说超级智能的机器可能会逃脱我们的控制,或者做出可能对人类产生不利后果的决定的担忧。正是这种恐惧让埃隆·马斯克这样的人发表了看似夸大其词的言论。和我交谈过的每个人几乎都在权衡这个问题。为了确保我对这一问题进行充分和平衡的报道,我与牛津大学人类未来研究所的尼克·博斯特罗姆(Nick Bostrom)进行了交谈。他是畅销书《超级智能:路径、危险性与应对策略》(*Superintelligence:Paths,Dangers,Strategies*)的作者,该书对机器可能比人类聪明得多的潜在风险进行了仔细的论证。

我采访过的人工智能专家在他们的出身、居住地和所属公司上都有很大的不同。只要稍微读一下这本书,就会看出谷歌在人工智能社区中的巨大影响力。接受采访的 23 人中,有 7 人目前或以前与谷歌或其母公司 Alphabet 有联系。其他主要的人才集中在麻省理工学院和斯坦福大学。杰弗里·辛顿和约书亚·本吉奥分别就职于多伦多大学和蒙特利尔大学,加拿大政府利用其研究机构的声誉,将战略重点放在深度学习上。我采访的 23 人中有 19 人在美国工作。然而,在这 19 人中,超过一半的人出生在美国以外,包括澳大利亚、中国、埃及、法国、以色列、罗德西亚(现津巴布韦)、罗马尼亚和英国。我想说,这是相当戏剧性的证据,表明技术移民在美国的技术领先中发挥着关键作用。

---

① https://futureoflife.org/lethal-autonomous-weapons-pledge/。

引　言

在我进行本书中的对话时,我考虑了潜在读者的多样性,从专业的计算机科学家到管理者和投资者,再到几乎所有对人工智能及其社会影响感兴趣的人。然而,一个特别重要的受众是那些可能考虑将来从事人工智能领域工作的年轻人。目前,这一领域的人才严重短缺,尤其是那些具有深度学习技能的人才,而从事人工智能或机器学习相关职业注定会令人兴奋、回报颇丰和意义重大。

随着该行业努力吸引更多的人才进入,人们普遍认识到,必须做更多的工作以确保这些新人更加多样化。如果人工智能真的准备好重塑我们的世界,那么最了解这项技术并因此最有能力影响其方向的个人就必须代表整个社会,这一点至关重要。

在这本书中,约四分之一的受访者是女性,这个比例可能远远高于整个人工智能或机器学习领域中的女性占比。最近的一项研究发现,在机器学习领域的主要研究人员中,女性约占12%。[①] 我采访过的一些人强调,有必要增加女性和少数群体成员的代表性。

正如你将从本书对她的采访中了解到的,一位在人工智能领域工作的最重要的女性尤其热衷于增加该领域的多样性。斯坦福大学的李飞飞与其他人共同创立了一个名为 AI4ALL[②] 的组织,专门为弱势群体的高中生提供以人工智能为中心的夏令营。AI4ALL 得到了业界的大力支持,包括来自谷歌的资助,目前已经扩大到包括美国多所大学的暑期课程。尽管仍有许多工作要做,但我们有充分的理由乐观地认为,未来几年或几十年,人工智能研究人员的多样性将显著增加。

虽然本书并没有假设读者有技术背景,但你将遇到与该领域相关的一些概念和术语。对于那些以前没有接触过人工智能的人来说,我相信这将提供一个机会,让他们直接从该领域的一些最重要的人士那里了解这项技术。为了帮助不太有经验的读者开始阅读,下面是对人工智能相关词汇的简要概述,我建议你在开始阅读采访内容之前花点时间阅读这些材料。此外,对斯图尔特·罗素(他是主流人工智能教科书的合著者)的采访包括对该领域许多最重要思想的解释。

参与这本书中的对话对我来说是一项殊荣。我相信你会发现,我采访的每一个人都是深思熟虑、表达清晰,并且坚定地致力于确保他或她正在努力创造的技术能够为人类造福。这本书充满了各种各样而且常常是尖锐冲突的见解、观点和预测。传达的意思很清楚:人工智能是一个广阔的开放领域。未来创新的性质、创新的速度以及创新的具体应用都笼罩在深深

---

①　https://www.wired.com/story/artificial-intelligence-researchers-gender-imbalance。

②　http://ai-4-all.org/。

的不确定性之中。正是这种巨大的潜在破坏性与根本的不确定性的结合，使得我们必须开始就人工智能的未来及其对我们生活的意义展开有意义和包容性的对话。我希望这本书能对这样的对话做出贡献。

人工智能词汇简介

这本书中的对话涉及范围很广，在某些情况下还深入研究了人工智能中使用的特定技术。你并不需要技术背景来支撑对这些内容的理解，但在某些情况下，你可能会遇到该领域中使用的术语。以下是你将在阅读采访内容时遇到的最重要的术语的一个简短指南。如果你花点时间来阅读这些资料，你将拥有充分享受这本书所需要的一切。如果你实在觉得某一部分比你想要的更详细或更专业，我建议你直接跳到下一节。

机器学习（**Machine Learning**）是人工智能的一个分支，它涉及创建可以从数据中学习的算法。另一种说法是，机器学习算法是一种计算机程序，它本质上是通过观察信息来对自己进行编程。你仍然会听到人们说"计算机只做他们被编程要做的事情……"但是机器学习的兴起使得这一点越来越不真实。有许多类型的机器学习算法，但最近被证明最具破坏性（并得到所有媒体关注）的是深度学习。

深度学习（**Deep Learning**）是机器学习一个类型，使用深度（或多层）**人工神经网络**（**Artificial Neural Network**）大致模拟神经元在大脑中的工作方式的软件。深度学习是过去 10 年左右的时间里我们所看到的人工智能革命的主要驱动力。

还有一些其他的术语，不太懂技术的读者可以将其简单地翻译成"深度学习引擎盖下的东西"。打开"引擎盖"（译者注：指表面）并深入研究这些术语的细节是完全可选的。**反向传播**（**Backpropagation** 或者 **Backprop**）是深度学习系统中使用的学习算法。当一个神经网络被训练（见下文中的"监督学习"）时，信息通过构成网络的神经元层传播回来，并导致单个神经元设置（或权重）的重新校准。其结果是整个网络逐渐找到正确的答案。1986 年，杰弗里·辛顿与人合著了关于反向传播的重要学术论文。他在采访中进一步解释了反向传播。一个更晦涩的术语是**梯度下降**（**Gradient Descent**），这是指反向传播算法在训练网络时用来减少误差的特定数学技术。你也可能遇到一些代表神经网络的各种类型或配置的术语，例如**递归**（**Recurrent**）神经网络和**卷积**（**Convolutional**）神经网络以及**玻尔兹曼机**（**Boltzmann Machines**），这种差异通常与神经元的连接方式有关。这些细节是技术性的,超出了本书的范围。尽管如此,我还是请扬·勒丘恩试着解释一下这个概念,他发明了在计算机视觉应用中广泛使用的卷积架构。

贝叶斯(Bayesian) 是一个通常可以被解释为"概率的"或"使用概率规则"的术语。你可能会遇到像贝叶斯学习或贝叶斯网络这样的术语,这些是指使用概率规则的算法。这个术语源于牧师托马斯·贝叶斯(Thomas Bayes,1702—1763)的名字,他提出了一种基于新证据来更新事件可能性的方法。贝叶斯方法很受计算机科学家和试图模拟人类认知的科学家的欢迎。在本书中接受采访的朱迪亚·珀尔获得计算机科学领域的最高荣誉——图灵奖,部分原因就是他在贝叶斯技术方面所做的工作。

人工智能系统如何学习

有几种方法可以训练机器学习系统。在这一领域的创新——寻找更好的方式来教授人工智能系统——将是未来在该领域取得进展的关键。

监督学习(Supervised Learning) 是提供已经分过类或标记的精心结构化的训练数据给一个系统的学习算法。例如,你可以通过将数千(甚至数百万)张包含狗的图片丢给一个深度学习系统来教它识别照片中的狗,每一张狗的图片都会被标记为"Dog"。你还需要提供大量没有狗的图像,标记为"No Dog"。一旦系统训练好,你就可以输入全新的照片,系统会告诉你是"Dog"还是"No Dog",而且它很可能以超过正常人的熟练度来做到这一点。

监督学习是目前人工智能系统中最常用的技术,约占实际应用的95%。监督学习支持着语言翻译(用数百万份预先翻译成两种不同语言的文档进行训练)和人工智能放射学系统(用数百万张标有"Cancer"或"No Cancer"的医学图像进行训练)。监督学习的一个问题是它需要大量的标记数据。这就解释了为什么像谷歌、亚马逊和Facebook这样控制着大量数据的公司在深度学习技术中占据着如此重要的地位。

强化学习(Reinforcement Learning) 本质上是指通过实践或反复试错来学习。与其通过提供正确的、标记的结果来训练算法,不如放开学习系统,让它为自己去寻找解决方案,如果它成功了,就会得到"奖励"。想象一下,训练你的狗坐下,如果它成功了,就给它点狗饼干。强化学习是一种特别强大的构建能玩游戏的人工智能系统的方式。正如你将从本书中对德米斯·哈萨比斯的采访中了解到的,DeepMind是强化学习的坚定支持者,并依靠它来创建AlphaGo系统。

强化学习的问题在于在算法成功之前,它需要大量的模拟运行。因此,它主要用于游戏或可以在计算机上高速模拟的任务。强化学习可用于开发自动驾驶汽车,自动驾驶不能在实际道路上进行模拟。相反,虚拟汽车是在模拟环境中训练的。一旦软件经过训练成功,它才可以移动到真实世界的汽车上。

无监督学习(**Unsupervised Learning**)是指教机器直接从来自其环境的非结构化数据中学习。这是人类学习的方式。例如,幼儿主要通过听父母的话来学习语言。监督学习和强化学习也起到一定的作用,但人类大脑仅仅通过观察和与环境的无监督交互就具有惊人的学习能力。

无监督学习是人工智能最有前途的发展途径之一。我们可以想象,无需大量标记的训练数据,系统就可以自己学习。然而,这也是该领域面临的最困难挑战之一。一个让机器以真正无监督的方式高效学习的突破,可能会被认为是迄今为止人工智能领域最重大的事件之一,也是通往人类水平人工智能道路上的一个重要路标。

通用人工智能(**Artificial General Intelligence**,**AGI**)是指一种真正的思维机器。通用人工智能通常被认为或多或少是**人类水平**(**Human-Level AI**)或**强人工智能**(**Strong AI**)的同义词。你可能已经看到过几个通用人工智能的例子,但它们都是科幻小说中的。《2001 太空漫游》(*2001 A Space Odyssey*)中的 HAL、《星际迷航》(*Star Trek*)中的进取号主计算机(或称 Mr. Data,数据先生)、《星球大战》(*Star Wars*)中的 C3PO 和《黑客帝国》(*The Matrix*)中的特工史密斯都是通用人工智能的例子。这些虚构的系统中的每一个都能通过**图灵测试**(**Turing Test**)——换句话说,这些人工智能系统可以进行对话,它们与人类无法区分。艾伦·图灵(Alan Turing)在他 1950 年发表的论文《计算机与智能》(*Computing Machinery and Intelligence*)中提出了这一测试,该论文无疑将人工智能确立为一个现代研究领域。换句话说,通用人工智能从一开始就是我们的目标。

看来如果有一天我们成功地实现了通用人工智能,那么这个智能系统很快就会变得更加智能。换言之,我们将看到**超级智能**(**Superintelligence**)或是一台超越任何人类一般智能的机器的出现。这可能仅仅是更强大硬件的结果,但如果智能机器将其精力转向设计更智能的版本,它可能会大大加速。这可能导致所谓的"递归改进循环"或"快速智能起飞"。这种情况引起了人们对"控制"或"对齐"问题的担忧,即一个超级智能系统可能会以不符合人类最大利益的方式运行。

我认为通用人工智能之路和超级智能的前景是非常有趣的话题,因此我与本书中接受采访的每个人均讨论了这些问题。

引　言

马丁·福特是一位未来学家,著有两本书:《纽约时报》畅销书《机器人的崛起:技术与未来失业的威胁》(获得 2015 年《金融时报》麦肯锡年度最佳商业图书大奖并被翻译成 20 多种语言)和《隧道中的灯光:自动化、加速发展的技术和未来的经济》(*The Lights in the Tunnel: Automation, Accelerating Technology and the Economy of the Future*),还是一家硅谷软件开发公司的创始人。他在 2017 年 TED 大会的主会台上发表的关于人工智能和机器人技术对经济和社会的影响的 TED 演讲已被观看了超过 200 万次。

Martin 还是法国兴业银行(Societe Generale)发布的新"机器人崛起指数"(Rise of the Robots Index)的人工智能咨询专家,该指数是 Lyxor Robotics & AI ETF 的基础,该 ETF 专注于投资那些将成为人工智能和机器人革命重要参与者的公司。他拥有密歇根大学安阿伯分校的计算机工程学位和加州大学洛杉矶分校的商学硕士学位。

他曾为多家出版机构,包括《纽约时报》《财富》《福布斯》《大西洋报》《华盛顿邮报》《哈佛商业评论》《卫报》和《金融时报》,撰写文章讨论未来科技及其影响。他还出现在许多广播和电视节目中,包括 NPR(美国全国公共广播电台)、CNBC(美国全国广播公司财经频道)、CNN(美国有线电视新闻网)、MSNBC(微软全国有线广播电视公司)和 PBS(美国公共广播公司)。Martin 经常就机器人技术和人工智能的加速发展以及这些进步对未来的经济、就业市场和社会意味着什么这一主题发表主题演讲。

Martin 依旧专注于创业,并积极参与作为 Genesis Systems 的董事会成员和投资人的工作。Genesis Systems 是一家开发了一种革命性大气水生成(AWG)技术的初创公司。Genesis 将很快在世界上最干旱的地区部署自动化、自供电系统,直接从空气中以工业规模生成水。

"目前的人工智能——以及我们可以合理预见的未来的人工智能——没有也不会对'对与错'有道德感或道德理解。"

约书亚·本吉奥

蒙特利尔学习算法研究所科学主任和蒙特利尔大学计算机科学与运筹学系教授

约书亚·本吉奥是蒙特利尔大学计算机科学与运筹学系教授,被公认为深度学习的先驱之一。约书亚在推进神经网络研究方面发挥了重要作用,特别是在神经网络可以在不依赖大量训练数据的情况下学习的"无监督"学习方面。

人工智能缔造师

马丁·福特：你处于人工智能研究的前沿，所以我想先问问你，你认为在未来几年内，我们将在哪些当前的研究问题上看到突破，以及这些问题将如何帮助我们走向通用人工智能（AGI）？

约书亚·本吉奥：我不知道我们将会看到什么，但我可以告诉你，我们面临着一些非常棘手的问题，我们现在离人类水平的人工智能还很远。研究人员正试图了解问题所在，例如，为什么我们不能建造出和我们一样真正了解世界的机器？是因为我们没有足够的训练数据，还是因为我们没有足够的计算能力？我们中的许多人认为我们还缺少所需的基本要素，如理解数据中的因果关系的能力——这种能力实际上使我们能够在与我们所接受的训练截然不同的环境下进行归纳并得出正确答案。

人类可以想象自己正经历一种对他们来说完全陌生的体验。例如，你可能从未发生过车祸，但可以想象一下，因为根据自己已经知道的所有事情，你实际上就已经能够进行角色扮演并做出正确的决定，至少在你的脑海中是这样。当前的机器学习是基于监督学习的，一台计算机基本上了解它所看到的数据的统计特征，需要手动完成该过程。换句话说，人类必须提供计算机可以学习的所有这些标签，可能是数以亿计的问题的正确答案，然后计算机才能从中学习。

目前有许多研究正在我们做得还不好的领域中进行，例如无监督学习。这是计算机可以更加自主地获取有关世界的知识的研究领域。另一个研究领域是因果关系，计算机不仅可以观察数据，如图像或视频，还可以对其进行操作并查看这些操作的效果，以推断世界上的因果关系。例如，DeepMind、OpenAI 或 Berkeley 正在使用虚拟智能体（virtual agent），朝着能够正确回答这些问题的方向推进，而我们也在蒙特利尔做这些事情。

马丁·福特：你是否可以列举出任何目前真的正处于深度学习的最前沿的特定项目？显而易见的一个是 AlphaZero，但还有什么其他真正代表了这项技术的前沿的项目呢？

约书亚·本吉奥：有许多有趣的项目，但我认为从长远来看最有可能产生重大影响的项目是那些涉及虚拟世界的项目，在这些虚拟世界中智能体尝试解决问题并试着了解周围的环境。我们正在 MILA 进行此项工作，在 DeepMind、OpenAI、Berkeley、Facebook 和 Google Brain 也有相同领域的项目在进行中。这就是新前沿。

但重要的是，这不是短期研究。我们并非在研究深度学习的某个特定应用，而是正在研究未来智能体如何学习了解周围环境以及该智能体如何学习说话或理解语言，特别是我们所说的基础语言（grounded language）。

马丁·福特：你能解释一下这个术语吗？

约书亚·本吉奥：当然，之前尝试让计算机理解语言的许多努力都只是让计算机阅读大量的文本。这很好，但是除非那些句子与真实事物相关，否则计算机很难真正理解这些词语的含义。例如，你可以将单词链接到图像或视频，也可以链接到可能是现实世界中的对象的机器人。

现在有很多对于基础语言学习的研究试图建立对语言的理解，即使它只是语言的一小部分，计算机能够理解这些词的含义，并且根据这些词做出相应的反应。这是一个非常有趣的方向，可以对对话的语言理解、个人助理等事项产生实际影响。

马丁·福特：那么，那个想法基本上是在模拟环境中让智能体放松并让它像孩子一样学习？

约书亚·本吉奥：事实上，我们希望从儿童发展科学家那里获得灵感，他们正在研究新生儿在生命的最初几个月如何经历一系列发育成长，逐渐对世界有更多的了解。我们并不完全了解这其中的哪一部分是天生的或者是后天学到的，我认为这种对婴儿发育成长的理解可以帮助我们设计自己的系统。

几年前我在机器学习中引入的一个在训练动物中很常见的想法是课程学习（curriculum learning）。我们的想法是，我们不只是把所有训练样例按照任意顺序堆放在一起；相反，我们将按照对学习者有意义的顺序显示这些样例。我们从简单的事物开始，一旦掌握了简单的事物，我们就可以将这些概念用作学习稍微复杂的事物的基石。这就是我们要上学的原因，也是我们在 6 岁时不直接上大学的原因。这种学习方式在训练计算机方面也变得越来越重要。

马丁·福特：我们来谈谈通往通用人工智能的道路。显然，你认为无监督学习——本质上是让系统像人一样学习——是其中的重要组成部分。这足以让我们实现通用人工智能，还是我们需要实现其他关键组成部分和突破才能实现？

约书亚·本吉奥：我的朋友扬·勒丘恩用了一个很好的比喻来形容这一点。我们正在爬山，大家都很兴奋，因为我们在爬山时取得了很大的进步，但是当我们接近山顶时，我们开始看到有一系列其他山丘在面前。这就是我们现在在通用人工智能的开发中所看到的，我们当前方法存在一定的局限性。例如，当我们爬第一座山时，正如我们发现如何训练更深的网络时，我们并没有看到正在构建的系统的局限性，因为我们只是看到眼前的几步路。

当我们在技术上取得令人满意的进步时——我们到达了第一座山的山顶，我们也看到了局限性，然后我们看到了我们必须攀爬的另一座山，一旦我们爬上了那座山的山顶，我们就会再看到另一座山,依此类推。在我们达到人类水平的智能之前,无法预估还需要多少突破或重大进展。

马丁·福特:那有多少座山? 什么时候能实现通用人工智能? 你能告诉我你所做出的最佳猜测吗?

约书亚·本吉奥:你不会从我这里得到答案,没有意义。猜测一个日期没用,因为我们没有明确的前进方向。我只能说,未来几年不会发生这种情况。

马丁·福特:你认为深度学习或神经网络总体上看是向前的吗?

约书亚·本吉奥:是的,我们在深度学习背后的科学概念和多年来在这一领域取得的进展中所发现的,在很大程度上,深度学习和神经网络背后的许多概念将延续下来。简而言之,它们非常强大。事实上,它们可能会帮助我们更好地理解动物和人类的大脑如何学习复杂的事物。正如我所说的,它们还不足以让我们达到通用人工智能。我们现在可以看到目前存在的一些局限性,并且将在此基础上进行改进和构建。

马丁·福特:我知道艾伦人工智能研究所正在研究 Mosaic 项目,它是关于在计算机内构建常识的项目。你认为那样的研究有意义吗? 还是你认为常识可能会成为学习过程的一部分?

约书亚·本吉奥:我相信常识会成为机器学习过程的一部分。常识不会因为有人将一点点知识塞进你的脑海中而出现,这不是人类的工作机制。

马丁·福特:你认为深度学习是让我们实现通用人工智能的主要途径,还是它需要某种混合系统?

约书亚·本吉奥:经典人工智能纯粹是符号性的,没有学习阶段。它关注的是认知中的一个非常有趣的方面,即我们如何依次推理和组合信息。另一方面,深度学习神经网络一直关注于一种自下而上的认知观,我们从感知开始,将机器对世界的理解锚定在感知中。在此基础上,我们构建了分布式表示,并可以捕获许多变量之间的关系。

1999 年左右,我和我的兄弟一起研究了这些变量之间的关系。这催生了自然语言的许多最新进展,例如词嵌入(word embedding)或词和句子的分布式表示。在这种情况下,一个单词由你大脑的一种活动模式或一组数字表示。那些具有相似含义的词会与相似的数字模式相关联。

现在在深度学习领域发生的事情是,人们正在这些深度学习概念的基础上,开始尝试解决经典的人工智能问题,如推理、理解、编程或规划。研究人员正在尝试使用我们由感知开发而得的构建块,并将它们扩展到更高级别的认知任务(有时被心理学家称为系统 2)。我相信在某种程度上这就是我们向人类水平人工智能迈进的方式。这不是一个混合系统,这就像我们试图解决一些经典人工智能试图解决的同样的问题,但使用了来自深度学习的构建块。这是一种非常不同的做法,但目标非常相似。

马丁·福特:那么,你的预测是,它将成为具有不同结构的神经网络吗?

约书亚·本吉奥:是的。请注意,你的大脑都是神经网络。我们必须提出不同的架构和不同的训练框架来完成经典人工智能试图做的事情,比如推理、推断出对于你所看到和规划的解释。

马丁·福特:你认为一切都可以通过学习和训练来完成吗? 还是需要一些特殊的结构?

约书亚·本吉奥:这些网络里存在特殊的结构,只是它不是我们在写百科全书或数学公式时用来表示知识的那种结构。我们置入的结构与神经网络的架构相对应,与我们对世界的广泛假设和我们试图解决的任务类型相吻合。当我们建立一个带有注意力机制(attention mechanism)的特殊网络结构时,它会加入大量的先验知识。事实证明,这对于机器翻译等事情的成功至关重要。

你的工具箱中需要有这样的工具来解决特定的一些问题,就像你需要卷积神经网络这样的工具来处理图像。如果你没有加入这种结构,那么性能就会差很多。已经有很多关于这个世界和你要尝试学习的功能的特定领域假设,它们隐含在深度学习使用的架构和训练目标中。这是今天大多数论文的研究主题。

马丁·福特:关于结构问题,我想说的是,例如,婴儿在出生后就能识别人脸。显然,人类大脑中有某种结构可以让婴儿做到这一点。它不仅仅是处理像素的原始神经元。

约书亚·本吉奥:你错了! 的确存在处理像素的原始神经元,只是在婴儿的大脑中有一个特定的结构,能够识别出内部有两个点的圆形东西。

马丁·福特:我的观点是这种结构是预先存在的。

约书亚·本吉奥:当然可以这么认为,我们在这些神经网络中设计的所有东西也都是预先存在的。深度学习研究人员正在做的事情就像进化的工作,我们以架构和训练过程的形式提供先验知识。

如果我们想,可以通过硬连线来让网络识别出一张脸,但这对于人工智能来说没什么用,因为它们可以很快学会。相反,我们把对解决更难的问题真正有用的结构放进去。

没有人说人类、婴儿和动物没有天生的知识,事实上,大多数动物只有天生的知识。一只蚂蚁学到的东西不多,它就像一个庞大的、固定的程序,但随着智能等级不断提高,学习的份额就不断增加。人类与许多其他动物不同的是,有多少是我们学到的,而又有多少是先天的。

马丁·福特:让我们回过头来讨论一些概念吧。在 20 世纪 80 年代,神经网络是一个非常边缘化的学科,它们只有一层,所以没有什么深度的概念。你参与了将其转化为我们现在称之为深度学习的东西。你能用相对非技术的术语来定义什么是深度学习吗?

约书亚·本吉奥:深度学习是机器学习的一种方法。机器学习是通过让计算机从实例中学习来将知识输入计算机,深度学习则是在大脑的启发下进行的。

深度学习和机器学习只是早期神经网络工作的延续。它们被称为"深层",是因为它们增强了训练更深层网络的能力,这意味着它们有更多的层,每层代表不同的表示水平。我们希望随着网络越来越深入,它可以代表更抽象的东西,到目前为止,情况似乎确实如此。

马丁·福特:你所说的层是指抽象层吗?因此,就可视图像而言,第一层是像素,然后是边缘,接着是角落,逐渐地你会掌握整个物体的图像特征?

约书亚·本吉奥:是的,没错。

马丁·福特:如果我理解正确的话,计算机仍然不理解那个物体是什么,对吧?

约书亚·本吉奥:计算机有一些理解,这不是一个黑白分明的论点。一只猫理解一扇门,但它并不像你那样理解它。不同的人对周围的许多事物有不同程度的理解,而科学就是试图加深我们对这些事物的理解。如果网络接受过图像的训练,对图像有一定程度的理解,但这个程度仍然不像我们这样抽象和普遍。其中一个原因是我们在对世界的三维理解的背景下解释图像,这要归功于我们的立体视觉以及我们在世界上的运动和行为。这给我们的不仅仅是一个视觉模型,还给了我们一个物体的物理模型。目前计算机对图像的理解水平仍然是原始的,但它已经足够好,在许多应用中非常有用。

马丁·福特:真正让深度学习成为可能的是反向传播吗?你可以通过层回传误差信息并基于最终输出来调整每一层的参数。

约书亚·本吉奥:事实上,近年来反向传播一直是深度学习成功的核心。这是一种进行信度分配(credit assignment)的方法,即弄清楚内部神经元应该如何改变以使更大的网络正常运行。反向传播,至少在神经网络的背景下,是在20世纪80年代早期被发现,那时我开始了自己的工作。扬·勒丘恩与杰弗里·辛顿、大卫·鲁姆哈特(David Rumelhart)几乎同时发现了它。这是一个陈旧的观点,但直到2006年左右,也就是在四分之一个世纪之后,我们才真正成功地训练了这些更深层次的网络。

从那时起,我们在这些网络中添加了许多其他功能,这对于人工智能研究来说是非常令人兴奋的,例如注意力机制、记忆以及分类和生成图像的能力。

马丁·福特:大脑是否会做类似于反向传播的事情吗?

约书亚·本吉奥:这是个好问题。神经网络并不是试图模仿大脑,而是受到它的一些计算特性的启发,至少在抽象层面上是这样。

你必须意识到我们还没有全面了解大脑是如何工作的。大脑的许多方面尚未被神经科学家所了解。有很多关于大脑的观察,但我们还不知道如何把这些点联系起来。

可能我们机器学习中在神经网络所做的工作可以为脑科学提供一个可验证的假设。这是我感兴趣的事情之一。特别是,到目前为止,反向传播大多被认为是计算机可以做的事情,但对大脑来说却是不现实的。

最重要的是,反向传播的效果非常好,这表明大脑可能正在做一些类似的事情——不完全相同,但具有相同的功能。因此,我目前正从事着这方面的一些非常有趣的研究。

马丁·福特:我知道有一个"人工智能寒冬",那时大多数人都摒弃了深度学习,但也有一小部分人,比如你、杰弗里·辛顿和扬·勒丘恩,继续为之努力。那它是如何发展到今天的样子的呢?

约书亚·本吉奥:20世纪90年代末到21世纪初,神经网络并不流行,很少有研究组织参与其中。我有一种强烈的直觉,抛弃神经网络,我们就丢失了一些真正重要的东西。

部分原因是我们现在称之为组合性的东西:这些系统以组合的方式表示非常丰富的数据信息,组成许多与神经元和层对应的构建块。这让我想到了语言模型,即使用词嵌入对文本进行建模的早期神经网络。每个词都与一组数字相关联,这些数字对应于机器自主学习的不同属性。当时它并没有真正流行起来,但现在几乎所有与数据建模语言有关的东西都使用了这些想法。

最大的问题是我们如何训练更深层次的网络，这一问题的突破是由杰弗里·辛顿和他在受限玻尔兹曼机(Restricted Boltzmann Machines, RBM)方面的工作所取得的。在我的实验室中，我们正在开发与 RBM 密切相关的自编码器，它已经产生了各种模型，例如生成式对抗网络。事实证明，通过堆叠这些 RBM 或自编码器，我们能够训练出比以前更深层次的网络。

马丁·福特：你能解释一下自编码器是什么吗？

约书亚·本吉奥：一个自编码器分为两部分：一个编码器和一个解码器。编码器部分获取图像并试图以压缩方式表示它，如文本语言描述。然后解码器部分获取该表示并尝试恢复原始图像。自编码器被训练来做这种压缩和解压缩，使其尽可能忠实于原始图像。

与最初的设想相比，自编码器已经发生了很大的变化。现在，我们认为它们是获取原始信息，如图像，并将其转换为一个更抽象的空间，在这个空间中重要的语义将更容易阅读。这是编码器部分。解码器反向工作，获取那些高层次的量——你不必手动定义——并将它们转换为图像。这就是早期的深度学习工作。

几年后，我们发现不需要这些方法来训练深度网络，我们可以只改变非线性。我的一个学生正在和神经科学家一起工作，我们认为应该尝试修正线性单元(Rectified Linear Unit, ReLU)——我们称之为整流器(rectifier)——因为它们在生物学上更合理，这是从大脑中获取灵感的一个例子。

马丁·福特：你从这一切中学到了什么？

约书亚·本吉奥：我们之前使用 sigmoid 函数来训练神经网络，但事实证明，通过使用 ReLU，我们突然发现可以更容易地训练非常深的网络。这是 2010 年或 2011 年左右发生的另一个重大变化。

有一个非常大的数据集——ImageNet 数据集——是用于计算机视觉的，如果我们能够在该数据集上显示出良好的结果，那么该领域的人们就会相信我们的深度学习方法。杰弗里·辛顿的小组实际上做到了这一点，跟进了扬·勒丘恩在卷积网络即专门用于图像的神经网络方面做的早期工作。2012 年，经过额外调整的新深度学习架构获得了巨大的成功，并对现有方法进行了很大的改进。几年内，整个计算机视觉领域的研究都转向了这种网络。

马丁·福特：这就是深度学习加速发展的起点？

约书亚·本吉奥:稍晚一点。到 2014 年,深度学习在领域内的发展大大加速。

马丁·福特:那就是它从以大学为中心转变为以谷歌、Facebook 和百度这样的主流企业为中心的时候?

约书亚·本吉奥:没错。这种转变开始得稍早一些,大约在 2010 年,当时谷歌、IBM 和微软等公司正致力于研究语音识别的神经网络。到 2012 年,谷歌在他们的 Android 智能手机上应用了这些神经网络。这是革命性的成果,因为同样的深度学习技术可用于计算机视觉和语音识别。它引起了很多人对该领域的关注。

马丁·福特:回想一下你刚开始研究神经网络时,你是否惊讶于事情的发展如此之远以及它们已经成为像谷歌和 Facebook 这样的大公司的核心业务这一事实?

约书亚·本吉奥:当然,我们没预料到。我们在深度学习方面取得了一系列重要且令人惊讶的突破。我们知道语音识别在 2010 年左右出现,然后计算机视觉是在 2012 年左右出现。几年后,在 2014 年和 2015 年,我们在机器翻译方面取得了突破,最终在 2016 年机器翻译被应用于谷歌翻译。2016 年也是我们看到 AlphaGo 取得突破的一年。所有这些事情以及其他许多发展变化实际上都是我们没有预料到的。

我记得在 2014 年,我看了一些我们在标题生成方面的成果,计算机试图为图像生成标题,我很惊讶我们能够做到这一点。如果你在一年前问我能否在一年内做到这点,我定会说“不”。

马丁·福特:那些标题非常引人注目。有时它们会偏离主题,但大多数时候它们都很棒。

约书亚·本吉奥:当然,它们有时会偏离主题!它们目前没有接受足够的数据训练,要让这些系统真正理解图像并理解语言,在基础研究方面还需要一些基本的进展。我们离取得这些进展还很远,但它们能够达到现在的性能水平,这是我们意料之外的。

马丁·福特:我们来谈谈你的职业生涯。你是怎么进入人工智能领域的?

约书亚·本吉奥:我年轻的时候阅读了很多科幻小说,这确实对我有影响。它向我介绍了人工智能和阿西莫夫的机器人三定律等主题,我想上大学,学习物理和数学。当我和我的兄弟对计算机产生兴趣时,我的生活开始发生了变化。我们攒钱购买了一台 Apple IIe,后来又买了一台 Atari 800。当时软件很稀缺,所以我们自己学会了用 BASIC 编程。

我对编程非常感兴趣,因此我进入计算机工程专业,然后进入计算机科学专业攻读硕士和博士学位。在 1985 年左右攻读硕士学位时，我开始阅读一些关于早期神经网络的论文，包括杰弗里·辛顿的一些论文，这就像一见钟情，我很快就认定这是我想要进行研究的主题。

马丁·福特：对于想成为深度学习专家或研究员的人，你有什么特别的建议吗？

约书亚·本吉奥：勇敢地跳入水中，开始游泳。有各个层次的大量信息以教程、视频和开源库的形式出现，因为人们对这个领域非常感兴趣。我与别人合著的《深度学习》（*Deep Learning*）可以帮助新手进入该领域，此书可以在线免费获取。我看到许多本科生通过阅读大量论文来提升自己，并试图重现这些论文，然后申请进入正在进行此类研究的实验室。如果你对该领域感兴趣，那么现在就是开始的最佳时机。

马丁·福特：就你的职业生涯而言，我注意到的一件事是在深度学习的关键人物中，你是唯一一个完全留在学术界的人。其他大多数人都是 Facebook 或谷歌等公司的兼职人员。是什么让你坚持这条职业道路？

约书亚·本吉奥：我一直很重视学术界，重视为共同利益或者那些我认为会产生更大影响的事情而工作的自由。我也非常重视与学生在心理上以及在我的研究效率和生产率方面的合作。如果我进入企业，我将错失很多东西。

我想留在蒙特利尔，当时进入企业界意味着要么去加利福尼亚州要么去纽约州。就在那时，我想也许我们可以在蒙特利尔建造一些可以成为人工智能新硅谷的东西。因此，我决定留下并创建 MILA，即蒙特利尔学习算法研究所（Montreal Institute for Learning Algorithms）。

MILA 进行基础研究，并在蒙特利尔的人工智能生态系统中发挥领导作用。这 MILA 与多伦多的 Vector 研究所和埃德蒙顿的 Amii 合作，作为加拿大战略的一部分，在科学、经济和积极的社会影响方面真正推动人工智能向前发展。

马丁·福特：既然你提到了，那让我们谈谈人工智能和经济发展，以及其中潜在的一些风险。我写过很多关于人工智能可能带来新工业革命并可能导致大量失业的文章。你如何看待这个假设？你觉得它被夸大了吗？

约书亚·本吉奥：不，我不认为这是夸大。我无法断定的是这是否会在未来 10 年或 30 年内发生。我可以说的是，即使我们明天就停止在人工智能和深度学习方面的基础研究，科学也已经取得了足够的进步，仅仅通过利用这些想法设计出新服务和新产品，就可以从中获得巨大的社会和经济效益。

我们还收集了大量我们没有使用的数据。例如,在医疗保健领域,我们只使用了现有资源的一小部分,或者说随着每天有更多的东西被数字化,我们只能使用其中很小的一部分。硬件公司正在努力构建深度学习芯片,这些芯片很快将比我们现有的芯片快 1 000 倍并且更节能。这些东西在你周围随处可见,如果在汽车和手机中使用这些芯片,这显然将改变世界。

会让事情慢下来的是社会因素。即使有技术,改变医疗保健基础设施也需要时间。社会不可能无限快速地改变,即使技术在进步。

马丁·福特:如果这种技术变革确实导致许多工作岗位被淘汰,你认为像基本收入这样的东西会是一个很好的解决方案吗?

约书亚·本吉奥:我认为基本收入可以发挥作用,但我们必须对此采取辩证的看法,以摆脱我们的道德先验,即如果一个人不工作,那么他们就不应该有收入。我觉得这很疯狂。我认为我们必须考虑什么才能最有利于经济发展,什么才能最有利于人们的幸福,我们可以做试点实验来回答这些问题。

这并没有一个明确的答案,社会有很多方式可以照顾那些将被抛在后面的人,尽量减少这场工业革命带来的痛苦。我要回到我的朋友扬·勒丘恩所说的话:如果我们在 19 世纪有先见之明,看到工业革命将如何展开,也许我们就可以避免随之而来的大部分痛苦。如果我们在 19 世纪就建立起目前大多数西方国家都有的那种社会保障体系,而不是等到 20 世纪 40 年代和 50 年代,那么数亿人将过上更好、更健康的生活。问题是,这次发展起来的时间大约不到一个世纪,所以潜在的负面影响可能会更大。

我认为现在开始思考这个问题并开始科学地研究减少痛苦和优化全球福祉的选择非常重要。我认为这样做是可能的,我们不应该只依靠我们的旧偏见和宗教信仰来决定这些问题的答案。

马丁·福特:我同意,但正如你所说,它可以相当迅速地展开。这也将是一个令人震惊的政治问题。

约书亚·本吉奥:这就更有理由迅速采取行动了!

马丁·福特:有道理。除了经济影响之外,我们在人工智能方面还应该担心什么?

约书亚·本吉奥:我一直对杀手机器人持坚定的反对态度。

人工智能缔造师

马丁·福特：我注意到你在一封针对韩国一所大学的信上签了名，这所大学似乎打算进行杀手机器人的研究。

约书亚·本吉奥：没错，这封信起作用了。事实上，韩国科学技术高级研究院（KAIST）已经向我们承诺，他们将规避开发没有人类参与的军事系统。

让我回到这个问题，因为我认为这非常重要。人们需要明白目前的人工智能——以及我们可以合理预见的未来的人工智能——没有也不会对'对与错'有道德感或道德理解。我知道不同文化之间存在差异，但这些道德问题在人们的生活中很重要。

确实如此，不仅仅是杀手机器人，还有其他各种各样的事情，比如法官决定一个人的命运——无论这个人是应该重返监狱还是被释放回社会中。这些都是难以抉择的道德问题，你必须理解人类心理，你必须理解道德价值观。将这些决定交给那些没有那种理解的机器是很疯狂的。这不仅仅是疯狂的，也是不对的。我们必须制定社会规范或法律，以确保在可预见的未来计算机不会承担这些责任。

马丁·福特：我想对此提出挑战。我想很多人都会说你对人类和他们的判断质量有一种非常理想化的看法。

约书亚·本吉奥：当然，但我宁愿让一个不完美的人来做法官，也不愿让一个不知道自己在做什么的机器来做。

马丁·福特：但想想一个自主安全机器人，它会很乐意先拿一颗子弹，然后再射击，而人类永远不会这样做。从理论上讲，如果编程正确，一个自主安全机器人也不会是种族主义者。这些实际上是它可能比人类更具优势的方面。你同意吗？

约书亚·本吉奥：嗯，也许有一天会是这样，但我可以告诉你我们还没有到那一步。这不仅仅与精确性有关，更与理解人类背景有关，而计算机对此却毫无线索。

马丁·福特：除军事和武器化方面外，关于人工智能我们还有什么需要担心的吗？

约书亚·本吉奥：是的，这是一个还没有被过多讨论的问题，但现在可能因为 Facebook 和 Cambridge Analytica 所发生的事情而更受关注。我们应该真正意识到，将人工智能用于广告或影响人民对民主是危险的——而且在某些方面是不道德的。我们应该确保我们的社会尽可能地避免这些事情的发生。

例如,在加拿大,面向儿童的广告是被禁止的。有一个很好的理由:我们认为在他们如此脆弱时操纵他们的思想是不道德的。事实上,我们每个人都很脆弱,如果不是这样,那么广告就不会起作用。

另一方面,广告实际上损害了市场力量,它为大公司提供了一种工具来阻碍小企业进入市场,因为那些大公司可以利用他们的品牌影响力。如今,他们可以使用人工智能以更精准的方式向人们传播他们的广告信息,我认为这有点可怕,尤其是当它让人们做可能违背他们福祉的事情时。例如,政治广告或者可能改变你的行为并对你的健康产生影响的广告。我认为我们应该非常注意这些工具是如何影响人们的。

马丁·福特:你怎么看埃隆·马斯克和史蒂芬·霍金等人对来自超级人工智能的存在性威胁(生存性威胁)和进入递归改进循环(recursive improvement loop)发出的警告? 这些事情是我们现在应该关注的吗?

约书亚·本吉奥:我不关心这些事情,我认为有人研究这个问题很好。我对当前科学的理解是,正如我可以预见的,这些情况是不现实的。这些情况与我们现在构建人工智能的方式不兼容。几十年后事情可能会有所不同,我不知道,但就我而言,那就是科幻小说。我认为也许这些担忧正在分散人们对一些我们现在可以采取行动的最紧迫问题的关注。

我们谈到了杀手机器人,我们谈到了政治广告,但还有其他一些问题,例如数据是如何产生偏见并加剧歧视的。这些都是政府和公司现在可以采取行动的事情,我们确实有一些方法可以缓解其中的一些问题。这场辩论不应该太过关注这些非常长期的潜在风险,我认为这些风险与我目前对人工智能的理解并不相符,我们更应该关注像杀手机器人这样的短期问题。

马丁·福特:你已经谈了很多关于自主武器的限制,有一个明显的担忧是有些国家可能会忽视这些规则。我们是否应该担忧这种国际竞争的存在呢?

约书亚·本吉奥:首先,在科学方面,我没有任何担忧。世界各地的研究人员在一项科学上投入的越多,对这项科学就越有利。如果在人工智能方面投资很多,那样很好,说到底,我们都将享有这项研究所取得的进展。

关于使用人工智能的军事竞赛,我们不应该将杀手机器人与军事上使用人工智能混淆。我并不是说我们应该完全禁止在军队中使用人工智能。例如,如果军方使用人工智能来制造能够摧毁杀手机器人的武器,那么这是件好事。不道德的是让这些机器人杀死人类。我们可以制造防御性武器,这可能有助于阻止军事竞赛。

马丁·福特:听起来你觉得在自动武器方面监管肯定是有作用的?

约书亚·本吉奥:监管在各处都有作用。在人工智能将产生社会影响的领域,我们应该要考虑监管。我们必须考虑什么是正确的社会机制,以确保人工智能用于好的方面。

马丁·福特:你认为政府有能力解决这个问题吗?

约书亚·本吉奥:我不相信公司会自己去做,因为他们主要关注的是利润最大化。当然,他们也在努力保持自己在用户或客户中的受欢迎程度,但他们所做的事情并不完全透明。他们实现的这些目标是否与总体上的民众福祉相一致,这一点常常是不明确的。

我认为政府可以发挥非常重要的作用,不仅仅是个别政府,而是国际社会,因为其中许多问题不仅仅是地方问题,更是国际问题。

马丁·福特:你认为所有这些好处明显大于风险吗?

约书亚·本吉奥:只有我们采取明智的行动,好处才会大于风险。这就是进行这些讨论非常重要的原因。这就是为什么我们不想戴着眼罩一直向前走,我们必须对所有潜在危险保持警惕。

马丁·福特:你认为现在应该在哪里进行讨论? 这是智库和大学应该做的,还是你认为这应该成为国内和国际政治讨论的一部分?

约书亚·本吉奥:它当然应该成为政治讨论的一部分。我应邀在七国集团部长会议上发言,会上讨论的问题之一是“我们如何以一种既有利于经济发展又能让人民安居乐业的方式发展人工智能?”因为今天的人们对此确实有顾虑。答案是不要秘密地或在象牙塔中做事,而是要进行公开讨论,让会议桌旁的每个人,包括每个公民都参与讨论。我们必须就我们想要的未来做出集体选择,因为人工智能是如此强大,每个公民都应该在某种程度上意识到问题所在。

约书亚·本吉奥

约书亚·本吉奥是计算机科学与运筹学系的全职教授，蒙特利尔学习算法研究所(MILA)的科学主任，CIFAR 机器与大脑学习项目的联合主管，加拿大统计学习算法研究主席。他与伊恩·古德费洛(Ian Goodfellow)和亚伦·库维尔(Aaron Courville)一起撰写了《深度学习》(*Deep Learning*)一书，这是机器学习领域的经典教科书之一。该书可从 *https*:*//www.deeplearningbook. org* 免费获取。

"一旦通用人工智能达到了幼儿园孩子的阅读水平,它将超越一切人类已经做到的事情,并将拥有比任何人类所掌握的规模更大的知识库。"

斯图尔特·罗素

加州大学伯克利分校计算机科学系教授

斯图尔特·罗素是人工智能领域公认的世界领先的贡献者之一。他是加州大学伯克利分校计算机科学系教授和人类兼容人工智能中心的负责人。斯图尔特是经典人工智能教科书《人工智能:一种现代方法》(*Artificial Intelligence:A Modern Approach*)的合著者,该书在全球超过 1 300 所学院和大学中使用。

人工智能缔造师

马丁·福特: 由于你参与写作了那本到今天还在被广泛使用的标准人工智能教科书,我想如果你可以定义一些关键的人工智能术语可能会很有意思。你对人工智能的定义是什么?它包含哪些内容?该领域将包含计算机科学中哪些类型的问题?你能不能将人工智能与机器学习做个比较?

斯图尔特·罗素: 让我给你人工智能的标准定义,怎么说呢,其实和在书中给出的类似,也相当广泛地被大家接受:一个实体的智能程度是看它是否做了正确的事情,也就是说,它的行动是否能够实现其目标。这个定义可以同时适用于人类和机器。这种做正确的事情的理念是人工智能的关键统一原则。当我们分解这个原则,深入探究在真实世界中做正确的事情需要什么时,我们认识到一个成功的人工智能系统需要一些关键能力,包括感知、视觉、语音识别以及行动。

这些能力帮助我们定义人工智能。我们讨论的是控制机器人操控者的能力,以及机器人技术的发展。我们讨论的是做出决策、规划和解决问题的能力。我们讨论的是沟通能力,因此自然语言理解对于人工智能来说也变得非常重要。

我们也在讨论一种内部认知事物的能力。如果你实际上没有认知能力,那在真实世界中很难生存。为了理解人类是如何认识事物的,我们开始研究我们称之为知识表示(knowledge representation)的科学领域。这是我们研究如何在内部存储知识,然后由推理算法(如自动逻辑演绎和概率推断算法)进行处理的领域。

接下来就是学习。学习是现代人工智能的关键能力。机器学习一直是人工智能的一个分支,简单地说就是通过积累经验来提升你做正确的事情的能力。这可能是学习如何通过观察被标记的物体样本来更好地感知。这也意味着学习如何根据经验——如发现哪些推理步骤对解决问题有用,哪些步骤对解决问题没用——来更好地推理。

举个例子,AlphaGo,一个现代人工智能围棋程序,战胜了人类世界冠军,它确实是在学习。它学会了如何通过经验更好地推理。除了学习对棋子局势进行评估,AlphaGo还学习如何控制自己的"深思熟虑",从而更有效地以更小的计算量、更快地实现高质量的决策。

马丁·福特: 你可以再定义一下神经网络和深度学习吗?

斯图尔特·罗素: 好的,在机器学习中有一个标准技术叫作"监督学习",我们为人工智能系统提供了一组关于某个概念的样本,并为其中的每个样本提供一个描述和一个标签。例如,我们可能有一幅照片,我们获得了照片中的所有像素,然后有一个标签说这是一艘船、一只斑点狗或者一碗樱桃的照片。在这个任务的监督学习中,我们的目标是找到一个预测器或者一个假设,来说明如何对图像进行分类。

从这些有监督的训练样本中,我们试图让人工智能系统有能力识别图片,比如斑点狗的照片,以及预测其他斑点狗的照片可能是什么样子。

一种表示假设或者预测的方法是神经网络。一个神经网络本质上是一个有很多层的复杂线路。该线路的输入可以是来自斑点狗照片的像素值。然后,当这些输入值沿着线路传递时,会在线路的每层计算得出新的值。最后,我们得到了这个神经网络的输出,这其实就是对被识别的物体类型的预测。

因此如愿的话,如果在我们的输入图像中有一只斑点狗,那么在所有这些数字和像素值传递过神经网络的所有层和连接后,对一只斑点狗图像的输出指示器将会得到一个高值,而对一碗樱桃图像的输出指示器将得到一个低值。然后我们就说这个神经网络已经能够正确地识别出一只斑点狗。

马丁·福特:你是如何让一个神经网络识别图像的?

斯图尔特·罗素:这其实就是一个学习的过程。该网络的所有网络层之间的连接强度是可调整的,而学习算法所做的就是调整这些连接强度,使得网络倾向于对训练样本给出正确的预测。然后如果你幸运的话,神经网络也会对之前没有见过的新图像给出正确的预测。这就是一个神经网络的学习过程!

更进一步说,深度学习其实是指那些有很多层的神经网络。当然并没有确切地说深度学习必须有一个最小层数,但我们通常认为两层或者三层的不是一个深度学习网络,而4层及4层以上的神经网络是深度学习网络。

一些深度学习网络可以达到1 000层甚至更多。在深度学习中加入很多层,通过一组简单得多的变换,每个变换都由网络中的一层表示,我们可以表示一个非常复杂的从输入到输出的变换。

深度学习假设提出,多层结构让学习算法更容易找到一个预测器,来设置网络中的所有连接强度,从而更好地完成任务。

我们现在才刚刚从理论上理解深度学习假设何时及为何是正确的,但在很大程度上它仍然是一种魔法,因为它真的不必以那种方式发生。在现实世界中图像似乎具有某种特性,而在现实世界中声音和语音信号也具有某种特性,使得当你将这类数据连接到一个深度网络时,出于某种原因,学习一个好的预测器变得相对容易。但是为何发生这样的情况依然是谁也说不清。

马丁·福特:深度学习目前正受到广泛关注,很容易让人产生深度学习就是人工智能的同义词的印象。但是深度学习实际上仅仅是这个领域中一个相对较小的部分,不是吗?

斯图尔特·罗素:是的,如果有人认为深度学习等同于人工智能,那将是一个很大的错误,因为区分斑点狗与一碗樱桃的能力是有用的,但这只是人工智能成功所需能力的很小一部分。感知和图像识别都是人工智能在现实世界中成功运作的重要方面,而深度学习只是其中的一部分。

AlphaGo 及其续作 AlphaZero 凭借在围棋和国际象棋领域的惊人进步,为深度学习吸引了大量媒体关注,但它们实际上是基于搜索的经典人工智能和深度学习算法的混合体,对经典人工智能系统搜索到的每个棋局位置进行评估。尽管区分好坏位置的能力是 AlphaGo 的核心,但是它不可能仅依靠深度学习就达到围棋世界冠军的水平。

自动驾驶汽车系统也在使用基于搜索的经典人工智能和深度学习的混合体。自动驾驶汽车系统不仅仅是纯粹的深度学习系统,因为这样效果并不理想。许多驾驶情景需要经典规则的约束才能让人工智能发挥作用。例如,如果你在中间车道想要向右变道,而有人试图从内侧超过你,那么你应该等他们先过去再转向。对于需要提前预见的道路情况,因为没有令人满意的规则,所以可能需要想象汽车可能采取的各种行动以及其他汽车可能采取的各种行动,然后确定这些结果是好还是坏。

虽然感知非常重要,深度学习也很适合感知,但我们需要为人工智能系统提供许多不同类型的能力。尤其是当我们谈论时间跨度很长的活动时,例如去度假。或者像建造工厂这样非常复杂的行为。这些活动不可能通过纯粹的深度学习黑盒系统来设计方案。

让我以工厂为例来结束我对于深度学习局限性的观点。想象一下,我们试着用深度学习来建造一个工厂。(毕竟,我们人类知道如何建造一个工厂,是不是?)所以,我们会利用数十亿个过去建造工厂的案例来训练一个深度学习算法;我们将为它展示人类建造工厂的所有方式。我们将所有数据放入一个深度学习系统,然后它就知道如何建造工厂了。我们能做到这样吗? 不能,这完全是一场白日梦。实际上我们没有这样的数据,即使我们有,也没有任何意义去试着按照此法建造工厂。

我们需要知识来建造工厂。我们需要能够制订计划,能够推断出建筑物的物理障碍和结构特性。我们可以构建人工智能系统来解决这些现实问题,但这并不是通过深度学习来实现的。建造工厂需要完全不同类型的人工智能。

马丁 · 福特:有没有什么人工智能的最新进展让你感到它已经远超单纯的渐进式发展? 你觉得目前这个领域的前沿是什么?

斯图尔特 · 罗素:这是一个好问题,因为目前新闻中的许多内容并不是真正人工智能的概念性突破,它们只是一些成功的案例。深蓝(Deep Blue)在国际象棋比赛中战胜卡斯帕罗夫(Kasparov)就是一个完美的案例。深蓝基本上是 30 年前设计的算法的一个基本结构并被逐步增强,然后部署在越来越强大的硬件上,直到它能够击败国际象棋世界冠军。但深蓝背后真正的概念性突破在于如何设计一个国际象棋程序:预备工作如何运作,用于减少搜索量的 alpha-beta 算法,以及一些设计评估函数的技术。因此,正如目前所看到的,媒体将深蓝对卡斯帕罗夫的胜利描述为一个突破,但事实上,这一突破在概念性层面上发生在几十年前。

同样的事情今天仍在发生。比如说,最近很多关于感知和语音识别的人工智能的报道,以及关于人工智能的听写准确度接近或超过人类听写准确度的头条新闻,实际上都是令人印象深刻的实践工程成果,但它们其实是发生在很久以前的概念性突破基础上的发展——从早期的深度学习系统和卷积网络开始,可以追溯到 20 世纪 80 年代末和 90 年代初期。

令人惊讶的是,几十年前我们就已经拥有了成功进行感知的工具,只是我们没有正确地使用它们。通过将现代工程应用于较早的突破,通过收集大型数据集并在最新的硬件上运用超大规模网络处理它们,我们最近在人工智能领域中创造了很多研究点,但这些并不一定就处于人工智能的真正前沿。

马丁 · 福特:你认为 DeepMind 的 AlphaZero 是一个处于人工智能研究前沿的技术的好例子吗?

斯图尔特 · 罗素:我认为 AlphaZero 非常有意思。对我来说,可以使用与下围棋同样原理的软件去下世界冠军水平的国际象棋或者将棋,这并不令人惊讶。所以,从这个意义上说它并不处于人工智能的前沿。

我的意思是,当你想到 AlphaZero 在不到 24 小时的时间里,学会了用相同的软件在三种不同的游戏中以超人水平在下棋时,你肯定会迟疑一下。但这更能够对人工智能方法进行证明,即如果你对问题类别有清晰的理解,特别是确定性的、双人的、轮流的、完全可观察的、已知规则的游戏,那么这类问题都是适合使用同一个精心设计的人工智能算法来解决。并且这些算法已经存在一段时间了——可以学习出有效的评价函数并使用经典搜索方法的算法。

很明显,如果你想将这些技术扩展到其他类别的问题,你必须提出不同的算法结构。例如,部分可观察性——意味着你无法看到棋盘,可以这么说——需要一个不同类别的算法。例如,AlphaZero 并不能玩扑克或驾驶汽车。这些任务需要人工智能系统来估计它看不到的东西。AlphaZero 只会对棋盘上的棋子局势做出假设,仅此而已。

马丁·福特:还有一个玩扑克的人工智能系统,由卡耐基梅隆大学开发,叫作 Libratus? 他们取得了真正的人工智能突破吗?

斯图尔特·罗素:卡耐基梅隆的 Libratus 扑克人工智能是另一个令人印象深刻的混合人工智能案例:它结合了过去 10 年或 15 年的研究成果,将几种不同算法的贡献拼凑在一起。在处理像扑克这样的部分信息博弈方面取得了很大的进展。在部分信息博弈(如扑克)中,你必须采用随机博弈策略,因为如果你总是虚张声势,那么人们就会发现你是虚张声势,然后他们会揭穿你的虚张声势。但是如果你从不虚张声势,那么当你的牌较弱时,你就永远无法从对手那里扳回一局。因此,人们早就知道,对于这类纸牌游戏,你应该随机化你的游戏行为,并以一定的概率虚张声势。

玩好扑克的关键是如何调整这些概率来决定下注,也就是说,有多少次下注得比你手上的牌大,又有多少下注得比你手上的牌小。这些概率的计算对于人工智能来说是可实现的,它们可以非常精确地完成,但仅适用于少量牌的扑克游戏,例如一局中只有几张牌。对于完整的扑克游戏,人工智能很难准确地进行这些计算。因此,在过去 10 年左右的时间里,人们一直在努力扩大人工智能可处理的扑克游戏的规模,我们逐渐看到能够计算越来越大的扑克牌数量的人工智能,以及计算能力在准确性和效率上的提高。

所以,Libratus 是另一个令人印象深刻的现代人工智能应用程序。但是考虑到从一个版本的扑克游戏到另一个稍微大一点版本的扑克游戏花了 10 年的时间,我不确定这些技术是否都是可扩展的。我认为还有一个合理的问题就是扑克游戏中的博弈论思想在多大程度上延伸到了现实世界中。我们没有意识到我们在日常生活中做了很多随机化的事情,尽管——可以肯定的是——这个世界充满了智能体,所以它应该是博弈论式的。

马丁·福特:自动驾驶汽车是人工智能最引人注目的应用之一。你估计完全自动驾驶汽车何时成为真正实用的技术?想象一下,你在曼哈顿的一个随机地点,叫了一辆优步,它将在没有人在车内驾驶的情况下到达,然后带你到你指定的另一个随机地点。你认为离这样的现实还有多远?

斯图尔特·罗素:是的,自动驾驶汽车的实现时间预估是一个具体问题,也是一个重要的经济问题,因为有公司正在这些项目上投入大量资金。

值得注意的是,第一辆真正的自动驾驶汽车在公路上行驶其实发生在 30 年前!那是恩斯特·迪克曼斯(Ernst Dickmanns)在德国演示的一辆汽车在高速公路上行驶、改变车道和超车。其中的困难当然是人类的信任:虽然它可以在短时间内成功进行演示,但是需要一个运行数十年且没有重大故障的人工智能系统才可以被认作是安全车辆。

因此,挑战在于建立一个人们自己和他们的孩子愿意相信的人工智能系统,我认为我们还没做到这一点。

目前在加利福尼亚州进行测试的结果表明,人们仍然认为他们必须在每英里的道路测试中进行一次干预。还有更成功的人工智能驾驶项目,例如 Waymo,这是谷歌进行这方面工作的子公司,有一些可观的记录;但是我认为,他们还需要几年时间才能在复杂条件下做到这一点。

这些测试大多是在路况良好的、标记良好的道路上进行的。而正如你所知,当你在夜间开车时,外面正下着倾盆大雨,道路上有灯光反射,也可能有道路施工,车道标记已经被移动……如果你跟着旧的车道标记走,可能会直接撞到墙上去。我认为在这种情况下,对于 AI 系统来说真的很难。这就是为什么我认为如果自动驾驶汽车问题在未来 5 年内得到充分解决,我们会很幸运。

当然,我不知道各大汽车公司有多大的耐心。我确实认为每个人都致力于人工智能驱动汽车即将到来的想法,当然主要的汽车公司认为他们必须尽早实现,否则就会错过一个重大机遇。

人工智能缔造师

马丁·福特：当人们问起自动驾驶汽车时，我通常会告诉他们一个 10 年到 15 年的时间预估。你的 5 年的估计似乎太乐观了。

斯图尔特·罗素：是的，5 年是乐观的。正如我所说，如果我们能在 5 年内看到无人驾驶汽车，我们就很幸运了，时间很可能更长。不过有一点是很明确的，那就是随着我们获得更多的经验，许多早期关于无人驾驶汽车的相当简单的架构的想法现在都被抛弃了。

在谷歌汽车的早期版本中，有基于芯片的视觉系统，可以很好地探测其他车辆、车道标记、障碍物和行人。这些视觉系统以某种逻辑形式有效地传递信息，然后控制器应用逻辑规则告诉汽车该做什么。问题是，谷歌发现自己每天都在添加新规则。也许汽车进入一个交通转盘或者一个环形交叉路口，此时有一个小女孩骑着自行车绕着交通转盘逆行。他们对那种情况没有规定，所以，他们必须添加一个新的，诸如此类。我认为从长远来看这种类型的架构可能永远不会起作用，因为总有更多的规则需要编码加入，如果某个特定的规则丢失了，这可能是一个生死攸关的问题。

相比之下，下国际象棋或围棋时，我们不会制定一系列特定于某个确切位置的规则，比如说，如果某一方的国王在这里，他们的车在那里，而他们的王后在那里，那么就采取这个行动。我们不是这样编写国际象棋程序的。我们通过了解国际象棋的规则，然后研究各种可能行为的后果来编写国际象棋程序。

自动驾驶汽车的人工智能必须以同样的方式处理道路上的意外情况，而不是通过特殊规则。当没有一个现成的策略来应对当前的情况时，它应该使用这种基于前瞻性的决策形式。如果人工智能没有这种方法作为后援，那么在某些情况下它会失败，无法安全驾驶。当然，这在现实世界中还不够好。

马丁·福特：你已经注意到了当前狭义或专业化人工智能技术的局限性。让我们谈谈通用人工智能的前景，它承诺有一天会解决前面提到的问题。你能确切地解释一下什么是通用人工智能吗？通用人工智能的真正含义是什么？在实现通用人工智能之前，我们需要克服哪些主要障碍？

斯图尔特·罗素：通用人工智能是最近才出现的一个术语，它实际上只是提醒在人工智能中我们的真正目标——一种与我们自己的智能非常相似的通用智能。从这个意义上说，通用人工智能实际上就是我们一直所说的人工智能。只是我们还没有完成，我们还没有创建出通用人工智能。

人工智能的目标一直是创造通用智能机器。通用人工智能还提醒我们，我们的人工智能目标中的"通用"部分经常被忽略，取而代之的是更具体的子任务和应用程序任务。这是因为到目前为止，在现实世界中解决子任务（如下棋）要容易得多。如果我们再看一下AlphaZero，它通常适用于两个玩家确定性完全可观察的棋盘游戏。然而它并不是一个可以解决所有类型问题的通用算法。AlphaZero不能处理部分可观测性，它无法应对不可预测性，它假设规则是已知的。可以说，AlphaZero无法处理未知的物理问题。

现在，如果我们能逐渐消除AlphaZero的这些限制，我们最终将拥有一个在几乎任何情况下都能够成功运行的人工智能系统。我们可以要求它设计一艘新的高速船舶，或者为晚餐铺设饭桌。我们可以让它诊断出我们的狗得了什么病，它应该能够做到这一点，甚至可以通过阅读所有已知的关于犬类药物的信息，并利用这些信息找出我们的狗得了什么病。

这种能力被认为反映了人类智能的普遍性。原则上只要有足够的时间，一个人可以做所有这些事情，而且可以做得更多。这就是我们在谈论通用人工智能时所想到的通用性概念：一种真正通用的人工智能。

当然，可能还有一些事情是人类做不到而通用人工智能能做到的。我们无法在头脑中把百万位数相乘，而计算机可以相对容易地做到这一点。因此，我们假设，事实上机器可能比人类表现出更大的通用性。

然而，同样值得指出的是，在以下意义上，机器与人类是不太可能有可比性的。一旦机器可以阅读，那么一台机器基本上可以阅读所有已写出的书，然而没有人能够阅读所有已写出的书，哪怕其中的一小部分。因此一旦通用人工智能达到了幼儿园孩子的阅读水平，它将超越一切人类已经做到的事情，并将拥有比任何人类所掌握的规模更大的知识库。

因此，在很多情况下，很可能发生的事情是，机器在许多重要方面的能力将远远超过人类的能力。它们可能在其他方面发育不良，所以从这个意义上说，它们看起来不像人类。这并不意味着人类和通用人工智能机器之间的比较是毫无意义的：从长远来看，重要的是我们与机器的关系以及通用人工智能机器在我们的世界中运作的能力。

在智能的某些方面（例如，短期记忆），人类实际上被类人猿超越了；尽管如此，哪一个物种占主导地位是毫无疑问的。如果你是大猩猩或黑猩猩，你的未来完全掌握在人类手中。这是因为尽管与大猩猩或类人猿相比,我们的短期记忆相当可怜,但由于我们在现实世界中的决策能力,我们能够支配它们。

毫无疑问,当我们创建通用人工智能时,我们将面临同样的问题:如何避免大猩猩和黑猩猩的命运,不要让通用人工智能控制我们自己的未来。

马丁·福特:这是个可怕的问题。早些时候,你谈到人工智能中的概念性突破通常比现实提前几十年。你有没有看到任何迹象表明,创建通用人工智能已经取得概念性的突破,或者通用人工智能在未来还有很长的路要走?

斯图尔特·罗素:是的,我确实感觉到许多通用人工智能的概念性构建块已经出现了。我们可以通过向自己提问来开始这个问题的探索:"为什么深度学习系统不能成为通用人工智能的基础? 它们有什么问题?"

很多人可能会这样回答我们的问题:"深度学习系统很好,但我们不知道如何存储知识,也不知道如何进行推理,或者如何建立更具表现力的模型,因为深度学习系统只是线路,而线路毕竟不是很有表现力。"

当然,正是因为线路的表现力不强,所以没人会考虑用线路来编写工资单软件。我们使用编程语言来创建工资单软件。使用线路编写的工资单软件将有数十亿页长,完全无用且不灵活。相比之下,编程语言是非常有表达能力且功能强大的。事实上,它们是能够表达算法思想的最强大的东西。

我们已经知道如何表示知识和如何进行推理:我们已经研究了相当长时间的计算逻辑。甚至早在计算机出现之前,人们就已经在思考进行逻辑推理的算法程序了。

因此,可以说,通用人工智能的一些概念构建块已经存在了几十年。我们只是还没有弄清楚如何将这些与深度学习那令人印象深刻的学习能力结合起来。

人类也已经建立了一种称为概率编程的技术,它将学习能力与逻辑语言和编程语言的表现能力结合在一起。从数学上讲,这样一个概率规划系统是一种把概率模型写下来,然后与实际数据结合,利用概率推理来产生预测的方法。

在我的小组里,我们有一种叫作 BLOG 的语言,它是基于贝叶斯逻辑。BLOG 是一种概率建模语言,你可以用 BLOG 模型的形式写下你所知道的东西,然后将这些知识与数据结合起来,进行推理,从而做出预测。

这种系统的一个现实例子是禁止核试验条约的监测系统。它的工作方式是我们写下我们对地球物理学的了解,包括地震信号在地球上的传播、地震信号的探测、噪音的存在、探测站的位置等。这是一个用形式语言表达的模型,伴随着所有的不确定性,例如我们预测信号在地球上传播速度的能力的不确定性。数据来自散布在世界各地的监测站的原始地震信息。然后预测:今天发生了什么地震事件? 它们发生在哪里? 有多深? 震级有多大? 或许还有:哪些可能是核爆炸引发的? 这个系统是目前对禁止核试验条约的一个积极监测系统,而且似乎运作得很好。

因此,概括地说,我认为通用人工智能或人类水平的智能所需的许多概念构建块已经存在了。但是仍然存在一些缺失的部分。其中之一是一个如何理解自然语言以产生知识结构的明确方法,推理过程可以基于这些知识结构进行。典型的例子可能是:一个通用人工智能如何阅读化学教科书,然后解决一堆化学考试问题——不是多项选择题,而是真正的化学考试问题——实打实地解决问题,演示产生答案的推导和论证? 然后,假设这样做的方式是优雅且有原则的,那么通用人工智能应该能够阅读物理教科书、生物教科书和材料教科书等。

马丁·福特:或者我们可以想象,一个通用人工智能系统从历史书中获取知识,然后将它所学到的知识应用到当代地缘政治的模拟中,或者类似的东西中,这样它就真正实现了知识的转移并将其应用到一个完全不同的领域?

斯图尔特·罗素:是的,我认为这是一个很好的例子,因为它关系到人工智能系统能够在地缘政治或金融领域层面上操控现实世界的能力。

举例来说,如果人工智能在为一位首席执行官提供公司战略方面的建议,那么通过设计一些令人惊叹的产品营销收购战略等,该公司可能会有效地超越所有其他公司。

所以,我想说理解语言的能力,然后根据理解的结果进行操作,对于通用人工智能来说是一个重要突破,这仍有待实现。

另一项仍有待实现的通用人工智能突破就是长时间跨度的运行能力。虽然 AlphaZero 是一个非常好的解决问题的系统,它可以思考未来的 20 步,有时是 30 步,但与人类大脑每时每刻所做的思考相比,这仍然是微不足道的。人类在最原始的时期,使用运动控制信号发送给肌肉,仅仅是输入一段文字,就需要数千万条运动控制指令。因此,由 AlphaZero 计算出的 20

个或 30 个步骤只能得到未来几毫秒运作的通用人工智能。就像我们之前说的，AlphaZero 对于规划机器人的活动是完全无用的。

马丁·福特：人类在闯荡这个世界的过程中要做如此多的计算和决策，我们是如何解决这个问题的呢？

斯图尔特·罗素：人类和机器人在现实世界中运作的唯一方式是在多个抽象尺度上运作。我们在规划我们的生活时，并不会考虑我们究竟要按什么顺序去做什么事情。相反，我们会这样规划自己的生活："好的，今天下午我要试着写我的书的另一章"，然后："它将是如此这般的"，或者类似"明天我将搭飞机飞回巴黎"。

这些都是我们的抽象行为。当我们开始更详细地计划它们时，我们将它们分解为更精细的步骤。这是人类的常识。我们总是这样做，但实际上我们不太明白如何让人工智能系统来这样做。尤其是我们还不知道如何让人工智能系统在一开始就构建这些高级动作。行为当然是按层次结构组织到这些抽象层中，但是层次结构从何而来？我们如何创建并使用它？

如果我们能够为人工智能解决这个问题，如果机器能够开始构建自己的行为层次结构，使它们能够在复杂的环境中长时间成功地运行，这将是通用人工智能的一个巨大突破，它将使我们在现实世界中向人类水平的功能迈进一大步。

马丁·福特：你对我们何时能实现通用人工智能有什么预测？

斯图尔特·罗素：这些突破与更大的数据集或更快的机器无关，因此我们无法对它们何时发生做出任何定量预测。

我总是以核物理学中发生的事情为例。欧内斯特·卢瑟福（Ernest Rutherford）在 1933 年 9 月 11 日曾表示，永远不可能从原子中提取原子能。他的预言是"永远"，但事实是，第二天早上利奥·西拉德（Leo Szilard）读了卢瑟福的演讲稿，感到恼火，并发明了一种由中子介导的链式核反应！卢瑟福的预言是"永远"，而事实是大约 16 个小时后就实现了。同样的，我觉得对通用人工智能的这些突破何时到来做定量预测也是徒劳的，卢瑟福的故事是一个很好的例子。

马丁·福特：你希望通用人工智能在你的有生之年实现吗？

斯图尔特·罗素：当被追问时，我有时会说是的，我希望通用人工智能在我孩子的有生之年实现。当然,我有点模糊陈述了,因为到那时我们可能有一些延长寿命的技术,所以可以把这个时间延长得相当多。

考虑到我们已经对这些突破有足够的了解,至少可以对它们进行描述,而且人们肯定对他们的解决方案有所了解,在我看来,我们只是在等待一点灵感。

此外,很多非常聪明的人都在努力解决这些问题,可能比这个领域历史上的任何时候都要多,主要是因为谷歌、Facebook、百度等。大量的资源正在投入人工智能。还有很多学生对人工智能也很感兴趣,因为它实在太令人兴奋了。

所以,所有这些都让人相信,突破发生的可能性相当高。这些突破在规模上当然可以与人工智能过去 60 多年中所取得的十几项概念性突破相媲美。

这就是为什么大多数人工智能研究人员都认为通用人工智能是在不远的将来会出现的东西。不是几千年以后,甚至可能也不是几百年以后。

马丁·福特:你认为当第一个通用人工智能被创造出来时会发生什么?

斯图尔特·罗素:当它实现的时候,它不会是我们跨越的一条终点线。它会沿着几个维度发展。我们将看到机器超越人类的能力,就像它们在算术、国际象棋、围棋和电子游戏方面所做的那样。我们将看到智能的其他维度和各种问题,一个接着一个;这些将对人工智能系统在现实世界中的作用产生影响。例如,通用人工智能系统可能拥有超越人类水平的战略推理工具,我们将这些工具用于军事和企业战略等方面。但这些工具可能优先于阅读和理解复杂文本的能力。

早期的通用人工智能系统仅凭自身仍然无法了解世界是如何运作的,也无法控制这个世界。

我们仍然需要为那些早期的通用人工智能系统提供大量的知识。不过这些通用人工智能不会看起来像人类,它们甚至不可能拥有与人类大致相同的能力。这些通用人工智能系统将在不同的方向上有绝对优势。

马丁·福特:我想多谈谈人工智能和通用人工智能的相关风险。我知道这是你最近工作的一个重点。

让我们从人工智能的经济风险开始,当然,我在我的上一本书《机器人的崛起:技术与未来失业的威胁》中写过。很多人认为,我们正处于一场新工业革命的前沿,这会给就业市场、经济等方面带来翻天覆地的变化。你是怎么想的？这是夸大其词，还是你会赞同这种说法？

斯图尔特·罗素：我们已经讨论了人工智能和通用人工智能的突破时间是如何难以预测。这些突破将使人工智能能够完成许多人类现在所做的工作。同样，很难预测哪些就业类别将面临被机器替代的风险以及相关的时间线。

我在许多讨论和演讲中看到人们谈论这个问题，他们可能高估了当前人工智能技术的能力，也高估了将我们所知道的技术整合到公司和政府现有的极其复杂的功能中的难度等。

我同意过去几百年来存在的许多工作都是重复的，而从事这些工作的人基本上是可以被替代的。如果有一项工作，你雇用了成百上千的人来完成它，你可以确定那个人做的是一项一遍又一遍地重复的任务，那么这类工作很容易受到影响。因为你可以说，在那些工作中，我们把人类当作机器人。所以当我们有了真正的机器人，它们可以做这些工作也就不足为奇了。

我还认为，目前各国政府的心态是："哦，那好吧。我想我们真的需要开始训练人们成为数据科学家，因为这是未来——或者机器人工程师的工作。"这显然不是解决方案，因为我们不需要 10 亿数据科学家和机器人工程师，我们只需要几百万。对于新加坡这样的小国来说，这可能是一个战略；或者在我目前所在的迪拜，这也可能是一个可行的战略。但对于任何一个大国来说，这都不是一个可行的战略，因为这些地区根本不会有足够的就业机会。这并不是说现在没有工作：当然有，培训更多的人去做是有意义的；但这根本不是解决长期问题的办法。

从长远来看，人类经济实际上只有两种未来。

首先，事实上，大多数人并没有做任何被认为具有经济效益的事情。他们不参与任何形式的以工换薪的经济交换，这是全民基本收入（universal basic income）的愿景：经济中有一个部分很大程度上是自动化的，而且生产率高得令人难以置信，生产率以商品和服务的形式创造财富，这些财富最终以某种方式补贴他人，使其可以存活。在我看来生活在这样一个世界似乎并不有趣，至少它本身并不有趣，没有很多其他的事情需要做以让生活有意义，并为人们提供足够的动力去做我们现在做的所有事情。比如，去学校、学习和培训，成为各个领域的专家。在没有任何经济功能的情况下，很难看到获得良好教育的动机。

从长远看，我可以看到的两种未来中的第二种是，尽管机器将做很多商品和基本服务，如运输，但人们仍然可以做一些事情来提高自己和他人的生活质量。有些人有能力去教学，无论是教人们欣赏文学还是音乐,如何建造,甚至是如何在荒野中生存,以激励人们过上更富有、更有趣、更多样化、更充实的生活。

马丁·福特:一旦人工智能改变了我们的经济,你认为我们作为个体和一个物种能走向积极的未来吗?

斯图尔特·罗素:是的,我的确这么认为,但我认为积极的未来需要人类的干预,来帮助人们过上积极的生活。我们需要从现在开始,积极地引导人类走向一个能够为人们带来生活中最具建设性的挑战和最有趣的经历的未来。一个能够建立情绪恢复能力并培养对自己和他人的生活普遍具有建设性和积极态度的世界。目前,我们在这方面做得相当糟糕。所以,我们现在必须开始改变。

我认为我们还需要从根本上改变我们对科学的目的及其能为我们做什么的态度。我口袋里有一部手机,人类大概花了一万亿美元在科学和工程上,最终创造了像我的手机这样的东西。然而,我们却几乎没花过什么钱去了解人们如何能过上有趣而充实的生活,以及我们如何才能帮助我们周围的人做到这一点。我认为,作为一个种族,我们需要开始认识到,如果我们以正确的方式帮助他人,这将为他们的余生创造巨大的价值。现在,我们几乎没有科学基础来研究如何做到这一点,我们没有学位课程来研究如何做到这一点,我们只有很少的关于这一点的期刊,而那些正在尝试的也没有被认真对待。

未来可能会有一个功能完善的经济体,在这个经济体中,那些擅长生活、帮助他人的人可以提供这些服务。这些服务可能是辅导,可能是教学,可能是安慰,也可能是合作,这样我们才能真正拥有一个美好的未来。

这绝对不是一个可怕的未来:这是一个比我们现在拥有的要好得多的未来;但它需要我们重新思考我们的教育体系、科学基础和经济结构。

我们现在需要从未来收入分配的经济学角度来理解这是如何运作的。我们希望避免出现这样一种情况:世界上有超级富豪,他们拥有生产资料——机器人和人工智能系统;然后有他们的仆人;再然后是其他什么都不做的人。从经济学的角度来看,这可能是最糟糕的结果。

因此,我确实认为一旦人工智能改变了人类经济,有一个积极的未来是有意义的,但我们需要更好地把握现在的情况,这样我们才能制订一个计划来实现目标。

人工智能缔造师

马丁·福特：你在伯克利大学和附近的加州大学旧金山分校都致力于将机器学习应用于医学数据。你认为人工智能会通过医疗和医学的进步为人类创造一个更加积极的未来吗？

斯图尔特·罗素：我认为是的，但我也认为医学是一个我们对人类生理学了解得非常多的领域，所以对我来说，基于知识或模型的方法比数据驱动的机器学习系统更有可能成功。

我不认为深度学习会在很多重要的医学应用中起作用。今天我们可以从数百万患者那里收集 TB 级的数据，然后将这些数据放入一个黑盒学习算法，这种想法对我来说毫无意义。当然，在医学的某些领域，数据驱动的机器学习可能非常有效。基因组数据是一个领域，预测人类对各种遗传相关疾病的易感性。而且，我认为，基于深度学习的人工智能将在预测特定药物的潜在疗效方面发挥强大作用。

但是，这些例子离人工智能像医生那样有能力做出比如一个病人脑子里有个阻塞脑脊液循环的脑室阻塞的诊断还很远。要做到这一点，更像是诊断汽车的哪个部分坏了。如果你不知道汽车是如何工作的，那么弄清楚是风扇皮带坏了就非常非常困难了。

当然，如果你是一个专业的汽车修理工，你知道它是如何工作的，你有一些症状要处理，也许是有一种拍打的噪音，汽车过热了，那么你通常可以很快地解决它。这和人类生理学是一样的，除了在建立这些人类生理学模型方面我们必须付出巨大的努力。

在 20 世纪 60 年代和 70 年代，人们已经在这些模型上投入了大量的精力，它们在一定程度上促进了人工智能系统在医学上的进步。但今天我们有技术能够特别代表这些模型中的不确定性。机械系统模型是确定性的并且具有特定的参数值：它们正好代表一个完全可预测的、虚构的人。

另一方面，今天的概率模型可以表示整个群体，它们可以准确地反映出我们预测的不确定性程度，例如能够有多准确地预测某人何时会心脏病发作。在个人层面上很难预测像心脏病发作这样的事情，但我们可以预测每个人都有一定的概率，在极端运动或压力下可能会增加，这种概率取决于个体的不同特征。

这种更现代和更具概率性的方法比以前的系统表现得更合理。概率系统使我们能够将经典的人类生理学模型与观测和实时数据相结合，做出强有力的诊断和计划治疗。

马丁·福特：我知道你非常关注人工智能武器化的潜在风险。你能多谈谈吗？

斯图尔特·罗素

斯图尔特·罗素:是的,我认为自主武器正在引发一场新的军备竞赛。这场军备竞赛可能已经导致致命自主武器的发展。这些自主武器可以被赋予一些任务描述,这些任务是武器本身能够实现的,例如识别、选择和攻击人类目标。

有道德上的争论认为,这将越过人工智能的底线:我们将生死的权力交给一台机器来决定,这从根本上就是对人类生命价值和生命尊严的漠视。

但我认为一个更实际的论点是,自治的逻辑结果是可扩展性。由于每件自主武器都不需要由个人监督,因此有人可以发射任意数量的武器。有人可以发动一次攻击,在一个控制室里的 5 个人可以发射 1 000 万件武器,杀死某个国家所有 12 岁到 60 岁的男性。因此,这些武器可以是大规模杀伤性武器,它们具有这种可扩展性:有人可以使用 10 件、1 000 件、100 万件或 1 000 万件武器发动攻击。

有了核武器,如果它们真的被使用,就会有人跨过一个重要的门槛,而这是我们一直在设法避免的。自 1945 年以来,我们一直在设法避免跨过这一门槛。但是自主武器没有这样的门槛,所以事情可以更顺利地升级。它们也很容易扩散,所以一旦它们被大量制造出来,很可能会出现在国际武器市场上。

马丁·福特:在商业应用和潜在的军事应用之间有很多技术转移。你可以在亚马逊上购买一架可能被武器化的无人机……

斯图尔特·罗素:所以,现在,你可以买一架遥控的无人机,也许有第一人称视角。你当然可以做到给它装上一个小炸弹,然后把它送出去,杀死某人,但那是一个遥控飞行器,这是不同的。它是不可扩展的,因为你不能发射 1 000 万个,除非你有 1 000 万个操控人员。所以,当然有人需要整个国家的训练来做到这一点,或者他们也可以给那 1 000 万人提供机关枪,然后去杀人。谢天谢地,我们有一个控制制裁和军事准备等的国际体系,来试图防止这些事情的发生。但是我们没有一个国际控制系统来对付自主武器。

马丁·福特:但是,难道地下室里的一些人不能开发出他们自己的自动控制系统,然后将其部署到商用无人机上吗?我们怎样才能控制这些自制的人工智能武器呢?

斯图尔特·罗素:是的,类似于控制自动驾驶汽车的软件可以被用来控制运送炸弹的四轴飞行器。那你可能就有了一件自制的自主武器。根据一项条约,会有一个核查机制,需要无人机制造商和自动驾驶汽车芯片制造商等的合作,因此任何大量订购的人都会被注意到,正如

人工智能缔造师

任何订购大量化学武器的人都不会逍遥法外一样,因为根据化学武器条约,公司必须了解其客户并报告任何大量购买某些危险产品的不寻常企图。

我认为有可能建立一个相当有效的制度,防止民用技术的大规模转移以制造自主武器。坏事还是会发生,我认为这可能是不可避免的,因为在少数情况下,自制自主武器总是可行的。不过在少数情况下,自主武器并不比由人操控的武器具有巨大的优势。如果你要用 10 件或 20 件武器发动攻击,你最好可以操控它们,因为找 10 个或 20 个人来做这件事是可能的。

当然,人工智能和战争还有其他风险,比如当机器误解了某些信号并开始相互攻击时,人工智能系统可能会意外地升级战争。而未来网络渗透的风险意味着,你可能认为你有一个基于自主武器的强大防御系统,但事实上你的所有武器都已被破解,并将在冲突开始时转而攻击你。所有这些都会导致战略上的不确定性,这一点都不好。

马丁·福特:这些都是可怕的情景。你还制作了一个短片叫作《杀戮机器人》(*Slaughterbots*),这是一个相当可怕的视频。

斯图尔特·罗素:我们制作这个视频只是为了说明这些概念,因为我觉得,尽管我们尽了最大的努力来写下这些概念并对它们进行了介绍,但不知何故,这些信息并没有被传达出去。人们仍然在说:"哦,自主武器只是科幻小说。"他们仍然把它想象成天网(Skynet)和终结者,一种不存在的技术。所以,我们只是想指出,我们谈论的不是自发的邪恶武器,我们谈论的不是占领世界,但我们也不再谈论科幻小说了。

这些人工智能作战技术在今天是可行的,它们带来了一些新的极端风险。我们说的是大规模杀伤性武器落入坏人手中。这些武器可能对人类造成巨大伤害。这就是自主武器。

马丁·福特:2014 年,你和已故的史蒂芬·霍金、物理学家马克斯·泰格马克(Max Tegmark)和弗兰克·威尔切克(Frank Wilczek)一起公开发表了一封信,警告我们没有足够认真地对待与先进人工智能相关的风险。值得注意的是,你是作者中唯一的计算机科学家。你能说说那封信背后的故事吗?是什么促使你写这封信的?[①]

---

① 参见 https://www.independent.co.uk/news/science/stephen-hawking-transcendence-looks-at-the-implications-of-artificial-intelligence-but-are-we-taking-9313474.html。

斯图尔特·罗素

斯图尔特·罗素：嗯，这是一个有趣的故事。事情是从我接到美国国家公共广播电台的电话开始的，他想就这部名为《超越骇客》(Transcendence)的电影采访我。当时我住在巴黎，电影还没在巴黎上映，所以我还没看过。

我从冰岛参加完会议回来的路上碰巧在波士顿停留，所以我在波士顿下了飞机，去电影院看了电影。我坐在电影院前排，根本不知道电影里会发生什么，然后，"哦，看！那是伯克利计算机科学系。有点好笑。"约翰尼·德普(Johnny Depp)扮演人工智能教授，"哦，很有趣。"他正在做一个人工智能方面的演讲，然后有某个反人工智能的恐怖分子决定向他开枪。所以，看到这一切事情发生，我不由自主地往座位上一缩，因为那也可能是我。之后电影的基本情节是在他死前设法将他的大脑信息上传到一台大型量子计算机中，这两者的结合创造了一个超级智能实体，威胁要接管世界，因为它非常迅速地发展出各种令人惊叹的新技术。

所以不管怎样，我们写了一篇文章，表面上是对这部电影的评论，但实际上是在说："你知道，虽然这只是一部电影，但潜在的信息是真实的：如果什么时候我们创造出能够对现实世界产生主导作用的机器，那么这会给我们带来一个非常严重的问题，即事实上，我们可能会把未来的控制权让给人类以外的其他实体。"

问题很简单：我们的智能是我们控制世界的能力，因此智能代表着统治世界的力量。如果某物有更高的智商，那么它就有更大的力量。

我们已经在创造比我们强大得多的东西的道路上了，但无论如何，我们必须确保它们永远永远不会有任何力量。所以，当我们这样描述人工智能的情况时，人们会说："哦，我明白了。好吧，是有问题。"

马丁·福特：然而，许多著名的人工智能研究人员对这些担忧相当不屑一顾……

斯图尔特·罗素：让我来谈谈这些人工智能否定论者。关于为什么我们不应该关注人工智能问题，人们提出了各种各样的论点，而且这些论点太多了，根本无法计数。我收集了25个到30个不同的论点，它们都有一个共同的属性，那就是它们根本没有任何意义。它们经不起仔细推敲。举个例子，你会经常听到这样的话："嗯，你知道，这绝对不是问题，因为我们可以把它们关掉。"这就好比说，在围棋中击败 AlphaZero 绝对不是问题，你只要把白色的棋子放在正确的地方。它经不起5秒钟的仔细检查。

人工智能缔造师

我认为,许多人工智能否定论者的论点反映了一种下意识的防御反应。也许有些人会想:"我是人工智能研究员。我觉得这个想法对我有威胁,因此我要把这个想法从我的脑海中抹去,找到一些理由把它从我的脑海中抹去。"这是我的一个理论,关于为什么一些原本很有见识的人会试图否认人工智能将成为人类的一个问题。

这甚至延伸到了人工智能界的一些主流人士,他们否认人工智能终将成功,这很讽刺,因为我们用了 60 年的时间来抵御哲学家,他们否认人工智能终将成功。我们也用了 60 年的时间,一次又一次地证明和展示,那些哲学家们说不可能的事情是如何发生的,比如在国际象棋比赛中击败世界冠军。(译者注:有不少哲学家对人工智能有观点和建议,但是大多数时候在实践上并没有明显效用。这里的意思是说不用哲学家们提出来的思路来做人工智能。)

现在,人工智能领域的一些人突然说人工智能永远不会成功,所以没有什么好担心的。

要我说,这完全是一种病态反应。如同面对核能和原子武器那样,看起来假设人类的聪明才智将能够克服重重障碍而揭示放弃控制权的潜在威胁,是一种对未来的慎重考虑。为这样的情况做准备并搞清楚如何设计系统使得放弃控制权这样的情况不会发生,也是一种对未来的慎重考虑。所以这就是我的目标:帮助我们为人工智能的威胁做好准备。

马丁·福特:我们应该如何应对这种威胁?

斯图尔特·罗素:问题的关键在于我们在定义人工智能的方式上犯了一个小错误,所以我对人工智能重新定义如下。

首先,如果我们想构建人工智能,我们最好弄清楚什么是智能。这意味着我们必须汲取数千年的传统、哲学、经济学和其他学科的知识。智能的概念是指人类的智能达到了他们的行动可以预期达到他们的目标的程度。这个概念有时被称为理性行为,它包含着各种各样的智能,如推理能力、计划能力、感知能力等。这些都是在现实世界中明智行事所必需的能力。

问题是,如果我们成功地创造出具有这些能力的人工智能和机器,那么除非它们的目标恰好与人类的目标完全一致,否则我们就创造出了一些非常聪明但其目标与我们的目标不同的东西。然后,如果人工智能比我们更聪明,那么它将实现它的目标,而我们自己的目标很可能就无法达成了!

这对人类的负面影响是无限的。错误在于我们将智能这个对人类有意义的概念转移到机器上的方式。

我们并不想要有我们这种智能的机器。实际上,我们想要的是那些行动可以预期达到我们的目标而不是它们的目标的机器。

我们对人工智能最初的想法是,为了制造一台智能机器,我们应该构建优化器:当我们给它们一个目标时,它们能很好地选择行动。然后它们就可以实现我们的目标了。那可能是个错误。到目前为止它还在运行,但这仅仅是因为我们还没有制造出非常智能的机器,而我们已经制造出来的那些机器只投入了迷你世界,比如模拟棋盘、模拟围棋等。

当人类迄今为止所制造出的人工智能进入现实世界时,事情就有可能出错,我们在闪电崩盘(flash crash)中看到了一个这样的例子。随着闪电崩盘的发生,出现了许多交易算法,其中有一些相当简单,但也有一些相当复杂的基于人工智能的决策和学习系统。在现实世界中,在闪电崩盘期间,灾难性错误发生,那些机器导致股市崩盘。它们在几分钟内就蒸发了超过1万亿美元的股票价值。闪电崩盘是对我们的人工智能的一个警告信号。

思考人工智能的正确方法是,我们应该制造出能够帮助我们实现目标的机器,但是我们绝对不能把我们的目标直接放入机器中!

我的观点是,人工智能的设计必须始终试图帮助我们实现我们的目标,但不应假定人工智能系统知道这些目标是什么。

如果我们以这种方式制造人工智能,那么人工智能必须追求的目标的性质总是存在明显的不确定性。事实证明,这种不确定性实际上是我们所需要的安全边际。

我举一个例子来说明我们确实需要的这种安全边际。让我们回到以前的想法,如果我们有麻烦的话,我们可以——如果我们需要——只要关掉机器。当然,如果机器有一个像"去拿咖啡"这样的目标,那么显然一台足够聪明的机器意识到如果有人把它关掉,那么它就不能去拿咖啡了。如果它一生的使命,如果它的目标是去拿咖啡,那么从逻辑上讲它会采取措施防止自己被关掉。它将禁用关闭开关。它可能会让任何试图关闭它的人不能完成关闭。所以,当你拥有一台足够智能的机器时,你可以想象"去拿咖啡"这样一个简单的目标,会产生的所有这些意料之外的后果。

现在在我对人工智能的设想中,我们设计的机器虽然仍然想"去拿咖啡",但它明白还有很多其他的事情是人类可能关心的,只是它并不真正知道那些是什么!在这种情况下,人工智能知道它可能会做一些人类不喜欢的事情——而如果人类关闭了它,那就是为了防止一些会让人类不高兴的事情发生。因为在这个设想中,机器的目标是避免让人类不高兴,尽管人工智能不知道那意味着什么,但它实际上有一个让自己关闭的动机。

我们可以将人工智能的这一特殊设想带入数学中,并证明安全边际(在这种情况下,意味着机器必须拥有允许自己被关闭的动机)与它对人类目标的不确定性直接相关。当我们消除了这种不确定性,机器就开始相信它确实知道真正的目标是什么,然后这种安全边际又开始消失,机器最终会阻止我们关闭它。

通过这种方式,我们可以证明,至少在一个简化的数学框架中,当你这样设计机器——明确地不确定它们所追求的目标——那么它们可以被证明是有益的,这意味着你有这台机器可能比没有更好。

我在这里分享的是一个迹象,可能有一种人工智能的构想方式与我们迄今为止对人工智能的思考方式有点不同,有一些方法可以建立一个在安全和控制方面具有更好性能的人工智能系统。

马丁·福特:关于这些人工智能安全和控制的问题,很多人担心与其他国家的军备竞赛。这是我们应该认真对待、应该非常关注的事情吗?

斯图尔特·罗素:尼克·博斯特罗姆和其他一些人提出了这样的担忧:如果一个政党认为在人工智能领域的战略主导地位是其国家安全和经济领导地位的关键组成部分,那么这个政党将被驱使去尽快发展人工智能系统的能力,越快越好,(哦是的)并不会去担心可控性问题。

从较高层面来看,这似乎是一个合理的论点。另一方面,当我们生产的人工智能产品能够在现实世界中运作时,将有明确的经济动机来确保它们处于控制之下。

为了探索这种情况,让我们考虑一个可能很快就会出现的产品:一个相当智能的私人助理,它可以记录你的活动、对话、人际关系等,以一个好的专业人类助理可能帮助你的方式来管理你的生活。现在,如果这样一个系统不能很好地理解人类的偏好,并且以我们已经讨论过的不安全的方式行事,那么人们根本就不会购买它。如果它误解了这些事情,那么它可能会为你预订一晚 2 万美元的酒店房间,或者它可能会取消你与副总统的会面,只是因为你要去看牙医。

在这种情况下,人工智能误解了你的偏好,它认为自己知道你想要什么,而不是谦虚地去理解你的偏好,这完全是错误的。我曾在其他论坛上引用过一个家用机器人的例子,它不明白猫的营养价值远远低于猫的情感价值,所以它决定将猫煮了当晚餐。如果真是这样,那将是机器人产业的终结,没有人会希望家里有一个会犯这种错误的机器人。

如今,生产越来越智能化产品的人工智能公司必须至少解决这个问题的一个版本,才能使他们的产品成为好的人工智能系统。

我们需要让人工智能社区明白,不可控、不安全的人工智能就是不好的人工智能。

就像一座桥塌了就不是一座好桥一样,我们需要认识到那些不可控、不安全的人工智能就不是好的人工智能。土木工程师不会到处说:"哦,是的,我设计的桥不会塌下来,你知道,不像其他人,他设计的桥会塌下来。"这就是"桥"这个词的内在含义,它不应该塌下来。

当我们定义人工智能时,这应该被纳入我们所指的含义中。我们需要以这样一种方式来定义人工智能,即在任何国家,人工智能都应该处于它为之工作的人类的控制之下。而且我们需要定义人工智能,让它现在和将来都具有我们称之为可纠正性(corrigibility)的特性:它可以被关闭,如果它在做我们不喜欢的事情,它可以被纠正。

如果我们能让全世界所有的人工智能人都明白这些正是好的人工智能的必要特征,那么我认为我们在使人工智能领域的未来前景更加光明的道路上走了很长一段路。

没有比控制失败更能摧毁人工智能领域的了,就像切尔诺贝利和福岛事故导致的核工业自我毁灭一样。如果我们不能解决控制问题,人工智能就会自取灭亡。

马丁·福特:总而言之,你是个乐观主义者吗?你认为事情会有结果吗?

斯图尔特·罗素:是的,我确实认为我是个乐观主义者。我认为还有很长的路要走。我们只是触及了这个控制问题的表面,但第一次触及似乎是富有成效的,所以我相当乐观地认为,有一条人工智能发展的道路可以把我们引向"可证明有益的人工智能系统"。

当然,存在这样的风险:即使我们确实解决了控制问题,即使我们确实建立了可证明有益的人工智能系统,也会有一些人选择不使用它们。这里的风险是,一方或另一方只选择放大人工智能的能力,而不考虑安全方面。

人工智能缔造师

这可能是邪恶博士(Dr. Evil)类型的角色,《王牌大贱谍》(*Austin Powers*)中的反派想要统治世界,却意外释放了一个最终会给所有人带来灾难性后果的人工智能系统。或者这可能是一种更大的社会风险,一开始有能力、可控的人工智能对社会来说是非常好的,但后来我们过度使用了它。在这些风险情境中,我们走向了一个衰弱的人类社会,我们把太多的知识和太多的决策转移到机器中,而我们永远无法恢复这些知识和决策。在这条社会道路上我们最终可能会失去作为人类的全部能力。

这幅社会图景就是电影《机器人总动员》(*Wall-E*)中描绘的未来,人类在宇宙飞船中被机器照顾着,变得越来越胖、越来越懒、越来越愚蠢。这是科幻小说中的一个老主题,在《机器人总动员》中得到了很好的诠释。假设我们已经成功应对已讨论过的所有其他风险,这将是我们需要关心的未来问题。

作为一个乐观主义者,我能预见这样的未来,人工智能系统设计得足够好,它们对人类说:"不要使用我们。你们自己去学吧。保持自己的能力,通过人类自身而不是机器传播文明。"

当然,如果我们被证明是一个太过懒惰和贪婪的种族,那么我们可能会忽视一个有用且设计良好的人工智能,然后我们将付出代价。从这个意义上说,这可能会成为一个更大的社会文化问题,我确实认为我们人类需要做好准备,确保这种情况不会发生。

斯图尔特·罗素

斯图尔特·罗素是加州大学伯克利分校的电气工程和计算机科学系教授,是人工智能领域公认的世界领先贡献者之一。他与彼得·诺维格(Peter Norvig)合著了《人工智能:一种现代方法》(译者注:目前该书已出了 4 版),这是目前 118 个国家的 1 300 多所高校使用的人工智能教科书。

1982 年,斯图尔特在牛津大学沃德姆学院获得物理学学士学位,1986 年在斯坦福大学获得计算机科学博士学位。他的研究涉及许多与人工智能相关的课题,如机器学习、知识表示和计算机视觉,他获得了众多奖项和殊荣,包括 IJCAI 计算机与思维奖,被选为美国科学促进协会、美国人工智能促进协会(AAAI)和美国计算机协会(ACM)的会员。

"在过去，当人工智能被大肆宣传时，包括 20 世纪 80 年代的反向传播，人们都期望它能做伟大的事情，但它实际上并没有做到人们所期望的。今天，它已经做了很多伟大的事情，所以它不可能只是炒作。"

杰弗里·辛顿

多伦多大学计算机科学系名誉教授

谷歌副总裁兼工程研究员

杰弗里·辛顿有时被称为深度学习教父，他是深度学习一些关键技术背后的驱动力，比如反向传播、玻尔兹曼机和胶囊神经网络。除了在谷歌和多伦多大学的工作，他还是人工智能向量研究所(Vector Institute for Artificial Intelligence)的首席科学顾问。

人工智能缔造师

马丁·福特：你最为著名的研究是反向传播算法。能解释一下什么是反向传播吗？

杰弗里·辛顿：解释它的最好方法是解释它不是什么。当大多数人想到神经网络时，有一个明显的算法来训练它们：想象你有一个有多层神经元的网络，在底层有一个输入，在顶层有一个输出。每个神经元都有一个与每个连接相关的权重。每个神经元所做的就是观察它下面一层的神经元并将下面一层神经元的激活值乘以权重，然后把所有这些相加，得到一个输出，就是这个和的函数。通过调整连接上的权重，你可以获得做任何你想做的事的网络，例如看一张猫的图片并将其标记为猫。

问题是，你应该如何调整权重，使网络达到你想要的效果？有一个确实有效但速度非常慢的简单算法——这是一个愚蠢的变异算法，你从所有连接的随机权重开始，并且给你的网络一组例子，看看它的效果如何。然后取其中一个权重，稍微改变一下，再给它另一组例子，看看它是比以前做得更好还是更差。如果它比以前更有效，你就保留你所做的改变。如果它的效果比以前差，你就不能保持这种变化，而是往相反的方向调整权重。接下来再取另一个权重并做同样的事。

你必须遍历所有的权重，对于每个权重，必须在一组示例上度量网络的性能，每个权重必须多次更新。这是一个非常慢的算法，但是它确实有效，而且它可以做任何你想做的事情。

反向传播基本上是一种实现相同目标的方法。这是一种调整权重的方法，但与上面的愚蠢算法不同，它要快得多。网络中有多少个权重它就快多少倍。如果你有一个有 10 亿个权重的网络，反向传播将比上面的愚蠢算法快 10 亿倍。

愚蠢算法的工作原理是让你稍微调整其中一个权重，然后进行度量，看看网络的表现如何。对于进化来说，这是你必须做的，就像人类的进化，从基因到人的过程取决于人类所处的环境。你无法从基因型中准确预测表型会是什么样子，也无法预测表型会有多成功，因为这取决于世界上正在发生的事情。

然而，在神经网络中，处理器会根据输入和权重来判断你是否成功地生成了正确的输出。你可以控制整个过程，因为这一切都发生在神经网络内部，你知道所有涉及的权重。反向传播通过网络反向发送信息来利用这一切。利用它知道所有权重的事实，它可以并行计算网络中的每一个权重，不管你是应该让它大一点还是小一点来改善输出。

区别在于，在进化中，你可以度量变化的效果，而在反向传播中，你可以计算出变化的效果，你可以在不受干扰的情况下同时对所有权重进行计算。利用反向传播，你可以快速调整权重，因为你可以给它几个例子，然后反向传播预测值和目标值之间的差距，现在就可以搞清楚如何同时改变所有权重让它们更好。你仍然需要多次执行该过程，但它比进化方法快得多。

马丁·福特： 反向传播算法最初是由大卫·鲁迈勒哈特（David Rumelhart）发明的，对吧，你把这项工作向前推进了？

杰弗里·辛顿： 在大卫·鲁迈勒哈特之前，有很多不同的人发明了不同版本的反向传播。这些大多数是独立的发明，我觉得我个人占据了太多的荣誉。我在媒体上看到有种说法是我发明了反向传播，这是完全错误的。这是一个罕见的案例，一个学者觉得他在某件事情上获得了太多的荣誉！我想澄清，我的主要贡献是展示如何使用它来学习分布式表示（distributed representation）。

1981 年，我在加州圣地亚哥做博士后，大卫·鲁迈勒哈特提出了反向传播的基本思想，所以这是他的发明。我和罗纳德·威廉姆斯（Ronald Williams）与他一起研究如何正确地表达它。我们让它工作了，但是我们没有做任何特别令人印象深刻的事情，也没有发表任何东西。

在那之后，我去了卡内基梅隆大学，研究玻尔兹曼机，我认为这是一个更有趣的想法，尽管它工作得并不好。然后在 1984 年，我再次尝试反向传播，以便将其与玻尔兹曼机进行比较，而我发现它实际上工作得更好，于是我又开始与大卫·鲁迈勒哈特通信。

让我对反向传播非常感兴趣的是我所说的"家谱任务"，在这个任务中，你可以证明反向传播可以学习分布式表示。我从高中开始就对大脑的分布式表示感兴趣，最后，我们有了一个有效的方法来学习它们！如果你给神经网络一个问题，比如我要输入两个单词，它就必须输出第三个单词，它会学习单词的分布式表示，而这些分布式表示可以捕获单词的含义。

早在 20 世纪 80 年代中期，计算机运行速度还非常慢的时候，我用了一个简单的例子，在这个例子中你有一个家谱，我会告诉你这个家谱中的关系。我会告诉你 Charlotte 的母亲是 Victoria，所以我会说 Charlotte 和母亲，正确的答案是 Victoria。我也会说 Charlotte 和父亲，正确答案是 James。一旦我说了这两件事，因为这是一个非常普通、没有离婚的家庭的家谱，你可以使用传统的人工智能方法，利用你的家庭关系知识，来推断 Victoria 一定是 James 的配偶,因为 Victoria 是 Charlotte 的母亲,而 James 是 Charlotte 的父亲。神经网络也可以推断出这一点,但它不是通过推理规则来做到的,而是通过为每个人学习一堆特征来做到的。Victoria 和 Charlotte 是一组独立的特征,然后通过使用这些特征向量之间的交互,就可以输出正确的人的特征。从 Charlotte 的特征和母亲的特征,它可以衍生出 Victoria 的特征,当你训练神经网络时,它会学习这样做。最令人兴奋的是,对于这些不同的单词,它将学习这些特征向量,并学习单词的分布式表示。

1986 年,我们向《自然》杂志提交了一篇论文,文中有这个反向传播学习单词的分布式特征的例子,我和论文的一位审稿人谈过,这让他非常兴奋,因为这个系统正在学习这些分布式表示。他是一位心理学家,他明白拥有一种能够学习事物表示的学习算法是一个巨大的突破。我的贡献不是发明了反向传播算法,这是鲁迈勒哈特已经发明的东西,我的研究表明反向传播可以学习这些分布式表示,这是心理学家感兴趣的,最终也是人工智能领域的人感兴趣的。

好几年后,在 20 世纪 90 年代初,约书亚·本吉奥重新发现了同样的网络,但当时的计算机速度更快。约书亚把它应用到语言中,所以他会拿真实的文本,用几个词作为上下文,然后试着预测下一个词。他证明了神经网络在这方面相当擅长,它可以发现这些词的分布式表示。这个结果产生了很大的影响,因为反向传播算法可以学习表示,而你不必手动输入它们。像扬·勒丘恩这样的学者在计算机视觉领域进行这些研究已经有一段时间了。他证明了反向传播可以学习处理视觉输入的好过滤器,从而做出好的决定,并且因为我们知道大脑会做这样的事情,所以这结论就更明显了。反向传播可以学习分布式表示以捕获单词的含义和语法,这是一个重大突破。

马丁·福特:所以说,在那个时候使用神经网络仍然不是人工智能研究的主要方向吧?直到最近神经网络才成为人们关注的焦点。

杰弗里·辛顿:这样说是有一定道理的,但你也需要区分人工智能和机器学习,以及心理学。1986 年反向传播开始流行后,很多心理学家对它产生了兴趣,他们并没有真的对它失去兴趣,他们一直相信反向传播是一种有趣的算法,可能不是大脑真正工作的机制,但还是一种研究发展表示的有趣的方法。偶尔,你会认为只有少数人在做这件事,但事实并非如此。在心理学方面,很多人对它保持着兴趣。在人工智能领域发生的事情是,在 20 世纪 80 年代末,扬·勒丘恩在识别手写数字方面取得了一些令人印象深刻的成果,还有其他一些相当令人印象深刻的反向传播应用,从语音识别到预测信用卡欺诈。然而,反向传播的支持者们认为这个技术将会取得惊人的效果,这点确实有点过度扩大了。神经网络并没有达到我们对它的期望。我们原以为会很精彩,但事实上,它就仅是那么好而已。

在 20 世纪 90 年代早期,其他针对小数据集的机器学习方法比反向传播更有效,并且需要处理的东西更少,能够更好地工作。特别是,与反向传播相比,支持向量机在识别手写数字方面做得更好,而识别手写数字是反向传播做得非常好的一个典型例子。正因为如此,机器学习社区真的对反向传播失去了兴趣。他们认为其中有太多烦琐的地方,它的效果不够好,不值得大家去应对所有的烦琐,而且仅仅从输入和输出就能够学到多层隐含表示是不可能的。每一层都会是一堆以特定方式表示的特征检测器。

反向传播的想法是,你可以学习很多层,然后你就可以做一些惊人的事情,但我们很难学习更多的层,也就做不到惊人的事情。统计学家和人工智能领域的人们普遍认为,我们是一厢情愿的思考者。我们认为,仅仅从输入和输出,应该能够学习所有这些权重,而这是不现实的。你得把大量的知识联系起来才能使任何事情都顺利进行。

在 2012 年之前,这一直是计算机视觉界的观点。大多数计算机视觉领域的人都认为神经网络是疯狂的,尽管扬·勒丘恩的系统有时比最好的计算机视觉系统工作得更好,但他们仍然认为神经网络是疯狂的,这不是做视觉的正确方法。他们甚至拒绝了扬的论文,尽管它们在特定问题上比最好的计算机视觉系统做得更好,因为审稿人认为这是错误的做法。这是一个很好的例子,科学家们说:"我们已经决定了答案应该是什么样子的,任何看起来不像我们所相信的答案的东西都是没有意义的。"

最后,科学胜出了,我的两个学生赢得了一场大型的公开比赛,他们戏剧性地赢了。他们的错误率几乎是最好的计算机视觉系统的一半,他们主要使用了扬·勒丘恩的实验室中开发的技术,但也混合了我们自己的一些技术。

马丁·福特:这个就是 ImageNet 的比赛?

杰弗里·辛顿:是的,当时发生的事是科学界应该发生的事。过去人们认为完全是胡说八道的一种方法现在比他们相信的方法有效得多,两年内,他们都改变了看法。所以,对于像目标分类这样的事情,现在没有人会想着在不用神经网络的情况下尝试去做。

人工智能缔造师

马丁·福特：我想那是在 2012 年。这是深度学习的拐点吗？

杰弗里·辛顿：对于计算机视觉来说，这是拐点。而对于语音来说，拐点早在几年前就出现了。2009 年，多伦多的两名研究生证明，使用深度学习可以做出更好的语音识别器，他们作为实习生去了 IBM 和微软。第三个学生把他们的系统带到了谷歌。他们建立的基本系统得到了进一步的发展，在接下来的几年里，所有这些公司的实验室都转而使用神经网络进行语音识别。最初，系统只是在前端使用神经网络，最终，系统的所有部分都使用了神经网络。在 2012 年之前，许多语音识别领域的佼佼者已经转而相信神经网络，但最大的公众影响是在 2012 年，视觉社区几乎一夜之间彻底改变了想法，这种疯狂的做法最终取得了胜利。

马丁·福特：如果你现在读报纸，你会觉得神经网络和深度学习相当于人工智能——它们是整个领域。

杰弗里·辛顿：在我职业生涯的大部分时间里，都有人工智能，就是一种基于逻辑的通过加入允许它们处理符号字符串的规则来制造智能系统的想法。人们相信那就是智能，那就是他们制造人工智能的方式。他们认为智能就是根据规则处理符号串，他们只需要找出符号串是什么，规则是什么，这就是人工智能。然后还有另一个根本不是人工智能，那就是神经网络，这是一种通过模仿大脑的学习方式来制造智能的尝试。

注意，经典人工智能对学习不是特别感兴趣。在 20 世纪 70 年代，主流的人工智能研究者们总是说学习不是重点。必须弄清楚规则是什么，操纵的符号表达式是什么，我们可以以后再学习。为什么？因为重点是推理。在你弄清楚如何进行推理之前，思考学习是没有意义的。以逻辑为基础的人对符号推理感兴趣，而以神经网络为基础的人对学习、感知和运动控制感兴趣。研究者们试图解决不同的问题，相信推理是人类进化中很晚才出现的，它不是理解大脑工作原理的基本方法。符号推理是建立在与研究大脑工作基础原理无关的一些工作上面的。

现在发生的事情是，业界和政府用"人工智能"来表示深度学习，所以你看到了一些非常矛盾的情况。在多伦多，我们从业界和政府那里获得了很多资金，成立了人工智能向量研究所，对深度学习进行基础研究，同时也帮助业界更好地应用深度学习，并对人们进行深度学习教育。当然，其他人也会想要一些钱，另一所大学声称他们那里做人工智能的人比多伦多多,并提供了引用数据作为证据。那是因为这所大学说的是经典人工智能领域。他们用经典人工智能领域的引用数据来表明自己应当获得这些用于深度学习的资金的一部分,所以这种对于人工智能含义的混淆是非常严重的。如果我们不用"人工智能"这个词,会更合适。

马丁·福特:你真的认为人工智能应该专注于神经网络,而其他一切都是无关紧要的吗?

杰弗里·辛顿:首先,人工智能的基本思想是制造出非生物的智能系统,它们是人工的,它们能做聪明的事情。然后是人工智能在很长一段时间里逐渐形成的含义,这就是有时被认为是好的经典人工智能:用符号表达式来表示事物。对大多数学者——至少对老派学者来说,这就是人工智能的含义:致力于操纵符号表达式以实现智能。

我认为那种经典人工智能概念是错误的。他们犯了一个非常天真的错误。他们相信,如果有符号进来,也有符号出来,那么它一定是介于两者之间的符号。介于两者之间的不是一串串符号,而是神经活动的大向量。我认为经典人工智能的基本前提是错误的。

马丁·福特:你在 2017 年底接受的一次采访中说你对反向传播算法持怀疑态度,需要抛弃它,我们需要从头开始。[①] 这引起了很大的骚动,所以我想问你这是什么意思。

杰弗里·辛顿:问题在于谈话的内容没有得到正确的报道。我说的是试图理解大脑,我提出的问题是反向传播可能不是理解大脑的正确方法。我们不确定,但现在有一些理由让我们相信大脑可能不会使用反向传播。我说过,如果大脑不使用反向传播,那么无论大脑使用什么,都将是人工系统的一个有趣候选项。我并不是说我们应该抛弃反向传播。反向传播是所有有效的深度学习的支柱,我不认为我们应该抛弃它。

马丁·福特:大概是,它可以被进一步改进?

杰弗里·辛顿:会有各种各样的方法来改进它,很可能会有其他的算法不是反向传播也可以,但我不认为我们应该停止使用反向传播。那太疯狂了。

马丁·福特:你是如何对人工智能产生兴趣的?是什么让你开始关注神经网络的?

---

① 参见:https://www. axios. com/artificial-intelligence-pioneer-says-we-need-to-start-over-1513305524-f619efbd-9db0-4947-a9b2-7a4c3l0a28fe. html。

杰弗里·辛顿：我的故事从高中开始，那时我有一个朋友叫英曼·哈维（Inman Harvey），他是一位非常好的数学家，他对大脑可能像全息图一样工作的想法很感兴趣。

马丁·福特：全息图是一种三维表示吗？

杰弗里·辛顿：对于一个正确的全息图来说重要一点是，如果你把一个全息图切成两半，你得到的不是一半的图像，而是整个场景的模糊图像。在全息图中，有关场景的信息分布在整个全息图中，这与过去的情况大不相同。它与照片有很大的不同，如果你把一张照片的一部分剪下来，你失去了这部分照片中的信息，而不是仅使整张照片变得模糊。

英曼感兴趣的是人类的记忆可能是这样工作的，即单个神经元不负责储存单个记忆。他认为发生的事情是大脑调整整个大脑神经元之间的连接强度来存储每一个记忆，而这基本上是一个分布式表示。当时，全息图是分布式表示的一个明显例子。

人们误解了分布式表示的含义，但我认为它的意思是，你试图表示一些东西，可能是概念，而每个概念都由一堆神经元的活动来表示，每个神经元都参与了许多不同概念的表示。这与神经元和概念之间的一对一映射有很大不同。这是让我对大脑感兴趣的第一件事。我们还对大脑如何通过调整连接强度来学习感兴趣，所以我一直都对这个领域感兴趣。

马丁·福特：你高中的时候？哇。那么你上大学的时候，你的想法是如何发展的呢？

杰弗里·辛顿：我在大学里学的一门课是生理学。我对生理学很兴奋，因为我想知道大脑是如何工作的。课程快结束的时候，我们学习神经元是如何发送动作电位的，有人在乌贼的巨轴突上做了实验，研究一个动作电位是如何沿着轴突传播的，结果发现大脑就是这样工作的。然而，令人失望的是，并没有任何关于事物是如何表示或学习的计算模型。

在那之后，我转向心理学，以为它会告诉我大脑是如何工作的，但这是在剑桥，当时它还在从行为主义中恢复，所以心理学主要是关于盒子里的老鼠。当时有一些认知心理学，但都是非计算性的，我真的不太明白它们是怎么搞清楚大脑是如何工作的。

在心理学课上，我做了一个关于儿童发展的项目。我观察的是 2 岁到 5 岁的孩子，他们对待不同感知特性的方式是如何随着他们的成长而改变的。我的想法是，当他们很小的时候，主要对颜色和纹理感兴趣，但是随着年龄的增长，他们变得对形状更感兴趣。我做了一个实验，让孩子们看三个物体，其中一个是与众不同的，例如两个黄色圆圈和一个红色圆圈。我训练孩子们把与众不同的东西指出来,即使是很小的孩子也能学会做的事情。

我还用两个黄色三角形和一个黄色圆圈训练他们,然后他们必须指向圆圈,因为那是形状上与众不同的一个。一旦他们接受了简单例子的训练,其中有一个明确与众不同的,然后我就会给他们一个测试的例子,像一个黄色三角形、一个黄色圆圈和一个红色圆圈。我的想法是,如果他们对颜色比对形状更感兴趣,那么与众不同的是红色圆圈,但是如果他们对形状比对颜色更感兴趣,那么与众不同的就是黄色三角形。这一切都很好,对于两个孩子来说,他们要么指出不同形状的黄色三角形,要么指出不同颜色的红色圆圈。不过,我记得当我第一次和一个聪明的 5 岁孩子做测试时,他指着那个红色圆圈说:"你把那个画错颜色了。"

我试图证实的模型是一个非常愚蠢、模糊的模型,"当孩子们小的时候,他们更关注颜色,而当他们长大后,他们更关注形状",这是一个令人难以置信的原始模型,它没有说明任何东西是如何工作的,只是强调从颜色到形状的细微变化。然后,我遇到了这个孩子,他看着它们说:"你把那个画错颜色了。"这是一个已经从训练的例子中了解到任务是什么的信息处理系统,因为他认为应该有一个与众不同的,但他意识到没有一个是与众不同的,所以我一定是弄错了,可能是我画错颜色了。

在我所测试的儿童模型中,没有任何一个能够达到这样的复杂程度。这比任何一个心理学模型都要复杂得多。这是一个智能的信息处理系统,可以弄清楚发生了什么,对我来说,这是心理学的终结。与心理学家们所处理的复杂问题相比,他们所拥有的模型是远远不够的。

马丁·福特:离开心理学领域后,你是怎么进入人工智能领域的?

杰弗里·辛顿:在进入人工智能领域之前,我成了一名木匠,虽然我很喜欢,但我不是这方面的专家。在那段时间里,我遇到了一个非常好的木匠,这让我非常沮丧,所以我回到了学术界。

马丁·福特:好吧,考虑到为你开辟的另一条道路,你不是一个伟大的木匠真是件好事!

杰弗里·辛顿:在我尝试做木工活之后,我担任了一个心理学项目的研究助理,试图了解语言是如何在幼儿中发展的,以及它是如何受到社会阶层的影响的。我负责编制一份问卷来

人工智能缔造师

评估母亲对孩子语言发展的态度。我骑车去了布里斯托尔一个非常贫穷的郊区,我敲了敲我第一个要谈话的母亲的门。她请我进门,给了我一杯茶,然后我问了她我的第一个问题,那就是:"你对你的孩子使用语言的态度是什么?"她回答说:"如果他乱说话,我们就打他。"这就是我作为一名社会心理学家的职业生涯。

之后我进入人工智能领域,成为爱丁堡大学人工智能专业的研究生。我的导师是一位非常杰出的科学家,名叫克里斯托弗·朗格特·希金斯(Christopher Longuet-Higgins),他最初是剑桥大学的化学教授,后来转向了人工智能领域。他对大脑的工作方式非常感兴趣,尤其是研究全息图之类的东西。他意识到计算机建模是理解大脑的方法,他正在研究这个,这就是我最初和他签约的原因。不幸的是,就在我和他签约的同时,他改变了主意。他认为这些神经模型不是理解智能的方法,而理解智能的真正方法是尝试理解语言。

值得一提的是,当时有一些令人印象深刻的使用符号处理的系统模型,可以讨论组块的安排。一位名叫特里·威诺格拉德(Terry Winograd)的美国计算机科学教授写了一篇很好的论文,展示了如何让一台计算机理解某种语言并回答问题,它实际上会执行命令。你可以对它说,"把蓝色盒子里的方块放在红色方块的上面",它就会理解并这么做。这只是一个模拟,但它会理解句子。这给克里斯托弗留下了深刻的印象,他想让我研究这方面,但我想继续研究神经网络。

克里斯托弗是一个很值得尊敬的人,但我们在我该做什么上的意见完全不一致。我一直拒绝照他说的做,但他还是让我坚持下去。我继续研究神经网络,最后,我写了一篇关于神经网络的论文,尽管当时神经网络并不怎么好用,人们一致认为它只是胡说八道。

马丁·福特:这和马文·明斯基(Marvin Minsky)与西摩·佩珀特(Seymour Papert)的《感知器》(*Perceptrons*)一书有什么关系?

杰弗里·辛顿:那是在70年代初,明斯基与佩珀特的书是在60年代末出版的。几乎所有人工智能领域的人都认为这是神经网络的终结。这两位作者认为,试图通过研究神经网络来理解智能就像试图通过研究晶体管来理解智能一样,这并不是做这件事的正确方法。他们认为智能是关于程序的,你必须了解大脑在使用什么程序。

这两种范式是完全不同的,它们旨在尝试解决不同的问题,使用完全不同的方法和不同种类的数学。当时,根本不清楚哪一种范式会成为赢家。到现在有一些研究者仍不清楚哪种方法更为成功。

有趣的是,一些其实与符号逻辑学关系最为紧密的人实际上相信神经网络范式。最典型的例子是约翰·罗·诺依曼和艾伦·图灵,他们都认为由模拟神经元组成的大网络是研究智能和弄清楚智能是如何工作的好方法。然而,在人工智能领域占主导地位的方法是受逻辑启发的符号处理。在符号逻辑学中,你取得符号串并更修改它们以得到新的符号串,人们认为这就是推理的工作原理。

经典人工智能(或传统人工智能)的逻辑学派研究者们认为神经网络太低级了,它们都是关于实现的,就像计算机中的晶体管是实现层一样。逻辑学派研究者们不认为你可以通过观察大脑是如何实现的来理解智能,认为你只能通过观察智能本身来理解智能,这就是传统的人工智能方法。

我们现在能看清这是灾难性的错误。深度学习的成功表明,神经网络范式实际上比基于逻辑的范式要成功得多,但在 20 世纪 70 年代,人们并不是这么认为的。

马丁·福特:我在媒体上看到很多文章都说深度学习被过度炒作了,这种炒作可能导致失望,然后投资减少等等。我甚至见过有人用"AI 寒冬"这个词。这是真正的恐惧吗? 这是一个潜在的死胡同,还是你认为神经网络是人工智能的未来?

杰弗里·辛顿:在过去,当人工智能包括 20 世纪 80 年代的反向传播被大肆宣传时,人们期望它能做伟大的事情,但它实际上并没有做到。今天,它已经做了很多伟大的事情,所以它不可能只是炒作。它是你的手机如何识别语音,电脑如何识别照片中的东西,谷歌如何进行机器翻译,等等。炒作指的是你做出重大承诺,但不会实现这些承诺,而如果你已经实现了这些承诺,那显然不是炒作。

我偶然在网上看到一则广告,说这将是一个价值 19.9 万亿美元的产业。这似乎是一个相当大的数字,这可能是炒作,但认为这是一个价值数十亿美元的产业的想法显然不是炒作,因为很多人已经投入了数十亿美元,而这对他们是有用的。

马丁·福特:你认为未来最好的策略是继续只投资于神经网络吗? 一些人仍然相信符号主义人工智能,他们认为有可能需要一种混合方法,将深度学习与更传统的方法结合起来。你对此持开放态度,还是认为这个领域应该只关注神经网络?

人工智能缔造师

杰弗里·辛顿：我认为神经活动相互作用的大向量是大脑的工作方式，也是人工智能的工作方式。我们当然应该试着弄清楚大脑是如何进行推理的，但我认为与其他事情相比，这将来得相当晚。

我不相信混合系统是答案。让我们以汽车工业为例。汽油发动机有一些优点，比如你可以在一个小油箱里携带很多能源，但是它也有一些非常糟糕的地方。还有电动马达，与汽油发动机相比，电动马达有很多值得称道的地方。汽车行业的一些人认为电动引擎正在取得进展，说他们将制造一种混合动力系统并使用电动马达将汽油注入引擎。传统人工智能领域的人就是这样想的。他们不得不承认，深度学习正在做着令人惊奇的事情，他们想把深度学习作为一种低级的仆人，为他们提供所需要的东西，使他们的符号推理发挥作用。这只是试图坚持他们已经有的观点，而不是真正意识到他们正在被扫地出门。

马丁·福特：更多地考虑这个领域的未来，我知道你最新的项目是你所说的"胶囊"（Capsules），我相信它的灵感来自大脑中的柱状结构。你觉得研究大脑并从中获得信息，将这些洞察融入你使用神经网络所做的工作中是重要的吗？

杰弗里·辛顿：胶囊是六七种不同想法的组合，它既复杂又有推测性。到目前为止，它已经取得了一些小小的成功，但并不能保证一定会成功。现在详细讨论这个可能还为时过早，但是的，它的灵感来自大脑。

当人们谈论在神经网络中使用神经科学时，大多数人对科学有着非常天真的想法。如果你想了解大脑，会有一些基本原理，会有很多细节。我们追求的是基本原理，如果我们使用不同种类的硬件，我们希望所有的细节都是非常不同的。图形处理器单元（GPU）中的硬件与大脑中的硬件有很大的不同，人们可能会认为有很多不同，但我们仍然可以寻找原理。关于原理的一个例子是，你大脑中的大部分知识来自学习，而不是来自别人告诉你的事实，然后你将其当作事实来储存。

对于传统的人工智能，人们认为你有一个庞大的事实数据库，你也有一些推理规则。如果我想给你一些知识，我所做的就是用某种语言表达其中的一个事实，然后把它移植到你的大脑中，现在你就有了知识。这与神经网络中的情况完全不同：你的大脑中有很多参数，即神经元之间的连接权重，而我的大脑中也有很多神经元之间的连接权重，你不可能给我你的连接强度。不管怎样，它们对我没有任何用处，因为我的神经网络和你的不完全一样。你要做的就是以某种方式传达你是如何工作的信息,这样我就能以同样的方式工作,你可以通过给我输入和输出的案例让我学会你的做事方式。

例如,如果你看唐纳德·特朗普(Donald Trump)的一条推文,认为特朗普所做的是在传达信息,这是一个很大的错误,那不是他在做的。特朗普所做的是,在特定情况下,你可以选择相同的方式来回应。特朗普的关注者可以看到,他们可以看到特朗普认为他们应该如何回应,他们可以学会跟特朗普一样面对某一场景时的做事方式。并不是说特朗普向关注者传达了某种主张,而是通过以身作则传达了一种对事物的反应方式。这与存储大量事实的系统非常不同,你可以将事实从一个系统复制到另一个系统。

马丁·福特:深度学习的绝大多数应用程序严重依赖于标记数据,也就是所谓的监督学习,而我们仍然需要解决无监督学习问题,是吗?

杰弗里·辛顿:这并不完全正确。有很多对标记数据的依赖,但是在什么算作标记数据方面有一些微妙之处。举个例子,如果我给你一大段文本,让你试着预测下一个单词,然后我在给定前一个词的情况下用下一个词作为正确答案的标签。从这个意义上说,它是有标签的,但我不需要在数据之外再多一个标签。如果我给你一个图像而你想识别猫,那么我就需要给你一个标签"猫",而标签"猫"不是图像的一部分。我必须创建这些额外的标签,这是一项艰巨的工作。

如果我只是想预测接下来会发生什么,那就是监督学习,因为接下来发生的事情就像标签一样,但我不需要添加额外的标签。这个就是未标记的数据和标记的数据之间的关系,用于预测下一个词。

马丁·福特:不过,如果你观察一个孩子的学习方式,你会发现他们大多是在环境中"徘徊",以一种无监督的方式学习。

杰弗里·辛顿:回到我刚才说的,孩子在环境中"徘徊",试图预测接下来会发生什么。然后当接下来的事情发生时,这个事件就被标记以告诉他是否正确。关键是,对于"监督"和"无监督"这两个术语,我们并不清楚如何应用它们来预测接下来会发生什么。

有一个很好的监督学习的例子,就是我给你一个图像并给你一个标签"猫",然后你必须说它是一只猫;还有一个很好的无监督学习的例子,就是我给你一堆图像,你必须建立图像中发生的事情的表示。最后,还有一些事情不能简单地归入这两个阵营,那就是如果我给你一个图像序列,你必须预测下一个图像。在这种情况下,你不清楚应该称之为监督学习还是无监督学习,这引起了很多混乱。

马丁·福特:你认为解决一般形式的无监督学习是需要克服的主要障碍之一吗?

杰弗里·辛顿:是的。但从这个意义上讲,无监督学习的一种形式是预测接下来会发生什么,我的观点是可以应用监督学习算法来做到这一点。

马丁·福特:你觉得通用人工智能怎么样,你会怎么定义它? 我把它理解为人类水平的人工智能,也就是一种能够像人类一样进行一般推理的人工智能。这是你的定义,还是说它是别的什么?

杰弗里·辛顿:我对这个定义很满意,但我认为人们对未来会是什么样子有各种各样的假设。人们认为我们会得到越来越聪明的人工智能,但我认为这种观点有两个问题。一是深度学习,或者说神经网络在某些方面会比我们做得更好,但在其他方面仍然比我们做得差得多。它们并不是在每件事上都会做得更好。例如,在解释医学图像方面它们会做得更好,而在推理方面则要差得多。从这个意义上说,它不会是统一的。

第二个问题是人们总是把它看作个体的人工智能,而忽略了它的社会性。仅仅出于纯粹的计算原因,制造非常先进的智能将涉及制造智能系统的群体,因为群体可以看到比单个系统多得多的数据。如果只是看到大量数据的问题,那么我们将不得不将这些数据分布在许多不同的智能系统中,让它们彼此通信,这样作为一个群体,它们能够从大量的数据中学习,这意味着在未来,群体方面的数据将是必不可少的。

马丁·福特:你认为它是互联网上互联智能的一个新兴属性吗?

杰弗里·辛顿:不,人也是这样的。你之所以知道你所知道的大部分知识,并不是因为你自己从数据中提取了这些信息,而是因为多年来,其他人从数据中提取了信息。然后他们给你提供培训经验,让你不必从数据中进行原始提取就可以获得相同的理解。我想人工智能也会是这样的。

马丁·福特:你认为通用人工智能,无论是一个单独的系统还是一组相互作用的系统,是可行的吗?

杰弗里·辛顿：哦，是的。我的意思是 OpenAI 已经有了一些可以作为一个团队玩复杂电脑游戏的成果。

马丁·福特：你认为一个人工智能或者一组人工智能，什么时候能够拥有和人类一样的推理能力、智能和能力？

杰弗里·辛顿：如果你说推理，我认为这将是我们以后真正擅长的事情之一，但要让大型神经网络在推理方面和人类一样出色，还需要相当长的时间。也就是说，在我们达到这个目标之前，人工智能在其他方面会做得更好。

马丁·福特：但是，对于一个整体性的通用人工智能来说，计算机系统的智能和人一样好，这又如何呢？

杰弗里·辛顿：我认为这里有个前提假设是，人工智能会是通过创建出像在星际迷航中看到的通用机器人那样的个体来获得发展。

如果你的问题是"什么时候我们将能够创建一个机器人指挥官 Data"，那么我不认为事情会这样发展。我不认为我们会有像那样的单一的、通用的东西。我还认为，就一般的推理能力而言，这在很长一段时间内都不会发生。

马丁·福特：从通过图灵测试的角度来考虑，不是 5 分钟而是 2 小时，这样你可以得到像和人类一样交流的对话体验。这是可行的吗，不管是一个系统还是一个系统群体？

杰弗里·辛顿：我认为有相当大的可能性它会在 10 年到 100 年间发生，有很小的可能性它会在下一个 10 年结束之前发生，我认为也有一个很大的可能性人类在下一个 100 年发生之前被其他东西消灭。

马丁·福特：你的意思是通过其他存在的威胁，比如核战争或瘟疫？

杰弗里·辛顿：是的，我想是的。换言之，我认为存在着两个比人工智能更大的威胁。一个是全球核战争，另一个是心怀不满的研究人员在分子生物学实验室里制造出一种传染性极强、致命性极强、潜伏期很长的病毒。我认为这是人们应该担心的，而不是超级智能系统。

马丁·福特：有些人，比如 DeepMind 的德米斯·哈萨比斯，确实相信他们可以建立你所说的那种你认为不会存在的系统。你怎么看？你认为这是一项徒劳的任务吗？

人工智能缔造师

杰弗里·辛顿：不，我认为德米斯和我对未来有不同的预测。

马丁·福特：让我们谈谈人工智能的潜在风险。我写过的一个特殊挑战是对就业市场和经济的潜在影响。你认为这一切会引发一场新的工业革命并彻底改变就业市场吗？如果是这样，那这是我们需要担心的事情，还是一件可能被过分夸大了的事情？

杰弗里·辛顿：如果你能显著提高生产率，多生产点好东西出来，那应该是件好事。它是否是件好事完全取决于社会制度，而不是技术。人们看待技术就好像技术进步是个问题一样。问题出在社会制度上，我们是会建立一个公平分享的社会制度，还是一个把所有的进步集中在1％的人身上而把其余的人视如草芥的社会制度，这与技术无关。

马丁·福特：不过，接下来问题就来了，因为很多工作岗位都可能被淘汰，特别是那些可预测且易于自动化的工作岗位。社会对此的一个反应是基本收入，你同意吗？

杰弗里·辛顿：是的，我认为基本收入是一个非常明智的想法。

马丁·福特：那么，你认为需要采取政策来解决这个问题吗？有些人认为我们应该顺其自然，但这也许是不负责任的。

杰弗里·辛顿：我搬到加拿大是因为加拿大的税率更高，而且我认为税收处理得当是好事。政府应该做的是建立机制，这样当人们按照自己的利益行事时，它就能帮助每个人。高税收就是这样一种机制：当人们变得富有时，其他人都会得到税收的帮助。我当然同意要确保人工智能惠及所有人，还有很多工作要做。

马丁·福特：你对于那些可能与人工智能有关的其他一些风险怎么看，比如武器化？

杰弗里·辛顿：我认为，人们现在应该非常积极地努力使国际社会像对待化学武器和大规模杀伤性武器那样对待那些可以在没有人参与的情况下杀人的武器。

马丁·福特：你赞成暂停这种研发吗？

杰弗里·辛顿：人们不会暂停这类研究，就像不会暂停研发神经毒剂一样，但确实有一种国际机制阻止了它们被广泛使用。

马丁·福特：除了军事武器使用，还有其他风险吗？还有其他问题吗，比如隐私和透明度？

杰弗里·辛顿：我认为用它来操纵选举和选民是令人担忧的。Cambridge Analytica 是由机器学习学者鲍勃·默瑟(Bob Mercer)创立的,人们已经看到 Cambridge Analytica 造成了很大的破坏。我们必须认真对待。

马丁·福特：你认为需要有监管吗?

杰弗里·辛顿：是的,需要很多监管。这是一个非常有趣的问题,但是我不是这方面的专家,所以没什么可说的。

马丁·福特：我们应该制定某种形式的产业政策吗? 美国和其他西方国家政府是否应该把注意力放在人工智能上,并把它作为国家优先事项?

杰弗里·辛顿：技术将会有巨大的发展,如果各国不努力跟上这一步伐,那就太疯狂了,所以很明显,我认为应该在这方面进行大量投资。我觉得这是常识。

马丁·福特：总的来说,你对这一切持乐观态度吗? 你认为人工智能带来的回报会超过其带来的负面影响吗?

杰弗里·辛顿：我希望回报超过负面的影响,但我不知道是否会,这是一个社会制度的问题,而不是技术的问题。

马丁·福特：人工智能领域人才严重短缺,大家都在招人。对于想要进入这个领域的年轻人,你有什么建议? 有没有什么建议可以帮助吸引到更多的人,使他们成为人工智能和深度学习领域的专家?

杰弗里·辛顿：我担心对基础知识持批评态度的人可能不够多。胶囊的想法是,也许我们做事的一些基本方式不是最好的,我们应该撒一张更大的网。我们应该考虑为我们正在做的一些基本假设寻找替代方案。我给大家的一个建议是,如果你的直觉认为人们正在做的事情是错误的,并且可能会有更好的事情发生,那么你应该遵从你的直觉。

你很可能是错的,但是当人们在知道如何从根本上改变事情时如果不遵从自己的直觉,就会陷入困境。一个担忧是,我认为真正好想法的最丰富来源是在大学里得到很好指导的研究生。他们可以自由地提出真正的新想法,他们学到的东西足够多,所以他们不只是在重复历史,我们需要保持这一点。攻读完硕士学位后直接进入这个行业的人不会有什么全新的想法。我认为他们需要坐下来思考几年。

马丁·福特: 加拿大似乎是深度学习的中心。这是偶然的,还是加拿大有什么特别的地方促成了这一点?

杰弗里·辛顿: 加拿大高级研究所(CIFAR)为高风险领域的基础研究提供了资金,这是非常重要的。我的博士后扬·勒丘恩和约书亚·本吉奥都在加拿大,这也带来了很多好运。我们三个人形成了一个非常富有成效的合作,加拿大高级研究所资助了这一合作。当时,我们一度被孤立,环境相当恶劣——直到最近深度学习的环境才变得不那么恶劣——这笔资金对我们很有帮助,让我们能够在小型会议上有相当多的时间相互交流,在那里我们可以真正分享未发表的想法。

马丁·福特: 那么,那是加拿大政府为了保持深度学习的活力而进行的一项战略投资?

杰弗里·辛顿: 是的。基本上加拿大政府每年花费 50 万美元在先进的深度学习上,这对于一个将发展成数十亿美元产业的行业来说是相当有效的。

杰弗里·辛顿

杰弗里·辛顿于 1978 年获得剑桥国王学院(Kings College)的学士学位和爱丁堡大学(University of Edinburgh)的人工智能博士学位。在卡内基梅隆大学任教 5 年后,他成为加拿大高级研究所研究员,并转到多伦多大学计算机科学系,现在是该校的名誉特聘教授。他还是谷歌副总裁兼工程 Fellow 以及人工智能向量研究所的首席科学顾问。

杰弗里是引入反向传播算法的研究人员之一,也是第一个使用反向传播来学习词嵌入的人。他对神经网络研究的其他贡献包括玻尔兹曼机、分布式表示、时滞神经网络、混合专家系统、变分学习和深度学习。他领导的多伦多大学的研究小组在深度学习方面取得了开创性的突破,彻底改变了语音识别和目标分类。

杰弗里是英国皇家学会会员、美国国家工程院外籍院士、美国艺术和科学学院外籍院士。他获得的奖项包括 David E. Rumelhart 奖、IJCAI 卓越研究奖、Killam 工程奖、IEEE Frank Rosenblatt 奖、IEEE James Clerk Maxwell 金奖、NEC C&C 奖、BBVA 奖和 NSERC Herzberg 金奖,NSERC Herzberg 金奖是加拿大科学和工程领域的最高奖项。

"令人担心的不是'通用人工智能'会因为我们奴役它而讨厌或憎恨人类，也不是它会突然迸发出意识的火花而进行反抗，而是它可能会具备强大的能力去追求一个与我们所期望的不同的目标。然后我们会得到一个按照类似外星人标准塑造的未来。"

尼克·博斯特罗姆

牛津大学教授，人类未来研究所所长

尼克·博斯特罗姆是公认的超级智能以及人工智能与机器学习可能给人类带来的存在性风险方面的世界顶尖专家之一。他是牛津大学人类未来研究所的创始负责人，该多学科研究所主要研究有关人类及其前景的宏观问题。他是一位多产作家，出版了 200 多部著作，其中包括 2014 年《纽约时报》畅销书《超级智能：路径、危险性与应对策略》。

马丁·福特：你曾写过创造超级智能的风险,超级智能就是在通用人工智能系统将精力转向自我改进,创建一个递归的改进循环从而创造出比人类优越得多的智能时会出现的实体。

尼克·博斯特罗姆：是的,这是一个场景、一个问题,但还有其他的场景和方式可以展示向机器智能时代的过渡,当然也会有其他令人担忧的问题。

马丁·福特：你特别关注的控制(control)或对齐(alignment)问题是说机器智能的目标或价值观可能导致对人类有害的结果。可以用一个外行人可以理解的方式更详细地解释什么是对齐问题或控制问题吗?

尼克·博斯特罗姆：非常先进的人工智能系统有一个不同于其他技术的独特问题,那就是它不仅存在人类滥用技术的可能性——当然这是我们在其他技术中看到过的——而且存在技术可能滥用自身的可能性。换句话说,你创建一个有自己目标和目的的人工智能体或者过程,并且它是非常有能力实现这些目标的,因为在这种场景中,它是超智能的。令人担忧的是,这个强大的系统试图优化的目标是与我们人类的价值观不同的,甚至可能与我们在这个世界上想要实现的目标背道而驰。然后,如果你让人类尝试完成一件事,而让超级智能系统尝试完成另一件事,结局很可能是超级智能胜出并得到它想要的。

令人担心的不是"通用人工智能"会因为我们奴役它而讨厌或憎恨人类,也不是它会突然迸发出意识的火花而进行反抗,而是它可能会具备强大的能力去追求一个与我们所期望的不同的目标。然后我们会得到一个按照类似外星人标准塑造的未来。控制问题,或者说对齐问题,就是你怎么设计人工智能系统,使它们成为人类意志的延伸? 就是说,我们用自己的意图来塑造它们的行为,而不是随机的、不可预见的和不必要的目标突然出现?

马丁·福特：有过一个制造回形针的系统的著名例子。这个想法是,当一个系统被构想出来并给定一个目标时,它会以一种超级智能的能力来达成目标,但它是以一种不考虑常识的方式去达成的,所以最终会伤害我们。这个例子是一个将整个宇宙都转变成回形针的系统,因为它就是一个回形针优化器。这是对齐问题的一个很好表述吗?

尼克·博斯特罗姆：回形针例子代表了一个更广泛的可能失败的类别,即我们让一个系统做一件事,可能开始时事情很顺利,但很快就得出了我们无法控制的结论。这是一个假想案例,你设计一个人工智能系统来运营一个回形针工厂。它最初很笨,不过越来越聪明,能更好地运营回形针工厂,工厂的老板很高兴,并希望取得更大的进展。然而,当人工智能系统变得足够聪明,它意识到世界上还有其他方式可以实现更多数量的回形针,这可能需要从人类手中取得控制权,甚至将整个地球变成回形针或太空探测器,这样可以走出地球,将宇宙转变成更多的回形针。

这里的关键是,你几乎可以用任何你想要的其他目标来代替回形针。如果你想过在这个世界上真正最大化那个目标的含义,除非你非常非常小心地去指定你的目标,否则你会发现最大化那个目标的副作用就是,人类和我们所关心的所有一切都将会被消灭。

马丁·福特:当我听到这个问题时,它总是被描述成这样一种情况,我们给予系统一个目标,然后它用一种我们不是很满意的方式来追求目标。然而,我从未听说一个系统会简单地改变它的目标,我也不太明白为什么这不是一个问题。为什么一个超级智能系统不能在某些时候决定修改一下目标或目的呢?人类每时每刻都在做这样的事情!

尼克·博斯特罗姆:这似乎不那么令人担忧的原因是,虽然超级智能有能力改变其目标,但是你必须考虑它选择目标的标准。它将根据当时的目标做出选择。在大多数情况下,一个智能体改变其目标将是一个非常糟的策略,因为它可以预测,在未来不会有一个智能体追求其当前目标,而是会追求一些不同的目标。这可能会导致自己用于选择行动的标准被当前目标降低排名的结果。所以,一旦你有一个足够复杂的推理系统,你就期望它能解决这个问题,从而实现内部目标的稳定性。

人类其实很混乱。我们没有一个特定的目标,我们所追求的目标都是这个非特定目标的子目标。我们思维的不同部分被拉向不同方向,如果我们的激素水平变化,会引起价值观判断的变化。人类不像机器那样稳定,对于目标最大化的智能体,也许没有一个非常清晰、紧凑的描述。这就是为什么我们人类有时候会决定改变目标。与其说是我们决定改变目标,不如说是我们的目标在改变。此外,我们所说的"目标"并不是指我们判断事物的基本标准,而是指某些特定的目的,这些目标当然可以随着环境的变化或我们发现新的计划而改变。

马丁·福特:许多关于这方面的研究都是基于神经科学的,因此有一些来自人类大脑的想法被注入机器智能中。想象一下一个掌握了所有人类知识的超级智能。它将能够读懂人类的全部历史,它将了解有权势的个人,以及他们如何有不同的目标和目的。可以想象,这台机器也会受到病理学的影响。人类的大脑有各种各样的问题,有些药物可以改变大脑的工作方式。我们怎么知道在机器空间里没有类似的东西?

人工智能缔造师

尼克·博斯特罗姆：我认为很有可能，尤其是在开发的早期阶段，在机器对人工智能的工作方式有充分的理解，从而能够在不让自己陷入困境的情况下进行自我调整之前。最终，会有趋同的工具理由来开发技术以防止你的目标被破坏。我希望有一个足够有能力的系统来开发这些技术以实现目标的稳定性，事实上，它可能会优先开发这些技术。然而，如果它太着急，或者还不是很有能力——如果它仅仅是处于人类水平，那么事情可能会变得混乱。一个改变可能是以希望让其成为一个更有效的思考者来实现，但结果表明它在改变其目标功能方面有一些副作用。

马丁·福特：我担心的另一件事是，人们总是担心机器不会做我们想做的事，"我们"指的是集体人性，就好像存在某种人类普遍的欲望或价值观。然而，如果你看看今天的世界，就会发现事实并非如此。世界上有不同的文化和不同的价值观。在我看来，第一个机器智能是在哪里开发出来的，这一点可能非常重要。把机器和整个人类作为一个整体来讨论是不是太天真了？对我来说，事情似乎比这更复杂。

尼克·博斯特罗姆：人类试图把大问题分解成小问题，然后在这些小问题上取得进展。你尝试突破整体挑战中的一个组成部分，在这种情况下，这是一个技术问题，即如何实现人工智能与人类价值的一致，使机器能够做它的开发者想要它做的事情。除非有一个解决方案，否则你压根没有特权去尝试解决更广泛的政治问题，即确保我们人类将使用这项强大的技术来达到某种有益的目的。

你需要解决技术问题以获得机会来争论价值的归属，或者不同程度的价值应该如何指导这项技术的使用。这是真的，当然，即使你有技术控制问题的解决方案，你实际上只是解决了整体挑战的一部分。你还需要找出一种方式，可以和平地利用可控技术来造福全人类。

马丁·福特：是不是解决这个技术控制问题，即如何构建一台与目标保持一致的机器，就是你在人类未来研究所（Future of Humanity Institute）工作的内容以及 OpenAI 和机器智能研究所（Machine Intelligence Research Institute）这样的其他智库所关注的？

尼克·博斯特罗姆：是的，没错。我们确实有一个小组在做这方面的工作，但我们也在做其他的事情。我们也有一个人工智能治理小组，专注于与机器智能进步相关的治理问题。

马丁·福特：你认为像你们这样的智库对人工智能治理来说是一个适当的资源配置水平吗？或者你认为政府应该大规模地介入？

尼克·博斯特罗姆：我认为在人工智能安全方面可能需要更多的资源。实际上不仅仅是我们：DeepMind还有一个人工智能安全小组，我们与之合作，但我认为更多的资源将是有益的。现在的人才和资金已经比4年前多得多。从百分比上看，这是一个快速增长的领域，尽管从绝对值上看它仍然是一个非常小的领域。

马丁·福特：你认为超级智能应该更多地被公开讨论吗？你想看到美国总统候选人谈论超级智能吗？

尼克·博斯特罗姆：不是这样的。现在寻求国家和政府的介入还为时过早，因为目前还不清楚他们在这个时候做什么能有所帮助。首先需要澄清和更好地理解这个问题的本质，在没有政府介入的情况下，还有很多工作可以做。我不认为现在有必要就机器超级智能制定任何特别的规定。有各种各样与短期人工智能应用相关的事情可以让政府来扮演各种角色。

如果你想让无人机在城市里到处飞行，或者让自动驾驶汽车在街上行驶，那么大概需要有一个框架来管理它们。人工智能对经济和劳动力市场的影响程度，也是教育系统或制定经济政策的人们应该关注的。我仍然认为超级智能有点超出政客们的视野，他们主要考虑的是他们任期内可能发生的事情。

马丁·福特：所以，当埃隆·马斯克说超级智能可能是更大的威胁时，这种言论会使事情变得更糟吗？

尼克·博斯特罗姆：如果过早地卷入，以期出现一场大规模的军备竞赛，这可能会导致一种更具竞争性的局面，谨慎和全球合作的声音将被边缘化，那么是的，这实际上会使事情变得更糟，而不是更好。我认为，人们可以等到有一个明确的具体的事情，真正需要并希望政府做有关超级智能的工作时，再尝试激活他们。在那之前，我们仍然有大量的工作可以做，例如，与人工智能开发社区以及使用人工智能的公司和学术机构合作，所以让我们先打好基础吧。

马丁·福特：你是如何在人工智能领域找到自己的定位的？你是如何开始对人工智能感兴趣的？你的职业生涯是如何发展到现在这个地步的？

尼克·博斯特罗姆：我从记事起，就一直对人工智能感兴趣。我在大学里学习了人工智能，后来又学习了计算神经科学，还有其他学科，比如理论物理。这样做是因为我认为，首先，人工智能技术最终可能会改变世界；其次，尝试弄清楚思维是如何由大脑或在计算机中产生的是一个非常有趣的智力挑战。

人工智能缔造师

20世纪90年代中期,我发表了一些关于超级智能的著作,2006年,我有机会在牛津大学创立了人类未来研究所(FHI)。我和我的同事们一起全职研究未来技术对人类的影响,特别关注——可以说是痴迷于——机器智能的未来。这让我在2014年写出了《超级智能:路径、危险性与应对策略》一书。目前,FHI内有两个小组。一个小组专注于研究技术性对齐问题的计算机科学技术角度的工作,尝试为可扩展的控制方法设计算法。另一个小组关注的是机器智能的进步带来的治理、政策、伦理问题和社会影响。

马丁·福特:你在人类未来研究所的工作中,关注的是各种存在性风险,而不仅仅是与人工智能相关的危险,对吧?

尼克·博斯特罗姆:是的,但我们也看到了存在性机遇,我们不会对技术的优势视而不见。

马丁·福特:告诉我你所看到的其他一些风险,以及你为什么选择把精力放在机器智能之上。

尼克·博斯特罗姆:在FHI,我们感兴趣的是真正的全局性问题,这些问题在某种程度上可以从根本上改变人类的状况。我们并不是要研究明年的iPhone会是什么样子,而是要研究那些能够改变人类意义的一些基本参数的东西——这些问题决定了地球上起源的智慧生命的未来命运。从这个角度来看,我们感兴趣的是存在性风险——这些东西可能永久地摧毁人类文明——以及那些可以永久地塑造我们未来轨迹的事物。我认为技术或许是最可能从根本上重塑人类的,而在技术领域中只有少数几个拥有存在性风险或存在性机遇的技术,人工智能可能是其中最重要的。FHI还成立了一个研究生物技术带来的生物安全风险的小组,我们更感兴趣的是如何将这些不同的考虑因素结合起来——我们称之为宏观战略。

为什么是人工智能?我认为,如果人工智能要在其最初的目标上取得成功,这个目标一直以来都不仅仅是自动完成特定的任务,而是在机器基底上复制使我们人类变得聪明的通用学习能力和规划能力,那么这将是人类需要做出的最后一项发明。如果实现了这一目标,不仅在人工智能领域,而且在所有技术领域,甚至在所有人类智能目前有用的领域,都将产生巨大的影响。

马丁·福特:那气候变化呢?它在你的存在性威胁清单里吗?

尼克·博斯特罗姆:没那么多,部分原因是我们更喜欢把精力集中在我们认为我们的努力可能会产生重大影响的领域,而这些领域往往是问题相对被忽视的领域。目前全世界有成千上万的人在研究气候变化。此外,很难想象地球温度升高几度会导致人类物种灭绝,或者永久性地毁灭未来。因此,出于这些和其他一些原因,这并不是我们努力的中心,尽管我们可能偶尔会通过试图总结人类所面临的挑战的整体情况而稍做了解。

马丁·福特:所以,你说先进人工智能带来的风险实际上比气候变化带来的风险更大,而我们在这些问题上错误地分配资源和投资?这听起来是一个很有争议的观点。

尼克·博斯特罗姆:我确实认为存在一些分配错误,而且不仅仅是在这两个领域之间。总的来说,我不认为作为一个人类文明,我们会明智地分配我们的注意力。如果我们想象人类拥有大量的关注资本(关注或恐惧的筹码),我们可以把它们散布在各种威胁人类文明的事物上,我认为我们在如何分配这些关注筹码方面并没有那么成熟。

如果你回顾20世纪,在任何一个特定的时间点,都可能有一个全球关注的大问题,所有受过教育的人都应该关注这个问题,而且随着时间的推移,这个问题已经改变了。所以大概100年前,是种族退化,知识分子担心人类种群的退化。而在冷战期间,显然核末日是一个大问题,然后在一段时间内,是人口过剩。目前,我认为是全球变暖,尽管在过去几年里,人工智能已经悄然兴起。

马丁·福特:这可能很大程度上是由于像埃隆·马斯克这样的人谈论此事的影响。他如此直言不讳,你认为这是一件积极的事情,还是说会有被过度炒作的危险,或者会吸引不明真相的人加入讨论?

尼克·博斯特罗姆:我认为到目前为止,人们对它的反应是积极的。当我写这本书的时候,令人吃惊的是,该问题在整个人工智能话题中竟被如此忽视。有很多人在研究人工智能,但很少有人考虑如果人工智能成功了会发生什么。这也不是那种你可以和别人认真讨论的话题,因为他们会把它当作科幻小说来看待,但现在这种情况已经改变了。

我认为这是很有价值的,也许是由于这已经成为一个更为主流的话题。现在有了做一些研究、发表一些技术论文的可能,比如对齐问题。有许多研究小组正在做这件事,包括在 FHI,我们与 DeepMind 联合举办技术研讨会,OpenAI 也有许多人工智能安全研究人员,还有其他小组,比如伯克利的机器智能研究所(Machine Intelligence Research Institute)。除非整个挑战的全貌已经清晰,否则,我不确定是否会有那么多的人才流入这个领域。今天最需要的不是进一步恐慌或人们进一步绝望地尖叫着寻求关注,现在的挑战更多的是把现有的关注和兴趣引向建设性的方向并继续工作。

人工智能缔造师

马丁·福特：你所担心的机器智能方面的风险真的都取决于实现通用人工智能以及超越通用人工智能的超级智能吗？与狭义人工智能相关的风险可能很大，但不是你所认为的存在性风险。

尼克·博斯特罗姆：没错。我们确实对机器智能的这些较近期的应用也有一些兴趣，它们本身就很有趣，也值得一谈。我认为，在这两种不同的情况下，短期的和长期的被放在一起并混淆时，问题就出现了。

马丁·福特：在未来5年左右的时间里，我们需要担心哪些短期风险？

尼克·博斯特罗姆：短期内，我认为主要是有一些事情会让我非常兴奋并充满期待。从短期来看，利远大于弊。只要看看经济，看看有了更聪明的算法可以产生积极影响的所有领域。即使是在大型物流中心后台运行的一个低调、枯燥的算法，也能更准确地预测需求曲线，可以让你减少库存，从而为消费者降价。

在医疗保健领域，与可以识别猫、狗和人脸的同样的神经网络也能在X光片中识别肿瘤，并帮助放射科医生做出更准确的诊断。这些神经网络可以在后台运行，帮助优化患者流程并跟踪结果。几乎在任何一个领域都有可能会有创造性的方法来使用这些从机器学习中产生的能达到良好效果的新技术。

我认为这是一个非常令人兴奋的领域，有很多创业机会。从科学的角度来看，我们开始稍微了解一点智能是如何工作的，以及大脑和这些神经系统是如何进行感知的，这真的很令人兴奋。

马丁·福特：很多人担心自动武器之类的东西的短期风险，因为这些武器可以自己决定要杀谁。你支持禁止这类武器吗？

尼克·博斯特罗姆：如果世界能够避免立即陷入另一场军备竞赛，那将是积极的，因为在这场军备竞赛中，巨额的资金被用来完善杀手机器人。总的来说，我更希望机器智能被用于和平目的，而不是开发摧毁我们的新方式。我认为，如果我们放大来看，到底什么是我们希望看到被条约禁止的就会变得不那么清楚。

有一种说法是，人类必须参与其中，我们不应该让自主无人机自己做出瞄准决策，也许这是可能的。然而，另一种选择是，你有完全相同的系统，但是决定发射导弹的不是无人机，而是一名19岁的少年，他坐在弗吉尼亚州阿灵顿的电脑屏幕前，他的工作是每当屏幕上弹出一个显示"发射"的窗口时，他需要按下一个红色按钮。如果这就是人类监管的意义所在，那么我们并不清楚它和让整个系统完全自主有多大区别。我认为也许更重要的是有问责制,如果出了问题,你可以惩罚某个人。

马丁·福特:有些情况下,想象一台自动机器可能更合适。考虑到警务而不是军事应用,例如,在美国已经发生了一些似乎是警察种族主义的事件,在这种情况下,一个设计合理的人工智能驱动的机器人系统是不会有偏见的。它还会准备好先挨子弹,然后再开枪,这真的不是人类的选择。

尼克·博斯特罗姆:人类之间最好不要发生任何战争,如果有战争的话,也许最好是机器杀死机器,而不是人类的年轻人朝其他年轻人开枪。如果要对特定的战斗人员进行打击,也许你可以进行精确打击,只杀死你想杀死的人,而不对平民造成附带伤害。这就是为什么我说当考虑到具体情况时整体的计算会变得复杂一些,以及要弄清楚希望执行的关于致命自主武器的规则或协议究竟是什么。

还有其他一些应用领域也引发了一些有趣的伦理问题,例如在监视、数据流管理、营销和广告方面,对人类文明的长期结果而言,这些应用可能与无人机直接用于杀人或伤人同样重要。

马丁·福特:你认为有必要对这些技术进行监管吗?

尼克·博斯特罗姆:当然有一些规定。如果你想拥有无人机,你肯定不希望任何惯犯能够使用带有面部识别软件的无人机在 5 公里外轻松地暗杀政府官员。同样,你也不想让业余爱好者驾驶无人机在机场上空飞行,造成严重延误。我相信,随着越来越多的无人机闯入人类有其他用途的空间中,我们将需要某种形式的军事框架。

马丁·福特:你的《超级智能:路径、危险性与应对策略》一书出版已经多年了。事情的进展速度是否如你所料?

尼克·博斯特罗姆:在过去几年里,进展比预期的要快,尤其是在深度学习方面取得了重大进展。

马丁·福特:你的书中有一张表,上面显示计算机打败世界上最好的围棋选手还得 10 年,所以大概是 2024 年。事实证明,它就发生在你出版这本书的两年后。

尼克·博斯特罗姆:我认为我所做的陈述是,如果进展继续保持过去几年的速度,那么人们可以期望在这本书写完大约 10 年后会出现一台围棋总冠军机器。然而,进展要快得多,部分原因是人们为了解决围棋问题做出了特别的努力。DeepMind 接受了这个挑战,指派了一些优秀的人员来完成这个任务,并投入了大量的算力。不过,这确实是一个里程碑,也是这些深度学习系统令人印象深刻的能力的展示。

马丁·福特:你认为我们和通用人工智能之间的主要里程碑或障碍是什么?

尼克·博斯特罗姆:机器学习领域中还有几个大挑战,比如需要更好的技术来进行无监督学习。想想成年人是如何知道我们所做的一切的,其中只有一小部分是有明确的指示的。大部分都是我们观察发生了什么,然后利用感官反馈来改进我们的世界模型。我们在蹒跚学步的时候也做过很多尝试并犯过很多错误,把不同的东西相互碰撞,看看会发生什么。

为了得到真正高效的机器智能系统,我们还需要能够更多地利用无监督和无标记数据的算法。作为人类,我们倾向于用因果关系来组织我们的许多世界知识,而这是目前的神经网络做不到的。神经网络更多的是在复杂模式中寻找统计规律,而不是真正将其组织为可以对其他对象产生各种因果影响的对象。所以,这是一方面。

我还认为,在规划和其他一些领域也需要取得进展,而且在如何实现这些目标方面也有些想法。有一些有限的技术可以相对完整但效果较差地完成这些事情的各个方面,我认为在这些领域需要很大的改进,以使我们实现完整的人类通用智能。

马丁·福特:DeepMind 似乎是极少数几家专门关注通用人工智能的公司之一。有没有其他的参与者,你可以指出他们正在做的,可能和 DeepMind 正在做的工作有所竞争的?

尼克·博斯特罗姆:DeepMind 当然是其中的佼佼者,但在其他许多地方,也有机器学习方面的或最终可能有助于实现通用人工智能的令人兴奋的工作正在进行。谷歌本身也有另一个世界级的人工智能研究小组,即 Google Brain(谷歌大脑)。其他大型科技公司现在也有自己的人工智能实验室,Facebook、百度和微软都有很多正在进行的人工智能研究。

在学术界,也有很多优秀的地方。加拿大有蒙特利尔和多伦多,这两所大学都是世界领先的深度学习研究中心,伯克利、牛津、斯坦福和卡内基梅隆等大学也有很多这一领域的研究人员。这不仅仅是西方的事情,中国等国家也在大力投资,建立自己的能力。

马丁·福特:不过,这些并不是专门针对通用人工智能的。

尼克·博斯特罗姆:是的,但这是一个模糊的边界。在那些目前公开致力于通用人工智能的团体中,除了 DeepMind,我想 OpenAI 是另一个值得一提的团体。

马丁·福特：你认为图灵测试是确定我们是否达到了通用人工智能的好方法，还是我们需要另一个智能测试？

尼克·博斯特罗姆：如果你想要的只是一个粗略标准来衡量你是否已经完全成功了，那也没那么糟糕。我所说的是一个全面的、更难的图灵测试版本。你可以让专家审问系统一个小时，或者类似的事情。我认为这是一个人工智能完全（AI-complete）的问题。只有发展通用人工智能才能解决这个问题。比如，如果你感兴趣的是测量进展的速度，或者建立基准来预测你的人工智能研究团队下一步要做什么，那么图灵测试可能不是一个很好的手段。

马丁·福特：因为如果规模较小，它就会变成一个噱头？

尼克·博斯特罗姆：是的。有一种正确的方法，但那太难了，我们现在根本不知道怎么做。如果你想在图灵测试上取得渐进性进展，你会得到的将是一些有很多固定的答案、聪明的技巧和噱头的系统，这实际上并不能让你更接近真正的通用人工智能。如果你想在实验室里取得进展，或者你想衡量世界上的进展速度，那么你需要其他的基准，把更多的东西注入真正能让我们在道路上走得更远的评测标准中，并最终实现完全通用的人工智能。

马丁·福特：意识呢？这是一种可能自动从智能系统中产生的东西，还是一种完全独立的现象？

尼克·博斯特罗姆：这取决于你所说的意识是什么。这个词的一个含义是一种功能性的自我意识能力，也就是说，你能够把自己作为世界上的一个智能体来塑造，并反思不同的事情会如何改变你这个智能体。你可以认为自己在时间上是持续存在的。这些意识或多或少是创造更智能系统的副作用，这些智能系统可以为现实的各个方面（包括它们自己）建立更好的模型。

"意识"这个词的另一个含义是我们所拥有的这种现象学经验，我们认为这是具有道德意义的。例如，如果一个人是有意识地在受苦，那么这在道德上是件坏事。这不仅仅意味着他们倾向于逃离有害的刺激，因为他们实际上在自己的内心体验到了这种主观感受。我们更难知道这种现象学经验，是否会只是作为使机器系统更智能的副作用而自动产生，人类甚至有可能设计出没有这种感知但仍很有能力的机器系统。鉴于我们对道德上相关意识形式的必要和充分条件并没有非常清楚的理解，我们必须接受这样一种可能性，即机器智能体可以获得意识，甚至可能早在它们达到人类水平或成为超级智能体之前。

我们认为许多非人类动物有更多相关形式的经验。即使是像小鼠这样简单的动物，如果你想对它进行医学研究，也必须遵循一套协议和准则。例如，在对小鼠进行手术之前，你必须对它进行麻醉，因为我们认为，如果你在没有麻醉的情况下直接把它切开，它会很痛苦。假如我们有一个机器智能系统，它具有和老鼠一样的行为习惯和认知复杂性，那么这似乎是一个活生生的问题，在那个时候，它是否也会开始达到某种意识水平，从而赋予它某种程度的道德地位，进而限制我们可以对它做什么。至少看起来我们不应该贸然否定这种可能性。仅仅是它有意识的可能性，就足以成为我们承担某些义务的理由，至少在它们很容易做的情况下，可以使机器有一个更高质量的生活。

马丁·福特：所以，从某种意义上说，这里的风险是双向的？我们担心人工智能伤害我们的风险，但也有相反的风险，也许我们会奴役一个有意识的实体或使它遭受痛苦。在我看来，没有一种确定的方法能让我们知道一台机器是否真的有意识。没有什么比图灵测试更能测试意识的了。我相信你是有意识的，因为你和我是同一个物种，我相信我是有意识的，但你和机器没有那种联系。这是一个很难回答的问题。

尼克·博斯特罗姆：是的，我认为这很难。我不认为物种归属是我们用来假设意识是否存在的主要标准，有很多人是没有意识的。也许他们处于昏迷状态，或者他们是胎儿，或者他们可能已经脑死亡，或者处于深度麻醉状态。很多人也认为你可以是一个非人类，比如某些动物，这依据不同程度和形式的意识经验。所以，我们可以把你投射到我们自己的物种之外。但我认为人类的同理心将面临一个挑战，那就是将必要水平的道德考虑扩展到数字思维，如果这样的思维真的存在的话。

我们和动物相处已经够艰难的了。我们对待动物的方式，特别是在肉类生产方面，还有很多需要改进的地方，动物有脸，会吱吱叫！如果在微处理器中有一个看不见的进程，那么人类将很难意识到其中可能有一个有知觉的思维值得考虑。即使在今天，这似乎也是那些你不能认真对待的疯狂话题之一。这就像是哲学研讨会上的一个讨论，而不是一个真正的问题，比如算法歧视，或者杀人无人机。

最终，它需要从这个只有专业哲学家才会谈论的疯狂话题转变为一个可以进行合理的公开辩论的话题。它需要逐渐发生，但我认为也许是时候开始影响这种转变了，正如人工智能对人类状况的影响这一话题在过去几年里从科幻小说情节变成了一个更为主流的对话。

马丁·福特：你认为人工智能可能会对就业市场和经济产生什么影响？你认为这会造成多

大的破坏？你认为这是我们需要高度关注的问题吗？

尼克·博斯特罗姆：在短期内，我认为可能会有夸大对劳动力市场影响的趋势。要真正大规模地推出系统并产生重大影响，还需要时间。不过，随着时间的推移，我确实认为机器学习的进步将对人类劳动力市场产生越来越大的影响，如果人工智能取得完全成功，那么是的，人工智能基本上可以做到任何事情。在某些方面，最终结果是全面失业。我们做技术以及做自动化的原因，是为了让我们不必花那么多的精力去实现一个既定的结果，你可以用更少的时间做更多的事情，这就是技术的格式塔（译者注：gestalt，超过组成部分之和的组织整体）。

马丁·福特：那是乌托邦式的幻想。你是否会支持，例如，以基本收入作为确保每个人都能享受所有这些进步成果的机制？

尼克·博斯特罗姆：随着时间的推移，一些类似的功能可能开始变得越来越受欢迎。如果人工智能真的成功了，我们解决了技术控制问题，并有了一些合理的治理，那么经济的爆炸式增长就会带来巨额的财富。即使是一小部分，也足以让每个人都过上真正美好的生活，所以似乎应该这样做。如果我们发展超级智能，不管我们喜欢与否，我们都将承担这种发展的一部分风险。那么如果一切顺利的话，每个人也都应该从中分一杯羹，这似乎才公平。

我认为这应该是机器超级智能在世界上应该如何应用的愿景的一部分，至少其中很大一部分应该是为了全人类的共同利益。这也与对开发者的私人激励相一致，但如果我们真的中了头奖，那这个蛋糕会很大，以至于我们应该确保每个人都有一个极好的生活质量。可以采取某种形式的全民基本收入，也可以采取其他方案，但这样做的最终结果应该是每个人都能从他们的经济资源中获得巨大的收益。还有其他的好处，比如更好的技术、更好的医疗保健等等，这些都是超级智能所能实现的。

马丁·福特：你对中国可能率先或与我们同时实现通用人工智能有何看法？在我看来，无论何种文化发展了这项技术，其价值观都很重要。

尼克·博斯特罗姆：我认为，是哪种文化首先发展了它可能并不那么重要。更重要的是，开发这项技术的特定人员或群体的能力如何，以及他们是否有机会谨慎行事。这是动态竞争的一个关注点，有很多不同的竞争对手为了第一个到达终点线而比赛——在一场势均力敌的竞赛中，有时不得不把谨慎抛到一边。竞赛胜出者最终可能会是在安全上花费最少精力的一方，这将是一种非常不受欢迎的情况。

人工智能缔造师

我们更希望开发出第一个超级智能的选手在开发过程的最后能够选择暂停6个月，或者可能是几年，来重新检查他们的系统，并安装他们能想到的任何额外的安全措施。只有到那时，他们才可以缓慢而谨慎地将系统的能力放大到超过人类的水平。我们不希望他们被某个竞争对手紧跟其后的事实所逼迫。当我们思考未来超级智能出现后对人类来说最理想的战略形势是什么时，一个重要的需求似乎是应该尽可能地缓和动态竞争。

马丁·福特：不过，如果我们真的有一个"快速起飞"（fast takeoff）的场景，智能可以递归地自我完善，那么就有一个巨大的先发优势。无论谁先到达那里，基本上都是不可能被追上的，所以会有你所说的那种并不是什么好事的竞争的巨大诱因。

尼克·博斯特罗姆：在某些情况下，是的，可能会有这样的动力，但我认为，无论从伦理的角度来看，还是从降低动态竞争强度的角度来看，我早些时候提出的关于以可信的承诺为全球利益使用这一技术的观点是很重要的。如果所有的竞争者都觉得即使他们没有赢得比赛，仍然受益匪浅，那就太好了。这将使最终的一些安排变得更加可行，这样领先者就可以在不匆忙的情况下获得一个治理的机会。

马丁·福特：这需要某种国际协作，而人类的历史记录并没有那么好。与禁止化学武器和核不扩散法案相比，人工智能在证实人们没有作弊方面似乎是一个更大的挑战，即使你们确实达成了某种协议。

尼克·博斯特罗姆：在某些方面，它会更具挑战性，而在其他方面，它可能就不那么具有挑战性。人类的博弈常常围绕着稀缺性展开——资源是非常有限的，如果一个人或一个国家拥有这些资源，那么其他人就没有了。有了人工智能，在许多方面大家都有机会获得丰富资源，这可以使形成合作变得更容易。

马丁·福特：你认为我们会解决这些问题，而人工智能会成为一股积极的力量吗？

尼克·博斯特罗姆：我心中既有希望也有恐惧。我想在这里强调一下好的方面，包括短期的和长期的。因为我的工作和我的书，人们总是问我关于风险和不利方面的问题，但在很大程度上我也非常兴奋，渴望看到这项技术的所有有益用途，我希望这能成为世界的一大福祉。

尼克·博斯特罗姆

尼克·博斯特罗姆是牛津大学的教授,人类未来研究所的创始所长。他还领导人工智能治理项目。在 2000 年于伦敦经济学院获得哲学博士学位之前,尼克曾就读于哥德堡大学、斯德哥尔摩大学和伦敦国王学院。他著有约 200 种出版物,包括《人类偏见》(*Authropic Bias*,2002)、《全球灾难风险》(*Global Catastrophic Risks*, 2008)、《人类增强》(*Human Enhancement*,2009)和《纽约时报》畅销书《超级智能:路径、危险性与应对策略》(2014)。

尼克有物理学、人工智能、数理逻辑以及哲学的背景。他是尤金·R. 甘农奖(每年从世界范围内的哲学、数学、艺术和其他人文学科以及自然科学领域选出一人)的获得者。他曾两次入选《外交政策》全球 100 强思想家名单,还入选了《展望》杂志的世界思想家名单,是各领域 15 强中最年轻的,也是排名最高的分析哲学家。他的作品已被译成 24 种语言,有 100 多个译本,再版多次。

"一个人可以通过 15 个小时的训练学会开车而不会撞到任何东西。如果你想使用当前的强化学习方法来训练一辆汽车自动驾驶，这台机器将不得不在悬崖边掉下 10 000 次，然后才知道如何安全通过。"

扬·勒丘恩

Facebook 副总裁兼首席人工智能科学家

纽约大学计算机科学教授

扬·勒丘恩已经在人工智能和机器学习的学术和工业方面工作了超过 30 年。在加入 Facebook 之前，扬曾在 AT&T 的贝尔实验室工作，在那里他开发了卷积神经网络———种受大脑视觉皮层原理启发的机器学习架构。扬、杰弗里·辛顿和约书亚·本吉奥，以及其他一小群研究人员，他们的努力和坚持直接导致了当前深度学习神经网络的革命。

人工智能缔造师

马丁·福特：让我们直接来谈谈过去 10 年左右展开的深度学习革命。那是怎么开始的？我认为这是对神经网络技术的一些改进、更快速的计算机以及可用训练数据数量的爆炸式增长共同作用的结果，对吗？

扬·勒丘恩：是的，但比那更深刻。随着反向传播算法在 1986—1987 年出现，人们能够训练多层神经网络，这是旧模型无法做到的。这引发了一股兴趣浪潮，一直持续到 1995 年左右才逐渐消失。

之后在 2003 年，杰弗里·辛顿、约书亚·本吉奥和我聚在一起，我们知道这些技术最终会胜出，我们需要聚在一起，制订出一个计划，重新激起公众对这些方法的兴趣。这就是后来的深度学习。如果你愿意，可以说这是一个"蓄意的阴谋"。

马丁·福特：回顾过去，你想象过你能成功到什么程度吗？如今，人们认为人工智能和深度学习是同义词。

扬·勒丘恩：是也不是。是的，从某种意义上说，我们知道这些技术最终会在计算机视觉、语音识别以及其他一些方面崭露头角——但不是，我们没有意识到深度学习会成为人工智能的同义词。

我们没有意识到更广泛的行业会有如此大的兴趣，这会创造一个全新的行业。我们没有意识到公众会有如此大的兴趣，它不仅给计算机视觉和语音识别带来革命性的变化，而且给自然语言理解、机器人技术、医学成像分析带来革命性的变化，它还将使自动驾驶汽车能够真正工作。这让我们大吃一惊，这是肯定的。

早在 20 世纪 90 年代初，我就认为这种进步会发生得稍微早一些，但是是以更为渐进的方式，而不是 2013 年左右发生的大变革。

马丁·福特：你最初是怎么对人工智能和机器学习感兴趣的？

扬·勒丘恩：当我还是个孩子时，我对科学和工程以及生命、智能、人类起源等重大科学问题就很感兴趣。人工智能令我着迷，尽管它在 20 世纪 60 年代和 70 年代的法国并不是一个真正存在的领域。虽然我对这些问题很着迷，但当我高中毕业时，我相信我最终会成为一名工程师而不是科学家，所以我开始了在工程领域的研究。

扬·勒丘恩

大约在 1980 年,在我的早期研究中,我偶然发现了一本哲学书,是发展心理学家让·皮亚杰(Jean Piaget)和语言学家诺姆·乔姆斯基(Noam Chomsky)之间的一场辩论的抄本,书名是《让·皮亚杰和诺姆·乔姆斯基的辩论》(*Language and Learning：The Debate Between Jean Piaget and Noam Chomsky*)。这本书包含了一场非常有趣的辩论,关于先天和后天的概念以及语言和智能的出现。

在辩论中支持皮亚杰的一方是西摩尔·派普特(Seymour Papert),他是麻省理工学院计算机科学教授,参与了早期的机器学习研究,可以说在 20 世纪 60 年代末神经网络的第一波浪潮中,他实际上扼杀了这个领域。他对 20 世纪 50 年代发明的一种非常简单的叫作感知器的机器学习模型赞不绝口,并且在 60 年代也一直在研究这个模型。那是我第一次读到学习机器的概念,我完全被机器可以学习的想法迷住了。我认为学习是智能不可分割的一部分。

在大学期间,我挖掘了所有我能找到的关于机器学习的文献,并做了几个与之相关的项目。我发现西方没有人在研究神经网络。一些日本研究人员正在研究后来被称为神经网络的东西,但在西方却没有人,因为这个领域在 60 年代末被西摩尔·派普特和美国著名人工智能研究科学家马文·明斯基所扼杀。

我继续自己研究神经网络,并在 1987 年获得了博士学位,研究课题是"连接主义学习模型"(Connectionist learning models)。我的导师莫里斯·米尔格拉姆(Maurice Milgram)实际上并没有研究这个课题,他直言不讳地告诉我:"我可以成为你的官方导师,但我在技术上帮不了你。"

通过我的工作,我发现在 20 世纪 80 年代初,世界上有一个研究神经网络的群体,我与他们联系,最终与大卫·鲁迈勒哈特和杰弗里·辛顿等人同时独立发现了反向传播。

马丁·福特:那么,在 20 世纪 80 年代早期,加拿大在这方面进行了大量的研究吗?

扬·勒丘恩:不,是美国。加拿大还没有出现在这类研究的地图上。20 世纪 80 年代初,杰弗里·辛顿是加州大学圣地亚哥分校的博士后,他在那里与大卫·鲁迈勒哈特和杰·麦克勒兰德(Jay McClelland)等认知科学家一起工作。最终他们出版了一本书,用简单的神经网络和计算模型来解释心理学。杰弗里后来成为卡内基梅隆大学的副教授,直到 1987 年搬到多伦多。那时我也搬到了多伦多,在他的实验室做了一年博士后。

人工智能缔造师

马丁·福特：在 20 世纪 80 年代初我是一名计算机工程专业的本科生，我不记得有多少接触过神经网络的经历。这是一个已经存在的概念，但它绝对是非常边缘化的。现在，到了 2018 年，情况发生了巨大变化。

扬·勒丘恩：比边缘化还要糟糕。在 20 世纪 70 年代和 80 年代早期，这个方向在研究圈内是令人厌恶的。你不能发表一篇仅仅是提到了"神经网络"这个词的论文，因为它会立即被你的同行拒绝。

事实上，杰弗里·辛顿和特里·谢诺夫斯基（Terry Sejnowski）在 1983 年发表了一篇非常著名的论文《最优感知推理》(*Optimal Perceptual Inference*)，描述了一种早期的深度学习或神经网络模型。辛顿和谢诺夫斯基不得不使用暗语，以避免提及这是一个神经网络，甚至他们的论文标题也很神秘！

马丁·福特：你最知名的主要创新之一是卷积神经网络。你能解释一下这是什么以及它与其他深度学习方法有什么不同吗？

扬·勒丘恩：卷积神经网络的动机是建立一个适合识别图像的神经网络。结果证明，它在语音识别和语言翻译等广泛的任务中也非常有用。它的灵感来自动物或人类视觉皮层的构造。

大卫·胡贝尔（David Hubel）和托斯滕·威塞尔（Torsten Wiesel）在 20 世纪 50 年代到 60 年代在神经科学领域做了一些获得过诺贝尔奖的工作，研究了视觉皮层神经元的功能类型以及它们之间的相互联系。

卷积网络是一种将神经元相互连接起来的特殊方式，以这种方式进行的处理适用于像图像这样的信息。我要补充的是，我们通常不称它们为神经元，因为它们并不是生物神经元的精确反映。

神经元连接的基本原理是它们被组织成多层，第一层的每个神经元都与输入图像中的一小块像素相连。每个神经元计算其输入的加权和。权重是通过学习修改的量。神经元只看到输入像素的一个小窗口，而有一大堆神经元看着同一个小窗口。然后，有一堆神经元看着另一个稍微变动的窗口，但这两堆神经元执行的操作相同。如果有一个神经元在一个窗口中检测到一个特定的图案，那么会有另一个神经元在下一个窗口中检测到完全相同的图案，以及整个图像中所有窗口的其他神经元也是如此。

一旦把所有这些神经元放在一起,你就会意识到它们做了什么样的数学运算,这种运算被称为离散卷积,这就是为什么它被称为卷积网络。

这是第一层,然后是第二层,这是一个非线性层,基本上是一个阈值,当卷积层计算出的加权和高于或低于阈值时,每个神经元就会打开或关闭。

最后,还有执行所谓的池化(pooling)操作的第三层。我不打算详细介绍,但它基本上起到了确保当输入图像稍微移动或变形时,输出响应不会有太大变化的作用。这建立了一种面对输入图像中移动或变形的物体保持不变性的方法。

卷积网络基本上是这些类型的层——卷积、非线性、池化的叠加。把这些层叠起来,当你到达顶端时,你就有了用来探测单个物体的神经元。

如果输入一匹马的图像,你就可以启动一个神经元,类似的,你也可以获得用于识别汽车、人、椅子和其他你想要识别的各种物品的神经元。

这里有一个小提示,这个神经网络所实现的功能是由神经元之间的连接强度和权重决定的,这些参数并不是通过编程设置的,而是经过训练得到的。

这些参数就是你训练神经网络时学到的东西。给神经网络看一匹马的图像,如果它不说"马",你就告诉它,它错了,这里应该说正确答案。然后通过使用反向传播算法,它会调整网络中所有连接的权重,这样下次你再给它看同样的马的图像时,输出就会更接近你想要的结果,你继续对数千个图像执行此操作。

马丁·福特:通过给网络提供猫或马等的图像来训练网络的过程,就是所谓的监督学习,对吗?有人说监督学习是当今的主流方法,它需要大量的数据,这是真的吗?

扬·勒丘恩:没错。如今,几乎所有的深度学习应用都使用监督学习。

监督学习就是当你在训练机器时给它正确的答案,然后它会自我修正以给出正确的答案。它的神奇之处在于,经过训练后,在大多数情况下它都会在训练过的类别中给出正确的答案,即使是对于从未见过的图像也是如此。你说得对,这通常需要很多样本,至少在你第一次训练网络的时候是这样的。

人工智能缔造师

马丁·福特：你认为未来这个领域会如何发展？监督学习方式与人类儿童的学习方式完全不同。你可以指着一只猫说，"有一只猫"，一个样本可能就足够让孩子学习了。这与今天的人工智能有着天壤之别。

扬·勒丘恩：嗯，是又不是。正如我所说，第一次训练一个卷积网络时，你需要使用成千上万甚至数百万不同类别的图像来训练它。如果你想添加一个新的类别，例如，如果机器从未见过猫，而你想训练它识别猫，那么它只需要一些猫的样本。这是因为它已经接受过识别任何类型的图像的训练，并且它知道如何表示图像；它知道一个物体是什么，它知道很多关于各种物体的事情。所以，要训练它识别一个新的物体，你只需要给它展示一些样本，只需要训练最上面的几层。

马丁·福特：那么，如果训练一个网络来识别其他种类的动物，比如狗和熊，只需要少量的数据就能识别猫吗？这和一个孩子在做的事情似乎没什么不同。

扬·勒丘恩：但情况不同，这是不幸的。孩子学习的方式（动物也是如此）是在你告诉他们"这是一只猫"之前，他们就开始学习了。在刚出生的几个月里，婴儿在对语言没有任何概念的情况下，通过观察学习了大量的东西。他们仅仅通过观察以及与世界的一点互动，就可以学到关于世界如何运作的大量知识。

我们不知道如何用机器做到这种积累了大量关于世界的背景知识的学习方式。我们不知道该怎么称呼它，有些人称之为无监督学习，但这是一个诱导性的术语。它有时被称为预测性学习（predictive learning），或归因性学习（imputative learning），我称它为自监督学习（self-supervised learning）。这是一种学习方式，你不需要为某项任务而训练，本质上，你只需要观察世界，然后弄清楚它是如何运作的。

马丁·福特：强化学习，或者通过实践学习并获得成功的奖励，是否属于无监督学习的范畴？

扬·勒丘恩：不，那是一个完全不同的类别。虽然机器学习更像是一个连续统一体，但仍然分为三类，有强化学习、监督学习和自监督学习。

强化学习是通过试错来学习，成功时得到奖励，不成功时则得不到奖励。就样本而言，这种最纯粹的学习方式的效率极低，因此它在游戏中的效果很好，在游戏中你可以想试多少次就试多少次，但在现实世界的许多场景中都不起作用。

你可以使用强化学习来训练一台机器下围棋或国际象棋。就像我们在 AlphaGo 上看到的那样，这种方法非常有效，但它需要大量的样本或试验。一台机器基本上需要比过去 3000 年里所有人类玩过的围棋比赛次数总和更多的训练才能达到良好的性能，如果你能做到这一点的话，它就会运作得很好，但在现实世界中，这往往是不切实际的。

如果你想用强化学习来训练机器人抓取物体，将需要很长的时间来实现。一个人可以通过 15 小时的训练学会开车而不会撞到任何东西。如果你想使用当前的强化学习方法来训练一辆汽车自动驾驶，这台机器将不得不在悬崖边掉下 10 000 次，然后才知道如何安全通过。

马丁·福特：我想这就是对机器模仿人类行为的立论。

扬·勒丘恩：我不同意。这可能是模仿的一个论据，但它也证明了一个事实，即我们人类所能做的学习与纯粹的强化学习是非常非常不同的。

它更类似于人们所说的基于模型的强化学习。这就是你的内部世界模型，它可以让你预测当你向一个特定的方向转动方向盘时，汽车就会朝一个特定的方向行驶；如果有另一辆车开到你前面，你就会撞到它；或者如果有悬崖，你就会从悬崖上掉下来。你有一个预测模型可以让你提前预测你的行为的后果。因此，你可以提前计划，而不是采取导致坏结果的行动。

在这种情况下学习驾驶被称为基于模型的强化学习，这是我们真的不知道让机器怎么实现的事情之一。它有一个名字，但没有真正的方法使它可靠地工作！大部分的学习不是强化学习，而是以自监督的方式学习预测模型，这是我们今天不知道如何解决的主要问题。

马丁·福特：这是你在 Facebook 工作的重点吗？

扬·勒丘恩：是的，这是我们在 Facebook 工作的内容之一。我们做很多不同的事情，包括让机器通过观察从不同的数据源学习世界是如何运作的。我们正在建立一个世界模型，这样也许某种形式的常识会出现，也许这个模型可以作为一种预测模型，它可以让机器学习人类的行为方式，而不必在成功之前试错 10 000 次。

马丁·福特：有些人认为，光靠深度学习是不够的，或者说网络需要更多的结构，从一开始就需要某种智能设计。你似乎坚信智能将从相对通用的神经网络中有机地产生。

扬·勒丘恩：我认为那有一点夸张。每个人都同意需要某种结构，问题是需要多少，需要什么样的结构。我猜当你说有些人认为应该有逻辑和推理这样的结构时，你可能指的是格雷·马库斯，或奥伦·埃齐奥尼。

早些时候我和格雷·马库斯就此事进行了辩论。格雷的观点并没有被社区所接受，因为他一直在写关于深度学习的批判性文章，但他并没有对此做出贡献。奥伦·埃齐奥尼的情况并非如此，因为他在该领域已经有一段时间了，他的观点比格雷的温和得多。不过，我们大家都同意的一点是，需要某种结构。

实际上，卷积网络的基本思想就是在神经网络中加入一种结构。卷积网络不是一张白纸，它们确实有一点结构。问题是，如果我们希望人工智能出现，而且我们谈论的是通用智能或人类水平的人工智能，我们需要多少结构？这就是人们的观点可能不同的地方，比如我们是否需要明确的结构，使机器能够操作符号，或者我们是否需要明确的结构，来代表语言中的层次结构。

我的很多同事，比如杰弗里·辛顿和约书亚·本吉奥，都同意从长远来看，我们并不需要明确的特定结构来实现这一目标。这在短期内可能是有用的，因为我们可能还没有找到一种用于自监督学习的通用学习方法。所以，一种抄近路的方法就是把架构硬连接起来，这是一件非常好的事情。不过，从长远来看，我们需要多少明确的特定结构还不清楚。不管是视觉皮层还是前额叶皮层，大脑皮层的微观结构似乎都非常非常一致。

马丁·福特：大脑是否使用类似反向传播这样的东西？

扬·勒丘恩：我们真的不知道。不过，还有比这更基本的问题。人们提出的大多数学习算法本质上都是由最小化一些目标函数组成的。

我们甚至不知道大脑是否将一个目标函数最小化。如果大脑确实最小化了一个目标函数，它是否通过基于梯度的方法来实现？大脑是否有某种方法来估计应该在哪个方向上改变它所有的突触连接，从而改善这个目标函数？我们不知道。如果它估计了这个梯度，它是通过某种形式的反向传播来估计的吗？

可能不是我们所知道的反向传播，但可能是梯度估计的一种近似形式，非常类似于反向传播。约书亚·本吉奥一直在研究生物学上貌似合理的梯度估计形式，所以大脑对某些目标函数进行梯度估计并非完全不可能,我们只是不知道而已。

马丁·福特:你在 Facebook 还有哪些重要的研究主题?

扬·勒丘恩:我们正在做很多关于机器学习的基础研究和课题,这些事情更多地与应用数学和优化有关。我们正在研究强化学习,也在研究一种被称为生成模型的方法,这是一种自监督或预测学习的形式。

马丁·福特: Facebook 正在致力于构建一个能够真正进行对话的系统吗?

扬·勒丘恩:到目前为止,我所提到的都是研究的基础主题,但是也有很多应用领域。

Facebook 在计算机视觉领域非常活跃,我认为我们可以宣称拥有世界上最好的计算机视觉研究团队。这是一个成熟的团队,有很多非常酷的活动。我们在自然语言处理方面做了大量的工作,包括翻译、摘要、文本分类——弄清楚文本谈论的主题,以及对话系统。实际上,对话系统是虚拟助手、问答系统等应用的一个非常重要的研究领域。

马丁·福特:你是否期望有一天人类可以创造出通过图灵测试的人工智能?

扬·勒丘恩:这会发生,但图灵测试实际上并不是一个有趣的测试。事实上,我认为目前人工智能领域的很多人并不认为图灵测试是一个好的测试。欺骗它太容易了,在某种程度上,图灵测试已经是过去式。

作为人类,我们非常重视语言,因为我们习惯了通过语言与其他人讨论智能的话题。然而,语言是智能的一种附带价值,当我这么说的时候,我那些研究自然语言处理的同事们强烈反对!

看看猩猩,它们基本上和我们一样聪明。它们有大量的常识和非常好的世界模型,它们可以制造工具,就像人类一样。然而,它们没有语言,也不是群居动物,除了非语言的母子互动之外,它们很少与其他物种的成员互动。智能的一个组成部分与语言无关,如果我们把人工智能降低到只满足图灵测试的程度,我们就会忽略这一点。

马丁·福特:通向通用人工智能的道路是什么?我们需要克服哪些障碍才能到达目的地?

扬·勒丘恩:可能还有其他一些我们目前还没有看到的问题,我们最终会遇到,但我认为我们需要弄清楚的一件事是,婴儿和动物在生命的最初几天、几周和几个月里,通过观察来了解世界是如何运转的能力。

在那段时间，你了解到世界是三维的。当你转动脑袋时，你会发现有些物体以不同的方式移动。你学习了物体的永久性，所以你知道当一个物体隐藏在另一个物体后面时，它仍然存在。随着时间的推移，你会学到重力、惯性和刚性——这些基本概念都是通过观察得来的。

婴儿对这个世界没有太多的行动方式，但是他们观察了很多，通过观察他们学到了很多。小动物也会这样做。它们可能有更多基本固定的东西，但非常相似。

在我们弄清楚如何进行这种无监督/自监督/预测学习之前，我们不会取得重大进展，因为我认为这是学习足够的世界背景知识以形成常识的关键。这是主要的障碍。还有更多的技术性子问题我无法深入，比如不确定性下的预测，但这是最主要的。

我们要花多长时间才能找到一种训练机器的方法，让它们通过观看 YouTube 视频来了解世界如何运作？这还不完全清楚。我们可以在两年内取得突破，但可能还需要 10 年才能真正实现，也可能需要 10 年或 20 年。我不知道什么时候它会发生，但我知道它必须发生。

那只是我们要爬的第一座山，我不知道后面还有多少座山。可能还有其他重大议题和主要问题是我们目前还没有看到的，因为我们还没有到那个未开发的领域。

我们可能需要 10 年的时间才能找到这种突破，才能在现实世界中产生某种结果，而这必须在我们达到人类水平的通用人工智能之前发生。问题是，一旦我们扫清了这些障碍，还会出现什么其他问题呢？

我们需要在这些系统中构建多少先验结构，才能使它们正确地工作并保持稳定，并使它们具有内在动机，这样它们才能在人类面前表现得体？肯定会突然出现很多问题，所以通用人工智能可能需要 50 年，也可能需要 100 年，我不太确定。

马丁·福特：但你认为这是可以实现的吗？

扬·勒丘恩：哦，当然。

马丁·福特：你认为这是不可避免的吗？

扬·勒丘恩：是的，这是毫无疑问的。

扬·勒丘恩

马丁·福特：当你想到通用人工智能时，它是有意识的，还是一个毫无意识的僵尸？

扬·勒丘恩：我们不知道那是什么意思。我们不知道意识是什么。我觉得没问题。最终，当你意识到事情是如何运作的，你就会意识到这个问题是无关紧要的。

早在 17 世纪，当人们发现在眼睛后部的视网膜上形成的图像是上下颠倒时，他们对我们看到的是正向的这一事实感到困惑。当你知道在这之后需要进行什么样的处理，并且像素以什么顺序出现并不重要时，你就会意识到这是一个有趣的问题，因为它没有任何意义。这里也一样。我认为意识是一种主观体验，它可能是聪明的一种非常简单的附带现象。

有几种假设可以解释这种意识错觉的产生——因为我认为这是一种错觉。一种可能性是，我们的前额叶皮层基本上只有一个引擎，它让我们为世界建模，当有意识地关注某个特定的情况时，就会为眼前的情况配置这个世界模型。

如果你愿意的话，可以说意识状态是注意力的一种重要形式。如果我们的大脑是原来的 10 倍大，并且我们不是只有一个引擎来模拟世界，而是有一堆，那么我们可能就不会有同样的意识体验。

马丁·福特：让我们谈谈人工智能带来的一些风险。你是否认为我们正处于一场有可能造成大规模失业的巨大经济混乱的边缘？

扬·勒丘恩：我不是经济学家，但我显然也对这些问题感兴趣。我和很多经济学家谈过，我也参加了一些会议，和一些非常著名的经济学家讨论过这些问题。首先，他们所说的人工智能就是所谓的通用技术，简称 GPT。这意味着，这是一项技术，它将扩散到经济的各个角落，并在很大程度上改变我们做事的方式。我没有这么说，他们是这么说的。如果我这么说的话，会让人觉得我很自私或傲慢，除非我从那些知道自己在说什么的人那里听到，否则我不会重复。所以，当经济学家们说，人工智能会像电力、蒸汽机或电动机一样给人类带来同等规模的变革之前，我并没有真正意识到这一点。

在和经济学家交谈之前，我担心的一件事是技术失业问题。技术进步迅速，新经济所需要的技能与人们的技能不相匹配的，有相当一部分人突然没有了正确的技能，被甩在了后面。

你可能会认为，随着技术进步的加速，会有越来越多的人被甩在后面，但经济学家所说的是，一项技术在经济中传播的速度实际上受到了没有经过该技术培训的人的比例的限制。换言之，被甩在后面的人越多，技术在经济中扩散的速度就越慢。这很有趣，因为这意味着技术传播有一种自我调节机制。我们不可能广泛传播人工智能技术，除非有相当一部分人接受过培训，能够真正利用它，用来证明这一点的例子是计算机技术。

计算机技术兴起于 20 世纪 60 年代和 70 年代，但直到 20 世纪 90 年代才对经济的生产率产生影响，因为用了很长时间人们才熟悉键盘、鼠标等，软件和计算机才变得足够便宜，从而具有大众吸引力。

马丁·福特：我认为有一个问题，相对于那些历史案例，这一次是否会因为机器现在已经具备了认知能力而有所不同？

现在有了可以学习做很多常规的、可预测的事情的机器，我们的劳动力中有很大一部分是从事可预测的事情的。所以，我认为这次的破坏可能比我们过去看到的更大。

扬·勒丘恩：我并不这么认为。我不认为人们会因为这项技术的出现而面临大规模失业。我认为经济前景肯定会有很大的不同，就像 100 年前大多数人都是务农为生，现在只有 2% 的人口务农。

当然，在接下来的几十年里，你会看到这种转变，人们将不得不为此而接受再培训。我们需要某种形式的持续学习，这对每个人来说都不容易。不过，我不相信人们会失业。我听到一位经济学家说："我们不会失业，因为人们总有问题要解决。"

即将到来的人工智能系统将是人类智能的放大，就像机械是体力的放大一样。它们不会成为替代品。这并不是说因为分析核磁共振图像的人工智能系统在检测肿瘤方面会做得更好，放射科医生就会失业。这将是一份非常不同的工作，而且会是一份有趣的工作。医生将把时间花在做一些更有意义的事情上，比如和病人交谈，而不是每天盯着屏幕 8 小时。

马丁·福特：不过，并不是每个人都是医生。其他诸如出租车司机、卡车司机或快餐店的员工，他们可能会经历一段艰难的过渡期。

扬·勒丘恩：将会发生的事情是，事物和服务的价值将会改变。所有由机器完成的工作都将更便宜，而由人类完成的工作都将更贵。我们将为真实的人类体验支付更多的钱，而由机器完成的将变得更便宜。

举个例子,你可以花 46 美元买一台蓝光播放器。如果你想一想蓝光播放器需要多少令人难以置信的复杂技术,46 美元的价格简直是疯了。它应用了 20 年前不存在的蓝色激光技术,有一个非常精确的伺服机来驱动激光达到微米级的精度。它还配备了 H.264 视频压缩和超高速处理器。它的技术含量高得离谱,而售价仅为 46 美元,因为它是由机器大批量生产的。现在,在网上搜索手工制作的陶瓷沙拉碗,你最先得到的链接会是手工制作的陶瓷碗,应用的是有着 10 000 年历史的技术,价格在 500 美元左右。为什么是 500 美元?因为它是手工制作的,你是在为人类的经验和人与人之间的联系付费。你可以花一美元下载一段音乐,但如果你想去看现场演奏,那就要花 200 美元。那是为了真实的人类体验。

事物的价值将会发生变化,更多的价值将会放在人类的体验上,而不是放在自动化的事物上。坐出租车将会很便宜,因为它可以由人工智能系统驱动,但是去一家真正有人为你服务或者有真正的人类厨师的餐馆将会更贵。

马丁·福特:这是在假设每个人都有一种有市场价值的技能或天赋,我不确定这是正确的。你对将全民基本收入作为适应这些变化的一种方法有什么看法?

扬·勒丘恩:我不是经济学家,所以我对这一点没有什么富有见地的看法,但我采访过的每一位经济学家似乎都反对全民基本收入的想法。他们都同意这样一个事实:由于技术进步带来的不平等加剧,各国政府必须采取一些措施予以补偿。他们都认为这与税收、财富和收入再分配形式的财政政策有关。

这种收入不平等现象在美国尤为明显,但在西欧有所缩小。法国和斯堪的纳维亚的基尼指数(衡量收入差异的指标)约为 25 或 30。在美国,这一数字为 45,与第三世界国家处于同一水平。在美国,麻省理工学院的经济学家埃里克·布林约尔夫松(Erik Brynjolfsson)与他的同事安德鲁·麦卡菲(Andrew McAfee)合著了几本书,研究科技对经济的影响。他们认为,自 20 世纪 80 年代以来,美国家庭的收入中位数一直持平,我们实行了里根经济政策,并为高收入人群减税,而生产率却或多或少地持续上升。这一切没有在西欧发生。所以,这完全取决于财政政策。它可能是由技术进步推动的,但政府可以做一些简单的事情来补偿这种破坏,只是美国没有这么做而已。

马丁·福特:除了对就业市场和经济的影响之外,人工智能还会带来哪些风险?

扬·勒丘恩:让我从一件我们不应该担心的事情开始,《终结者》中的情节。这种想法就是我们将会依照某种方法找出通用人工智能的秘密,创造出一种人类水平的智能,它将摆脱我们的控制,突然之间,机器人将要接管世界。统治世界的欲望与智能无关,而是与睾丸激素有关。

在今天的美国政治中,我们有很多例子,清楚地说明了对权力的渴望与智能无关。

马丁·福特:不过,尼克·博斯特罗姆提出了一个相当有道理的论点。问题不在于一种掌控世界的天生需求,而在于人工智能可以被赋予一个目标,然后它可能决定以一种最终对人类有害的方式去追求这个目标。

扬·勒丘恩:所以,不知怎么的,我们有足够的智慧来制造通用人工智能机器,然后我们做的第一件事就是告诉它们制造尽可能多的回形针,再然后它们就能把整个宇宙变成回形针?对我来说这不太现实。

马丁·福特:我认为尼克是想把这当作一个假想案例。这些场景看起来都很牵强,但如果你真的谈论的是超级智能,那么你可能会拥有一台我们无法理解它的行为方式的机器。

扬·勒丘恩:好吧,这里有一个目标函数设计的问题。所有这些场景都假设,你要以某种方法预先设计出这些机器的目标函数——内在动机,如果你弄错了,它们就会做出疯狂的事情。这不是人类的构造方式。我们内在的目标函数不是固定的,其中的一部分在某种意义上是与生俱来的,我们有进食、呼吸和繁殖的本能,但我们的许多行为和价值体系是后天习得的。

我们也可以对机器做同样的事情,它们的价值体系将得到训练,我们将训练它们在社会中的基本行为并对人类有益。这不仅是设计这些目标函数的问题,而且是训练的问题,而训练一个实体的行为要容易得多。我们对孩子们这样做是为了教育他们什么是对,什么是错,那么如果我们知道如何教育孩子,为什么我们不能对机器人或人工智能系统进行训练呢?

很明显,这里存在一些问题,但这有点像我们还没有发明内燃机,就已经在担心我们不能发明刹车和安全带。发明内燃机的问题要比发明刹车和安全带复杂得多。

马丁·福特:你如何看待快速起飞的场景,其中人工智能以惊人的速度进行递归改进,并且在你意识到之前,我们已经得到了一些技术,相比之下,人类看起来就像老鼠或昆虫?

扬·勒丘恩

扬·勒丘恩：我绝对不相信。很明显，将会有持续的改进，当然，机器变得越智能，就越能帮助我们设计下一代。已经是这样了，而且还会加速。

有某种微分方程控制着技术的进步，经济、资源的消耗，通信、技术的复杂程度以及所有这些。这个方程中有一大堆摩擦项被奇点或快速起飞的支持者完全忽略了。每一个物理过程在某一时刻都必须通过耗尽资源（如果没有别的话）而达到饱和。所以，我不相信能快速起飞。有人会找出通用人工智能的秘密，然后突然之间，原本像老鼠一样聪明的机器变成像猩猩一样聪明，然后一周后这些机器会比人类聪明，一个月后，它们会比人类聪明得多。这完全是一个谬论。

也没有理由相信如果一台机器比一个人聪明得多，它就会完全优于一个人。人类会被一些相当简单但却具有针对性的病毒杀死。

如果我们可以构建出一个人工智能系统具有通用智能，那么我们也可以构建出一个更加专门的智能被设计用于毁灭前者。因为更专门化的机器比通用机器更加高效，所以这个专门的具有针对性的智能会在杀死通用人工智能方面更加有效。我只是在思考每个问题都有自己的解决方案。

马丁·福特：那么，在未来的 10 年或 20 年里，我们应该合理地担心什么呢？

扬·勒丘恩：经济混乱显然是一个问题。这不是一个没有解决办法的问题，但这是一个具有相当大政治障碍的问题，特别是在美国这样的文化中，收入和财富再分配在文化上是不被接受的。还有一个问题是如何传播这项技术，让它不仅能给发达国家带来利益，还能让全世界共享。

存在权力集中的情况。目前，人工智能研究是非常公开和开放的，但只被相对较少的公司广泛使用。它还需要一段时间才能被更广泛的经济领域所使用，这是权力的重新分配。这将在某些方面影响世界，它可能是积极的，但也可能是消极的，我们需要确保它是积极的。

我认为技术进步的加速和人工智能的出现将促使政府加大对教育的投入，特别是继续教育，因为人们将不得不学习新的技能。这是需要处理的被破坏的一个真正方面。这并不是没有解决办法的问题，只是人们必须认识到其存在才能解决问题。

如果你的政府连全球变暖这样的既定科学事实都不相信，他们怎么能相信这种事情呢？这类问题有很多,包括偏见和公平方面的问题。如果我们使用监督学习来训练我们的系统,这些系统将反映出数据中的偏见,那么如何确保它们不会因为偏见而延续现状?

马丁·福特:问题在于偏见被封藏在数据中,而机器学习算法会很自然地获取它们。人们可能希望,纠正算法中的偏见可能比纠正人类的偏见容易得多。

扬·勒丘恩:当然。事实上,在这方面我相当乐观,因为我认为减少机器的偏见确实比现在减少人类的偏见要容易得多。人类的偏见是极其难以纠正的。

马丁·福特:你担心军事应用,比如自主武器吗?

扬·勒丘恩:是也不是。说"是",是因为人工智能技术当然可以用来制造武器,但是有些人,比如斯图尔特·罗素,把潜在的新一代人工智能武器定性为大规模杀伤性武器,我完全不同意这种看法。

我认为军方使用人工智能技术的方式恰恰相反。这是军方所谓的外科手术,即不会投下摧毁整座建筑的炸弹,而会派出无人机,只让想要被捕获的人进入睡眠状态,这可能是非致命的。

到了那个地步,军队看起来更像警察了。从长远来看这样好吗?我认为没人能猜到。它的破坏力比核武器小——不可能比核武器更大!

马丁·福特:你担心在推进人工智能方面与中国的竞争吗?他们有超过 10 亿的人口,所以他们得到了更多的数据。这会给他们带来前进的优势吗?

扬·勒丘恩:我不这么认为。我认为目前科学的进步并不建立在广泛获得数据的基础上。中国有 10 多亿人,但实际上真正参与技术和研究的人所占的比例却相对较小。

毫无疑问,它会增长,中国确实在朝着这个方向前进。中国也有一些很好的成果,那里有一些非常聪明的人,他们将为这一领域做出贡献。

20 世纪 80 年代,西方也曾有过同样的担忧,害怕被日本的技术所控制,这种担忧持续了一段时间,然后就趋于饱和了。接着是韩国,现在是中国。

马丁·福特:你认为人工智能需要某种程度的监管吗?政府对你所做的研究和所建立的系统有监管的空间吗?

扬·勒丘恩：虽然我认为目前对人工智能研究进行监管没有任何意义，但我确实认为对应用程序进行监管是有必要的。不是因为它们使用人工智能，而是因为它们的应用领域。

以药物设计中人工智能的使用为例，人们总是想规范药物的测试方式、配置方式以及使用方式。事实是已经这样了。以自动驾驶汽车为例，汽车受到管制，有严格的道路安全法规。当然，这些都是现有法规需要根据人工智能不断增加的强势影响进行调整的应用领域。

不过，我认为目前没有必要对人工智能进行监管。

马丁·福特：那么，我想你非常不同意埃隆·马斯克的言论？

扬·勒丘恩：哦，我完全不同意他的意见。我和他谈过好几次，我不知道他的观点是从哪里来的。他是一个非常聪明的人，我对他的一些项目感到敬畏，但我不确定他的动机是什么。他想拯救人类，所以也许他需要另一个存在性威胁。我认为他真的很担心，但我们谁也没能说服他，博斯特罗姆式的艰难起飞场景是不会发生的。

马丁·福特：总的来说，你是个乐观主义者吗？你认为人工智能的好处会大于坏处吗？

扬·勒丘恩：是的，我同意这个观点。

马丁·福特：你认为它在哪些领域会带来最大的好处？

扬·勒丘恩：我真的希望我们能找到办法让机器像婴儿和动物一样学习。这是我接下来几年的科学计划。我也希望我们能在资助这项研究的人感到厌倦之前取得一些令人信服的突破，因为在过去的几十年里技术发展常常没有达到预期。

马丁·福特：你已经警告过人工智能被过度炒作了，这甚至可能导致另一个"人工智能寒冬"。你真的认为有这样的风险吗？深度学习已经成为谷歌、Facebook、亚马逊、腾讯以及所有这些超级富有的公司的商业模式的核心。因此，很难想象对这项技术的投资会大幅下降。

扬·勒丘恩：我不认为我们会像以前那样迎来一个人工智能寒冬，因为围绕着人工智能有一个庞大的产业，有一些真正的应用正在为这些公司带来真正的收入。

这仍然需要大量的投资，比如说，希望自动驾驶汽车能在未来五年内投入使用，医学成像技术发生根本性的变革。医药卫生、交通和信息获取在未来几年里可能会受到最明显的影响。

虚拟助理是另一种情况。现在它们的用处不大,因为是手工编写的。它们没有任何常识,也不能真正理解你在深层次上告诉它们什么。问题是我们是否需要在获得不令人沮丧的虚拟助理之前解决通用人工智能问题,或者我们是否可以在此之前取得持续的进展。现在,我不知道。

不过,当它成为现实时,将极大地改变人们之间的互动方式以及人们与数字世界的互动方式。如果每个人都有一个具有人类智能水平的私人助理,那将产生巨大的影响。

我不知道你有没有看过《她》(Her)这部电影?从某些方面来说,它对可能发生的事情的描述还不错。在所有关于人工智能的科幻电影中,它可能是最不荒谬的一部。

我认为,由于硬件的进步,许多与人工智能相关的技术将广泛地掌握在人类手中。现在人们在开发低功耗和廉价的硬件方面做了很多工作,这些硬件可以安装在智能手机或真空吸尘器中,以 100 毫瓦的功率运行一个卷积网络,而且这种芯片用 3 美元就可以买到。这将极大地改变我们周围世界的运作方式。吸尘器将不会在你的房间里乱转,它能够知道需要去哪里,你的割草机也可以在不翻过花坛的情况下修剪你的草坪。不仅仅是你的车会自己开。

这也可能对环境产生有趣的影响,比如野生动物监测。由于专门用于深度学习的硬件技术的进步,人工智能将掌握在每个人的手中,这将在未来两三年内实现。

扬·勒丘恩

扬·勒丘恩是 Facebook 的副总裁兼首席人工智能科学家,同时也是纽约大学的计算机科学系教授。与杰弗里·辛顿和约书亚·本吉奥一样,扬也是所谓的"加拿大黑手党"的一员,这3位研究者的努力和坚持直接导致了当前深度学习神经网络的革命。

在加入 Facebook 之前,扬曾在 AT&T 的贝尔实验室工作,在那里他因开发了卷积神经网络而闻名,这是一种机器学习架构,灵感来自大脑的视觉皮层。扬使用卷积神经网络开发了一个手写识别系统,该系统被广泛应用于自动柜员机和银行,以读取支票上的信息。近年来,以更快的计算机硬件为动力的深度卷积网络,使计算机图像识别和分析发生了革命性的变化。

扬于 1987 年获得巴黎电子技术与电子工程高级工程师学院(ESIEE)颁发的电气工程师文凭和皮埃尔-玛丽·居里大学(University Pierre et Marie Curie)颁发的计算机科学博士学位。他后来在多伦多大学的杰弗里·辛顿实验室担任博士后研究员。他于 2013 年加入Facebook,成立并运营总部位于纽约市的 Facebook 人工智能研究组织(FAIR)。

"如果我们环顾四周，无论是公司里的人工智能团体、学术界的人工智能教授、人工智能博士，还是在顶级人工智能会议上的演讲者，不管在哪里，你都会发现：我们缺乏多样性。我们缺乏女性参与，也缺乏代表性不足的少数族裔群体的参与。"

李飞飞

斯坦福大学计算机科学系教授

Google Cloud 首席科学家

李飞飞，斯坦福大学计算机科学系教授，斯坦福人工智能实验室(SAIL)主任。李飞飞从事计算机视觉和认知神经科学领域的工作，她受到来源于现实世界中人类大脑的工作方式的启发，构建了使计算机和机器人能够看和思考的智能算法。她是 Google Cloud 的首席人工智能和机器学习科学家，致力于推进人工智能并使之民主化。李飞飞是人工智能多样性和包容性的坚定支持者，并与他人共同创立了 AI4ALL，这是一个旨在吸引更多女性和少数族裔群体进入人工智能领域的组织。

人工智能缔造师

马丁·福特：让我们谈谈你的职业轨迹。你是如何开始对人工智能感兴趣的？又是如何获得目前在斯坦福大学的职位的？

李飞飞：我一直算是一个 STEM（Science，Technology，Engineering and Math，科学、技术、工程和数学）学生，所以科学一直吸引着我，我特别喜欢物理。我在普林斯顿大学主修物理学，学习物理学的一个副产品是我开始对宇宙的基本原理着迷。比如，宇宙从何而来？存在意味着什么？宇宙要去向何方？这是人类好奇心的基本追问。

在研究中我注意到了一件非常有趣的事情：自 20 世纪初以来，我们看到了现代物理学的伟大觉醒，这是由于像爱因斯坦和勋伯格（Schoenberg）这样的人，他们在生命的尽头不仅开始对宇宙的物质着迷，而且对生命、生物学以及存在的基本问题也开始着迷。我也对这些问题很着迷。当我开始学习时，我意识到我真正的兴趣不是发现物理问题，而是理解智能——它定义了人类的生活。

马丁·福特：这是你在中国的时候吗？

李飞飞：我当时在美国普林斯顿大学物理系，我开始对人工智能和神经科学产生兴趣。在申请那里的博士学位时我非常幸运，直到今天，我所选择的神经科学与人工智能结合的方向仍然是比较少见的。

马丁·福特：那么，你认为研究这两个领域而不是只专注于计算机科学驱动的方法是一个重要的优势吗？

李飞飞：我认为这给了我一个独特的视角，因为我认为自己是一个科学家，所以当我接近人工智能时，驱动我的是科学假设和科学探索。人工智能领域是关于会思考的机器，使机器智能化，我喜欢研究以攻克机器智能为核心的问题。

基于认知神经科学的背景，我采取了算法的角度和详细的建模的角度。所以，我发现大脑和机器学习之间的联系很迷人。我还思考了很多推动人工智能进步的人类启发任务：我们的自然智能必须通过进化来解决现实世界的任务。在这方面，我的背景给了我一个独特的角度和方法来研究人工智能。

马丁·福特：你的研究重点确实是计算机视觉，你的观点是，从进化的角度来看，眼睛的发育可能导致了大脑本身的发育。大脑提供了解析图像的计算能力，所以也许理解视觉是通往智能的大门。我这样想对吗？

李飞飞

李飞飞：是的，你说得对。语言（language）是人类智能的一个重要组成部分，当然还有言语（speech）、触觉感知、决策和推理。但视觉智能是嵌入在所有这些东西中的。

如果你看看大自然设计我们大脑的方式，你会发现人脑的一半与人类智能有关，而人类智能与运动系统、决策、情感、意图和语言密切相关。人类的大脑并不只是碰巧能识别出孤立的物体，这些功能是深刻定义人类智能不可或缺的一个部分。

马丁·福特：能把你在计算机或机器视觉方面所做的工作简单介绍一下吗？

李飞飞：在 21 世纪的头 10 年里，目标识别是计算机视觉领域研究的圣杯。目标识别是所有视觉的基石。作为人类，如果我们睁开眼睛环顾周围的环境，我们几乎能认出所看到的每一个物体。认识对于我们能够驾驭世界、了解世界、沟通世界，在真实世界中做事至关重要。目标识别是计算机视觉领域中一个非常崇高的圣杯，当时我们正在使用机器学习等工具。

然后在 2000 年代中期，当我从一名博士生转变为一名教授时，很明显，计算机视觉作为一个领域停滞不前，机器学习模型并没有取得巨大进展。当时，整个国际研究群体都在用大约 20 种不同的目标对自动识别任务进行基准测试。

所以，我和我的学生以及合作者们一起，开始深入思考如何才能实现一个巨大的飞跃。我们开始意识到，要想实现目标识别这一远大目标，仅仅处理一个涉及 20 个物体的小规模问题是不够的。在这一点上，我深受人类认知的启发，任何一个孩子的成长故事，在成长的最初几年里都涉及大量的数据。孩子们对他们的世界进行了大量的实验，观察这个世界，然后接受了它。巧合的是，就在这个时候，互联网迅速发展成为一种全球现象，提供了大量的大数据。

我想做一个非常疯狂的项目，把我们在网上能找到的所有图片组织成对人类重要的概念，并给这些图像贴上标签。结果，这个疯狂的想法变成了一个名为 ImageNet 的项目，1 500 万张图像被组织成 22 000 个标签。

我们立即向全世界开放了 ImageNet 的源代码，因为直到今天，我仍然相信技术的民主化。我们向全世界发布了全部 1 500 万张图像，并开始为研究人员举办国际竞赛来解决 ImageNet 的问题：不是小规模的问题，而是对人类和应用至关重要的问题。

快进到 2012 年，我认为我们看到了对很多人来说是在目标识别方面的转折点。2012 年 ImageNet 竞赛的获胜者创造了一种融合 ImageNet、GPU 计算能力和卷积神经网络的算法。杰弗里·辛顿写了一篇开创性的论文，对我来说，这是实现目标识别圣杯的第一阶段。

人工智能缔造师

马丁·福特：你们继续这个项目了吗？

李飞飞：在接下来的两年里，我努力于使目标识别技术进一步发展。如果我们再看看人类的发展，婴儿从咿呀学语开始，说几个字，然后他们开始造句。我有一个两岁的女儿和一个六岁的儿子。这个两岁大的孩子造了很多句子，这是巨大的发展进步，是人类作为智能体和动物所做的事情。受到人类发展的启发，我开始研究如何使计算机在看到图片时能说出句子，而不仅仅是给一把椅子或一只猫贴标签。

我们使用深度学习模型来研究这个问题已经有几年了。2015 年，我在 TED 大会上谈到了这个项目。我演讲的题目是我们如何教计算机理解图片，我讨论了如何使计算机能够理解图片的内容并将其总结为一个之后可以进行交流的人类的自然语言句子。

马丁·福特：算法的训练方式与人类婴儿或幼儿的训练方式大不相同。大多数情况下，孩子们不会被贴上数据的标签——他们只是把事情弄清楚。甚至当你指着一只猫说，"看，这是一只猫"，你当然不必这样做成千上万次，一两次可能就够了。人类如何从我们在世界上遇到的非结构化实时数据中学习，与现在人工智能所做的监督学习相比，有着相当显著的不同。

李飞飞：你完全说对了，这就是为什么作为一名人工智能科学家，我每天醒来都很兴奋，因为有那么多工作要做。有些工作的灵感来自人类，但大部分与人类完全不相似。正如你所说，今天神经网络和深度学习的成功大多涉及监督模式识别，这意味着与一般人类智能相比，它的能力非常有限。

今年我在谷歌的 I/O 会议上做了一个演讲，我再次用了我两岁女儿的例子。几个月前，我在婴儿监护仪上看到她发现婴儿床的漏洞逃了出来。我看见她打开了睡袋，后来为了防止她打开睡袋，把自己弄出来，我特意改装了睡袋。这种以视觉运动、计划、推理、情感、意图和坚持为核心的协调智能，在我们现在的人工智能中真的是不存在的。我们还有很多工作要做，认识到这一点非常重要。

马丁·福特：你认为会不会有突破性的进展，能让计算机像孩子一样学习？人们正在积极地研究如何解决这个问题吗？

李飞飞：肯定有人在这方面努力，尤其是在科研界。我们很多人都在研究下一个关键问题。在斯坦福我的实验室里，我们正在研究机器人学习问题，人工智能是通过模仿来学习的，这比通过监督式的标签来学习要自然得多。

李飞飞

当我们还是孩子的时候,我们观察其他人如何做事,然后我们去做,所以人们现在开始研究逆向强化学习算法和神经编程算法。有很多新的探索,而 DeepMind 正在这么做。Google Brain、斯坦福大学、麻省理工学院也都在这么做。鉴于在这一领域令人难以置信的全球投资数量,我非常希望在有生之年,将看到更多的人工智能突破。我们也看到了研究界在除了监督学习之外的算法方面做了很多努力。

很难预测何时会有突破性进展。作为一名科学家,我学会了不要去预测科学上的突破,因为它们是偶然出现的,它们是在历史上许多因素交汇时出现的。

马丁·福特:我知道你是 Google Cloud 的首席科学家。我在做演讲的时候总是强调的一点是,人工智能和机器学习将像一个公用事业,比如像电力一样,可以部署在几乎任何地方。在我看来,将人工智能集成到云计算中是使这项技术普遍可用的首要步骤之一。这符合你的设想吗?

李飞飞:作为一名教授,每隔七八年我们都会有一个内在的鼓励休假的机制,让我们离开大学几年,去探索不同的行业,或者给自己充电。两年前,我非常确定自己想加入一个真正实现人工智能技术民主化的行业,因为人工智能已经发展到了一个阶段,现在正在发挥作用的一些技术,比如监督学习和模式识别,正在为社会做好事。就像你说的,如果你想传播像人工智能这样的技术,最好的、最大的平台是云计算,因为在人类发明出来的任何平台上都没有其他计算可以覆盖这么多人。在任何时候,仅 Google Cloud 就可以助力、帮助或服务数十亿人。

因此,我非常高兴被邀请担任 Google Cloud 的首席科学家,Google Cloud 的使命是实现人工智能的民主化。这是关于创造能够增强企业和合作伙伴能力的产品,继而从客户那里获得反馈,并与他们密切合作以改进技术本身。这样我们就能在人工智能的民主化和人工智能的进步之间建立起一个循环。我负责云人工智能的研究部分以及云人工智能的产品,我们从 2017 年 1 月起开始在这里工作。

我们做的一个产品叫作 AutoML。这是一款独特的产品,能够真正尽可能地降低人工智能的进入门槛——这样就可以将人工智能提供给不做人工智能研究的人。客户的痛点在于许多企业需要定制模型来帮助他们解决自身的问题。所以,在计算机视觉的背景下,如果我是一个零售商,可能需要一个模型来识别我的商标;如果我是《国家地理》杂志,可能需要一个模型来识别野生动物;如果我在农业行业工作,可能需要一个模型来识别苹果。人们有各种各样的用例,但并不是每个人都有创造人工智能的专业知识。

看到这个问题,我们开发了 AutoML 产品,这样只要知道你需要什么,比如"需要将它用于区分苹果和橙子",带上训练数据,我们就会为你做一切。因此,从你的角度来看,这一切都是自动的,并为你的问题提供了一个定制的机器学习模型。我们在 2017 年 1 月份推出了 AutoML,数以万计的客户已经注册了这项服务。看到尖端人工智能的民主化是非常值得的。

马丁·福特:听起来,如果 AutoML 让不太懂技术的人也能使用机器学习,那么很容易导致由不同目标的人创建的各种人工智能应用的爆炸式增长。

李飞飞:是的,没错! 事实上,我在一次演讲中使用了寒武纪大爆发的类比。

马丁·福特:今天人们非常关注神经网络和深度学习。你认为这是前进的方向吗? 你显然相信随着时间的推移,深度学习将不断完善,但你真的认为它是引领人工智能走向未来的基础技术吗? 或者是否有另一种完全不同的技术,我们最终将抛弃深度学习和反向传播等所有这些,而拥有全新的技术吗?

李飞飞:纵观人类文明,科学进步的道路总是建立在毁灭自己的基础上。在历史上,科学家们从来没有说不会再有什么发生了,不会再有什么改进了。对于人工智能来说尤其如此,它是一个只有 16 年历史的新兴领域。与物理学、生物学和化学等拥有数百年甚至数千年历史的领域相比,人工智能还有很大的进步空间。

作为一名人工智能科学家,我并不认为我们已经完成了自己的任务,即卷积神经网络和深度学习是所有问题的答案——虽然差距不是很大。正如你前面所说,很多问题都没有标记数据,或者涉及很多训练示例。纵观人类文明史和它教给我们的,我们不可能认为自己已经到达了目的地。正如我两岁的孩子逃离婴儿床的故事告诉我们的那样,我们还没有任何人工智能能够接近那种复杂的智能水平。

马丁·福特:你认为哪些项目处于人工智能研究的最前沿?

李飞飞:在我自己的实验室里,我们一直在做一个超越 ImageNet 的项目,叫作视觉基因组计划(Visual Genome Project)。在这个项目中,我们对视觉世界进行了深入的思考,我们认识到 ImageNet 太过贫乏。ImageNet 只是给图片或视觉场景中的对象提供一些离散的标签,而在真实的视觉场景中,目标是相互连接的,人和目标做了很多事情。视觉和语言之间也有联系,所以视觉基因组计划就是我们所说的超越 ImageNet 的下一步。它的设计重点在于视觉

李飞飞

世界和我们的语言之间的关系,所以我们在推动它的发展方面做了很多工作。

另一个令我超级兴奋的方向是人工智能和医疗保健。我们目前正在我的实验室里进行一个项目,它的灵感来自于医疗保健的一个特殊元素——护理的关注。护理这个话题触动了很多人。护理是照顾病人的过程,但如果你看看我们的医院系统,会发现有很多低效率之处:低质量的护理、缺乏监测、故障以及与整个医疗服务过程相关的高成本。再看看外科领域的错误以及缺乏卫生可能导致的医院感染。在老年家庭护理方面也缺乏帮助和意识。在护理方面有很多问题。

大约5年前,我们认识到有助于医疗服务的技术与自动驾驶汽车和人工智能的顶级技术非常相似。我们需要智能传感器来感知环境和情绪,我们需要算法来理解收集到的数据并向临床医生、护士、患者和家属提供反馈。因此,我们开始在医疗服务领域的研究中开创人工智能研究。我们和斯坦福儿童医院、犹他州山间医院和旧金山的无锁养老院合作。我们最近在《新英格兰医学杂志》上发表了一篇评论文章。我认为这是非常令人兴奋的,因为它使用了尖端的人工智能技术,就像自动驾驶汽车使用的技术,但它被应用到了一个对人类需求和福祉至关重要的领域。

马丁·福特: 我想谈谈通用人工智能的发展道路。你认为我们需要克服的主要障碍是什么?

李飞飞: 我想分两部分回答你的问题。第一部分我会更狭义地回答关于通用人工智能之路的问题,第二部分我想谈谈我认为人工智能未来发展的框架和思路。

让我们首先定义通用人工智能,因为这不是在将人工智能和通用人工智能对立比较:它们是一个连续体。我们都认识到今天的人工智能是非常狭义和任务特定的,关注的是带标签数据的模式识别,但随着人工智能的不断进步,这种情况也会逐渐缓解,所以在某种程度上,人工智能和通用人工智能的未来是一个模糊的定义。我猜想通用人工智能的一般定义应该是一种情境化的、情境感知的、细致入微的、多方面的和多维的智能,一种具有人类所具有的那种学习能力的智能,它不仅通过大数据,而且通过无监督学习、强化学习、虚拟学习和各种各样的学习进行学习。

如果我们把这作为通用人工智能的定义,那么我认为通向通用人工智能的道路是对算法的不断探索,而不仅仅是监督。我还认为,认识到脑科学、认知科学和行为科学的跨学科合作需求是很重要的。人工智能的许多技术,无论是任务的假设、评估还是算法的猜想,都触及

人工智能缔造师

脑科学和认知科学等相关领域。我们投资并倡导这种协作和跨学科的方法也非常重要。实际上，我已经在 2018 年 3 月的《纽约时报》上发表了一篇关于这方面的评论文章，题为《如何使人工智能对人们有益》(*How to Make A. I. That's Good for People*)。

马丁·福特：是的，我读了你的文章，我知道你一直在倡导为人工智能发展的下一阶段建立一个全面的框架。

李飞飞：我这么做是因为人工智能已经从一个学术和小众的学科领域成长为一个更大的、对人类生活会产生非常深远影响的领域。那么，我们如何划分人工智能，如何在下一阶段为未来创造人工智能呢？

以人为本的人工智能有三个核心组成部分或要素。第一部分是推进人工智能本身，这与我刚才所说的有很大关系：关于人工智能的跨学科研究和工作，包括神经科学和认知科学。

以人为本的人工智能的第二个组成部分实际上是技术和应用，以人为本的技术。我们谈论了很多关于人工智能取代人类的工作场景，但是人工智能有更多的机会来加强和提升人类。机遇要广泛得多，我认为应该提倡和投资有关人与机器之间的协作和互动的技术。这就是机器人技术、自然语言处理、以人为本的设计等。

以人为本的人工智能的第三个组成部分是要认识到单靠计算机科学无法解决所有人工智能的机会和问题。这是一项对人类有深远影响的技术，所以我们应该邀请经济学家来讨论就业、讨论更大的组织、讨论金融；我们应该邀请政策制定者、法律学者和伦理学家来谈论法规、偏见、安全和隐私；我们应该与历史学家、艺术家、人类学家和哲学家合作，研究人工智能研究的不同含义和新领域。以上是下一阶段以人为本的人工智能的三个要素。

马丁·福特：当你谈到以人为本的人工智能时，你是在试图解决一些已经提出的问题，我想谈谈其中的一些。尼克·博斯特罗姆、埃隆·马斯克和史蒂芬·霍金提出了一种观点，认为有一种真正的存在性威胁，超级智能可能会非常迅速地出现，并伴有一个递归的自我改进循环。我听到有人说你的 AutoML 可能是朝这个方向迈出的一步，因为你正在使用技术来设计其他的机器学习系统。你怎么看？

李飞飞：我认为，像尼克·博斯特罗姆这样的领导人物推测人工智能的一个相当令人不安的未来，或者至少发出一些预警信号，这些信号可能以我们意想不到的方式影响我们，这是有益的。但我认为重要的是要把它放在具体背景下，因为在人类文明的漫长历史中，每当出现

李飞飞

一种新的社会秩序或发明一项新技术,它都有同样的潜力以意想不到的深刻方式扰乱人类世界。

我也认为,通过不同的声音以不同的方式来探讨这些重要问题是有益的,来自不同发展道路的声音。尼克是一位哲学家,他对这些可能性进行哲学思考是很好的。尼克的声音是人工智能社会话语的其中一种。我认为我们需要更多的声音来做出贡献。

马丁·福特:埃隆·马斯克等人确实非常重视这个问题,他的一些言论吸引了很多人的关注。你认为这有点过头吗?还是说,作为一个社会,在这个时候我们真的应该那么担心吗?

李飞飞:通常我们倾向于记住那些夸张的言论。作为一名科学家和学者,我倾向于关注那些建立在更深入、更充分的证据和逻辑推理之上的论点。我是否判断特定的一句话真的不重要。

重要的是我们如何利用现有的机会以及我们每个人都在做什么。例如,我更愿意直言不讳地讨论人工智能的偏见和缺乏多样性,而这就是我要说的,因为关注自己的工作更重要。

马丁·福特:那么,存在性威胁是相当遥远的未来?

李飞飞:就像我说的,有人在思考存在性威胁是有益的。

马丁·福特:你简单地提到了对就业的影响,我写过很多相关的文章,事实上,这也是我上一本书的内容。你说肯定有机会提高人的素质——但与此同时,存在着技术和资本主义的交叉点,如果可以的话,企业总是有很强的动机去尽可能地减少劳动力。这在历史上屡见不鲜。今天我们似乎正处在一个转折点,很快就会有比过去任何工具都能实现更广泛的任务自动化的工具。这些工具将取代认知和智力劳动,而不仅仅是体力劳动。是否有可能出现大量失业、就业机会减少、工资下降等情况?

李飞飞:我不想假装自己是经济学家,但资本主义是人类社会秩序的一种形式,它有100年的历史了?我想说的是,没有人能够预测资本主义是人类社会发展的唯一形式,也没有人能够预测技术在未来社会中将如何变化。

我的观点是,人工智能作为一项极具潜力的技术,有机会让生活变得更好,让工作更有效率。我和医生一起工作已经5年了,我知道医生的工作中有些部分是可以被机器替代的。我真的希望这部分被替代,因为我看到我们的医生工作过度,不堪重负,他们的才华有时并没有发挥出应有的作用。我希望看到医生有时间和病人交谈，有时间互相交谈，有时间了解和优化对疾病的最佳治疗。我希望看到医生有时间做一些罕见病或疑难杂症需要的调查工作。

人工智能作为一项技术，除了可以取代人力劳动之外，它还有很大的潜力来提升和增加劳动力，我希望能看到越来越多这样的事情发生。这是我们从历史中得到的证据。大约40年前，计算机使许多工作自动化，于是不再需要办公室打字员了。但是我们看到了新的工作，我们现在有了软件工程师这个新工作，人们在办公室里做着更有趣的工作。ATM机也是如此：当它们开始在银行里自动化一些交易时，出纳员的数量实际上增加了，因为有更多的金融服务可以由人类来完成——而普通的现金存取现在可以由ATM机来完成。这不是一个非黑即白的故事，我们的共同努力决定了事情的发展。

马丁·福特：让我们谈谈你关注的其他一些话题，比如多样性和偏见。在我看来，这确实是两件不同的事情。偏见的产生是因为它被封藏在机器学习算法所训练的人类产生的数据中，而多样性更多的是一个谁在人工智能领域工作的问题。

李飞飞：首先，我不认为它们像你想的那样是相互独立的，因为归根结底，这是人类带给机器的价值观。如果我们有一个机器学习流水线，从数据本身开始，那么当数据有偏见时，我们的机器学习结果也会有偏见。某些形式的偏见甚至可能带来致命的影响。但这本身可能与流水线的开发过程有关。我只想提出一个哲学观点，它们实际上是有潜在联系的。

话虽如此，我同意你的观点，偏见和多样性可以分开对待。例如，就导致机器学习结果偏见的数据偏见而言，许多学术界的研究者现在已经认识到了这一点，并且致力于找出暴露这种偏见的方法。他们也在修改算法，以对偏见做出反应，试图用这种方式纠正它。从学术界到产业界，这种对产品和技术偏见的暴露确实是有益的，它使产业界保持警惕。

马丁·福特：你在谷歌必须处理机器学习的偏见。如何解决这个问题？

李飞飞：谷歌现在有一组研究人员致力于机器学习偏见和"可解释性"的研究，因为解决偏见、提供更好产品的压力是存在的，我们希望帮助其他人。现在还处于早期阶段，但对这一领域的研究进行投资是非常重要的，这样才能有更多的发展。

关于多样性和人们的偏见，我认为这是一场巨大的危机。我们还没有解决劳动力的多样性问题，特别是在STEM领域。然后，由于技术和人工智能还处于萌芽阶段，但其影响力如此之大，这一问题就更加严重了。如果我们环顾四周，无论是公司里的人工智能团体、学术界的人工智能教授、人工智能博士,还是在顶级人工智能会议上的演讲者,不管在哪里,你都会发现:我们缺乏多样性。我们缺乏女性参与,也缺乏代表性不足的少数族裔群体。

马丁·福特:我知道你发起了 AI4ALL 项目,旨在吸引女性和代表性不足的少数族裔群体进入人工智能领域。你能谈谈吗?

李飞飞:是的,我们一直在讨论的缺乏代表性问题导致我在 4 年前发起了斯坦福 AI4ALL 项目。我们可以做出的一个重要努力是,在高中生上大学、决定自己的专业和未来的职业之前激励他们,邀请他们参加人工智能研究和人工智能学习。我们尤其认为,对于那些被人工智能中的人类使命所激励的代表性不足的少数族裔群体来说,他们会响应那种超越自我的激励和鼓舞。因此,在过去的 4 年里,我们每年都在斯坦福精心设计这个暑期课程,并邀请高中女生参与人工智能研究。这相当成功,以至于在 2017 年,我们成立了一个名为 AI4ALL 的非营利组织,开始复制这一模式并邀请其他大学参与。

一年后,我们有 6 所大学针对人工智能技术难以让人们参与的不同领域的问题开展工作。除了斯坦福和西蒙·弗雷泽大学,加州大学伯克利分校参与了针对低收入学生的人工智能项目,普林斯顿大学聚焦于服务于少数族裔群体的人工智能项目,克里斯托弗·纽波特大学是服务于问题学生的人工智能项目,波士顿大学是服务于女学生的人工智能项目。这些项目仅仅运作了很短的时间,但是我们希望能够加速这整个项目的发展并持续邀请来自更加多样化背景的人工智能的未来领袖们参与进来。

马丁·福特:我想问你是否认为有必要对人工智能进行监管?那是你想看到的吗?你是主张政府在制定规则时更加关注这些问题,还是认为人工智能社区可以在内部解决这些问题?

李飞飞:其实我不认为人工智能,如果你指的是人工智能技术专家,可以自己解决所有的人工智能问题:我们的世界是相互联系的,人类的生活是相互交织的,我们都是相互依赖的。

不管我制造了多少人工智能,我仍然在同一条高速公路上开车,呼吸同样的空气,把我的孩子送到社区学校学习。我认为需要有一个非常人本主义的观点来看待这个问题,并认识到任何技术要产生如此深远的影响,我们都需要邀请生活和社会各界的参与。

我也认为政府有巨大的作用,就是投资人工智能的基础科学、研究和教育。因为如果我们想拥有透明的、公平的技术,如果我们想让更多的人能够以积极的方式理解和影响这项技术,那么政府需要投资我们的大学、研究机构和各类学校,教育人们关于人工智能的知识,支持基础科学研究。我没有受过成为政策制定者的专业训练,但我会和一些政策制定者交谈,也和我的朋友交谈。无论是关于隐私、公平、传播还是协作,我都看到了政府可以发挥作用的地方。

马丁·福特:我想问你的最后一个问题是关于这场所谓的人工智能军备竞赛,你对此有多重视,这是我们应该担心的吗?

我们在人工智能的领导地位方面是否有落后的风险?

李飞飞:现在,我们生活在现代物理学以及它将如何改变技术的一个重要炒作周期中,无论是核技术还是电子技术。

一百年后,人类是否会问自己这样一个问题:谁拥有现代物理学?人们会试着说出工业革命后拥有现代物理学和其他一切东西的公司或国家的名字吗?我想很难回答这些问题。我的观点是,作为科学家和教育工作者,人类对知识和真理的追求是没有国界的。如果说科学有一个基本原则的话,那就是这些是普遍的真理,也是我们作为一个物种共同追求的真理。在我看来,人工智能是一门科学。

从这个角度来看,作为一名基础科学家和一名教育工作者,我与来自不同背景的人一起工作。我在斯坦福的实验室里有来自世界各地的学生。通过我们所创造的技术,无论是自动化还是医疗保健,我们都希望造福于每一个人。

当然,公司之间和地区之间会有竞争,我希望这是健康的。健康的竞争意味着我们尊重彼此,我们尊重市场,我们尊重用户和消费者,我们尊重法律,即使是跨国法律或国际法。作为一名科学家,这是我所提倡的,并且我继续在开源领域发表文章来教育不同肤色和国家的学生,我想与不同背景的人合作。

李飞飞

李飞飞是 Google Cloud 的首席人工智能和机器学习科学家,斯坦福大学计算机科学系教授,斯坦福人工智能实验室和斯坦福视觉实验室的主任。她拥有普林斯顿大学物理学学士学位和加州理工学院电气工程博士学位。她的工作重点是计算机视觉和认知神经科学,并在顶级学术期刊上发表了大量文章。她是 AI4ALL 的联合创始人,这是一个致力于吸引女性和少数族裔群体进入人工智能领域的组织,该组织创始于斯坦福大学,目前已扩展到美国各地的大学。

"游戏只是我们的训练领域。我们做这些工作并不仅仅是为了解决游戏问题；我们希望构建这些通用算法，可以应用于真实世界的问题。"

德米斯·哈萨比斯

DeepMind 联合创始人兼 CEO

人工智能研究员和神经科学家

德米斯·哈萨比斯曾是国际象棋神童，16 岁开始编程和设计电子游戏。德米斯从剑桥大学毕业后，花了 10 年时间领导并创办了专注于电子游戏和模拟的成功初创公司。他回到学术界，在伦敦大学学院(UCL)获得了认知神经科学博士学位，之后在麻省理工学院(MIT)和哈佛大学完成了博士后研究。2010 年，他是 DeepMind 的联合创始人之一。DeepMind 于 2014 年被谷歌收购，现在是 Alphabet 旗下公司的一部分。

人工智能缔造师

马丁·福特：我知道你小时候对国际象棋和电子游戏很感兴趣。这对你在人工智能研究领域的职业生涯和你决定创立 DeepMind 有何影响？

德米斯·哈萨比斯：在童年时代，我是一名职业棋手，渴望成为国际象棋世界冠军。我那时是一个内省的孩子，我想提高自己的水平，所以经常思考我的大脑是如何想出这些棋招的。当走了很棒的一步或犯了一个错误的时候，会有什么样的过程？所以我很早就开始思考很多关于思考的问题，这让我在以后的生活中对神经科学之类的东西产生了兴趣。

当然，国际象棋在人工智能领域中扮演着更重要的角色。自人工智能诞生以来，国际象棋一直是人工智能研究的主要问题领域之一。一些早期的人工智能先驱，如艾伦·图灵和克劳德·香农（Claude Shannon），对计算机国际象棋非常感兴趣。8 岁的时候，我用我参加国际象棋锦标赛的奖金买了我的第一台电脑。我记得我编写的第一个程序是为一款叫 Othello 的游戏（也被称为 Reversi）编写的，虽然这是一个比国际象棋简单的游戏，但我使用了那些早期的人工智能先驱在他们的国际象棋程序中使用的相同思想，如 α - β 搜索等等。那是我第一次接触编写人工智能程序。

我对国际象棋和游戏的热爱使我开始编程，尤其是为游戏编写人工智能。对我来说，下一步是把我对游戏和编程的热爱融入商业电子游戏的编写中。在我的很多游戏中，从《主题公园》（*Theme Park*，1994 年）到《共和国：革命》（*Republic: The Revolution*，2003 年），你会看到一个关键的主题，那就是这些游戏玩法的核心是模拟。游戏向玩家提供了带有角色的沙盒，这些角色会对你的游戏方式做出反应。这些角色是以人工智能为基础的，这是我一直致力于的部分。

我在游戏中做的另一件事是训练我的思维能力。例如，在国际象棋方面，我认为对孩子们来说，在学校学习国际象棋是件很好的事情，因为国际象棋可以教给他们解决问题、制订计划以及其他各种各样的元技能，我认为这些技能都是有用的，并且可以迁移到其他领域。回想起来，当我创立 DeepMind 并开始使用游戏作为我们的人工智能系统的训练环境时，也许所有这些信息都在我的潜意识中。

在创立 DeepMind 之前，我的最后一段学习历程是在剑桥大学攻读计算机科学本科课程。当时，也就是 21 世纪初，我觉得计算机科学领域中并没有足够的想法去尝试攀登通用人工智能的珠穆朗玛峰。我转而去攻读神经科学博士学位，因为我觉得我们需要更好地理解大脑是如何实现这些复杂功能的,这样我们就可以从中得到启发,提出新的算法思想。我学到了很多关于记忆和想象力的知识——在那个时候我们还不了解的研究主题,在某些情况下,我仍然不知道如何让机器去实现。所有这些不同的想法汇集在一起让我创立了 DeepMind。

马丁·福特:那么,你从一开始就关注机器智能,特别是通用人工智能吗?

德米斯·哈萨比斯:没错。我在十几岁的时候就知道我想以此为职业。这段旅程是从我拥有我的第一台计算机开始的。我立刻意识到计算机是一个神奇的工具,因为大多数机器可以扩展你的体力,但这是一台可以扩展你的脑力的机器。

我仍然对这样的事实感到兴奋:你可以写一个程序来处理一个科学问题,让它运行,你去睡觉,然后当你早上醒来时问题就被解决了。这几乎就像把你的问题外包给机器。这让我想到人工智能是自然而然的下一步,甚至是最后一步,在这一步中我们让机器自身变得更聪明,这样它们能不只是执行你给它们的任务,它们实际上还能给出自己的解决方案。

我一直想研究能够自我学习的学习系统,我一直对什么是智能以及我们如何人为地再现这种现象的哲学思想感兴趣,正是这种哲学思想引导我创立了 DeepMind。

马丁·福特:纯粹的通用人工智能公司的例子并不多。一个原因是,并没有真正的商业模式来做这件事,短期内很难创造收益。DeepMind 是如何克服的呢?

德米斯·哈萨比斯:从一开始,我们就是一家通用人工智能公司,我们非常清楚这一点。我们从一开始就有了解决智能问题的使命宣言。你可以想象,尝试向标准的风险投资家推销这一点是相当困难的。

我们的论点是,因为我们正在构建的是一项通用技术,如果你能构建出足够强大、足够通用、足够有能力的技术,那么它应该有数百种令人惊叹的应用。你会被各种可能性和机会淹没,但你首先需要一群非常有才华的人进行大量的前期研究,我们需要把他们聚集在一起。我们认为这是有道理的,因为世界上只有很少的人能够真正从事这项工作,特别是如果你回想一下 2009 年和 2010 年我们刚起步的时候的情况。你可能数得出能为这类工作做出贡献的人不到 100 个。还有一个问题是,我们能否证明取得了明确和可衡量的进展?

人工智能缔造师

拥有一个庞大而长期的研究目标的问题是,你的资助者如何获得信心,让他们真正知道你在说什么?对于一个典型的公司,你的衡量标准是产品和用户数量,这是很容易衡量的。像DeepMind这样的公司之所以如此罕见,是因为对于像风险投资家这样的外部非专业人士来说,很难判断你是否有道理,你的计划是否真的明智,或者你是否只是疯了。

这条路线很狭窄,尤其是当你走得很远的时候,在2009年和2010年没有人谈论人工智能。人工智能不是当时的热门话题。由于过去30年关于人工智能的失败承诺,我很难获得最初的种子投资。我们有一些非常有力的假设来解释为什么会这样,而这些正是我们建立DeepMind的基础。比如从神经科学中获得灵感,这在过去10年极大地提高了我们对大脑的理解;使用学习系统而不是传统的专家系统;使用基准测试和模拟实现人工智能的快速开发和测试。有一些我们认同的假设被证明是正确的,这些假设也是我们对于过去那些年人工智能没有得到提升的原因的解释。另一个非常重要的事情是,这些新技术需要大量的计算能力,而这些计算能力现在正以GPU的形式出现。

我们的论点对我们来说是有意义的,最后我们设法说服了足够多的人,这很难,因为我们当时处于一个充满怀疑的、不太流行的领域内。即使在学术界,人工智能也不受欢迎,它被重新命名为"机器学习",研究人工智能的人被认为是边缘分子。看到这一切变化得如此之快,真是太令人惊讶了。

马丁·福特:最终你获得了资金,DeepMind作为一家独立的公司能够生存下去。但后来你决定让谷歌收购DeepMind。你能告诉我收购背后的原因吗?是怎么发生的?

德米斯·哈萨比斯:值得注意的是,我们没有出售DeepMind计划,部分原因是我们认为,在DeepMind开始生产产品之前,没有哪家大公司会理解我们的价值。说我们没有商业模式也是不公平的。我们做到了,只是在执行过程中还没有走得太远。我们已经有了一些很酷的技术,比如DQN(deep Q-network,我们的第一个通用学习模型),我们的Atari游戏工作也已经在2013年完成。但后来谷歌的联合创始人拉里·佩奇通过我们的一些投资者听说了我们的情况,2013年我突然收到了在谷歌负责搜索和研究的艾伦·尤斯塔斯(Alan Eustace)的电子邮件,他说拉里听说了DeepMind,想和我聊聊。

这是一个开始,但这个过程花了很长时间,因为在我们加入谷歌之前,有很多事情我想确定。但最后,我相信通过结合谷歌的优势和资源——他们的计算能力和组建更大团队的能力,我们将能够更快地完成我们的使命。这与资金无关，我们的投资者愿意增加资金以保持我们的独立运营，但 DeepMind 一直致力于提供通用人工智能技术，并将其用于造福世界，而谷歌有机会加快这一进程。

拉里、谷歌的员工和我一样对人工智能充满热情，他们知道我们要做的工作有多重要。他们同意让我们在研究路线图和文化方面有自主权，也同意让我们留在伦敦，这对我来说非常重要。最后，他们还同意就我们的技术设立一个伦理委员会，这是很不寻常的，但他们非常有先见之明。

马丁·福特：你为什么选择在伦敦而不是硅谷？那是你的原因还是 DeepMind 的原因？

德米斯·哈萨比斯：都有。我是土生土长的伦敦人，我爱伦敦，但同时，我认为这是一个竞争优势，因为英国和欧洲在人工智能领域有着像剑桥和牛津这样令人惊叹的大学的支持。但同时，当时在英国甚至欧洲都没有真正雄心勃勃的研究型公司，所以我们的招聘前景很好，尤其是这些大学都培养出了优秀的研究生和本科生。

2018 年，欧洲已有多家公司，而我们是第一家在人工智能领域进行深入研究的公司。从文化上说，我认为重要的是我们有更多的利益相关者和文化参与到人工智能的建设中，不仅仅是美国的硅谷，还有欧洲的敏感性和加拿大的文化等等。归根结底，这将具有全球意义，并且对于如何使用它、用它做什么以及如何分配收益，有不同的声音是很重要的。

马丁·福特：我相信你们也在欧洲其他城市开设了实验室？

德米斯·哈萨比斯：我们在巴黎开设了一个小型研究实验室，这是我们在欧洲大陆的第一个办公室。我们还在加拿大的阿尔伯塔和蒙特利尔开设了两个实验室。加入谷歌后，我们在加州山景城（Mountain View）有一个应用团队办公室，就在与我们合作的谷歌团队旁边。

马丁·福特：你和谷歌的其他人工智能团队的合作有多紧密？

德米斯·哈萨比斯：谷歌是一个很大的公司，有成千上万的人在研究机器学习和人工智能的各个方面，从非常实用的角度到纯粹的研究角度。因此，有很多相互认识的团队领导，还有很多交叉合作，既有产品团队，也有研究团队。合作往往是临时性的，取决于个别研究人员或个别主题,但我们保持在整体研究方向的高水平相互知情。

在 DeepMind,我们与其他团队有很大不同,因为我们非常专注于通用人工智能这一"登月"目标。我们围绕着一个长期的路线图来组织,该路线图是我们的基于神经科学的论文,讨论了什么是智能以及达到智能需要什么。

马丁·福特: DeepMind 在 AlphaGo 上的成就有据可查。甚至有一部关于它的纪录片①,所以我想更多地关注你最新的创新——AlphaZero,以及你对未来的计划。在我看来,你已经演示了一些非常接近于完全信息双人博弈的通用解决方案的技术,换句话说,就是所有可以知道的信息都可以在棋盘上或屏幕像素上找到的游戏。你已经完成了那种类型的游戏的研究了吗? 你是否打算转向研究带有隐藏信息的更复杂的游戏?

德米斯·哈萨比斯:我们将很快发布新版本的 AlphaZero,它将会有更大的改进,而正如你所说,你可以把它看作一个完全信息双人博弈的解决方案,如国际象棋、围棋、将棋等等。当然,真实世界并不是由完全信息组成的,所以正如你所说,下一步是创建能够处理不完全信息的系统。我们已经在做这方面的工作了,其中一个例子就是我们在 PC 战略游戏《星际争霸》(*Start Craft*)中的工作,这款游戏具有非常复杂的动作空间。它非常复杂,因为你可以创建游戏单元,所以你所拥有的棋子并不像国际象棋那样是固定的。它也是实时的,游戏中有隐藏的信息,例如,"战争迷雾"会掩盖屏幕上的信息,直到你探索那个区域。

除此之外,游戏只是我们的训练领域。我们做这些工作并不仅仅是为了解决游戏问题;我们希望构建这些通用算法,并使其可以应用于真实世界的问题。

马丁·福特:到目前为止,你主要关注的是把深度学习和强化学习结合起来。这基本上就是通过实践来学习,即系统会反复尝试某件事,并且有一种奖励函数驱使它走向成功。我听你说过,你相信强化学习提供了一条通向通用人工智能的可行途径,它可能足以达成这一目标。这是你未来的主要关注点吗?

德米斯·哈萨比斯:未来,是的。我认为这项技术非常强大,但是你需要把它和其他技术结

---

① https://www.alphagomovie.com/。

合起来才能扩展它。强化学习已经存在了很长时间,但它只用于非常小的玩具问题,因为对任何人来说想要以任意方式来扩大学习规模其实是非常困难的。在我们的 Atari 工作中,我们将其与深度学习结合,后者负责屏幕的处理以及你所处环境的模型。深度学习在扩展性方面非常出色,所以将其与强化学习结合起来,使它可以扩展到我们现在在 AlphaGo 和 DQN 中解决的这些大问题——在 10 年前人们会告诉你这是不可能的。

我想我们已经证明了第一部分。我们对它如此有信心以及我们当初支持它的原因是,在我看来,强化学习在未来几年里将变得和深度学习一样重要。DeepMind 是少数认真对待这一点的公司之一,因为从神经科学的角度来看,我们知道大脑使用一种强化学习形式作为其学习机制之一,它被称为时间差分学习,我们知道多巴胺系统实现了这种学习。你的多巴胺神经元会追踪你的大脑正在做出的预测错误,然后根据这些奖励信号强化你的突触。大脑是按照这些原则工作的,而大脑是我们唯一的通用智能的例子,这就是为什么我们会非常重视神经科学。对我们来说,这一定是解决通用智能问题的可行办法。这可能不是唯一的方法,但是从生物学的角度来看,一旦你把它扩展到足够大的规模,强化学习似乎就足够了。当然,这样做有很多技术上的挑战,其中有很多还没有解决。

马丁·福特:不过,当一个孩子学习语言或对世界的理解等时,在很大程度上这似乎并不是强化学习。这是一种无监督学习,因为没有人会像我们使用 ImageNet 那样给孩子带标签的数据。然而,不知何故,幼儿可以直接从环境中有机地学习。这似乎更多地是由观察或与环境的随机互动所驱动,而不是脑中有特定目标地通过练习来学习。

德米斯·哈萨比斯:孩子有很多种学习机制,大脑并不是只使用一种。孩子通过父母、老师或同龄人进行监督学习,而当他们在没有目标的情况下进行尝试时,他们就在做无监督学习。当他们做某事的时候也会进行奖励学习和强化学习,并且他们会因此得到奖励。

我们在这三个方面都做了工作,它们都是设计智能所需要的。无监督学习非常重要,我们正在努力。这里的问题是,进化是否在我们身上设计了内在的动机,最终成为奖励的代理,然后引导无监督学习?看看信息增益就知道了。有强有力的证据表明,获得信息对大脑来说是一种内在的奖励。

另一件事是追求新奇。我们知道人们看到新奇的事物会释放大脑中的多巴胺,所以这意味着新奇在本质上来说是一种奖励。从某种意义上说,可能是我们在大脑中以化学方式拥有的内在动机正在引导着我们所认为的非结构游戏或者无监督学习。如果大脑发现寻找信息和结构本身是有回报的，那么这对无监督学习而言就是一个非常有用的动机；不管怎样，你只要试着找到结构，似乎大脑正是这样做的。

根据你对奖励的定义，其中一些可能是内在的奖励，可以指导无监督学习。我发现在强化学习的框架下思考智能问题是很有用的。

马丁·福特：从你的讲话中可以明显看出，你对神经科学和计算机科学都有着浓厚的兴趣。对于整个 DeepMind 来说，这种结合方式是正确的吗？公司如何整合这两个领域的知识和人才？

德米斯·哈萨比斯：在这两个领域，我绝对处于中间位置，因为我在这两个领域都受过同等的训练。我想说的是，DeepMind 显然更倾向于机器学习；然而，我们在 DeepMind 的最大一个团队是由马特·博特温尼克（Matt Botvinick）领导的神经科学家组成的，马特·博特温尼克是一位出色的神经科学家，也是普林斯顿大学的教授。我们非常严肃地在做事。

神经科学的问题在于它本身是一个庞大的领域，远远大于机器学习。如果你是一个机器学习领域的人，想快速了解神经科学的哪些部分对你有用，那么你会陷入困境。没有一本书会告诉你这一点，只有大量的研究工作，你必须自己弄清楚如何分析这些信息，从人工智能的角度找到可能有用之处。大部分神经科学研究都是为医学研究、心理学或神经科学本身而进行的。神经科学家在设计这些实验时并没有想到它们会对人工智能有用。作为人工智能研究者，99％的神经科学文献对你都没有帮助，因此你必须非常善于训练自己的浏览能力，并找出哪些是有用的以及判断有多大用处。

很多人说神经科学激发了人工智能的研究，但我认为他们中的很多人对如何做到这一点并没有具体的想法。让我们来探索两个极端。一个是你可以尝试对大脑进行逆向工程，这正是很多人在人工智能研究中所试图做的，我的意思是在大脑皮层的层面上对大脑进行逆向工程，一个典型的例子就是"蓝脑计划"（Blue Brain Project）。

马丁·福特：那是亨利·马克莱姆（Henry Markram）领导的，对吧？

德米斯·哈萨比斯：对，他实际上是在尝试对皮质柱进行逆向工程。这也许是有趣的神经科学，但在我看来，这不是建立人工智能的最有效途径，因为它太低级了。在 DeepMind，我们感兴趣的是对大脑和大脑实现的算法的系统级理解,它拥有的能力,它拥有的功能,以及它使用的表征。

DeepMind 并不关注大脑的具体细节,也不关注生物是如何将其实例化的,我们可以把这些都抽象出来。这是有道理的,为何你要假想一个硅基系统必须要去模仿一个碳基系统呢,其实这两个系统有完全不同的优势和劣势。在硅基系统中,你没有理由想要复制海马体的确切排列细节。另一方面,我对海马体的计算和功能非常感兴趣,比如情景记忆、在空间中导航以及它使用的网格细胞。这些都是来自神经科学的系统层面的影响,展示了我们对大脑使用的功能、表征和算法的兴趣,而不是实现的具体细节。

马丁·福特:你经常听到这样的类比:飞机不会扇动翅膀。飞机可以实现飞行,但并不能精确地模仿鸟类的动作。

德米斯·哈萨比斯:这是一个很好的例子。在 DeepMind,我们试图通过观察鸟类来理解空气动力学,然后抽象出空气动力学的原理并建造一架固定翼飞机。

当然,制造飞机的人是受到鸟类的启发。莱特兄弟知道让重于空气的东西飞行是可能的,因为他们见过鸟。在机翼发明之前,他们尝试使用可变形的翅膀,不过没有成功,但他们尝试的飞行更像是鸟类的滑翔。你要做的就是观察大自然,然后试着把那些对你所研究的现象不重要的东西抽象出来,比如飞行,对我们来说就是智能。但这并不意味着对你的研究过程没有帮助。

我的观点是你还不知道结果会是什么样子。如果你试图建立一些人工的东西,比如人工智能,但它不能马上工作,你怎么知道你在正确的地方寻找?你的 20 人团队是在浪费他们的时间,还是你应该更努力一点,也许明年就会成功?正因为如此,以神经科学为指导可以让我在这类事情上下更大、更有力的赌注。

强化学习就是一个很好的例子。我知道强化学习必须是可扩展的,因为大脑确实可以扩展自身。如果你不知道大脑实施了强化学习,但没有进行扩展,那么你怎么知道在实践层面上是否应该再多花两年时间呢?作为一个团队或一家公司,缩小你正在探索的搜索空间是非常重要的,我认为这是忽视神经科学的人经常忽略的一个元点。

马丁·福特:我认为你已经表明了人工智能的研究也可以为神经科学的研究提供信息。

人工智能缔造师

DeepMind 刚刚发布了一个用于导航的网格单元的研究成果,听起来你已经让它们在神经网络中有机地出现了。换句话说,同样的基本结构自然地出现在生物大脑和人工神经网络中,这似乎相当了不起。

德米斯·哈萨比斯:我对此感到非常兴奋,因为这是我们去年最大的突破之一。发现了网格细胞并因此获得了诺贝尔奖的爱德华·莫泽(Edvard Moser)和梅-布里特·莫泽(May-Britt Moser)都写了信给我们,表示对这一发现感到非常兴奋,因为这意味着,可能这些网格细胞不仅仅是大脑回路的功能,实际上可能是从计算意义上表示空间的最优方法。这对神经科学家来说是一个巨大而重要的发现,因为他们现在推测的是,也许大脑并不一定是通过硬连线来产生网格细胞。如果你有这样的神经元结构,你只要把它们暴露在空间中,这就是任何系统能想出的最有效的编码。

最近我们在研究人工智能算法和它们所做的事情的基础上,还创造了一个关于前额叶皮层如何工作的全新理论,然后让我们的神经科学家将其翻译成大脑如何工作的神经科学原理。

我认为,这是看到更多的人工智能思想和算法的例子的开始,这些例子激励我们以不同的方式看待大脑中的事物或在大脑中寻找新的事物,或者作为一种分析工具来试验我们对大脑如何工作的想法。

作为一名神经科学家,我认为我们正在进行的构建受神经科学启发的人工智能的旅程是解决关于大脑的一些复杂问题的最佳途径之一。如果我们建立一个以神经科学为基础的人工智能系统,我们就可以将它与人脑进行比较,或许可以开始收集一些有关其独有特性的信息。我们可以开始揭示一些思维的奥秘,比如意识、创造力和梦的本质。我认为将大脑与算法构造进行比较可能是理解思维奥秘的一种方法。

马丁·福特:听起来你似乎认为可能会发现一些与基底无关的关于智能的普遍原理。回到飞行的类比,你可以称之为"智能的空气动力学"。

德米斯·哈萨比斯:是的,如果你从中提取出这个普遍原理,那么它对于理解人类大脑的特定情况一定是有用的。

马丁·福特:你能谈谈你认为在未来 10 年内会发生的一些实际应用吗?在不久的将来,你们的突破将如何应用于现实世界?

德米斯·哈萨比斯:我们在实践中已经看到了很多东西。今天,世界各地的人们都在通过机器翻译、图像分析和计算机视觉与人工智能进行交互。

DeepMind 已经开始着手做一些事情,比如优化谷歌数据中心的能源使用。我们致力于 WaveNet 的开发,这是一个非常类人的文本转语音的系统,现在在所有安卓手机的谷歌助手中都用到。我们将人工智能应用于推荐系统、Google Play,甚至用在看不见的地方,比如为你的安卓手机省电,用于每个人每天都会用到的应用上,这是因为它们是通用算法,随处可见,所以我认为这只是开始。

我希望下一步能实现的是我们在医疗保健领域的合作。这方面的一个例子是我们与英国著名的眼科医院 Moorfields 的合作,研究通过视网膜扫描来诊断黄斑变性。我们在《自然医学》(*Nature Medicine*)杂志上发表了我们联合研究的第一阶段的结果,结果表明我们的人工智能系统能够以前所未有的准确性快速解读常规临床实践中的眼部扫描结果。它还可以像世界一流的专家医生一样,准确地为 50 多种威胁视力的眼部疾病的患者建议应该如何转诊治疗。

还有其他团队也在为皮肤癌等疾病做类似的工作。在接下来的 5 年里,我认为医疗保健将是从我们在人工智能领域所做的工作中获益的最大领域之一。

我个人真正感到兴奋的是,我认为我们正处在一个使用人工智能来帮助解决科学问题的关键时刻。我们正在研究蛋白质折叠之类的问题,但你可以想象它在材料设计、药物发现和化学中的应用。人们正在利用人工智能分析来自大型强子对撞机的数据,以寻找系外行星。我们发现,在一些拥有大量数据的非常酷的领域,人类专家很难识别其中的结构,我认为人工智能将越来越多地用于其中。我希望在接下来的 10 年里,这将导致一些真正基础领域的科学突破速度的提高。

马丁·福特:通向通用人工智能的道路是什么样的?你认为在我们拥有人类水平的人工智能之前,需要克服的主要障碍是什么?

德米斯·哈萨比斯:从 DeepMind 创立之初,我们就确定了一些重要的里程碑,比如学习抽象的概念性知识,然后将其用于迁移学习。迁移学习是指你有效地将你的知识从一个领域转移到另一个你从未见过的新领域,这是人类非常擅长的事情。如果你给我一个新任务,我不会在开箱即用的情况下做得很糟糕,因为我会从类似的事情或者结构中获取一些知识,然后我就可以马上开始处理。这是计算机系统非常糟糕的地方,因为它们需要大量的数据而且效率很低。我们需要改进这一点。

另一个里程碑是我们需要更好地理解语言,还有一个里程碑是复制老式人工智能系统能够做的事情,比如符号操纵,但使用我们的新技术来实现。我们离这些还有很长的路要走,但如果真的发生了,它们将是非常重要的里程碑。如果你回看 2010 年,会发现我们已经取得了一些那时大家所认为的里程碑式的重大成就,比如 AlphaGo,未来还会有更多。所以对我来说,概念和迁移学习是非常重要的。

马丁·福特:当我们真的实现了通用人工智能,你会想象智能和意识结合在一起吗？它是一种会自动出现的东西,还是意识是一种完全独立的东西？

德米斯·哈萨比斯:这是这个旅程将要解决的一个有趣的问题。目前我还不知道答案,但这是我们和其他人在这一领域所做的工作中非常令人兴奋的事情之一。

我目前的预感是意识和智能是双重分离的。你可以拥有智能而没有意识,你也可以拥有意识而没有人类水平的智能。我很确定聪明的动物有一定程度的意识和自我意识,但它们显然没有那么智能,至少与人类相比没有那么智能。我可以想象建造出在某种程度上非常智能但在我们看来完全没有意识的机器。

马丁·福特:就像一个智能的僵尸,没有内在的体验。

德米斯·哈萨比斯:是某种不会像我们对其他人那样有感觉的机器。这是一个哲学问题,正如我们在图灵测试中看到的,我们怎么知道它的行为是否和我们的一样？奥卡姆剃刀原理的解释是,如果你表现出和我一样的行为,你和我是由同样的材料构成的,而且我知道自己的感觉,那么我可以假设你和我有同样的感觉。你为什么不呢？

机器的有趣之处在于,如果我们这样设计它们的话,它们可以表现出和人类一样的行为,但它们在不同的基底上。如果不在同一个基底上,那么奥卡姆剃刀原理就不那么站得住脚了。也许它们在某种意义上是有意识的,但我们并没有同样的感觉,因为我们没有那个可以依赖的额外的假设。如果你去分析为何我们认为每个人都是有意识的,我认为这是一个非常重要的假设,如果你和我在同一个基底上操作,为什么感觉不同呢?

马丁·福特:你认为机器意识是可能的吗?有些人认为意识从根本上说是一种生物现象。

德米斯·哈萨比斯:我对此持开放态度,从某种意义上说,我认为我们不清楚。这很可能证明生物系统有一些非常特殊的特性。有些人,比如罗杰·彭罗斯(Roger Penrose)爵士,认为这与量子意识有关,经典计算机不会有量子意识,但这是一个悬而未决的问题。这就是为什么我认为我们所走的道路会带来一些启示,因为我实际上认为我们不知道这是否是一个极限。不管怎样,这都会很吸引人,因为如果结果证明你根本无法在机器上建立意识,那将是相当令人惊奇的。这将告诉我们很多关于意识是什么以及它存在之处的信息。

马丁·福特:通用人工智能带来的风险和负面影响呢?埃隆·马斯克曾谈到"召唤恶魔"和存在性威胁。还有尼克·博斯特罗姆,我知道他是 DeepMind 顾问委员会的成员,他写了很多关于这个想法的文章。你怎么看待这些恐惧?我们应该担心吗?

德米斯·哈萨比斯:我和他们讨论很多关于这些方面的事情。和往常一样,这些言论片段听起来很极端,但当你和这些人面对面交谈时,就会有很多微妙的差别。

我的看法是我中立。我研究人工智能的原因是我认为它将是有史以来对人类最有益的事情。我认为它将以各种方式释放我们在科学和医学领域的潜力。与其他任何强大的技术一样,人工智能之所以特别强大,是因为它太普遍了,而技术本身是中立的。这取决于我们人类决定如何设计和部署它,我们决定将它用于什么,以及我们决定如何分配收益。

这里有很多复杂的问题,但这些更像是我们作为一个社会需要解决的地缘政治问题。尼克·博斯特罗姆担心的很多问题都是我们必须解决的技术问题,比如控制问题和价值对齐问题。我的观点是,在这些问题上,确实需要更多的研究,因为我们现在才刚刚到了这样一个阶段,有些系统甚至可以做任何有趣的事情。

我们仍处于一个非常初级的阶段。5 年前,你还不如谈论哲学呢,因为没人有什么有趣的东西。我们现在已经有了 AlphaGo 和其他一些有趣的技术,这些技术还处于非常初级的阶段,但我们现在应该开始对它们进行逆向工程,并通过构建可视化和分析工具来对它们进行试验。我们已经有团队这样做了,为了更好地理解这些黑盒系统在做什么以及我们如何解读他们的行为。

人工智能缔造师

马丁·福特：你对我们能够控制先进人工智能带来的风险有信心吗？

德米斯·哈萨比斯：是的，我非常有信心，原因是我们正处在一个转折点，我们刚刚让这些技术开始工作，并没有做出太多的努力去进行逆向工程和理解它们，而这正在发生。在接下来的10年里，这些系统中的大多数将不再像我们现在所说的那样成为黑盒。我们将很好地处理这些系统的情况，这将使我们更好地理解如何控制这些系统以及它们在数学上的极限是什么，然后这将导致最佳实践和协议。

我非常有信心，这条路将解决很多像尼克·博斯特罗姆这样的人所担心的技术问题，比如目标设定不当的附带后果。为了在这方面取得进展，我的观点一直是，最好的科学出现在理论和实践——实证研究——齐头并进的时候，对于人工智能学科和领域来说，实证研究实验就是工程学。

一旦我们对这些系统有了更深入的了解，一些不在这项技术的第一线工作的人的担忧将不再成立。这并不是说没什么好担心的，因为我认为我们应该担心这些事情。还有很多短期问题需要解决，比如我们将这些系统部署到产品中时如何测试它们？一些长期性的问题是如此困难，以至于我们希望远在人类对这些长期问题需要解决方案之前就要立马开始提前思考它们。

我们还需要能够为必须进行的研究提供信息，以找到解决像尼克·博斯特罗姆这样的人提出的一些问题的办法。我们正在积极思考这些问题，也在认真对待它们，但我坚信如果在全世界范围内投入足够多的脑力，人类的聪明才智就能克服这些问题。

马丁·福特：在通用人工智能实现之前，会出现什么样的风险呢？例如，自主武器。我知道你对人工智能在军事上的应用一直非常直言不讳。

德米斯·哈萨比斯：这些都是非常重要的问题。在DeepMind，我们从这样一个前提出发：人工智能应用程序应该保持处于有意义的人类控制之下，并用于有益社会的目的。这意味着禁止发展和部署完全自主的武器，因为这需要有相当程度的人类判断和控制，以确保以必要和适当的方式使用武器。我们已经通过多种方式表达了这一观点，包括签署一封公开信和支持未来生命研究所（Future of Life Institute）就这一主题做出的承诺。

马丁·福特：值得指出的是，尽管化学武器实际上是被禁止的，但它们仍然在被使用。所有这些都需要全球协调,而国家间的竞争似乎会把事情推向另一个方向。例如,人工智能竞赛,我们应该担心中国会在人工智能领域获得优势吗?

德米斯·哈萨比斯:我不认为这是一场竞赛,因为我们了解所有的研究人员,而且有很多合作。我们公开发表论文,我知道腾讯已经创造了一个 AlphaGo 克隆版,我认识那里的许多研究人员。我确实认为,如果将来有协调,甚至监管和最佳实践,那么重要的是它必须是国际性的,全世界都采纳它。如果一些国家不采纳这些原则,它就不会起作用。然而,这并不是人工智能所独有的问题。还有许多其他问题我们已经在努力解决,这是一个全球协调和组织的问题,类似的一个问题就是气候变化。

马丁·福特:这一切对经济的影响呢?就业市场是否会遭到严重破坏,失业率是否会上升,贫富差距是否会扩大?

德米斯·哈萨比斯:我认为,到目前为止,来自人工智能的破坏非常小,只是总体技术破坏的一部分。不过,人工智能将会带来巨大的变革。有些人认为它将达到工业革命或电力影响的规模,而另一些人则认为它将超越这个规模,我认为还有待观察。也许这将意味着我们生活在一个富足的世界,到处都有巨大的生产率提高?没人确切知道。关键是要确保所有人都能分享这些好处。

我认为这是关键,不管是全民基本收入,还是其他形式。有很多经济学家在讨论这些问题,我们需要非常仔细地思考社会中的每个人将如何从这些必然会到来的巨大的生产率提高中获益。

马丁·福特:是的,这基本上就是我一直持有的论点,它从根本上是一个分配问题,我们人口中的很大一部分有被甩在后面的危险。但是,提出一种新的模式,创造一个适合所有人的经济,这是一个惊人的政治挑战。

德米斯·哈萨比斯:没错。

每当我遇到经济学家,我都认为他们应该努力地解决这个问题,但这很难做到,因为他们真的无法想象为什么会有如此高的生产率,因为 100 年来人们已经一直在谈论巨大的生产率提高。

人工智能缔造师

我父亲在大学里学的是经济学，他说在 20 世纪 60 年代末，很多人都在严肃地谈论这个问题："到了 80 年代，当我们拥有如此多的财富，而我们不必工作的时候，每个人会做什么？"当然，这在 80 年代或之后从来没有发生过，我们比以往任何时候都更加努力地工作。我想很多人不确定是否会是这样，但如果最终我们有很多额外的资源和生产力，那么我们必须广泛而公平地分配它们，如果我们这样做，那么我不认为会有什么问题。

马丁·福特：可以说你是个乐观主义者吗？我猜你会认为人工智能具有变革性，可以说它将是人类有史以来发生的最好的事情之一。当然，前提是我们能明智地管理它？

德米斯·哈萨比斯：当然，这就是我一直为之奋斗的原因。我们在讨论的第一部分中谈到的我所做的所有事情都是为了实现这一目标。如果人工智能不出现的话，我会对世界的发展非常悲观。事实上，我认为世界上有很多问题需要更好的解决方案，比如气候变化、阿尔茨海默症研究或水净化。我可以给你一张清单，上面列出了随着时间的推移会更加恶化的事情。令人担忧的是，我看不到我们将获得全球协调以及过量的资源或活动来解决这些问题。但归根结底，我对这个世界还是持乐观态度，因为像人工智能这样的革命性技术即将到来。

德米斯·哈萨比斯

德米斯·哈萨比斯曾经是一名国际象棋神童,他提前两年完成了高中课程,17 岁时编写了销量达数百万的模拟游戏《主题公园》。从剑桥大学以计算机科学专业双优等的成绩毕业后,他创办了一家开创性的电子游戏公司 Elixir Studios,为 Vivendi Universal 等全球发行商制作了获奖游戏。在领导了成功的科技初创企业 10 年之后,德米斯重返学术界,在伦敦大学学院(UCL)获得认知神经科学博士学位,随后在麻省理工学院和哈佛大学完成了博士后研究。他对想象力和规划背后的神经机制的研究被《科学》杂志列为 2007 年十大科学突破之一。

德米斯是五届世界大赛冠军,也是英国皇家艺术学会会员和英国皇家工程院院士,并获得该院的银质奖章。2017 年,他被《时代》杂志评为"世界最具影响力 100 人",并于 2018 年因其对科学和技术的贡献而被授予大英帝国司令勋章(CBE)。他当选为皇家学会会员,曾获该学会的 Mullard 奖,还被伦敦帝国理工学院授予荣誉博士学位。

2010 年,德米斯与谢恩·莱格(Shane Legg)和穆斯塔法·苏莱曼(Mustafa Suleyman)共同创立了 DeepMind。DeepMind 于 2014 年被谷歌收购,现在是 Alphabet 的一部分。2016 年,DeepMind 的 AlphaGo 系统击败了世界上最优秀的围棋选手之一李世石。这场比赛被记录在纪录片《AlphaGo》(*https://www.alphagomovie.com/*)中。

"监督学习的兴起可能在每一个主要行业都创造了很多机会。监督学习是非常有价值的，它将改变多个行业，但我认为仍有可以创造更美好未来的巨大空间。"

吴恩达

LANDING AI 首席执行官，AI FUND 普通合伙人

斯坦福大学计算机科学系兼职教授

吴恩达是一名学术研究员和企业家，他在人工智能和深度学习方面的贡献得到了广泛认可。他是 Google Brain 项目和在线教育公司 Coursera 的联合创始人。后来，他成为百度的首席科学家，并在百度建立了一个行业领先的人工智能研究团队。吴恩达在谷歌和百度向人工智能驱动型组织的转型过程中发挥了重要作用。2018 年，他成立了 AI Fund，这是一家专注于从零开始在人工智能领域建立初创公司的风险投资公司。

人工智能缔造师

马丁·福特：我们先来谈谈人工智能的未来。与深度学习相关的研究取得了巨大的成功，但也有大量的炒作。你认为深度学习是我们前进的方向吗？它会继续成为人工智能发展的基础吗？或者从长远来看，有没有一种全新的方法能取代它？

吴恩达：我真的希望还有比深度学习更好的方法。最近人工智能的兴起所带来的所有经济价值都归结于监督学习——基本上就是学习输入和输出映射。例如，对于自动驾驶汽车而言，输入是汽车前方的视频图片，输出是周围汽车的实际位置。还有其他的例子，语音识别有音频片段的输入和文字记录的输出，机器翻译有英文文本的输入和中文文本的输出。

深度学习对于学习这些输入/输出映射是非常有效的，这被称为监督学习，但我认为人工智能比监督学习要大得多。

监督学习的兴起可能在每一个主要行业都创造了很多机会。监督学习是非常有价值的，将改变多个行业，但我认为仍有可以创造更美好未来的巨大空间。不过，现在还很难说那将会是什么。

马丁·福特：那么通往通用人工智能的道路呢？你认为要实现通用人工智能，我们必须取得的主要突破是什么？

吴恩达：我认为这条路非常不明确。我们可能需要的一个技术是无监督学习。例如，今天为了教会电脑什么是咖啡杯，我们向它展示了成千上万个咖啡杯，但是没有一个孩子的父母，无论他们多么有耐心和爱心，会向孩子展示成千上万个咖啡杯。孩子们的学习方式是在世界各地漫游，沉浸在图像和声音中。孩提时代的经历让他们知道了什么是咖啡杯。从没有标签的数据中学习的能力（不需要父母或贴标签者指出成千上万个咖啡杯）将是使我们的系统更加智能的关键。

我认为人工智能的一个问题是，我们在构建专门智能或狭义智能方面取得了很大进展，而在构建通用人工智能方面进展甚微。问题是，这两种都叫人工智能。事实证明，人工智能对于在线广告、语音识别和自动驾驶汽车有着令人难以置信的价值，但它是专门智能，而不是通用智能。公众看到的大多是在构建专门智能方面的进展，他们认为我们因此正在朝着通用人工智能的方向取得快速进展。这不是真的。

吴恩达

我很想实现通用人工智能,但实现它的道路还不明确。我认为那些对人工智能不太了解的人使用了非常简单的推断,这导致了对人工智能不必要的大量炒作。

马丁·福特:你希望在你的有生之年实现通用人工智能吗?

吴恩达:老实说,我真的不知道。我很希望在我的有生之年看到通用人工智能,但我认为它可能离我们还很遥远。

马丁·福特:你是怎么对人工智能感兴趣的? 这又是如何导致了你如此多样化的职业轨迹的呢?

吴恩达:我第一次接触神经网络是在我高中做办公室助理的实习工作时。实习工作和神经网络之间似乎没有明显的联系,但在实习的过程中,我思考了如何将正在做的一些工作自动化,那是我最早思考神经网络的时候。我在卡内基梅隆大学获得了学士学位,在麻省理工学院获得了硕士学位,并在加州大学伯克利分校获得了博士学位,博士论文的题目是《强化学习中的塑造与策略搜索》(*Shaping and Policy Search in Reinforcement Learning*)。

接下来的 12 年,我在斯坦福大学计算机科学系和电气工程系担任教授。在 2011 年到 2012 年,我成为 Google Brain 团队的创始成员,帮助谷歌转型为我们现在所认为的人工智能公司。

马丁·福特:Google Brain 是谷歌首次尝试真正使用深度学习,对吧?

吴恩达:可以说是首次一定规模的使用。曾经有过一些基于神经网络的小规模项目,但 Google Brain 团队确实是将深度学习带入谷歌许多部分的力量。当我领导 Google Brain 团队时,我做的第一件事就是在谷歌内部给大约 100 名工程师上了一堂课。这帮助教会了很多谷歌工程师关于深度学习的知识,也为 Google Brain 团队创造了很多盟友和合作伙伴,并为更多的人打开了深度学习的大门。

我们做的前两个项目是与语音团队合作,我认为这帮助了改变谷歌的语音识别,并致力于无监督学习,这导致了后来多少有点声名狼藉的谷歌猫项目。在这个项目中,我们基于 YouTube 数据建立了一个无监督的神经网络,它学会了识别猫。无监督学习并不是今天真正创造最大价值的方法,但这是一个很好的技术演示,展示了当时使用谷歌的计算集群可以达到的规模。我们能够做非常大规模的深度学习算法。

人工智能缔造师

马丁·福特：你在谷歌工作到 2012 年。接下来去干什么了？

吴恩达：在谷歌的工作快结束时，我觉得深度学习应该朝着 GPU 的方向发展，我最终在斯坦福大学而不是谷歌做了这项工作。事实上，我还记得在 NIPS（神经信息处理系统年会）上与杰弗里·辛顿的一次谈话，当时我正试图使用 GPU，我认为这后来影响了他与亚历克斯·克里泽夫斯基（Alex Krizhevsky）的工作，也影响了很多人后来采用 GPU 进行深度学习。

当时我很幸运地能在斯坦福大学教书，因为在硅谷，我们看到了 GPGPU（通用 GPU）计算即将到来的信号。我们在正确的时间在正确的地点，我们在斯坦福大学有朋友在研究 GPGPU，所以我们比其他人更早地看到了 GPU 帮助扩展深度学习算法的能力。

我在斯坦福大学的学生亚当·科茨（Adam Coates）实际上是我决定把 Google Brain 团队推荐给拉里·佩奇的原因，目的是让拉里同意我使用他们的很多计算机来构建一个非常大的神经网络。亚当·科茨生成的一个图形（X 轴是数据量，Y 轴是算法的性能）表明，我们用来训练这些深度学习算法的数据越多，它们的性能就越好。

马丁·福特：在那之后，你又和达芙妮·科勒（Daphne Koller）一起创办了 Coursera，她也在本书中接受了采访。然后你转去了百度。你能描述一下你的职业经历吗？

吴恩达：是的，我和达芙妮一起帮助创办了 Coursera，因为我想把围绕人工智能和其他领域的在线教学扩展到面向全球数百万人。我觉得 Google Brain 团队在当时已经有了极好的发展势头，所以我非常高兴把控制权交给杰夫·迪恩，然后转去 Coursera。我在 Coursera 从零开始工作了几年，直到 2014 年，我离开了那里，去了百度的人工智能体系（AI Group）工作。就像 Google Brain 帮助谷歌转型为你今天所认为的人工智能公司一样，百度人工智能体系也做了大量工作，使百度转型为很多人现在所认为的人工智能公司。在百度，我组建了一个团队，负责技术建设，支持现有的业务部门，然后系统地使用人工智能启动新的业务。

我在那里待了三年，团队运作得非常好，所以我决定继续前进，这次我成了 Landing AI 的 CEO 和 AI Fund 的普通合伙人。

马丁·福特：你在将谷歌和百度转型为人工智能驱动型公司的过程中发挥了重要的作用，现在你似乎想扩大规模，并改变其他一切。这是你对 Landing AI 和 AI Fund 的愿景吗？

吴恩达

吴恩达：是的，我已经完成了对大型网络搜索引擎的转型，现在我更愿意去帮助其他一些行业转型。在 Landing AI 的时候，我用人工智能帮助公司转型。对于现有的公司来说，人工智能有很多机会，因此 Landing AI 专注于帮助那些已经存在的公司转型并拥抱这些人工智能机会。AI Fund 则更进一步，着眼于围绕人工智能技术从零开始的新初创公司和新业务的机会。

这些都是非常不同的模式，有着不同的机会。例如，你可以看到最近互联网的重大技术变革，像苹果和微软这样的老牌公司在转型为互联网公司方面做得很好。你也能看到像谷歌、亚马逊、百度和 Facebook 这样的"初创公司"现在的规模有多大，以及它们是如何在互联网崛起的基础上，在打造价值极高的业务方面做得如此出色。

随着人工智能的兴起，也会有一些老牌公司，讽刺的是，其中很多都是前一个时代的初创公司，比如谷歌、亚马逊、Facebook 和百度，它们会随着人工智能的兴起而发展得非常好。AI Fund 正试图创建新的初创公司来利用我们拥有的这些新的人工智能能力。我们希望找到或创造下一个谷歌或 Facebook。

马丁·福特：很多人说，像谷歌和百度这样的老牌公司本质上是不可动摇的，因为它们能够获得如此多的数据，这给小公司的进入设置了障碍。你认为初创公司和小公司在人工智能领域很难获得吸引力吗？

吴恩达：大型搜索引擎所拥有的数据资产无疑给网络搜索业务形成了一道高度防御的屏障，但与此同时，网络搜索点击流数据对于医疗诊断、制造业或个性化教育辅导等方面的作用并不明显。

我认为数据实际上是垂直的，所以在一个垂直领域建立一个可防御的业务可以用来自那个垂直领域的大量数据来实现。正如 100 年前电力改变了多个行业一样，人工智能也将改变多个行业，我认为多家公司都有很大的成功空间。

马丁·福特：你提到了 AI Fund，它是你新创立的，我认为它的运作方式与其他风险投资基金不同。你对 AI Fund 的愿景是什么？它有何独特之处？

吴恩达：是的。AI Fund 与大多数风险投资基金有着极大的不同，我认为大多数风险投资基金的目的是在寻找赢家，而我们的目的是创造赢家。我们从零开始创业，告诉创业者，如果

人工智能缔造师

你已经有了一份融资演讲稿，那么对我们来说，你可能已经太迟了。

我们引入团队作为员工，与他们一起工作，指导他们，支持他们，尽一切努力从零开始尝试建立一个成功的初创业公司。我们会告诉人们，如果你有兴趣和我们一起工作，不要给我们发融资演讲稿，而是给我们发一份简历，然后我们一起把创业的想法具体化。

马丁·福特：大多数来找你的人都已经有了想法，还是你会帮助他们想出一些来？

吴恩达：如果他们有什么想法，我们很乐意与他们讨论，但我的团队有一长串我们认为很有前途的想法，而我们没有足够的人力去实现。当人们加入我们时，我们很乐意与他们分享这一长串的想法，看看哪些是适合他们的。

马丁·福特：听起来你的策略是通过提供建立初创公司的机会和基础设施来吸引人工智能人才。

吴恩达：是的，打造一家成功的人工智能公司需要的不仅仅是人工智能人才。我们之所以如此关注技术，是因为它进步得非常快，建立一支强大的人工智能团队往往需要不同技能的组合，从技术、商业策略、产品、营销到业务发展。我们的任务是打造能够建立具体的业务垂直的完整团队。技术是超级重要的，但创业远远不只是技术。

马丁·福特：到目前为止，似乎任何真正有潜力的人工智能初创公司都会被大型科技公司收购。你认为最终会有人工智能初创公司进行首次公开募股（IPO），成为上市公司吗？

吴恩达：我真的希望未来会有很多优秀的人工智能初创公司，而不仅仅是被规模大得多的公司收购。IPO并不是我们的目标，我当然希望会有很多非常成功的人工智能初创公司作为独立实体在很长一段时间内蓬勃发展。我们并没有真正的财务目标，我们的目标是为这个世界做一些好事。如果每一家人工智能初创公司最终都被更大的公司收购，我真的会很难过，我认为我们不会朝着那个方向发展。

马丁·福特：最近，我听到很多人表达了这样一种观点，即深度学习被过度炒作了，就持续发展而言，它可能很快就会"碰壁"。甚至有迹象表明一个新的人工智能寒冬即将来临。你认为这是真正的风险吗？泡沫破灭会导致投资大幅下降吗？

吴恩达：不，我不认为会有另一个人工智能寒冬，但我确实认为需要重新设定对通用人工智能的期望。在早期的人工智能寒冬，有很多关于技术的炒作，但最终并没有真正实现。那些被大肆宣传的技术实际上并没有那么有用，而且那些早期技术创造的价值远远低于预期。我认为这就是导致人工智能寒冬的原因。

在当今时代，如果你看看目前实际从事深度学习项目工作的人数，你会发现它比 6 个月前多得多，而 6 个月过去后，这个数字又会比现在多得多。深度学习的具体项目数量、研究它的人数、学习它的人数以及基于它所建立的公司的数量，都意味着产生的收入实际上正在非常强劲地增长。

经济的基本面支持了对深度学习的持续投资。大公司继续大力支持深度学习，这不仅仅是基于希望和梦想，而是基于我们已经看到的结果。这使信心继续增长。现在，我确实认为需要从整体上重新设定对人工智能，尤其是通用人工智能的期望。我认为，深度学习的兴起不幸地伴随着人们对实现通用人工智能抱有不切实际的希望和梦想，我认为重新设定对通用人工智能的期望将非常有帮助。

马丁·福特：那么，除了对通用人工智能不切实际的期望之外，你认为我们会继续看到深度学习在更狭窄的应用领域中的持续进展吗？

吴恩达：我认为目前这一代的人工智能有很多局限性。不过，人工智能是一个广义范畴，当人们讨论人工智能时，他们真正的意思是反向传播、监督学习和神经网络的特定工具集。这是人们目前正在研究的深度学习中最常见的部分。

当然，深度学习是有限的，就像互联网是有限的，电力也是有限的一样。我们发明了电力作为一种公用事业，它并没有一下子解决人类的所有问题。同样地，反向传播也不能解决人类的所有问题，但它被证明有着令人难以置信的价值，而且我们还远远没有完成用反向传播训练的神经网络所能做到的所有事情。我们甚至还处于弄清楚目前这一代技术的影响的早期阶段。

有时候，当我做关于人工智能的演讲时，我首先要说的是"人工智能不是魔法，它不能做所有的事情"。我觉得很奇怪的是，我们生活在这样一个世界里，每个人甚至都必须说这样的一句话——有一种技术不能做所有的事情。

人工智能遇到的最大问题就是我所说的沟通问题。狭义人工智能有了巨大的进展，通用人

人工智能缔造师

工智能也有了实质性的进展,而这两种都叫人工智能。因此,通过狭义人工智能在经济和价值方面取得的巨大进展使人们看到人工智能的巨大进步,但也导致人们误以为通用人工智能也有了巨大的进展。坦率地说,我没有看到多少进展。除了拥有更快的计算机和数据,以及非常一般的进展,我没有看到通用人工智能方面的具体进展。

马丁·福特:关于人工智能的未来,似乎有两大阵营。一些人认为神经网络将一直发挥作用,而另一些人则认为要取得持续进展,就需要一种融合其他领域思想(例如符号逻辑)的混合方法。你的观点是什么?

吴恩达:我认为这要看你说的是短期的还是长期的。在 Landing AI,我们一直使用混合工具为工业合作伙伴构建解决方案。深度学习工具通常与传统的计算机视觉工具混合在一起,因为当你的数据集很小时,深度学习本身并不总是最好的工具。人工智能从业者的技能之一是知道何时使用混合工具,以及如何将所有东西组合在一起。这就是我们交付大量短期有用的应用的方式。

总的来说,人们已经从传统工具转向了深度学习,尤其是当你有很多数据的时候,但在数据集很小的的情况下仍然有很多问题,因此需要你设计混合工具和得到正确的技术组合。

我认为从长远来看,如果我们朝着更高水平的人类智能发展,也许不是为了通用人工智能,而是更灵活的学习算法,我认为我们将继续看到向神经网络的转变,但最令人兴奋的事情之一将是发明其他比反向传播好得多的算法。就像交流电是非常有限的,但非常有用一样,我认为反向传播也是非常有限但非常有用的,在这种情况下我看不到任何矛盾。

马丁·福特:那么,在你看来,神经网络显然是推动人工智能发展的最佳技术?

吴恩达:我认为在可预见的未来,神经网络将在人工智能领域占据非常重要的地位。我没有看到任何替代神经网络的候选项,但这并不是说未来不会有新的技术出现。

马丁·福特:我最近采访了朱迪亚·珀尔,他坚信人工智能需要一个因果模型才能取得进展,而目前的人工智能研究并没有对此给予足够的关注。你对这种观点有何回应?

吴恩达:深度学习做不到的事情数以百计,因果关系就是其中之一。还有其他的,比如可解释性不够好;我们需要厘清如何防御对抗性攻击;我们需要更好地从小数据集而不是大数据集中学习;我们需要在迁移学习或多任务学习方面做得更好;我们需要弄清楚如何更好地使用未标记的数据。所以是的,有很多事情反向传播做得不好,因果关系也是其中之一。当我看到正在创建的高价值项目的数量时,我并不认为因果关系是其中的阻碍因素,不过我们当然希望在这方面取得进展。我们很想在我提到的所有这些方面取得进展。

马丁·福特:你提到了对抗性攻击。我看到有研究指出,利用人造数据欺骗深度学习网络是相当容易的。随着深度学习越来越普遍,这会成为一个大问题吗?

吴恩达:我认为这已经是一个问题了,尤其是在反欺诈方面。在我是百度人工智能团队的负责人时,我们一直在与诈骗分子做斗争,其中既有攻击人工智能系统,也有使用人工智能工具进行欺诈。这不是未来的事情。我现在没有在打这场战争,因为我不是在领导一个反欺诈团队,但我曾经领导过一些团队,当你和欺诈做斗争时,你会感到这是极具对抗性且非常零和的行动。诈骗分子非常聪明,也非常老练,就像我们会提前多考虑几步,他们也会提前考虑几步以进行对抗。随着技术的发展,攻击和防御技术都将必须发展。这是我们这些在人工智能领域提供产品的人已经处理了好几年的事情了。

马丁·福特:那隐私问题呢?

吴恩达:我不是这方面的专家,所以我会尊重别人的意见。随着技术的不断进步,我们看到的一个趋势是权力有可能更加集中。我认为互联网是这样的,随着人工智能的兴起,这一点将再次成为现实。越来越小的群体变得越来越强大是有可能的。权力的集中可以发生在公司层面,员工相对较少的公司可以有更大的影响力,也可以发生在政府层面。

小群体可以使用的技术比以往任何时候都更加强大。例如,我们已经看到的人工智能的一个风险是,一个小群体有能力影响非常多的人的投票方式,而这对民主的影响是我们需要密切关注的,以确保民主能够捍卫自己,从而使投票真正公平和代表投票者的利益。我们在最近的美国大选中看到的更多是基于互联网的技术而不是人工智能的技术,但机会是存在的。在此之前,电视对民主和人们的投票方式有着巨大的影响。随着技术的发展,治理和民主的性质以及结构也发生了变化,这就是为什么必须不断更新我们对保护社会免受由人工智能滥用带来的影响的承诺。

马丁·福特:让我们来谈谈人工智能最引人注目的应用之一:自动驾驶汽车。它们到底离我们有多远?想象一下,你在一个城市叫一辆完全自主的出租车,它会把你从一个随机的地点带到另一个地点。你认为什么时候它会成为一项广泛可用的服务呢?

人工智能缔造师

吴恩达：我认为，在一些划出专门的地理围栏的地区，自动驾驶汽车会比较快地出现，但在更一般的情况下，自动驾驶汽车还有很长的路要走，可能要几十年。

马丁·福特：地理围栏，你指的是在虚拟电车轨道上运行自动驾驶汽车，或者换句话说，只在经过了密集绘制的路线上运行自动驾驶汽车？

吴恩达：没错！我与人合著了一篇关于 Train Terrain[①] 的《连线》(*Wired*)杂志文章，讨论了我认为自动驾驶汽车可能会如何推出。我们需要基础设施的改变以及社会和法律的改变，才能看到自动驾驶汽车的大规模应用。

我有幸见证了自动驾驶汽车行业 20 多年来的发展。20 世纪 90 年代末，在卡内基梅隆大学读本科时，我和迪恩·波默洛(Dean Pomerleau)一起上过课，研究他们的自动驾驶汽车项目，该项目根据输入的视频图像来驾驶汽车。这项技术很棒，但当时还没准备好。然后在斯坦福大学，我是 2007 年 DARPA 城市挑战赛的外围成员。

我们飞到了维克多维尔，这是我第一次在同一个地方看到这么多自动驾驶汽车。整个斯坦福团队在开始的 5 分钟里都很迷人，看着这些车在没有司机的情况下飞驰，令人惊讶的是，5 分钟后我们就适应了，我们转过身去。当 10 米开外的自动驾驶汽车从我们身边飞驰而过时，我们只是聊天，没有注意到它们。人类有一件事是很了不起的，那就是我们适应新技术的速度如此之快，我觉得不用多久自动驾驶汽车就不再被称为自动驾驶汽车，而只是被称为汽车了。

马丁·福特：我知道你是自动驾驶汽车公司 Drive. ai 的董事会成员。你能估计一下他们的技术何时能被广泛应用吗？

吴恩达：他们现在正在德州开车兜风。让我们看看，现在几点了？有人刚取了一辆车去吃午饭了。重要的是这是多么的平常。有人像平常一样出去吃午饭，只不过他们是坐着自动驾驶汽车去的。

马丁·福特：你对目前为止自动驾驶汽车所取得的进展有何感想？它与你的期望相比如何？

吴恩达：我不喜欢炒作，我觉得一些公司已经公开谈论过，把我认为关于采用自动驾驶汽车

---

① https://www.wired.com/2016/03/self-driving-cars-wont-work-change-roads-attitudes/。

的不切实际的时间表描述了一遍。我认为自动驾驶汽车将改变交通方式,使人类的生活变得更好。然而,我认为每个人对于自动驾驶汽车都有一个现实的路线图,这比让 CEO 站在台上宣布不切实际的时间表要好得多。我认为自动驾驶领域正在朝着更现实的方向努力,将这项技术推向市场,我认为是一件非常好的事情。

马丁·福特:你对政府监管的作用有何看法,无论是对于自动驾驶汽车还是对于更普遍的人工智能?

吴恩达:由于安全考虑,汽车行业一直受到严格监管,我认为需要从人工智能和自动驾驶汽车的角度来重新考虑交通监管。拥有更成熟的监管的国家将发展得更快,以拥抱由人工智能驱动的医疗系统、自动驾驶汽车或教育系统等所带来的可能性,我认为,对监管不够深思熟虑的国家将面临落后的风险。

监管应该针对这些特定行业的垂直领域,我们可以就其结果进行很好的辩论。我们可以更容易地定义我们想做什么和不希望发生什么。我发现对人工智能进行广泛的监管没那么有用。我认为,通过思考人工智能对特定垂直领域的影响来进行监管,不仅有助于垂直领域的发展,而且有助于人工智能开发出正确的解决方案,并在垂直领域中更快地被采用。

我认为自动驾驶汽车只是"政府"这个更广泛主题的缩影。每次有技术突破,监管者都必须采取行动。监管者必须采取行动以确保民主得到捍卫,即使是在互联网时代和人工智能时代。除了捍卫民主之外,各国政府还必须采取行动,确保本国为人工智能的崛起做好准备。

假设政府的首要责任之一是保障其公民的福祉,我认为明智行事的政府可以帮助他们的国家驾驭人工智能的崛起,为他们的人民带来更好的结果。事实上,即使在今天,一些国家的政府比其他国家的政府能更好地使用互联网。这涉及向公民提供的外部网站和服务,也涉及内部网站和服务,也就是说,政府的信息技术服务是如何组织起来的?

新加坡有一个完整的医疗体系,每个病人都有一个唯一的病人 ID,这使得医疗记录以一种令许多其他国家羡慕的方式得以整合。新加坡是一个小国,也许对新加坡来说做到这些比一个大国更容易,但新加坡政府改变医疗体系以更好地使用互联网的方式,对医疗体系和新加坡公民的健康都有巨大的影响。

人工智能缔造师

马丁·福特:听起来你认为政府和人工智能之间的关系应该不仅仅局限于对技术的监管。

吴恩达:我认为政府在人工智能的崛起中扮演着重要的角色,首先要确保使用人工智能做好治理工作。例如,我们是否应该使用人工智能更好地配置政府人员?林业资源呢,我们能更好地利用人工智能来分配吗?人工智能能帮助我们制定更好的经济政策吗?政府能否更好、更有效地利用人工智能来杜绝欺诈行为——也许是税务欺诈?我认为人工智能在治理方面将有数百种应用,就像人工智能在大型人工智能公司中有数百种应用一样。政府应该为了自己好好利用人工智能。

就生态系统而言,我认为公私合作也将加速国内工业的增长,对自动驾驶汽车进行成熟监管的政府将看到自动驾驶在他们的社区加速发展。我非常热爱我的家乡加利福尼亚州,但加州的法规不允许自动驾驶汽车公司做某些事情,这就是为什么许多自动驾驶汽车公司不能把总部设在加州,被迫在加州以外的地方运营。

我认为,无论是在州一级还是在国家一级,那些对自动驾驶汽车、无人机以及在支付系统和医疗系统中采用人工智能有着成熟的政策的国家,那些在所有这些垂直领域都有成熟的政策的国家,将看到这些令人惊叹的新工具在解决本国公民面临的一些最重要的问题方面取得更快的进展。除了监管和公私合作之外,为了加速采用这些令人惊叹的工具,我认为政府还需要在教育和就业问题上提出解决方案。

马丁·福特:对就业和经济的影响是我写过很多文章的一个领域。你是否认为我们正处在一个可能导致大范围失业的大规模混乱的边缘?

吴恩达:是的,我认为这是人工智能面临的最大伦理问题。虽然这项技术非常善于在社会的某些领域创造财富,但坦率地说,我们已经把美国的大部分地区和世界的大部分地区甩在了后面。如果我们要创造一个不仅富裕而且公平的社会,那么我们还有很多重要的工作要做。这也是我一直致力于在线教育的原因之一。

我认为我们的世界非常善于奖励那些在特定时间拥有所需技能的人。如果我们能够教育人们在工作被技术取代的情况下重新掌握新技能,那么我们就有更好的机会确保下一波财富创造最终以更公平的方式分配。很多关于邪恶的人工智能杀手机器人的大肆宣传,分散了领导者们对于我们如何解决就业问题这一更艰难但重要得多的讨论的注意力。

吴恩达

马丁·福特：你如何看待全民基本收入作为这个问题的解决方案的一部分？

吴恩达：我不支持全民基本收入，但我确实认为有条件的基本收入是一个更好的主意。有很多关于工作尊严的问题，我实际上支持有条件的基本收入，失业者可以拿到工资去学习。这将增加失业者获得重新就业所需技能并为有条件基本收入的税基做出贡献的可能性。

我认为在当今世界，有很多工作处于零工经济中，你可以挣到足够的工资来维持生活，但是没有多少提升自己或家人的空间。我非常担心无条件的基本收入会导致更多的人被困在这种低工资、低技能的工作中。

有条件的基本收入鼓励人们继续学习和深造，将使许多个人和家庭生活得更好，因为我们帮助人们获得他们所需的培训，然后从事更高价值和更高薪酬的工作。我们看到经济学家写的报告中有比如"20 年后，50％的工作岗位面临自动化的风险"这样的统计数字，这确实很可怕，但另一方面，另外 50％的工作岗位并没有面临自动化的风险。

事实上，我们找不到足够的人来做这些工作。在美国我们找不到足够的医护人员，找不到足够的教师，而令人惊讶的是，我们似乎找不到足够的风力涡轮机技术人员。

问题是，那些工作被取代的人如何去承担那些我们找不到足够的人去做的报酬丰厚、非常有价值的工作？答案不是让每个人都去学习编程。是的，我认为很多人应该学习编程，但我们也需要让更多的人掌握医疗、教育、风力涡轮机技术人员和其他需求上升的工作领域所需的技能。

我认为我们正在远离一个人一生只做一份工作的世界。科技变化如此之快，以至于有些在上大学时认为自己只做一件事的人，会意识到他们在 17 岁时开始的职业不再可行，他们应该转行。

我们已经看到千禧一代更有可能跳槽，从一家公司的产品经理到另一家公司的产品经理。我认为在未来，我们将越来越多地看到人们从一家公司的材料科学家变成另一家公司的生物学家，再变成第三家公司的安全研究员。这不会在一夜之间发生，需要很长时间才能改变。不过，有趣的是，在我的深度学习世界里，我已经看到许多不是计算机科学专业的人在做深度学习，他们来自物理、天文学或纯数学等学科。

人工智能缔造师

马丁·福特:对于那些对人工智能,或者特别对深度学习感兴趣的年轻人,你有什么特别的建议吗? 他们是否应该完全专注于计算机科学,还是脑科学,或者对人类认知的研究也很重要?

吴恩达:我会说去学习计算机科学、机器学习和深度学习。脑科学或物理学的知识都是有用的,但进入人工智能行业最省时的途径是计算机科学、机器学习和深度学习。因为有了YouTube 上的视频、演讲和书籍,我认为现在人们比以往任何时候都更容易找到资料来自己一步一步地学习。事情不是一蹴而就的,而是一步一步发生的,我认为几乎每个人都有可能成为人工智能高手。

我想给人们一些建议。首先,人们不喜欢听到需要努力工作才能掌握一个新的领域,但这确实需要努力工作,而且愿意努力工作的人会学得更快。我知道不可能每个人每周都学习一定的时间,但是那些能够找到更多时间学习的人会学得更快。

我想给人们的另一个建议是:假设你现在是一名医生,想进入人工智能领域,作为一名医生你将处于独特的位置,在医疗保健领域做一些很少有人能做到的非常有价值的工作;如果你现在是一名物理学家,看看是否有一些关于将人工智能应用于物理学的想法;如果你是一名图书出版商,看看在图书出版中是否可以用人工智能做些工作。这是一种利用你的独特优势并与人工智能互补的方法,而不是与即将进入人工智能领域的应届大学毕业生在一个更平等的环境中竞争。

马丁·福特:除了对就业可能产生的影响之外,你认为我们现在或在不久的将来还应该关注与人工智能相关的其他风险是什么?

吴恩达:我喜欢把人工智能和电力联系起来。电的威力是惊人的,而且一般来说,它已经被用于极好的用途,但它也可以用来伤害人们。人工智能也是一样。归根结底,要靠个人、公司和政府来努力确保我们以积极和合乎道德的方式使用这个新的超级力量。

我认为人工智能中的偏见是另一个主要问题。从人类生成的文本数据中学习的人工智能可以获取关于健康、性别和种族的刻板印象。人工智能研究团队已经意识到了这一点,并且正在积极地进行这方面的工作,令我很受鼓舞的是,今天我们在减少人工智能的偏见方面有了比减少人类的偏见更好的想法。

吴恩达

马丁·福特：解决人类的偏见是非常困难的，所以在软件中解决这个问题似乎更容易。

吴恩达：是的，你可以在人工智能软件中把一个数字归零，它就不会表现出那么的性别偏见，而我们没有同样有效的方法来减少人类的性别偏见。我认为很快我们就会发现人工智能系统的偏见会比人类的更少。这并不是说我们应该满足于偏见的减少，还有很多工作要做，我们应该继续努力减少这种偏见。

马丁·福特：你如何看待对于超级智能系统有一天会摆脱我们的控制并对人类构成真正的威胁的担忧？

吴恩达：我之前说过，现在担心通用人工智能成为邪恶的杀手机器人就像担心火星上的人口过剩一样。我希望一个世纪后我们能移民火星。到那时，它很可能人口过剩，受到污染，甚至可能有孩子死于火星上的污染。这并不是说我无情，不关心那些垂死的孩子——我很想找到解决这个问题的办法，但我们甚至还没有登陆火星，所以我发现很难有效地解决这个问题。

马丁·福特：你认为人们所谓的"快速起飞"场景，即通用人工智能系统经历一个递归的自我改进循环并迅速变得超级智能，有任何现实的恐惧吗？

吴恩达：很多关于超级智能的指数级增长的大肆炒作都是基于非常天真和非常简单的推断。几乎任何事情都很容易被炒作。我不认为会有超级智能在眨眼之间凭空冒出来的风险，就像我不认为火星会在一夜之间变得人口过剩一样。

马丁·福特：与中国竞争的问题呢？他们会在人工智能研究方面超过我们吗？

吴恩达：电力竞争的结果如何？一些像美国这样的国家拥有比一些发展中经济体强大得多的电网，所以这对美国来说是件好事。然而，我认为全球人工智能竞赛远不是大众媒体有时所描述的那样。人工智能是一种惊人的能力，我认为每个国家都应该想办法利用这种新能力，但我认为它不像大众媒体所认为的那样是一场竞赛。

马丁·福特：不过人工智能显然有军事应用，而且有可能被用于制造自动化武器。在联合国有一场关于禁止完全自主武器的辩论，所以这显然是人们担心的事情。这不是未来的通用人工智能相关的事情，而是我们很快就能看到的。我们应该担心吗？

人工智能缔造师

吴恩达：内燃机、电力和集成电路都创造了巨大的利益，但它们也都对军事有用。任何新技术都如此，包括人工智能。

马丁·福特：在人工智能的问题上你显然是一个乐观主义者。我想你相信随着人工智能的发展，好处会超过风险？

吴恩达：是的，我相信。在过去的几年里，我很幸运地站在了第一线，交付人工智能产品，亲眼看见了更好的语音识别、更好的网络搜索和更好的优化物流网络对人们的帮助。

这是我思考世界的方式，可能是一种非常天真的方式。世界变得越来越复杂，而这不是我想要的样子。坦率地说，我怀念那些我可以倾听政治领袖和商界领袖的言论并更多地按字面意思理解他们所说的话的时代。

我怀念那些我对许多公司和领导者更有信心的时候，那时他们以合乎道德的方式行事，言出必行，言行一致。如果你想想你尚未出生的孙子孙女，或者尚未出生的玄孙玄孙女，我认为这个世界还不是你想让他们在其中成长的样子。我希望民主能更好地发挥作用，世界更加公平。我希望更多的人能有道德的行为，思考对其他人的实际影响；我希望这个世界更公平，让每个人都有机会接受教育。我希望人们努力工作，并继续学习，要做他们认为有意义的工作，我认为这个世界的许多方面还没有达到我所期望的样子。

每一次技术颠覆都会给我们带来改变的机会。我希望我的团队以及世界各地的其他人都能以我们所希望的方式，努力让世界变得更美好。我知道这听起来像个梦想，但这就是我真正想做的。

马丁·福特：我认为这是一个伟大的愿景。问题在于，这是整个社会做出的决定，让我们走上通往那种乐观未来的道路。你有信心我们会做出正确的选择吗？

吴恩达：我不认为这会是一帆风顺的，但我认为这个世界上有足够多诚实、有道德和善意的人有很好的机会做到这一点。

吴恩达

吴恩达是人工智能和机器学习领域最知名的人物之一。他是 Google Brain 深度学习项目和在线教育公司 Coursera 的联合创始人。2014 年至 2017 年,他担任百度副总裁兼首席科学家,将百度的人工智能体系打造成一个拥有数千名员工的组织。人们普遍认为他在谷歌和百度向人工智能驱动型公司的转型过程中发挥了重要作用。

离开百度后,吴恩达承担了许多项目,包括推出面向深度学习专家教育的在线教育平台 deeplearning. ai,以及寻求用人工智能改造企业的 Landing AI。他目前是 Woebot 的董事长,这是一家专注于人工智能在心理健康方面的应用的初创公司,他也是自动驾驶汽车公司 Drive. ai 的董事会成员。他还是 AI Fund 的创始人兼普通合伙人,这是一家风险投资公司,支持从零开始的人工智能初创公司。

吴恩达目前担任斯坦福大学兼职教授,他曾是斯坦福大学人工智能实验室的副教授兼主任。他在卡内基梅隆大学获得计算机科学学士学位,在麻省理工学院获得硕士学位,在加州大学伯克利分校获得博士学位。

"我觉得这种关于机器人将接管人类的存在性威胁的观点，剥夺了我们作为人类的能力。最终，在设计这些系统时，我们会说它们是如何部署的，我们能够关闭它们的开关。"

拉娜·埃尔·卡利欧比

AFFECTIVA 联合创始人兼首席执行官

拉娜·埃尔·卡利欧比是 Affectiva 的联合创始人兼首席执行官，Affectiva 是一家专注于开发感知和理解人类情感的人工智能系统的初创公司。Affectiva 正在开发尖端的人工智能技术，应用机器学习、深度学习和数据科学，为人工智能带来新的情感智能水平。拉娜积极参与国际论坛，关注伦理问题和人工智能的监管，以帮助确保技术对社会产生积极影响。她于 2017 年被世界经济论坛选为全球青年领袖。

人工智能缔造师

马丁·福特：我想先了解一下你的背景，我特别感兴趣的是你是如何参与人工智能的，以及你是如何从学术界发展到今天开创你的公司 Affectiva 的。

拉娜·埃尔·卡利欧比：我出生在埃及开罗，在中东地区长大，童年的大部分时间是在科威特度过的。在这段时间里，我开始尝试用早期的计算机做实验，因为我的父母都从事科技行业，我爸爸会把旧的雅达利（Atari）机器带回家，我们会把它们拆开。时间一晃，我对计算机的兴趣不断发展，于是在开罗美国大学开始主修计算机科学的本科课程。我想你可以说这就是 Affectiva 背后的想法起源的地方。在这段时间里，我开始着迷于科技如何改变人们之间联系的方式。如今，我们的许多交流都是通过技术来进行的，因此我们与技术之间以及彼此之间联系的特殊方式令我着迷。

下一步是攻读博士学位。我获得了剑桥大学计算机科学系的奖学金，顺便说一句，对于一个年轻的埃及和穆斯林女性来说，这是很不寻常的事情。那是在 2000 年，那时我们还没有智能手机，但当时我对人机交互的想法以及未来几年我们的交互界面将如何演变很感兴趣。

通过我自己的经历，我意识到我在自己的机器上花了很多时间，我在那里编码和撰写所有这些研究论文，这让我有了两个认识。第一个认识是我使用的笔记本电脑（记住，那时还没有智能手机）应该和我很亲密。我的意思是，我花了很多时间和它在一起，虽然它知道很多关于我的事情，比如我正在写一个 Word 文档或编程，它却完全不知道我的感受。它知道我的位置，我的身份，但它完全无视我的情感和认知状态。

从这个意义上说，我的笔记本电脑让我想起了微软的 Clippy，你正在写一篇论文，然后一个回形针出现了，做一个小小的旋转，然后它说："哦，看起来你在写一封信！你需要帮助吗？"Clippy 经常会在最奇怪的时间出现，比如在我压力过大，距离我的截止时间只有 15 分钟时，回形针会做一些有趣的小动作。Clippy 帮助我意识到我们在这里有个机会，因为我们的技术在情感智能（emotional intelligence）方面存在差距。

另一件很清楚的事情是，这台机器在我和远在家乡的家人的沟通中起了很大的作用。在我攻读博士学位期间，有时我会想家，我会流着泪和家人打字聊天，但他们并不知道，因为我一直躲在屏幕后面。这让我感到非常孤独，我意识到当我们以数字方式互动时，那些在我们面对面、电话交谈或视频会议时所拥有的丰富的非语言交流都在网络空间中消失了。

马丁·福特：所以，你自己的生活经历让你对能够理解人类情感的技术产生了兴趣。你的博士阶段的研究是不是专注于探索这个想法？

拉娜·埃尔·卡利欧比：是的，我开始对这样一个想法感兴趣，即我们在技术中注入了很多智能，但却没有注入太多的情感智能，这是我在博士期间开始探索的一个想法。这一切始于我早期在剑桥做的一次演讲，当时我对听众说，我对如何制造出能够读懂情感的计算机非常好奇。我在演讲中解释了自己是一个非常善于表达的人——我对人们的面部表情非常敏感，并且发现思考如何让计算机也能做到这一点是多么有趣。一位博士生突然问道："你研究过自闭症吗？因为自闭症患者也觉得读懂面部表情和非语言行为很有挑战性。"由于这个问题，我在攻读博士学位期间与剑桥自闭症研究中心进行了非常密切的合作。他们收集了一个令人惊奇的数据集，用来帮助自闭症儿童学习不同的面部表情。

机器学习需要大量的数据，所以我借用了他们的数据集来训练我创建的关于如何读懂不同情感的算法，得到了一些非常有希望的结果。这些数据为我们提供了一个机会，不仅可以关注快乐/悲伤的情感，而且可以关注在日常生活中看到的许多微妙的情感，如困惑、兴趣、焦虑或厌倦。

我很快就发现有了这个工具，我们可以把它打包提供给自闭症患者作为培训工具。我意识到我的工作不仅仅是改善人机界面，还包括改善人与人之间的沟通和联系。

当我在剑桥完成博士阶段的学习时，我遇到了麻省理工学院的教授罗莎琳德·皮卡德（Rosalind Picard），她是《情感计算》（*Affective Computing*）一书的作者，后来和我一起创立了 Affectiva。早在 1998 年，罗莎琳德就提出，技术需要能够识别人类的情感并对这些情感做出反应。

长话短说，最后我们聊了起来，罗莎琳德邀请我加入她在麻省理工学院的媒体实验室。把我带到美国的是一个国家科学基金会的项目，它将我的情感读取技术与摄像头相结合，应用到自闭症儿童身上。

马丁·福特：在我读过的一篇关于你的文章中，我认为你描述了一种针对自闭症儿童的"情感助听器"。你指的是这个吗？那项发明是停留在概念层面，还是已经变成了实用产品？

拉娜·埃尔·卡利欧比：我于 2006 年加入麻省理工学院，从那时起到 2009 年，我们与罗德岛州普罗维登斯市的一所学校合作,他们专注于研究自闭症儿童。我们在那里部署了我们的技术,我们会把原型拿给孩子们,让他们试试,他们会说"这感觉不太对劲",所以我们迭代这个系统,直到它开始成功。最终,我们能够证明使用这项技术的孩子们有更多的眼神交流,他们做的远不止是看别人的脸。

想象一下,这些自闭症儿童戴着这种有一个朝外的摄像头的眼镜。当我们刚开始做这项研究的时候,得到的很多摄像头数据都是关于地板或天花板的:孩子们甚至都没有看脸。但是我们从这些孩子身上得到的信息,让我们能够建立实时反馈,帮助鼓励他们进行面对面的交流。一旦这些孩子开始这样做,我们就给他们反馈人们表现出了什么样的情绪。一切看起来都很有希望。

你必须记住,媒体实验室是麻省理工学院一个独特的学术部门,从某种意义上说,它与行业有着非常紧密的联系,实验室 80% 的资金来自《财富》500 强企业。因此,我们每年都会为这些公司举办两次我们称之为"赞助商周"的活动,在这个活动中你必须展示你所做的工作,否则资助就会被取消。一个 PPT 是不够的!

从 2006 年到 2008 年,我们每年邀请这些人来麻省理工学院两次,并演示了这项技术的原型。在这类活动中,像百事这样的公司会问我们是否考虑过应用这项工作来测试广告是否有效。宝洁公司想用它来测试其最新的沐浴露,因为想知道人们是否喜欢这种气味。丰田公司想将其用于监测驾驶员状态,美国银行想用它来优化银行业务体验。我们试图寻找更多的研究助理来帮助我们的资助者发展这些想法,但我们很快意识到这已经不再是研究,这实际上是一个商业机会。

我对离开学术界有点忧虑,但我开始有点沮丧,因为在学术界做的所有这些原型从来没有得到大规模应用。而在公司里,我觉得我们有机会扩大规模,将产品推向市场,改变人们日常交流和做事的方式。

马丁·福特:听起来 Affectiva 一直以客户为导向。许多初创公司都是基于市场预期来开发产品;但在你的案例中,客户明确地告诉你他们想要什么,而你直接对此做出了回应。

拉娜·埃尔·卡利欧比:你说得完全正确,我们很快就发现正面临着一个潜在的巨大商机。总的来说,罗莎琳德和我都觉得我们俩开创了这个领域,我们是思想领袖,希望以一种非常道德的方式来做这件事——这是我们的核心。

拉娜·埃尔·卡利欧比

马丁·福特：你现在在 Affectiva 做什么工作？你对它未来的发展有什么总体愿景？

拉娜·埃尔·卡利欧比：我们的总体愿景是使科技人性化。我们开始看到科技渗透到生活的方方面面。我们也开始看到界面是如何变成对话式的，我们的设备变得更具感知能力——潜在的关联性也越来越多。我们正在与汽车、手机和智能设备（如亚马逊的 Alexa 或苹果的 Siri）建立紧密的关系。

现在有很多人正在制造这些设备，他们关注的是这些设备的认知智能方面，而不是情感智能方面。但如果你观察人类，对你在职业生涯和个人生活中的成功与否有影响的不仅仅是智商，通常还与情感和社交智能有关。你能理解周围人的心理状态吗？你是否能够调整行为来将其考虑在内，然后激励他们改变自己的行为，或者说服他们采取行动？

在所有这些我们要求别人采取行动的情况下，我们都需要有情感上的智能才能做到这一点。我认为这同样适用于那些每天都要与你交互并可能要求你做事的技术。

无论是帮助你睡得更好、吃得更好、锻炼得更多、工作更有成效，还是更有社交能力，不管这项技术是什么，当它试图说服你参与其中时，它都需要考虑你的精神状态。

我的观点是，这种人与机器之间的界面将变得无处不在，它将深深扎根于未来的人机界面中，无论是汽车、手机还是家里或办公室里的智能设备。我们将只是与这些新设备以及新界面共存和协作。

马丁·福特：你能简要介绍一下你正在做的一些具体工作吗？我知道你在监控汽车驾驶员以确保他们专心驾驶。

拉娜·埃尔·卡利欧比：是的，现在关于监控汽车驾驶员的问题是，有太多的情况需要满足，所以作为一家公司，Affectiva 特别关注道德方面的情况以及哪里有适合的产品市场。当然，是针对那些已经准备好了的市场。

2009 年，当 Affectiva 成立时，正如我所提到的，第一个低风险的市场机会是在广告测试中，今天，Affectiva 与四分之一的《财富》全球 500 强公司合作，帮助他们了解广告与消费者之间的情感联系。

通常，公司会花费数百万美元来制作一个有趣的或吸引你的广告。但他们不知道是否与你产生了正确的情感共鸣。在我们的技术出现之前,他们能获知这个结果的唯一方法就是去问别人。所以,如果你,马丁·福特,是看广告的人,那么你会得到一个调查,它会问:"嘿,你喜欢这个广告吗? 你觉得有趣吗? 你会买这个产品吗?"这样做的问题是,这是非常不可靠且非常有偏见的数据。

现在,有了我们的技术,当你看广告的时候,在你同意的情况下,它会实时分析你所有的面部表情,然后把成千上万观看同一个广告的人的面部表情汇总起来。结果是一组关于人们对广告的情感反应的不带偏见、客观的数据。然后,我们可以将这些数据与诸如客户购买意图,甚至实际销售数据和病毒式营销等内容联系起来。

今天我们有了所有这些可以跟踪的关键绩效指标(KPI),我们能够将情感反应与实际的消费者行为联系起来。这是我们的产品,在 87 个国家有销售,从美国、中国到印度,还有像伊拉克和越南这样的小国家。在这一点上,它是一个非常强大的产品,惊人之处在于它让我们能够收集来自世界各地的数据,而且是非常自发的数据。我认为,即使是 Facebook 和谷歌也没有这些数据,因为这不仅仅是你的个人资料图片,而且是你某天晚上坐在卧室里看洗发水广告的数据。这就是我们拥有的数据,也是驱动我们的算法的东西。

马丁·福特:你在分析什么? 它主要是基于面部表情还是声音之类的其他东西?

拉娜·埃尔·卡利欧比:嗯,当我们刚开始的时候,我们只研究脸部,但是后来,我们重新开始思考并提出了一个问题:作为人类,我们是如何监测他人的反应的?

人们非常善于监测周围人的心理状态,我们知道我们使用的信号中约有 55% 来自面部表情和手势,而我们做出回应的信号中约有 38% 来自语调,也就是一个人说话的速度有多快,音高有多高,声音里有多少能量。只有 7% 的信号来自文本和人们实际使用的词语!

现在,当你想到整个情感分析行业,这个有关人们收听推文和分析短信等业务的价值数十亿美元的行业,它只涉及了 7% 的人类交流方式。我想说的是,我们在这里所做的是试图抓住其他 93% 的非语言交流。

所以,回到你的问题:我成立了一个语音小组,研究这些韵律副语言特征。他们会观察语调和语音事件的发生情况,比如你说了多少次"嗯"或者笑了多少次。所有这些语音事件都与我们所说的实际单词无关。Affectiva 的技术现在把这些东西结合起来,并采用了我们称之为多模态的方法,将不同的模态结合起来,从而真正了解一个人的认知、社交或情感状态。

马丁·福特:你所寻找的情感指标在不同的语言和文化中是保持一致,还是在不同的人群之间存在显著差异?

拉娜·埃尔·卡利欧比:如果你观察一个人的面部表情甚至语调,会发现其中隐含的表情是通用的。世界上任何地方的微笑是一样的。然而,我们看到了文化展示规范或规则的另一层面,它描述了人们在何时表现他们的情感、他们表现自己情感的频率或强烈程度。我们看到人们放大自己的情感,抑制自己的情感,甚至完全掩盖自己的情感的例子。我们尤其在亚洲看到了掩盖的迹象,例如,亚洲人不太可能表现出负面情绪。所以,在亚洲,我们看到了越来越多的我们所说的社交微笑或礼貌微笑。这些并不是快乐的表达,而是"我承认你",从这个意义上说,它们是非常社交化的信号。

总的来说,一切都是普遍的。当然,文化差异是存在的,因为我们掌握了所有这些数据,所以我们能够建立特定地区甚至特定国家的规范。例如,我们在中国有太多的数据,以至于中国有自己的标准。我们不是比较中国人对巧克力广告的反应,而是将中国人与最像他们的亚群进行比较。这种特殊的方法对于我们在世界各地的不同文化中成功地监测情绪状态至关重要。

马丁·福特:我想你们正在开发的其他应用都是面向安全的,比如监控司机或危险设备的操作人员,以确保他们保持注意力集中?

拉娜·埃尔·卡利欧比:当然。事实上,汽车行业对我们的兴趣大增。这真的很令人兴奋,因为这对 Affectiva 来说是一个重要的市场机会,我们正在解决汽车行业的两个有趣的问题。

在今天的汽车里,有一个活生生的司机,因此安全是一个巨大的问题。安全将继续是一个问题,即使我们有了像特斯拉这样的半自动驾驶汽车,它可以自己驾驶一段时间,但仍然需要一名"副驾驶"来关注。

通过使用 Affectiva 软件,我们可以监控驾驶员或副驾驶是否有困倦、分心、疲劳甚至醉酒等情况。在醉酒的情况下,我们会提醒司机,甚至有可能让汽车进行干预。干预措施可以是任何事情,从改变音乐到吹一点冷空气,或收紧安全带,一直到暗暗地说:"你知道吗?我是汽车,我觉得我现在开车会比你更安全,我要接管一切。"一旦汽车了解了驾驶员的注意力水平和受损程度,它就可以采取很多行动。所以,这是一类用例。

我们正在为汽车行业解决的另一个问题是关于乘客体验的。让我们展望一下未来,我们有完全自动驾驶汽车和机器人出租车,车里根本没有司机。在这种情况下,汽车需要了解乘客的状态,例如,车里有多少人,他们之间是什么关系,他们是否在交谈,甚至我们的车里是否有一个可能被落下的婴儿?一旦你了解了车内乘客的情绪,你就可以个性化体验。

机器人出租车可以提供产品推荐或路线推荐。这也将为汽车公司引入新的商业模式,尤其是像宝马或保时捷这样的高端品牌,因为现在的商业模式都是关于驾驶体验的。但未来,它将不再仅是关于驾驶的:它将是关于改变和重新定义交通、出行体验。现代交通是一个非常令人兴奋的市场,我们正在投入大量精力为这个行业以及那些与一级公司合作的公司开发产品。

马丁·福特:你认为在医疗保健领域有潜在的应用吗?考虑到我们确实面临心理健康危机,我想知道你是否认为在 Affectiva 建立的这种技术可能在咨询等领域有所帮助?

拉娜·埃尔·卡利欧比:医疗保健可能是最令我兴奋的领域,因为我们知道抑郁症有面部和声音的生物标记,我们知道有迹象可以预测一个人的自杀意图。想想我们有多么频繁地面对我们的设备和手机,这是一个收集非常客观数据的机会。

现在,你只问一个人,从 1 分到 10 分,他们有多沮丧,或者有多想自杀。这是不准确的。但我们现在有机会收集大规模的数据,并建立一个关于某人是谁以及他们的基线精神状态或心理健康状态如何的基线模型。一旦我们有了这些数据,如果有人开始偏离他们的正常基线,那么系统就可以向这个人自己,向他们的家人,甚至可能是医疗专业人员发出信号。

想象一下,我们如何使用这些相同的指标来分析不同疗法的疗效。患者可以尝试认知行为疗法或某些药物,随着时间的推移,我们可以非常准确和客观地量化这些疗法是否有效。我觉得这对理解焦虑、压力和抑郁有很大的帮助,并且能够量化它们。

马丁·福特:我想开始讨论人工智能的伦理问题。对于这种技术,人们很容易想到一些令人不安的事情。例如,在谈判过程中,如果你的系统在暗中监视某人并向另一方提供有关其反应的信息,这将创造不公平的优势。或者它可以被用于某种形式的更广泛的工作场所监视。

在一个人开车的时候对其进行监控以确保他专心,这对大多数人来说可能是可以接受的,但是他们可能会对你的系统监视坐在电脑前的办公室职员的想法有非常不同的感觉。你如何解决这些问题?

拉娜·埃尔·卡利欧比:关于此有一点历史经验,当罗莎琳德、我和我们的第一个员工在罗莎琳德的餐桌边见面时,我们在想:Affectiva 将要接受测试了,那么我们的底线是什么,哪些是没有商量余地的? 最后,我们提出了尊重人的情感是一种非常私人化的数据这一核心价值。从那时起,我们一致认为,我们只会接受人们明确同意并选择分享这些数据的情况。而且,理想情况下,他们分享这些数据也会得到一些回报。

这些都是 Affectiva 测试过的技术。2011 年,我们面临资金不足的困境,但我们有机会从一家拥有风险投资部门的安全机构获得资金,该机构对将这项技术用于监控和安全非常感兴趣。尽管大多数人都知道,当他们去机场时他们会被监视,但我们认为这不符合我们的核心价值,所以我们拒绝了出价,即使钱在那里。在 Affectiva,我们一直远离那些我们认为人们不一定会选择加入并且价值等式不平衡的应用。

当你思考工作场所的应用时,这个问题就变得非常有趣了,因为同样的工具可以以非常强大的方式使用——或者当然,也可以像"老大哥"(译者注:指乔治 · 奥威尔小说《1984》中"老大哥在看着你(big brother is watching you)"的 Big Brother)那样。我确实认为,如果人们愿意选择匿名加入,然后雇主能够得到一个情绪评分,或者只是一个总体评价,来判断人们在办公室里是否感到有压力,或者是否投入和快乐,这将是非常有趣的。

一个很好的例子是,当一位 CEO 正在给来自世界各地的人们做演讲时,这台机器会评断出演讲是否如 CEO 所希望的那样引起共鸣。目标令人兴奋吗? 人们被激励了吗? 这些都是核心问题,如果我们都在同一地点,答案收集起来会很容易;但是现在,由于人们是分散在世界各地的,所以很难。但是,如果你反过来用同样的技术说"好吧。我要挑一些员工的错,因为他们看起来真的很闲散",那就完全是对数据的滥用。

另一个例子是,我们有一个跟踪会议进行情况的技术版本,在每次会议结束时,它都可以给人们提供反馈信息。它会给你这样的反馈信息:"你闲聊了 30 分钟,而且你对某某相当不友好,你应该更体贴一点或更有同理心一点。"你可以很容易地想象出这项技术如何被用作教练,以帮助员工更好地谈判或成为一个更体贴的团队成员;但同时,你也可以使用它来破坏别人的事业。

我认为我们是在倡导这样一种情况：人们可以获取数据，并从中学到一些东西，这可以帮助他们提高社交和情感智能技能。

马丁·福特：让我们进一步探讨你正在使用的技术。我知道你大量使用深度学习。作为一项技术，你觉得它如何？最近出现了一些阻力，一些人认为深度学习的进展将放缓，甚至会遇到障碍，需要另一种方法。你对神经网络的使用以及它们在未来的发展有何看法？

拉娜·埃尔·卡利欧比：在我攻读博士学位时，我使用动态贝叶斯网络来量化和构建这些分类器。几年前，我们将我们所有的科学基础设施都转变为以深度学习为基础，我们绝对从中受益匪浅。

我想说的是，我们在深度学习方面还没有达到极限。随着更多的数据与这些深度神经网络相结合，我们看到我们的分析在许多不同情况下的准确性和稳健性都有所提高。

虽然深度学习很棒，但我不认为它是我们所有需求的全部。它仍然是非常监督式的，所以仍然需要一些有标签的数据来跟踪这些分类器。我认为它是机器学习这个更大的领域里的一个很棒的工具，但深度学习不会是我们使用的唯一工具。

马丁·福特：现在考虑得更宽泛些，让我们谈谈朝通用人工智能行进。有哪些障碍？通用人工智能是可行的、现实的，是你希望在有生之年看到的吗？

拉娜·埃尔·卡利欧比：我们离通用人工智能还有很多、很多、很多年，我之所以这么说，是因为看看我们今天拥有的所有人工智能的例子，你会发现它们都非常狭义。今天的人工智能可以在一件事上做得很好，但它们都必须以某种方式被引导，即使它们从零开始学会了如何玩游戏。

我认为有一些次级假设，或者某种程度的次级管理发生在数据集上，这使得算法可以学习它所学到的任何东西，我认为我们还没有弄清楚如何赋予它人类水平的智能。

看看我们今天所拥有的最好的自然语言处理系统，如果你给它做一个类似于小学三年级水平的测试，它也不会通过。

马丁·福特：你对通用人工智能和情感的交集有什么看法？你的很多工作主要集中在让机

器理解情感上,但是从另一方面看,一台能表现情感的机器,你认为这是通用人工智能的一个重要组成部分吗? 还是无所谓,完全没有感情的像僵尸一样的机器也行?

拉娜·埃尔·卡利欧比:我想说的是,就机器表现情感而言,我们现在已经做到了。Affectiva 开发了一个情感感知平台,我们的很多合作伙伴都使用这个感知平台来驱动机器行为。无论一辆汽车,还是一个社交机器人,情感感知平台都可以把我们的人类指标作为输入,这些数据可以用来决定机器人将如何反应。这些反应可能是机器人根据我们的刺激所说的话,就像 Amazon Alexa 所做的一样。

当然,如果你要求 Amazon Alexa 订购某样商品,但它总是出错,你可能会很恼火。但 Alexa 设备并不是完全没有注意到这些,它会说:"好吧,对不起。我知道我弄错了。让我再试一次。"Alexa 可以认知我们的沮丧程度,然后将其融入它的反应中,并融入它下一步的实际行动中。机器人可以移动它的头,它可以四处走动,它可以写字,它可以展示一些我们会翻译成"哦! 它看起来很抱歉"的动作。

我认为,机器系统已经在它们的行为中融入了情感线索,它们能够以人们设计的任何方式来描绘情感。当然,这与真正拥有情感的设备有很大的不同,但我们不需要达到那样的程度。

马丁·福特:我想谈谈对就业的潜在影响。你觉得怎么样? 你认为人工智能和机器人技术有可能对经济和就业市场造成巨大的破坏吗? 还是你认为这可能被过分夸大了,我们不应该对此太过担心?

拉娜·埃尔·卡利欧比:我更愿意把这看作一种人类与技术的合作。我承认有些工作岗位将不复存在,但这在人类历史上并不是什么新鲜事。我们已经一次又一次地看到工作的转变,所以我认为将会有全新的工作岗位和工作机会。虽然我们现在可以设想一些新的工作,但我们不能设想所有的工作。

我不认同机器人将接管和控制,而人类将只是坐在海滩边这种不寒而栗的观点。我在第一次海湾战争时期的中东地区长大,所以我意识到世界上有很多问题需要解决。我不认为我们离一台总有一天会醒来并能解决所有这些问题的机器很近。所以,对你的问题的回答是,我并不担心。

人工智能缔造师

马丁·福特：如果考虑一个相对常规的工作，例如呼叫中心的客户服务工作，听起来确实像是机器也能完成的工作。当我被问到这个问题时，我通常会说，最安全的工作可能是那些更人性化的工作，那些涉及情感智能的工作。但听起来你也在把这项技术推向这个领域，所以看起来确实有相当广泛的职业可能最终会受到影响，包括一些目前被认为不受影响的领域。

拉娜·埃尔·卡利欧比：我认为你说得对，让我举个护士的例子。在 Affectiva，我们正在与一些公司合作，这些公司正在为我们的手机构建护士化身，甚至在我们的家中安装社交机器人，这些机器人的设计目的是成为绝症患者的伴侣。我不认为这将取代真正的护士，但我认为这会改变护士的工作方式。

你可以很容易地想象将一个人类护士分配给 20 个病人，这些病人中的每一个都可以使用一个护士化身或一个护士机器人。只有在出现护士机器人无法处理的问题时，人类护士才会进入这个回路中。这项技术可以让护士机器人管理更多的病人，并以一种在今天不可能实现的方式对他们进行纵向管理。

教师也有类似的例子。我不认为智能学习系统会取代教师，但在没有足够教师的地方，智能学习系统会增强教师的能力。就像我们把这些工作委托给那些可以代表我们完成部分工作的微型机器人。

我认为这甚至适用于卡车司机。也许在未来 10 年里，没有人会驾驶卡车了，但有人坐在家里，远程操纵着 100 个车队，确保它们都在轨道上。取而代之的可能是另一种工作，因为需要有人不时地干预，并对其中一个进行人工控制。

马丁·福特：对于人们对人工智能或通用人工智能的一些担忧，特别是对存在性风险非常直言不讳的埃隆·马斯克的担忧，你有何回应？

拉娜·埃尔·卡利欧比：网上有一部纪录片叫《你相信这台电脑吗？》（*Do You Trust This Computer*），拍摄它的部分资金由埃隆·马斯克提供，我在其中接受了采访。

马丁·福特：是的，事实上，我在这本书中采访的其他几个人也出现在那部纪录片中。

拉娜·埃尔·卡利欧比：我在中东地区长大，我觉得人类面临着比人工智能更大的问题，所以我并不担心。

我觉得这种关于机器人将接管人类的存在性威胁的观点,剥夺了我们作为人类的能力。最终,在设计这些系统时,我们会说它们是如何部署的,我们能够关闭它们的开关。所以,我不赞同这些担忧。我确实认为我们对人工智能有更迫在眉睫的担忧,而这些担忧都与人工智能系统本身有关,也与我们是否只是通过它们延续偏见有关?

马丁·福特:那么,你是说偏见是我们目前面临的更紧迫的问题之一?

拉娜·埃尔·卡利欧比:是的。因为技术发展得太快了,当我们训练这些算法的时候,我们不一定知道算法或者神经网络到底在学习什么。我担心我们只是通过在这些算法中实现社会中存在的所有偏见来重建它们。

马丁·福特:因为数据来自人,所以不可避免地包含了他们的偏见。你是说有偏见的不是算法,而是数据。

拉娜·埃尔·卡利欧比:没错,是数据。这涉及我们如何应用这些数据。因此,作为一家公司,Affectiva 非常清楚我们需要确保训练数据能够代表所有不同的种族群体,并且保证性别平衡和年龄平衡。

我们需要非常仔细地考虑如何训练和验证这些算法。这是一个持续的问题,它总是在进行中。我们总是可以做更多的事情来防范这些偏见。

马丁·福特:积极的一面是,虽然纠正人们的偏见是非常困难的,但一旦你理解了,纠正算法中的偏见可能会容易得多。你可以很容易地提出这样一个论点:未来对算法更多地依赖可能会导致一个偏见或歧视大大减少的世界。

拉娜·埃尔·卡利欧比:没错。招聘就是一个很好的例子。Affectiva 与一家名为 Hirevue 的公司合作,该公司在招聘过程中使用了我们的技术。求职者发送的不是文字简历,而是视频面试,通过使用我们的算法和自然语言处理分类器的组合,系统根据求职者的非语言交流以及回答问题的方式,对他们进行排名和分类。这个算法不分性别,不分种族。因此,这些面试的第一层筛选不考虑性别和种族。

Hirevue 发布了一份联合利华的案例研究报告,报告显示,联合利华不仅减少了 90% 的招聘时间,而且这一方式还使其新招聘员工的多样性增加了 16%。我觉得这很酷。

人工智能缔造师

马丁·福特：你认为人工智能需要受到监管吗？你说过你们在 Affectiva 有非常高的道德标准，但是展望未来，你的竞争对手很有可能会开发出类似的技术，但他们可能不会遵循同样的标准。鉴于此，你认为有必要对这类技术进行监管吗？

拉娜·埃尔·卡利欧比：我是监管的大力倡导者。Affectiva 是人工智能联盟伙伴关系的一部分，也是公平、负责、透明和平等（FATE，Fair，Accountable，Transparent and Equitable）的人工智能工作组的成员。

通过与这些组织合作，我们的任务是为人工智能制定指导方针，倡导类似美国食品和药物管理局（FDA）的流程。在这项工作进行的同时，Affectiva 还发布了该行业的最佳实践和指导方针。既然我们是思想领袖，就有责任成为监管的倡导者，推动这一进程，而不是仅仅说"哦，是的。我们只是要等到立法出台"。我认为这不是正确的解决方案。

我也是世界经济论坛的成员，在这个论坛上有一个关于机器人和人工智能的国际论坛理事会。通过与这个论坛的合作，我已经被不同国家看待人工智能的文化差异所吸引。不同的国家对人工智能监管有不同的看法，这使得这个问题很难回答。

马丁·福特：最后让我们乐观一点，我猜你是个乐观主义者吧？你相信这些技术总的来说对人类有益吗？

拉娜·埃尔·卡利欧比：是的，我是个乐观主义者，我相信技术是中立的。重要的是我们决定如何使用它，我认为这是有潜力的，作为一个行业，我们应该跟随我的团队的脚步，把注意力集中在人工智能的积极应用上。

拉娜·埃尔·卡利欧比

拉娜·埃尔·卡利欧比是专注于情感人工智能的公司 Affectiva 的首席执行官兼联合创始人。她在埃及开罗的美国大学获得了本科和硕士学位,并在剑桥大学计算机实验室获得了博士学位。她是麻省理工学院媒体实验室的一名研究科学家,在那里她开发了帮助自闭症儿童的技术。这项工作直接促成了 Affectiva 的成立。

拉娜获得了许多奖项和荣誉,包括被世界经济论坛评选为 2017 年全球青年领袖。她还入选了《财富》杂志的"40 位 40 岁以下商界精英"榜单和 TechCrunch 的 2016 年"40 位女性创始人"榜单。

"我的设想是,我们将把医用纳米机器人送入人类的血液中……这些机器人还将进入大脑,从神经系统内部而不是通过连接在我们身体外部的设备提供虚拟现实和增强现实。"

雷·库兹韦尔

谷歌工程总监

雷·库兹韦尔是世界著名的发明家、思想家和未来学家之一。他获得了 21 个荣誉博士学位,并获得了三位美国总统授予的荣誉。他是麻省理工学院莱梅尔逊创新奖(MIT Lemelson Prize for Innovation)的获得者,于 1999 年获得了克林顿总统颁发的美国国家技术奖章(National Medal of Technology),这是美国科技领域的最高荣誉。雷也是一位多产的作家,创作了 5 本畅销书。2012 年,雷成为谷歌工程总监,带领一个开发机器智能和自然语言理解的工程师团队。雷的第一本书《丹妮尔:超级女英雄编年史》(*Danielle, Chronicles of a Superheroine*)于 2019 年初出版。雷的另一本书《奇点更近》(*The Singularity is Nearer*)预计将于 2023 年出版。

人工智能缔造师

马丁·福特：你是如何开始从事人工智能领域相关工作的？

雷·库兹韦尔：我第一次接触人工智能是在 1962 年，也就是马文·明斯基和约翰·麦卡锡（John McCarthy）在 1956 年新罕布什尔州汉诺威的达特茅斯会议上创造出"人工智能"这个词的 6 年之后。

人工智能领域已经分裂为两个对立的阵营：符号主义学派和联结主义学派。符号主义学派在马文·明斯基的领导下处于绝对优势。联结主义学派是新贵，康奈尔大学的弗兰克·罗森布拉特（Frank Rosenblatt）就是其中代表之一，他发明了第一个流行的神经网络，叫作感知器。我给他们分别写了信，他们都邀请我去，所以我首先拜访了明斯基，他和我一起待了一整天，我们建立了一种持续了 55 年的密切关系。我们谈到了人工智能，当时这是一个非常晦涩的领域，没有人真正关注它。他问我接下来要去见谁，当我提到罗森布拉特博士时，他说我不必费心了。

然后我去见了罗森布拉特博士，他有一个叫作感知器的单层神经网络，这是一个带摄像头的硬件设备。我带了一些打印出来的信件去见罗森布拉特博士，他的设备可以完全识别这些信件，只要它们使用的是 Courier 10 字体。

其他类型的字体就没有那么好的识别效果，他说："别担心，我可以把感知器的输出作为二级感知器的输入，然后我们可以把它的输出作为三级感知器的输入，随着层数的增加，它会变得更聪明、更通用，以至能够做所有这些了不起的事情。"我回答说："你试过了吗？"他说："嗯，还没有，但这是我们的研究议程上的重点。"

在 20 世纪 60 年代，事情并不像今天那样发展迅速，令人遗憾的是，直到他在 9 年后的 1971 年去世，他从未尝试过这个想法。不过，这个想法非常有先见之明。我们现在在神经网络中看到的所有令人兴奋之处都来自这些具有许多层的深度神经网络。这是一个相当了不起的洞见，因为它是否能起作用真的不是那么显而易见的。

1969 年，明斯基和他的同事西摩·佩珀特合著了《感知器》一书。这本书基本上证明了一个定理，即感知器不能给出需要使用异或逻辑函数的答案，也不能解决连通性问题。这本书的封面上有两个迷宫般的图像，如果你仔细看，会发现其中一个是完全相连的，而另一个则不是。进行这种分类被称为连通性问题。这个定理证明了感知器无法做到这一点。这本书非常成功地扼杀了接下来的 25 年里所有对联结主义学派的资助，明斯基对此感到遗憾，就在他去世前不久,他告诉我他当时已经认识到了深度神经网络的力量。

马丁·福特:马文·明斯基早在 20 世纪 50 年代就研究过早期的联结主义神经网络,对吧?

雷·库兹韦尔:没错,但到了 20 世纪 60 年代,他对这些网络的幻想破灭了,并没有真正认识到多层神经网络的力量。直到几十年后,当三层神经网络被尝试并且在某种程度上它们工作得更好时,这一点才显现出来。存在着由于层数过多带来的梯度爆炸或梯度消失问题,这两个问题其实是因为数值过大或者过小而引起参数值的动态范围降低。

杰弗里·辛顿和一群数学家解决了这个问题,现在我们可以使用任意层数。他们的解决方案是在每一层之后重新校准信息,这样权重就不会超出可以表示的值的范围,这种有 100 层的神经网络已经非常成功了。不过仍然存在一个问题,可以由一句格言概括:"生活始于 10 亿个例子"。

我来谷歌的原因之一是我们确实有 10 亿个样例信息,比如狗和猫的图片以及其他图片类别的注释,但也有很多东西我们是没有 10 亿个样例信息的。我们有很多关于语言的例子,但它们的含义并没有得到标注,我们怎么能用我们一开始就不理解的语言来注释它们呢?但是有一类问题我们可以解决,就是下围棋。DeepMind 系统在所有的在线棋谱上进行了训练,大约有 100 万步,那还不是 10 亿步。这创造了一个业余的棋手,但它们还需要 9.99 亿个例子,那么它们将从哪里得到这些例子呢?

马丁·福特:你的意思是,目前的深度学习非常依赖标记的数据和所谓的监督学习。

雷·库兹韦尔:对。解决这个问题的一种方法是,如果你能模拟你正在工作的世界,那么就可以创建自己的训练数据,DeepMind 让自己玩游戏就是这么做的。它们可以用传统的注释方法来注释走步。后来 AlphaZero 实际上训练了一个神经网络来改进注释,因此它能够在没有人类训练数据的情况下以 100:0 击败了 AlphaGo。

问题是,在什么情况下可以这样做?例如,可以这样做的另一种情况是数学,因为我们可以模拟数学。数论的公理并不比围棋的规则更复杂。

还有一种情况是自动驾驶汽车,尽管驾驶比棋盘游戏或数学系统的公理复杂得多。Waymo 创建了一个相当不错的组合了一些方法的系统,让汽车在人类可以立即接管的情况下自动行驶数百万英里。这产生了足够的数据来创建一个精确的驾驶世界的模拟器。模拟器中的模拟车辆已经行驶了大约 10 亿英里,该模拟器为一个旨在改进算法而设计的深度神经网络生成训练数据。尽管驾驶的世界比棋盘游戏复杂得多,但这种方法还是奏效了。

下一个要尝试模拟的令人兴奋的领域是生物学和医学世界。如果我们可以模拟生物学,这并非不可能,那么我们就可以在数小时而不是数年内完成临床试验,我们就可以生成自己的数据,就像我们对自动驾驶汽车、棋盘游戏或数学所做的那样。

这并不是解决提供足够训练数据问题的唯一方法。人类可以从更少的数据中学习,因为人们进行迁移学习,从可能与我们试图学习的东西相当不同的情境中学习。基于对人类大脑新皮质工作原理的粗略认识,我有一个不同的学习模式。1962 年,我写了一篇关于对人脑工作原理的看法的论文,在过去的 50 年里我一直在思考这个问题。我的模型不是一个大的神经网络,而是许多小的模块,每个小模块都能识别一个模式。在我的《如何创造思维》一书中,我把新皮质描述为 3 亿个这样的模块,每个模块都能识别出一个序列模式并接受一定程度的可变性。这些模块被组织在一个层次结构中,这个层次结构是通过模块自己的思维创建的。新皮质创建了自己的层次结构。

这种新皮质的层次模型可以从更少的数据中学习。人类也是如此,我们可以从少量的数据中学习,因为我们可以将信息从一个领域推广到另一个领域。

谷歌的联合创始人之一拉里·佩奇喜欢我在《如何创造思维》中的论点,于是把我招进了谷歌,让我把这些想法应用到理解语言上。

马丁·福特:你有没有把这些概念应用到谷歌产品上的真实例子?

雷·库兹韦尔:Gmail 上的 Smart Reply(它为每封邮件提供了三条回复建议)是我的团队使用这种分层系统的一个应用。我们推出的 Talk to Books[①] 应用,你用自然语言提出一个问题,系统可以在半秒钟内阅读 10 万本书,也就是 6 亿个句子,然后返回从这 6 亿个句子中可以找到的最佳答案。这都是基于语义理解,而不是关键字。

在谷歌,我们正在自然语言方面取得进展,而语言是新皮质的第一个发明。语言是层次化的,我们可以利用语言的层次性,来分享在新皮质中的层次化思想。我认为艾伦·图灵将图

---

① https://books.google.com/talktobooks/。

灵测试建立在语言的基础上是有先见之明的,因为确实需要全面的人类思维和人类智能来创造和理解人类水平的语言。

马丁·福特:你的最终目标是把这个想法扩展到建造一台能通过图灵测试的机器吗?

雷·库兹韦尔:不是每个人都同意这个观点,但我认为图灵测试,如果组织正确的话,实际上是对人类水平的智能的一个很好的测试。问题是,图灵在1950年写的那篇简短的论文中,实际上只有几段提到了图灵测试,他忽略了一些重要的元素。例如,他并没有描述如何实际进行测试。当你实际执行时,测试的规则是非常复杂的,但如果一台计算机要通过一个有效的图灵测试,我相信它需要有全面的人类智能。在人类水平上理解语言是最终目标。如果一个人工智能可以做到这一点的话,它就可以阅读所有的文件和书籍,并学习其他的一切。我们正在一步一步地接近目标。我们可以理解足够多的语义,例如,使我们的 Talk to Books 应用能够对问题给出合理的答案,但它仍然没有达到人类的水平。米奇·卡普尔(Mitch Kapor)和我为此下了一个 2 万美元的长期赌注,奖金将捐给获胜者选择的慈善机构。我说人工智能将在2029年通过图灵测试,而他说不能。

马丁·福特:如果图灵测试是一种有效的智能测试,你是否同意也许根本不应该有时间限制?仅仅欺骗某人15分钟似乎是个噱头。

雷·库兹韦尔:当然,如果你看看米奇·卡普尔和我提出的规则,我们给了几个小时,但时间可能还不够。归根结底,如果一个人工智能真的能让测试者相信它是人类,那么它就通过了测试。我们可以辩论测试需要多久——如果面对一个老练的裁判员的话,可能需要几个小时——不过我认为如果时间过短,测试者可能会用一些技巧侥幸完成。

马丁·福特:我认为很容易想象一台智能计算机只是不太善于伪装成人类,因为它可能是一个外星智能。所以,你似乎可以做一个测试,让所有人都同意这个机器是智能的,尽管它实际上并不像人类。我们可能也会认为这是一个充分的测试。

雷·库兹韦尔:鲸鱼和章鱼有很大的大脑,它们表现出聪明的行为,但它们显然无法通过图灵测试。一个会说普通话而不会说英语的中国人是无法通过英语图灵测试的,所以有很多方法可以让你是聪明的,但通不过测试。关键的陈述是相反的:为了通过测试,你必须聪明。

人工智能缔造师

马丁·福特：你认为深度学习，结合你的层次化方法，真的是前进的道路吗？或者你认为为了达到通用人工智能/人类水平的智能，还需要进行其他大规模的范式转换吗？

雷·库兹韦尔：不，我认为人类使用的是这种层次化方法。这些模块中的每一个都有学习的能力，我在我的书中提到，在大脑中，它们并不是在每个模块中进行深度学习，而是在做一些类似于马尔可夫过程的事情，但实际上使用深度学习更好。

在谷歌的系统中，我们使用深度学习来创建向量，代表每个模块中的模式，然后我们有了一个超越深度学习范式的层次结构。不过，我认为这对通用人工智能来说已经足够了。在我看来，这种层次化方法就是人脑的工作机制，现在有很多大脑逆向工程项目的证据可以证明这点。

有一种观点认为，人类大脑遵循的是一个基于规则的系统，而不是一个联结主义的系统。人们指出，人类有明显的区别，能够进行逻辑分析。关键点在于，联结主义可以模仿基于规则的方法。在特定情况下，一个联结主义系统可能对自己的判断非常确定，以至于它看起来及其行为都像一个基于规则的系统，但是它也能够处理罕见的例外情况和其明显规则的细微差别。

基于规则的系统实际上无法模拟联结主义系统，而反过来联结主义系统是可以模拟规则系统的。道格·龙内特（Doug Lenat）的"Cyc"是一个令人印象深刻的项目，但我相信它证明了基于规则的系统的局限性。你达到了复杂性的上限，在那里规则变得如此复杂，以至于如果你试图解决一件事，就会破坏另外三件事。

马丁·福特：Cyc是一个人们手工输入逻辑规则以获取常识的项目吗？

雷·库兹韦尔：对。我不确定具体是多少，但它有大量的规则。它有一种模式，可以打印出对某个行为的推理，解释会有很多页，而且很难理解。Cyc是一项令人印象深刻的工作，但结果确实表明规则系统不是真正的方法，至少说仅仅有规则系统不行，这不是人类达成智能的本质。我们没有需要去遵守的一系列规则，我们拥有的是这种层次化的自组织方法。

我认为另一个层次化的联结主义方法的优势是它更善于解释自己，因为你可以看到层次结构中的模块，哪个模块影响了哪一个决策。当你拥有这些巨大的100层神经网络时，它们就像一个大黑盒。尽管有人试图去理解，但很难理解它的推理。我确实认为这种基于联结主义方法的分层自旋是一种有效的方法,这就是人类的思维方式。

马丁·福特:不过,在人脑中也有一些结构,刚出生时就存在。例如,婴儿可以识别人脸。

雷·库兹韦尔:我们有一些特征生成器。例如,在人脑中有一个称为梭状回的模块,它包含专门的回路并做些特定的计算,如鼻尖与鼻根的比例,两眼之间的距离。有一组十几个相当简单的特征,实验表明,如果我们从图像中生成这些特征,然后生成采用相同比例的相同特征的新图像,人们会立即将它们识别为同一个人的图片,即使图像中的其他细节有了相当大的变化。有很多像这样的特征生成器,有些带有音频信息,我们计算出特定的比率并识别部分泛音,然后将这些特征输入到层次化联结主义系统中。所以,了解这些特征生成器是很重要的,在识别人脸的过程中有一些非常具体的特征,而这正是婴儿所依赖的。

马丁·福特:我想谈谈通用人工智能的发展道路和时机。我认为通用人工智能和人类水平的人工智能是等价的。

雷·库兹韦尔:它们是同义词,我不喜欢通用人工智能这个词,因为我认为它隐含着对人工智能的批评。人工智能的目标一直是实现越来越高水平的智能,并最终达到人类的智能水平。随着不断进步,我们已经分离出了不同的领域。例如,一旦我们掌握了识别字符,它就成为 OCR 的一个单独领域。语音识别和机器人技术领域也发生了同样的情况,人们认为人工智能的主要领域不再关注通用智能。我的观点始终是,我们将通过一次解决一个问题来逐步实现通用智能。

还有一点值得注意,人类在任何类型的任务中的表现都是非常广泛的。围棋中人类的表现水平如何?范围很广,从第一次下棋的孩子到世界冠军的水平都有可能。我们看到的一件事是,一旦计算机能够达到人类的水平,即使是在这个范围的低端,它也会很快超越人类的表现。就在不久以前,计算机的围棋水平还很低,但很快就超越了低水平。经过几个小时的训练,AlphaZero 的成绩就超过了 AlphaGo,以 100∶0 击败了它。

计算机的语言理解能力也在提高,但速度不尽相同,因为它们还没有足够的现实世界的知识。计算机目前还不能很好地进行多链推理,也就是从多个语句中进行推理,同时考虑现实世界的知识。例如,在一次三年级水平的语言理解测试中,计算机无法理解如果一个男孩的鞋子上有泥,他可能是在外面的泥泞中走路才把鞋子弄脏的,如果他把泥弄到厨房地板上,这会让他的妈妈生气。这对我们人类来说是显而易见的,因为我们可能经历过,但对人工智能来说就不那么明显了。

我不认为从现在计算机在一些语言测试中表现出来的一般成年人的理解能力发展到超越人类理解能力的过程会这么快，因为我认为要做到这一点，还有更多的基本问题需要解决。尽管如此，正如我们所看到的，人类的表现范围很广，一旦计算机进入这个范围，它们最终会超越这个范围，成为超级人类。它们在语言理解方面的表现达到了成年人的水平，这令人印象深刻，因为我觉得语言需要全面的人类智能，并且具有全方位的人类歧义性和层次化思维。总而言之，是的，人工智能正在取得非常迅速的进展，所有这些都在使用联结主义的方法。

我刚刚和团队讨论了一下，除了我们已经做过的，我们还需要做些什么才能通过图灵测试。我们已经有了一定程度的语言理解能力。一个关键要求是多链推理——能够考虑概念的推论和含义——这是一个高优先级的要求。这是聊天机器人经常失败的一个领域。

如果我说我担心女儿在幼儿园的表现，你不会在三轮问答后才问我，你有孩子吗？聊天机器人之所以会这么做，是因为它们不会考虑所说的每件事的所有推论。正如我所提到的，还有现实世界知识的问题，但是如果我们能够理解语言的所有含义，那么通过阅读和理解网上的许多文件就可以获得现实世界的知识。我认为我们对如何做这些事情有很好的想法，我们有足够的时间去做。

马丁·福特：很长一段时间以来，你一直很直截了当地说，你认为人类水平的人工智能将在 2029 年到来。现在还是这样吗？

雷·库兹韦尔：是的。在我 1989 年出版的《智能机器时代》(*The Age of Intelligent Machines*)一书中，我把这个时间范围设定在 2029 年前后的 10 年左右。1999 年我出版了《机器之心》(*The Age of Spiritual Machines*)，并做出了 2029 年的具体预测。斯坦福大学召开了一个人工智能专家会议来应对这个显然令人吃惊的预测。当时，我们还没有即时投票机，所以我们基本上是举手表决。那时的共识是，这将需要数百年的时间，专家组中约四分之一的人认为这永远不会发生。

2006 年，达特茅斯学院举行了一次会议，庆祝 1956 年达特茅斯会议 50 周年，那时我们有了即时投票设备，共识是 50 年左右。12 年后的 2018 年，共识是 20 年到 30 年，也就是 2038 年到 2048 年间的任何时候，所以我仍然比人工智能专家的共识更乐观，但只是稍微乐观一点。

雷·库兹韦尔

我的观点和人工智能专家的共识越来越接近，但这并不是因为我改变了自己的观点。越来越多的人认为我太保守了。

马丁·福特：2029年其实也不算远。我有一个11岁的女儿，这让我更加关注这件事。

雷·库兹韦尔：进展是指数级的，看看去年的惊人进展吧。我们在自动驾驶汽车、语言理解、围棋和许多其他领域都取得了巨大的进展。无论硬件还是软件方面，进展速度都非常快。在硬件方面，指数级的进展甚至比一般计算的还要快。在过去的几年中，我们每三个月就要将深度学习的可用计算量翻一番，而对于一般计算这一过程需要的时间是一年。

马丁·福特：尽管如此，一些对人工智能有深入了解的非常聪明的人仍然预测将需要100多年的时间。你认为这是因为他们陷入了线性思维的陷阱吗？

雷·库兹韦尔：第一，他们的思维是线性的；第二，他们受到我所说的"工程师的悲观主义"的影响——他们太专注于一个问题，感觉它真的很难，因为他们还没有解决它，并推断出只有他们才能以自己的工作速度独自解决这个问题。这是一门思考一个领域的发展速度和想法如何相互作用、并将其作为一种现象来研究的完全不同的学科。有些人就是不能理解进展的指数性质，尤其是涉及信息技术时。

在人类基因组计划进行到一半的时候，经过7年的时间只收集到了1％的数据，主流评论人士说："我告诉过你这行不通。就像我们说的，7年收集1％意味着需要700年。"我的反应是："我们完成了1％——我们几乎完成了。我们每年翻一番，从1％到100％只需要翻7次。"事实上，它是在7年后完成的。

一个关键的问题是为什么有些人很容易理解，而另一些人却不理解呢？这绝对不是成就或智力的作用。一些不属于专业领域的人很容易理解这一点，因为他们可以在自己的智能手机上体验到这种进步，而另一些非常有成就的、在自己的领域中处于领先地位的人则有着这种非常顽固的线性思维。所以，我真的没有答案。

马丁·福特：你会同意这不仅仅是计算速度或内存容量的指数级增长吗？显然，在教计算机像人类那样从实时、非结构化的数据中学习方面，或者在推理和想象方面，必须有一些基本的概念上的突破？

雷·库兹韦尔：软件的发展也是指数级的，尽管它有你所暗示的不可预测的方面。思想的交叉融合本质上是指数级的,一旦我们在一个层次上产生了表现,就会出现一些想法来达到下一个层次。

奥巴马(Obama)政府的科学顾问委员会就这个问题进行了一项研究。他们比较了硬件和软件的进展。他们研究了十几个经典的工程和技术问题,并对这些进展进行定量分析,以确定硬件的贡献有多少。一般来说,从那时起的 10 年间,硬件方面的比例大约是 1 000∶1,这与价格表现每年翻倍的含义是一致的。正如你可能预期的那样,软件是多种多样的,但在任何情况下,它都比硬件强大。进展往往是指数级的。如果你在软件方面取得了进展,它并不是线性增长,而是指数级增长的。整体上的进展是硬件和软件进展的产物。

马丁·福特:你给出的另一个预测日期是 2045 年,也就是你所说的奇点。我认为大多数人都会将其与智能爆炸或真正的超级智能的出现联系起来。这是正确的思考方式吗?

雷·库兹韦尔:关于奇点,实际上有两个学派:一个是硬起飞学派,另一个是软起飞学派。我实际上属于软起飞学派,意思是我们将继续以指数级的速度前进,这足够令人畏惧了。智能爆炸的想法是,有一个神奇的时刻,计算机可以访问自己的设计并修改它,创造出一个更智能的版本,它会不断地在一个非常快速的迭代循环中这样做,它的智能会爆炸式发展。

我认为自从发明科技以来,我们实际上已经这样发展了几千年。科技的发展使我们更加聪明。你的智能手机是大脑扩展器,它确实让你更聪明。这是一个指数级过程。一千年前,范式的转变和进步花了几个世纪的时间,但看起来好像什么都没有发生。你的祖父母和你过着同样的生活,你希望你的孙子孙女也这样生活。现在,我们每年都会看到变化。它是指数级的,这导致了进步的加速,但它不是那种意义上的爆炸。

我认为到 2029 年,我们将实现人类水平的智能,它将立即成为超级人类。以我们的 Talk to Books 为例,你问它一个问题,它在半秒钟内就能读 6 亿个句子,10 万本书。就人类而言,读 10 万本书得需要多少个小时!

智能手机现在能够基于关键字和其他方法进行搜索,并非常快速地搜索所有人类知识。谷歌搜索已经超越了关键字搜索,具有一定的语义功能。其语义理解还没有达到人类的水平,但它比人类思维要快 10 亿倍。软件和硬件都将继续以指数级的速度发展。

马丁·福特:你还因利用技术来扩展和延长人类寿命的想法而闻名。你能让我多了解一

雷·库兹韦尔

点吗？

雷·库兹韦尔：我的一个论点是，我们将与正在创造的智能技术融合。我的设想是，我们将把医用纳米机器人送入人类的血液中。这些医用纳米机器人的一个应用将是扩展我们的免疫系统。这就是我所说的彻底延长寿命的第三座桥。第一座桥是我们现在能做的，第二座桥是完善生物技术和重新编程生命软件。第三座桥是由这些医用纳米机器人组成的，其用来完善人类的免疫系统。这些机器人还将进入大脑，从神经系统内部而不是通过连接在我们身体外部的设备提供虚拟现实和增强现实。医学纳米机器人最重要的应用是，把我们新皮质的顶层连接到云端的合成新皮质。

马丁·福特：这是你在谷歌正在做的事情吗？

雷·库兹韦尔：我和团队在谷歌所做的项目使用了我所说的新皮质的粗糙模拟。我们对新皮质还没有一个完美的理解，但我们正在用现有的知识来接近它。我们现在可以用语言做一些有趣的应用，但到 21 世纪 30 年代初，我们将有非常好的新皮质模拟。

就像手机通过访问云端让自己变得聪明一百万倍一样，我们将直接通过大脑来做到这一点。这是我们已经通过智能手机做的事情，尽管它们不在我们的身体和大脑中，我认为这是一个武断的区分。我们使用手指、眼睛和耳朵，但它们仍然是大脑的扩展器。在未来，我们将能够直接通过我们的大脑完成云端访问，但不仅仅是直接通过大脑执行搜索和语言翻译等任务，而是真正将我们的新皮质顶层与云端的合成新皮质连接起来。

200 万年前，我们的前额还没有这么大，随着进化，我们有了一个更大的外壳来容纳更多的新皮质。我们怎么处理的？我们把它放在新皮质层次结构的顶端。作为灵长类动物，我们已经做得很好了，现在我们能够在一个更抽象的层次上思考。

这是我们发明技术、科学、语言和音乐的有利因素。我们发现的每一个人类文明都有音乐，但非人类灵长类文明没有音乐。这是一次性的，我们不能继续扩大外壳，因为这样就不可能生育了。200 万年前的这种新皮质的扩张实际上让生育变得相当困难。

到 2030 年代，人类的这种新皮质的新扩展将不再是一次性的，甚至在我们说话的时候，云端每年都在成倍的增长。它不受固定外壳的限制，因此我们思维中的非生物部分将继续增长。如果计算一下，到 2045 年，我们的智能将增加 10 亿倍，这是一个如此深刻的转变，以至于我们很难看到超越这个事件视界的东西，所以，我们借用了物理学中关于事件视界的隐喻以及超越事件视界的困难来说明上述情况。

谷歌搜索和 Talk to Books 等技术的速度至少是人类处理信息速度的 10 亿倍。它还没有达到人类的智能水平，一旦我们实现这一点，人工智能将利用已经存在的巨大的速度优势以及容量和性能的持续指数级增长。这就是奇点的含义，它是一个软起飞，但指数仍然会令人生畏。如果你把一个东西翻 30 番，就是乘以 10 亿。

马丁·福特：你谈论过很多关于奇点产生影响的一个领域是医学领域，尤其是在人类寿命方面，这可能是你受到批评的一个领域。我听过你 2018 年在麻省理工学院做的一个演讲，你说在 10 年内，大多数人可能会达到你所说的"长寿逃逸速度"，你还说你认为你个人可能已经达到了？你真的相信这会很快发生吗？

雷·库兹韦尔：我们现在正处于生物技术的临界点。人们看着医学，认为它只会以人们过去习惯的相同的成功或失败速度缓慢前进。医学研究基本上是成败参半的。制药公司查阅数千种化合物的清单来寻找一些有影响的东西，而不是真正理解并系统地重新编写生命软件。

这并不是说我们的遗传过程是软件。它是一串数据，在它进化的那个时代，每个人都活得很长寿并不符合人类的利益，因为当时诸如食物等资源有限。我们正从一个物质匮乏的时代向一个富足的时代转变。

作为信息处理的生物学的各个方面的能力每年都在倍增。例如，基因测序已经做到了这一点。第一个基因组测序花了 10 亿美元，而现在已经接近 1 000 美元。不仅是我们收集生命的原始目标代码的能力，还有理解它、给它建模、模拟它，最重要的是重新对它编程的能力，也在逐年倍增。

我们现在正在进行临床应用——今天它只是涓涓细流，但未来 10 年它会变成一股洪流。在这一过程中有数百种深度干预措施正在通过监管渠道发挥作用。我们现在可以修复因心脏病发作而破裂的心脏，也就是说，在心脏病发作后，使用重新编程的成体干细胞使射血分数低的心脏恢复活力。我们可以培育器官并成功地移植到灵长类动物体内。免疫疗法基本上就是免疫系统重新编程。就其自身而言，免疫系统并不能对抗癌症，因为它并没有进化到去对付那些往往会在我们生命后期侵袭我们的疾病。我们实际上可以对它进行重新编程，激活它来识别癌症并将其视为病原体进行治疗。这是癌症治疗中的一个巨大亮点,有一些值得注意的试验,在试验中几乎每个人都从第4期晚期癌症进入了缓解期。

从现在开始的10年内,医学将发生翻天覆地的变化。如果你很勤奋,我相信你将能够达到长寿逃逸速度,这意味着我们将增加比过去更多的时间,不仅是婴儿的预期寿命,还有你剩余的预期寿命。这并不是一个保证,因为明天发生意外的可能性还存在,而预期寿命实际上是一个复杂的统计概念,但时间的沙粒将开始流走而不是耗尽。再过10年,我们也将能够逆转衰老过程。

马丁·福特:我想谈谈人工智能的缺点和风险。我想说的是,有时你会被不公平地批评对这一切过于乐观,甚至有点盲目乐观。对于这些发展,我们有什么要担心的吗?

雷·库兹韦尔:我写的关于负面影响的文章比任何人都多,而且是在史蒂芬·霍金或者马斯克表达他们的担忧之前的几十年。在我1999年出版的《机器之心》一书中,广泛讨论了GNR——遗传学、纳米技术和机器人学(也就是人工智能)的负面影响,正是这本书促使比尔·乔伊(Bill Joy)在2000年1月撰写了他著名的《连线》杂志封面故事《为什么未来不需要我们》(*Why the Future Doesn't Need Us*)。

马丁·福特:那是引用了泰德·卡钦斯基(Ted Kaczynski),"大学航空炸弹客"(Unabomber)的话,对吗?

雷·库兹韦尔:我在某一页上引用了他的话,听起来像是非常平和地表达了关切,然后你翻开这一页,就会看到这是来自"大学航空炸弹客宣言"(Unabomber Manifesto)。我在那本书中相当详细地讨论了GNR的存在性风险。在我2005年出版的《奇点临近》一书中,我对GNR风险的话题进行了详细的探讨,第8章的标题是"GNR的前景与风险的深刻交织"(The Deeply Intertwined Promise versus Peril of GNR)。

我很乐观,作为一个物种,我们会渡过难关。科技给我们带来的利益远比危害深远,但你不必看得太远就能看到已经显现出来的严重危害,例如,20世纪的所有破坏——尽管20世纪实际上是到那时为止最和平的世纪,我们现在正处于一个更加和平的时代。世界正在变得更加美好,例如,在过去的200年里,全世界的贫困人口减少了95%,识字率从不足10%上升到90%以上。

人们判断世界在变好还是变差的算法是"我多久能听到好消息还是坏消息?"这并不是一个很好的方法。有一项针对 26 个国家的 24 000 人进行的民意调查提出了这样一个问题:"在过去 20 年里,世界范围内的贫困状况是在好转还是在恶化?"87％的人错误地认为,情况正在恶化;只有 1％的人正确地认为,贫困状况在过去的 20 年里下降了一半或更多。人类在进化过程中有一种对坏消息的偏好。一万年前,注意到坏消息是非常重要的,例如树叶沙沙作响,可能是有捕食者。注意到这种坏消息比研究庄稼收成比去年提高了 0.5％更重要,而我们对于坏消息的偏好还在继续。

马丁·福特:不过,真实的风险和存在性风险之间有一个阶跃变化。

雷·库兹韦尔:嗯,我们在应对信息技术带来的存在性风险方面也做得相当不错。40 年前,一群有远见的科学家既看到了生物技术的前景,也看到了它的危险,而这两者在当时都不是近在眼前的,于是他们召开了第一次关于生物技术伦理的阿希洛马会议(Asilomar Conference)。这些伦理标准和战略一直在定期更新。这种做法很有效。因故意或意外的滥用或者生物技术问题而受到伤害的人数已接近零。我们现在开始获得我刚刚提到的深远利益,这在未来 10 年将成为一股洪流。

这是一种全面的伦理标准以及如何保证技术安全的技术策略的成功,其中大部分现在已被写入法律。这并不意味着我们可以将生物技术带来的危险从我们的担忧清单中划掉;我们不断推出更强大的技术,比如 CRISPR,我们必须不断地重新制定标准。

2017 年我们召开了第一次关于人工智能伦理的阿希洛马会议,在会上我们提出了一套伦理标准。我认为它们还需要进一步发展,但这是一个总体可行的方法。我们必须优先考虑它。

马丁·福特:现在真正引起广泛关注的问题是所谓的控制问题或对齐问题,即超级智能可能没有与对人类最有利的目标保持一致。你认真对待这个问题吗? 我们应该为此做些什么吗?

雷·库兹韦尔:并不是所有人类的目标都是一致的,这才是真正的关键。把人工智能视为一种独立的文明是一种误解,就好像它是来自火星的外星人入侵一样。我们创造工具来扩展自己的能力范围。一万年前,我们够不着那根较高的树枝上的食物,所以我们做了一件可以让我们伸得更远的工具。我们不能徒手建造摩天大楼,所以有了可以充分利用我们的肌肉的机器。一个非洲的孩子使用智能手机,只需按几下键就可以接触到人类所有的知识。

这就是技术的作用,它使我们能够超越自身的限制,这就是我们正在用人工智能做的事情并且将继续做下去。这不是我们人类对抗人工智能,尽管这种对抗已经成为很多人工智能未来主义反乌托邦电影的主题。人类要和人工智能融合。而且我们已经有所融合了。手机不会在人类身体和大脑内部的这一认识其实是一个人为的误区,因为手机也可能放入身体或大脑内。如今,没有电子设备,我们不会离开家;没有电子设备,我们是不完整的;没有电子设备,没有人可以完成工作、接受教育或者维持人际关系。我们与电子设备的关系越来越亲密。

我去麻省理工学院是因为它在 1965 年时非常先进,甚至有一台电脑。我不得不骑着自行车穿过校园去使用它,出示我的身份证才能进入大楼,而现在半个世纪过去了,我们把它们放在口袋里,而且我们一直在使用它们。它们融入了我们的生活,最终将融入我们的身体和大脑。

如果看看几千年来我们所经历的冲突和战争,你会发现那都是因为人类有分歧。我确实认为科技实际上趋向于创造更大的和谐、和平与民主化。现在是人类历史上最和平的时期,生活的方方面面都在变得越来越好,这是由于越来越智能化的技术的影响,它深深地融入了我们。

现在那些被自身拥有的技术变得更强大的不同人类群体间有着很多冲突。这种情况将继续存在,尽管我认为还有另一个主题,即更好的通信技术利用了我们的短程同理心。我们对一小群人有一种生理上的同理心,但现在这种共鸣被我们的能力放大了,我们可以亲身体验半个地球以外的人身上所发生的事情。我认为这是关键问题;在通过技术增强个人能力的同时,我们仍然需要管理我们的人际关系。

马丁·福特:让我们谈谈经济和就业市场混乱的可能性。我个人认为,有很多就业机会被剥夺或被取代的可能性,而且不平等现象大大增加。事实上,我认为这可能是一种具有颠覆性的变革,其规模堪比一场新的工业革命。

雷·库兹韦尔:让我来问一个问题:上一次工业革命是怎么发生的? 200 年前,织工们共享着一个世代相传了几百年的行会。当这些彻底改变了他们生活的纺纱机和织布机问世时,商业模式被颠覆了。他们预测会有更多的机器问世,大多数人会失业,而就业机会只会由精英享受。部分预测成真了——更多的纺织机被引进,许多技能和工作被淘汰。然而,随着社会变得更加繁荣,就业率上升了,而不是下降了。

人工智能缔造师

如果我在 1900 年是一个有先见之明的未来主义者,我会指出你们有 38% 的人在农场工作,25% 的人在工厂工作,但我预测 115 年后,也就是 2015 年,将有 2% 的人在农场工作,9% 的人在工厂工作。每个人的反应都是:"哦,天哪,我要失业了!"然后我会说:"别担心,被淘汰的都是处于技能阶梯底层的工作,而我们将创造更多处于技能阶梯顶端的工作。"

人们会说:"哦,真的吗?什么新工作?"我会说:"嗯,我不知道,我们还没有发明它们。"人们说我们摧毁的就业机会比我们创造的就业机会多得多,但事实并非如此,我们的工作岗位数量已经从 1900 年的 2 400 万个增加到了今天的 1.42 亿个,占美国总人口数的比例从 31% 上升到 44%。这些新工作比较起来如何?好吧,首先,按定值美元计算,今天的平均每小时工资是 1900 年的 11 倍。因此,我们把一年的工作时间从 3 000 小时缩短到 1 800 小时,按定值美元计算,人们的年收入仍然是原来的 6 倍,而工作也变得更加有趣。我认为即使在下一次工业革命中,情况也将继续如此。

马丁·福特:真正的问题是这次是否有所不同。你所说的以前发生的事情当然是真的,但根据估计,也许有一半或更多的劳动力正在做一些基本上是可预测的和相对常规的事情,而所有这些工作都将受到机器学习的潜在威胁,这也是真的。大多数可预测的工作的自动化并不需要人类水平的人工智能。

可能会有为机器人工程师和深度学习研究人员而创造的新工作,但你不能指望所有现在正在做汉堡包或开出租车的人都能转而从事这些工作,即使假设有足够数量的新工作。我们正在谈论的是一种可以在认知上取代人类,取代他们的脑力的技术,它将具有非常广泛的基础。

雷·库兹韦尔:你预测的隐含模型是我们对抗它们,以及人类将会做什么与机器对抗。为了完成这些高级别的工作,我们已经让自己变得更聪明了。我们不是通过让设备直接连接到大脑,而是通过智能设备来让自己变得更聪明。没有这些大脑扩展器,没有人能完成自己的工作,这些大脑扩展器将进一步扩展我们的大脑,它们将更紧密地融入我们的生活。

我们为提高技能所做的一件事就是教育。1870 年美国有 68 000 名大学生,而今天有 1 500 万名。如果把他们和所有为他们服务的人都算进去,比如教职员工,大约有 20% 的劳动力都参与了高等教育,而且我们不断地创造新的事情来做。数年前整个应用程序经济还不存在,而今天它已经成为经济的主要组成部分。我们要让自己变得更聪明。

在考虑这个问题时需要研究的另一个论题是我前面提到的激进的富足论。在国际货币基金组织(IMF)年会上,我曾与 IMF 总裁克里斯蒂娜·拉加德(Christine Lagarde)在台上进行过对话,她说:"与此相关的经济增长在哪里? 数字世界有这些奇妙的东西,但从根本上说,你不能吃信息技术,不能穿它,不能生活在其中。"我的回答是:"一切都将改变。"

"所有这些名义上的实体产品都将成为一种信息技术。我们将会在人工智能控制的拥有水培水果和蔬菜的建筑物内种植食物,通过体外克隆肌肉组织来生产肉类,以非常低的成本提供不含化学物质的高质量食物,而且不让动物遭受痛苦。信息技术有 50% 的通货紧缩率;你可以用一年前价格的一半得到同样的计算、通信、基因测序服务,而这种大规模的通货紧缩将涉及这些传统的实体产品。"

马丁·福特:那么,你认为像 3D 打印、机器人工厂和农业这样的技术可以降低几乎所有产品的成本吗?

雷·库兹韦尔:没错,3D 打印技术将在 21 世纪 20 年代打印出服装。由于种种原因,我们还没有完全实现这一目标,但一切都在朝着正确的方向发展。我们需要的其他实物将可以用 3D 打印机打印出来,包括可以在几天内组装一栋建筑的模块。这些人工智能控制的信息技术最终将为我们所需要的所有实物提供便利。

通过应用深度学习来开发更好的材料,促进了太阳能的发展,因此能源存储和收集的成本都在迅速下降。太阳能的总量每两年翻一番,风能也有同样的趋势。每两年翻一番,可再生能源现在只需翻五番就能满足我们 100% 的能源需求,到那时,它将使用来自太阳或风的能量的数千分之一。

克里斯蒂娜·拉加德说:"好吧,有一种资源永远不会成为信息技术,那就是土地。我们已经挤在一起了。"我回答说:"那只是因为我们决定把自己挤在一起,创建城市,这样我们就可以一起工作和玩耍。"随着我们的虚拟交流变得更加活跃,人们已经开始分散开来。如果坐火车去世界上任何一个地方旅行,你会发现 95% 的土地都是闲置的。

到了 21 世纪 30 年代,我们将能够为所有人提供非常高质量的生活,超出我们今天所认为的高水平生活。我在 TED 上做了一个预测,当我们进入 21 世纪 30 年代时,我们将拥有全民基本收入,实际上并不需要那么多就能提供非常高质量的生活。

马丁·福特:那么,你最终还是全民基本收入的支持者?你是否同意这样的观点,即不是每个人都有工作，或者可能每个人都不需要工作，人们会有其他收入来源，比如全民基本收入？

雷·库兹韦尔：我们认为工作是通往幸福的道路。我认为关键在于目的和意义。人们仍然会竞争，为了能够做出贡献并获得满足。

马丁·福特：但你并不一定要从你能获得意义的事情得到报酬？

雷·库兹韦尔：我认为我们将改变经济模式，而且我们已经在这样做的过程中了。我的意思是，在大学读书被认为是一件值得做的事。这不是一份工作，但被认为是一项有价值的活动。你不需要从工作中获得收入以拥有一个良好的生活水平来满足生活上的物质需求，我们将继续提升马斯洛的等级。只要把今天和 1900 年相比就知道我们一直在这么做。

马丁·福特：你如何看待与中国在获得先进人工智能方面的所谓竞争？他们的人口众多，这就产生了更多的数据，也意味着他们可能有更多年轻的图灵或者冯·诺伊曼。

雷·库兹韦尔：我不认为这是一个零和游戏。如果中国的工程师在太阳能或深度学习方面取得了突破，我们所有人都会受益。中国像美国一样发布了很多信息，而且这些信息实际上被广泛共享。看看谷歌，它把 TensorFlow 深度学习框架开源了，我们的团队也这样做了，将 Talk to Books 和 Smart Response 的底层技术开源，这样人们就可以使用它了。

我个人对中国重视经济发展和创业精神表示欢迎。我最近在中国时，看见了中国人爆发的创业精神。我鼓励中国朝着信息自由交换的方向发展，我认为这是这种进步的基础。在世界各地，我们都把硅谷视为一个激励典范。硅谷其实只是创业精神的一个隐喻，是对实验的颂扬，是对失败经验的呼唤。我认为这是件好事，我真的不认为这是一场国际竞赛。

马丁·福特：但你是否担心这些技术确实可能会有军事用途？像谷歌，当然还有伦敦的 DeepMind 这样的公司已经非常明确地表示，他们不希望自己的技术用于任何军事用途。

RAY KURZWEIL：军事用途是一个不同于政府结构的问题。

我认为这些政治、社会和哲学问题仍然非常重要。我担心的不是人工智能会自己去做一些事情，因为我认为它已经和我们深深地融合在一起了。我担心的是人类的未来，这已经是人类的科技文明。我们将继续通过科技来提升自己，因此确保人工智能安全的最好方法就是关注我们作为人类如何管理自己。

雷·库兹韦尔

雷·库兹韦尔被公认为世界上最杰出的发明家和未来学家之一。雷获得了麻省理工学院的工程学位,师从人工智能领域奠基人之一马文·明斯基。他在多个领域做出了重大贡献。他是第一台 CCD 平板扫描仪、第一台全字体光学字符识别器、第一台盲人阅读机、第一台文字转语音合成器、第一台能够再现三角钢琴和其他管弦乐器的音乐合成器以及第一个商业化的海量词汇语音识别系统的主要发明者。

在雷获得的众多荣誉中,他因在音乐技术方面的杰出成就而获得了美国格莱美奖,他是美国国家技术奖章(美国在技术方面的最高荣誉)的获得者,入选了国家发明家名人堂,拥有 21 个荣誉博士学位,并获得了三位美国总统授予的荣誉。

雷写过 5 本畅销书,包括《纽约时报》畅销书《奇点临近》(2005)和《如何创造思维》(2012)。他是奇点大学(Singularity University)的联合创始人和校长,也是谷歌的工程总监,领导着一个开发机器智能和自然语言理解的团队。

雷因其在技术指数级进展方面的研究而闻名,他将其形式化为"加速回报定律"。在过去的几十年里,他做出了许多重要的预测,这些预测被证明是准确的。

Ray 的第一部小说《丹妮尔:超级女英雄编年史》于 2019 年初出版。他的另一本书《奇点更近》预计将于 2023 出版。

"我更喜欢想象这样一个世界，在那里你可以不再做那些日常琐事。也许垃圾桶可以自己丢垃圾并且智能基础设施可以确保它们消失，或者机器人可以帮你叠衣服。"

丹妮拉·鲁斯

麻省理工学院计算机科学与人工智能实验室主任

丹妮拉·鲁斯是麻省理工学院计算机科学与人工智能实验室(CSAIL)的主任，该实验室是世界上最大的专注于人工智能和机器人技术的研究机构之一。丹妮拉是 ACM、AAAI 和 IEEE的会士，也是美国国家工程院和美国艺术与科学院的院士。丹妮拉领导着机器人技术、移动计算和数据科学方面的研究。

人工智能缔造师

马丁·福特：让我们先谈谈你的背景，看看你是如何对人工智能和机器人技术产生兴趣的。

丹妮拉·鲁斯：我一直对科学和科幻小说很感兴趣，当我还是个孩子的时候，我读了所有当时流行的科幻小说。我在罗马尼亚长大，那里的媒体没有美国那么多，但是有一个节目我非常喜欢，那就是最早的《迷失太空》（*Lost in Space*）。

马丁·福特：我记得。你不是我采访过的人中第一个从科幻小说中获得职业灵感的。

丹妮拉·鲁斯：我从来没有错过《迷失太空》的任何一集，我喜欢酷酷的极客威尔（Will）和那个机器人。当时我不会想到我将来会从事任何与之相关的职业。我很幸运在数学和科学方面成绩相当出色，到了上大学的时候，我意识到我想做一些与数学相关的事情，但不是纯粹的数学，因为它看起来太抽象了。我进入计算机科学专业，主修计算机科学和数学，辅修天文学——天文学继续联系着我对其他世界的幻想。

本科毕业的时候，我去听了图灵奖获得者、理论计算机科学家约翰·霍普克罗夫特（John Hopcroft）的演讲。在那次演讲中，约翰说经典计算机科学已经完成了。他的意思是，计算机领域的奠基人提出的许多图论算法都已经有解决方案，是时候进行大规模的应用了，在他看来，那就是机器人。

我发现这是一个令人兴奋的想法，所以我继续在约翰·霍普克罗夫特指导下攻读博士学位，因为我想为机器人领域做出贡献。然而，当时的机器人技术还没有发展起来。例如，我们唯一可以使用的机器人是一个巨大的 PUMA 臂（可编程通用机械臂），这是一个工业机械手，它与我童年时代对机器人的幻想几乎没有共同之处。但它让我思考了很多我能做些什么，最后我开始研究灵巧操作，但主要是从理论和计算的角度。我记得我完成了论文，并试图实现我的算法，以超越模拟并创造真正的系统。不幸的是，当时可用的系统是 Utah/MIT 机械手和 Salisbury 机械手，而这两个机械手都不能施加我的算法所需的那种力和力矩。

马丁·福特：这听起来好像是物理机器运作和算法实现之间有很大的不同。

丹妮拉·鲁斯：没错。当时，我真正意识到机器实际上是身体和大脑之间的一个紧密联系。对于任何你想让机器执行的任务，你首先需要一个能够完成这些任务的身体，然后你需要一个大脑来控制身体去完成它应该做的事情。

因此，我开始对身体和大脑之间的相互作用非常感兴趣，并对机器人的概念提出了挑战。工业机械手是机器人的一个优秀例子,但它们并不是我们用机器人所能做的全部,还有很多其他构想机器人的方法。

今天在我的实验室里有各种非常非传统的机器人。有模块化的细胞机器人、软机器人、用食物制造的机器人,甚至还有用纸制造的机器人。我们正在寻找新材料、新形状、新结构以及想象机器身体应该是什么不同的构造方式。我们也做了很多关于这些机体如何运作的数学基础方面的工作,我对理解和推进自主与智能科学的工程非常感兴趣。

我开始对设备的硬件和控制硬件的算法之间的联系非常感兴趣。当我思考算法的时候,我认为虽然解决方案是非常重要的,但是这些解决方案的数学基础也是很重要的,因为从某种意义上说,这是我们创造知识的精髓,其他人可以在此基础上发展。

马丁·福特:你是麻省理工学院计算机科学与人工智能实验室的主任,该实验室不仅在机器人领域,而且在人工智能领域都有着重要的研究项目。你能解释一下 CSAIL 到底是什么吗?

丹妮拉·鲁斯:我们在 CSAIL 的目标是创造计算的未来,通过计算让世界变得更美好,并培养一些世界上最好的学生进行科学研究。

CSAIL 是一个非凡的组织。当我还是学生的时候,我把它视为科技的奥林匹斯山,从来没有想过我会成为它的一部分。我喜欢把 CSAIL 看作未来计算的先知,是人们设想如何利用计算让世界变得更美好的地方。

CSAIL 实际上有两个部分,计算机科学和人工智能,它们都有非常深厚的历史。我们组织的人工智能部分可以追溯到 1956 年,这个领域被发明和建立的时候。1956 年,马文·明斯基把他的朋友们聚集在新罕布什尔州,在那里度过了一个月的时间,毫无疑问,他们在树林里远足,喝着葡萄酒,进行着精彩的交谈,不被社交媒体、电子邮件和智能手机所打扰。

当他们从树林里出来时,他们告诉世界他们创造了一个新的研究领域:人工智能。人工智能指的是创造机器的科学和工程,这些机器在感知世界、在世界中移动、玩游戏、推理、交流甚至是学习等方面都展现出人类水平的技能。从那时起,我们在 CSAIL 的研究人员就一直在思考这些问题并做出了开创性的贡献,成为这个实验室的一员是我莫大的荣幸。

计算机科学部分可以追溯到 1963 年,当时计算机科学家、麻省理工学院教授鲍勃·法诺(Bob Fano)产生了一个疯狂的想法:两个人可能可以同时使用同一台计算机。你必须明白这在当时是一个很大的猜想,那时计算机和房间一样大,你必须在上面预定时间。最初,它被命名为 MAC 项目,意思是机器辅助认知(Machine-Aided Cognition),但有一个笑话说它实际上是以明斯基(Minsky)和费尔南多·何塞·科尔巴托(Fernando "Corby" Corbató)的名字命名的,他们是计算机科学和人工智能的两个技术领导者。自从 1963 年实验室成立以来,我们的研究人员已经投入了大量的精力去想象计算机是什么样子以及它能实现什么。

今天人们认为理所当然的许多事情都源于 CSAIL 进行的研究,如密码、RSA 加密、启发了 UNIX 的计算机分时系统、光学鼠标、面向对象编程、语音系统、带计算机视觉的移动机器人、自由软件运动等,不胜枚举。最近,CSAIL 在定义云和云计算、通过大规模开放在线课程(MOOC)推动教育民主化以及探索安全、隐私和计算的许多其他方面都处于领先地位。

马丁·福特:现在 CSAIL 有多大规模?

丹妮拉·鲁斯:CSAIL 是麻省理工学院最大的研究实验室,有 1 000 多名成员,涉及 5 个学院,11 个系。CSAIL 目前有 115 名教职员工,每一位教职员工都有一个关于计算的伟大梦想,这是我们实验室精神的重要组成部分。我们的一些教职员工希望通过算法、系统或网络使计算变得更好,而另一些教职员工则希望通过计算使人类的生活变得更好。例如,沙菲·戈德瓦塞尔(Shafi Goldwasser)希望确保我们可以在互联网上进行私人对话;蒂姆·伯纳斯-李(Tim Berners-Lee)想制定一项权利法案,一个万维网的大宪章。我们有一些研究人员希望确保如果人们生病了,可以得到个性化和定制化的治疗,尽可能地有效。还有一些研究人员希望提升机器的功能:莱斯利·凯尔博灵(Leslie Kaelbling)想要制造《星际迷航》中的人形机器人 Data,而罗斯·泰德瑞克(Russ Tedrake)想要制造能够飞行的机器人。我想制造能变形的机器人,因为我希望看到一个机器人无处不在的世界,支持我们的认知和体力工作。

这一愿望源于对历史的回顾,仅仅在 20 年前,计算还是留给少数专家的一项任务,因为计算机庞大、昂贵且难以操作,需要一定知识才能知道如何使用它们。10 年前,智能手机、云计算和社交媒体的出现改变了这一切。

今天,很多人都在计算。你不必成为一个专家就能使用计算机,你使用计算的次数如此之多,以至于你甚至不知道你有多依赖它。试着想象一下,在你的生活中有一天没有了万维网和与之相关的所有东西。没有社交媒体,没有电子邮件交流,没有 GPS,没有医院的诊断,没有数字媒体,没有数字音乐,没有网上购物。令人难以置信的是,计算已经渗透到生活中的方方面面。对我来说,这提出了一个非常令人兴奋和重要的问题,那就是:在这个已经被计算所改变的世界里,如果有机器人和认知助手帮助我们完成体力工作和认知工作,那会是什么样子?

马丁·福特:作为一个以大学为基础的组织,你认为纯粹的研究和商业化程度更高并最终发展成产品的东西之间的平衡是什么?你是分拆初创公司还是与商业公司合作?

丹妮拉·鲁斯:我们不为公司提供服务;相反,我们专注于培养学生,让他们在毕业后有各种选择,无论是加入学术界、进入高科技行业,还是成为企业家。我们完全支持所有这些道路。假设一个学生在经过几年的研究之后创建了一种新型系统,然后基于这个系统的应用会迅速出现在市场上。这就是我们所信奉的技术创业精神,已经有数百家公司 CSAIL 研究中分离出来,但实体公司并没有得到 CSAIL 的支持。

我们也不创造产品,但这并不是说我们忽视了它们。我们对如何将我们的工作转化为产品感到非常兴奋,但总的来说,我们的使命是关注未来。我们思考的是 5 年到 10 年后的问题,这是我们的主要工作,但我们也拥抱今天重要的想法。

马丁·福特:让我们谈谈机器人技术的未来,这听起来像是你花了大量时间在思考的问题。在未来的创新方面会有什么进展?

丹妮拉·鲁斯:我们的世界已经被机器人技术改变了。如今,医生可以与千里之外的病人沟通,教师也可以与千里之外的学生沟通。我们有在工厂车间帮助包装的机器人,有网络化的传感器来监控设备,有 3D 打印来创造定制的商品。人工智能和机器人技术的进步已经改变了我们的世界,当我们考虑向人工智能和机器人系统中增加更广泛的功能时,不同寻常的事情将成为可能。

在高层次上,我们必须想象这样一个世界:日常工作将不再是我们的任务,因为这是当今技术最适合应用的地方。这些日常工作可以是体力工作,也可以是计算或认知工作。

人们已经在各行各业的机器学习应用的兴起中看到了一些现象,但我更喜欢想象这样一个世界,在那里你可以不再做那些日常琐事。也许垃圾桶可以自己丢垃圾并且智能基础设施可以处理分解垃圾,或者机器人可以帮你叠衣服。我们会像拥有水电一样拥有交通,可以在任何时间去任何地方。我们将拥有智能助手,它们将使我们能够最大限度地利用工作时间,优化我们的生活,使我们生活得更好、更健康,工作效率更高。这将是非同寻常的。

马丁·福特:那自动驾驶汽车呢?我什么时候才能在曼哈顿叫一辆机器人出租车,让它带我去任何地方?

丹妮拉·鲁斯:我要对我的答案进行限定,我想说目前某些自动驾驶技术是可用的。目前的解决方案适用于某些 4 级自主情况(根据美国汽车工程师协会的定义,这是完全自主之前的倒数第二个级别)。我们已经有了可以运送人员和包裹的机器人汽车,它们可以在低复杂度的环境中低速运行,也就是低交互的环境。曼哈顿是一个具有挑战性的案例,因为曼哈顿的交通超级混乱,但我们已经有了机器人汽车,它们可以在老年人社区或商业园区,或在交通不太拥挤的地方运行。尽管如此,这些仍然是现实世界中你可以期待出现其他交通方式、其他人群或其他交通工具的真实场景。

接下来,我们必须考虑如何扩展功能,使其适用于更大、更复杂的环境,在这些环境中,你需要以更高的速度面对更复杂的交互。自动驾驶技术正在缓慢地发展,前方仍有一些严峻的挑战。例如,目前在自动驾驶中使用的传感器在恶劣天气下不太可靠。要达到 5 级自主(也就是汽车在任何天气条件下都能完全自动驾驶)我们还有很长的路要走。系统还必须能够处理在纽约会遇到的那种拥堵,我们必须更好地将机器人汽车与人类驾驶的汽车相结合。这就是为什么思考混合的人/机环境是非常令人兴奋和非常重要的原因。每年我们都会看到技术的逐步改进,但要想得到一个完整的解决方案,在我看来,可能还需要 10 年的时间。

不过,在一些特定的应用中,我们会看到自主性的应用比其他应用更快地商业化。我相信老年人社区现在就可以使用自动驾驶的班车,使用自动驾驶的长途卡车很快就会到来。这比在纽约开车简单一点,但比在老年人社区开车要困难一些,因为必须高速行驶,而且有很多极端情况和形势,也许人类驾驶员必须介入。假设下着倾盆大雨,你在落基山脉的一个危险山口上。要解决这个问题,你需要一个真正强大的传感器和控制系统,与人类的推理和控制能力进行协作。随着高速公路上的自动驾驶技术的发展,我们将看到自动驾驶与人工辅助交织在一起,反之亦然,这将会在不到 10 年的时间里实现,当然,也许是 5 年。

丹妮拉·鲁斯

马丁·福特： 所以在接下来的 10 年里，很多问题会得到解决，但不是全部。也许这项服务会局限于特定的路线或区域，而这些路线或区域都是经过精心规划的？

丹妮拉·鲁斯： 嗯，不一定，我们正在取得进展。我们小组刚刚发表了一篇论文，展示了首批能够在乡村道路上驾驶的系统之一。因此，一方面，挑战是艰巨的，但另一方面，10 年是一个很长的时间。20 年前，施乐帕洛阿尔托研究中心（Xerox Parc）首席科学家马克·威赛（Mark Weiser）谈到了普适计算，人们认为他是一个梦想家。今天，我们已经为他设想的所有情况找到了解决方案，包括计算将在哪里使用以及计算将如何支持我们。

我想成为一个技术乐观主义者。我认为科技具有巨大的潜力，可以让人们团结起来而不是分裂人们，赋予人们力量而不是疏远人们。不过，为了实现这一目标，我们必须推进科学和工程，使技术更具能力和可部署性。

我们还必须开展一些项目，让人们能够接受广泛的教育、熟悉技术，从而能够利用技术，让每个人都能梦想如何通过使用技术使自己的生活变得更好。以今天的人工智能和机器人技术这是不可能实现的，因为解决方案涉及大多数人并不具备的专业知识。我们需要重新审视教育，以确保每个人都有利用技术的工具和技能。我们可以做的另一件事是继续发展技术，使机器开始适应人类，而不是反过来。

马丁·福特： 就普遍存在的可以做有用的事情的个人机器人而言，在我看来，限制因素实际上是灵巧性。让机器人去冰箱拿啤酒已经是老生常谈了。就我们今天所拥有的技术而言，这是一个真正的挑战。

丹妮拉·鲁斯： 是的，我认为你是对的。我们目前确实看到在导航方面比在操控方面取得了更大的成功，这是机器人的两种主要能力。导航技术的进步得益于硬件的进步。当激光雷达传感器——激光扫描器——被引入后，突然之间，那些不适用于声呐的算法开始工作了，这是一种变革。我们现在有了一个可靠的传感器，控制算法可以用一种稳健的方式使用。正因为如此，地图绘制、规划和本地化开始兴起，这激发了人们对自动驾驶的极大热情。

回到灵巧性，在硬件方面，我们大多数的机器人手看起来还是 50 年前的样子。大多数的机器人手仍然是非常僵硬的，工业机械手有一个双齿钳，我们需要一些不同的东西。我个人认为，我们离这个目标越来越近了，因为我们开始重新想象机器人是什么。特别是，我们一直在研究软机器人和软机器人手。已经证明，与传统的双指抓取相比，使用那种我们可以在实验室设计和制造的软机器人手，我们能够更可靠、更直观地抓取和处理物体。

它的工作原理如下：如果有一个传统的机器人手，手指都是由金属制成的，那么它们能够实现技术上所说的"硬手指接触"——把手指放在你试图抓住的物体上的某一点，那就是你可以施加力和力矩的点。如果有这样的设置，那么你真的需要知道你要抓住的物体的精确几何结构。然后需要非常精确地计算出手指放在物体表面的位置，这样它们所有的力和力矩就能平衡，并且它们能抵抗外力和外力矩。这在技术文献中被称为"力封闭和形封闭问题"。这个问题需要非常大量的计算、非常精确的执行以及对你试图抓住的物体非常精确的认识。

人类在抓取物体时不会这样做。作为一个实验，试着用你的指甲抓一个杯子——这是一个非常困难的任务。作为人类，你对这个物体及其所在的位置有完美的认识，但是你将很难做到这一点。有了软手指，实际上不需要知道你想要抓住的物体的确切几何结构，因为手指会贴合物体表面的任何形状。更大的接触面积意味着你不必精确地考虑把手指放在哪里来可靠地包裹和提起物体。

软手指的原理转化为功能更强大的机器人和更简单的算法。因此，我非常看好未来机器人在抓取和操控方面的进展。我认为总的来说，软机器人将是提高灵巧性的一个非常关键的方面，就像激光扫描仪是提高机器人导航能力的一个关键方面一样。

机器是由身体和大脑组成的，如果改变了机器的身体并使它更有能力，那么你将能够使用不同类型的算法来控制这个机器人。我对软机器人技术感到非常兴奋，也对软机器人技术可以影响一个多年来停滞不前的机器人技术领域的潜力感到非常兴奋。在抓取和操控方面我们已经取得了很大的进步，但是我们还不具备那些可以与自然系统、人或动物相比的能力。

马丁·福特：让我们谈谈人类水平的人工智能或者说通用人工智能的发展道路。那条路是什么样子的，我们离它有多近？

丹妮拉·鲁斯：60多年来，我们一直在研究人工智能问题，如果这个领域的创始人能够看到今天我们所标榜的伟大进步，他们会非常失望，因为我们似乎并没有取得多大进展。我不认为通用人工智能会在不久的将来出现在人们的生活中。

我认为大众媒体对什么是人工智能和什么不是人工智能有很大的误解。我认为，今天大多数人所说的"人工智能"实际上是指机器学习,而且不止于此,他们指的是机器学习中的深度学习。

我认为今天大多数谈论人工智能的人倾向于将这些术语的含义拟人化。不是专家的人说起"智能"这个词,只会对智能有一种联系,那就是人的智能。

当人们说"机器学习"时,他们想象机器就像人类一样学习。然而,在技术语境中这些术语的含义是截然不同的。如果你想想机器学习今天能做什么,那绝对是非凡的。机器学习是一个从数百万个通常由人工标记的数据点开始的过程,系统的目标是学习数据中普遍存在的模式,或者基于这些数据做出预测。

这些系统在这方面可以比人类做得更好,因为这些系统可以吸收和关联比人类多得多的数据点。然而,当一个系统知道,例如一张照片中有一个咖啡杯时,它实际上是在说,在当前照片中形成的代表咖啡杯的像素点,与人类在图像中标记为咖啡杯的像素点相同。系统并不知道那个咖啡杯代表什么。

系统不知道该怎么处理,它不知道你是喝了它,吃了它,还是扔了它。如果我告诉你我桌上有一个咖啡杯,你不需要看到那个咖啡杯就知道它是什么,因为你拥有今天的机器根本不具备的那种推理和经验。

对我来说,这种智能与人类水平的智能之间的差距是巨大的,我们需要很长时间才能实现这一目标。我们不知道我们自己智力的过程如何定义,也不知道我们的大脑是如何工作的。我们不知道儿童的大脑是如何运作的。我们对大脑只有一点点了解,而与我们需要了解的东西相比,这一点点了解微不足道。对智能的理解是当今科学界最深奥的问题之一。我们在神经科学、认知科学和计算机科学的交叉领域看到了进展。

马丁·福特:有没有可能出现一个非同寻常的突破,真正推动智能的发展?

丹妮拉·鲁斯:有可能。在我们的实验室里,我们热衷于弄清楚是否能制造出能适应人类的机器人。我们开始研究是否能够检测和分类大脑活动,这是一个具有挑战性的问题。

因为"你错了"这个信号,也就是所谓的"错误相关电位",我们基本上能够区分一个人是否发现某件事是错误的。这是每个人都会发出的信号,与他们的母语和环境无关。我们现在拥有的外部传感器,也就是所谓的脑电波帽,能够相当可靠地检测到"你错了"信号。这很有趣,因为如果我们能做到这一点,那么我们就可以想象这样的应用:工人可以与机器人并肩工作,他们可以从远处观察机器人,并在发现错误时纠正它们。事实上,我们有一个基于这个问题的项目。

不过,有趣的是,这些脑电波帽是由 48 个放置于你头上的电极组成——这是一个非常稀疏的机械装置,让人想起计算机由杠杆组成的时代。另一方面,我们有能力进行侵入性操作,在神经细胞水平上接入神经元,这样就可以把探针插入人脑,从而可以非常精确地检测到神经水平的活动。在我们能做的外部工作和我们能做的侵入性地工作之间有很大的差距,我想知道在某种程度上,我们是否会在感知大脑活动和以更高的分辨率观察脑电波活动方面有某种符合摩尔定律的改进。

马丁·福特:这些技术的风险和缺点呢? 一个方面是对就业的潜在影响。我们正在看到的是一场可能消除大量工作的大破坏吗? 这是我们必须考虑去适应的事情吗?

丹妮拉·鲁斯:当然! 工作在变化:工作在消失,工作也在创造。麦肯锡全球研究所(McKinsey Global Institute)发表了一项研究,提出了一些非常重要的观点。他们考察了许多职业,发现有些工作可以由当今水平的机器自动完成,而有些则不能。

如果分析一下人们在不同的职业中是如何花费时间的,就会发现有一些特定的工作类别。人们花时间运用专业知识,与他人互动、管理、做数据处理、做数据录入,做可预测的体力工作,做不可预测的体力工作。归根结底,有些工作是可以自动化的,而有些工作则不能。可预测的体力工作和数据工作是可以用当今技术自动化的日常工作,但其他工作则不能。

我其实很受鼓舞,因为我发现技术可以让我们从日常工作中解脱出来,从而让我们有时间专注于工作中更有趣的部分。让我们看一个医疗保健方面的例子。我们有一个自动轮椅,我们一直在和物理治疗师讨论使用这个轮椅的问题。他们对此非常兴奋,因为目前,物理治疗师以如下方式与医院的病人合作:

对于每一个新病人,物理治疗师都必须去病人的床边,把病人放在轮椅上,推病人去健身房,在那里他们将一起锻炼,结束后,物理治疗师必须把病人带回他的病床上。大量的时间花在病人的移动而不是病人的护理上。

现在想象一下,如果物理治疗师不需要这么做的话,如果物理治疗师可以待在健身房里,而病人会坐着自动轮椅出现。那么病人和物理治疗师都会有更好的体验。病人将从物理治疗师那里得到更多的帮助,而物理治疗师将专注于运用他们的专业知识帮助病人。我对提高工作质量和提高工作效率的可能性感到非常兴奋。

第二个观察是,一般来说,分析可能消失的东西比想象可能回来的东西要容易得多。例如,在 20 世纪,美国的农业就业率从 40% 下降到 2%。当时没有人想到会发生这种事。10 年前,当计算机产业蓬勃发展的时候,没有人预测到社交媒体、应用商店、云计算甚至大学咨询等行业的就业水平。今天有这么多雇用了很多人的工作,而这些工作在 10 年前是不存在的,人们也没有预料到会有这些工作。我认为思考未来的各种可能性以及技术将创造的各种新就业机会是令人兴奋的。

马丁·福特:那么,你认为被技术摧毁的就业机会和创造的新就业机会会平衡吗?

丹妮拉·鲁斯:嗯,我也有一些担忧。一个担忧是工作质量。有时候,当技术被引入,技术会使竞争环境变得公平。例如,过去出租车司机必须有很多专业知识——他们必须有很好的空间推理能力,必须记住大地图。随着全球定位系统的出现,这种水平的技能就不再需要了。这就为更多的人进入驾驶市场打开了大门,而这往往会降低工资。

另一个担忧是,我不知道人们是否能够得到足够好的培训,以胜任技术带来的好工作。我认为只有两种方法来应对这一挑战。短期内,我们必须弄清楚如何帮助人们重新培训自己,如何帮助人们获得完成现有工作所需的技能。我无法告诉你我一天要听到多少次:"我们想要你的人工智能学生。你能给我们派一些人工智能学生来吗?"每个人都想要人工智能和机器学习方面的专家,所以有很多工作需要专业人士,也有很多人在找工作。然而,需要的技能不一定是人们已经拥有的技能,因此我们需要再培训项目来帮助人们获得这些技能。

我坚信任何人都可以学习技术。我最喜欢的例子是一家名为 BitSource 的公司。BitSource 数年前在肯塔基州成立,这家公司正在将煤矿工人重新培训成数据挖掘工程师,并取得了巨大成功。这家公司为许多失去工作的矿工提供了培训,他们现在有能力得到更好、更安全、更愉快的工作。这个例子实际上告诉我们,有了正确的方案和正确的支持,我们就可以在这个过渡时期帮助人们。

马丁·福特:这仅仅是针对工人的再培训,还是我们需要从根本上改变整个教育体系?

人工智能缔造师

丹妮拉·鲁斯：在 20 世纪，阅读、写作和算术定义了读写能力。在 21 世纪，我们应该扩展读写的含义，应该加入计算思维。如果我们在学校里教授如何制作东西，以及如何通过编程为它们注入生命，我们将提升学生的能力。我们可以让学生达到这样一种程度：他们可以想象任何事情并将其实现，他们也将拥有实现它的工具。更重要的是，到高中毕业时，这些学生将具备未来所需的技能，他们将接触到一种不同的学习方式，这将使他们能够在未来帮助自己。

关于工作的未来，我想说的最后一点是，我们对待学习的态度也必须改变。今天，我们的学习和工作模式是按顺序进行的。我的意思是，大多数人花了一生中的一部分时间学习，然后到了某个时候，他们会说："好的，我们已经完成了学习，现在要开始工作了。"然而，随着技术的加速发展和新能力的引入，我认为重新考虑顺序的学习方式是非常重要的。我们应该考虑采取一种更为平行的学习和工作方式，以开放的心态学习新技能，并将这些技能作为终身学习的过程加以应用。

马丁·福特：一些国家正在把人工智能作为战略重点，或者采取针对人工智能和机器人技术的明确产业政策。你是否认为有一场针对先进人工智能的竞赛吗？美国是否有落后的风险？

丹妮拉·鲁斯：当我看到人工智能领域在世界范围内正在发生的事情时，我觉得这太惊人了。中国、加拿大、法国和英国等几十个国家对人工智能进行了大量投资。许多国家都在把自己的未来押在人工智能上，我认为美国也应该这么做。我认为我们应该考虑人工智能的潜力，应该增加对人工智能的支持和资助。

丹妮拉·鲁斯

丹妮拉·鲁斯是麻省理工学院电气工程和计算机科学的安德鲁(1956年)与厄纳·维特尔比(Andrew and Erna Viterbi)教授,也是计算机科学与人工智能实验室的主任。丹妮拉的研究兴趣是机器人技术、人工智能和数据科学。

她的工作重点是发展自主科学和工程,以实现一个长期目标,即让未来的机器全面融入人们的生活,帮助人们完成认知和体力工作。她的研究解决了当今机器人所处的位置与普及机器人的前景之间的一些差距:提高机器在以人为中心的环境中推理、学习和适应复杂任务的能力,开发机器人与人之间的直观界面,并为快速高效地设计和制造新机器人创造工具。这项工作的应用范围很广,包括交通、制造业、农业、建筑、环境监测、水下探测、智慧城市、医药以及诸如烹饪等家庭工作。

丹妮拉是麻省理工学院"探索智能核心"(Quest for Intelligence Core)项目的副主任,同时也是丰田-CSAIL联合研究中心的主任,该中心的工作重点是推进人工智能研究及其在智能车辆上的应用。她是丰田研究所顾问委员会的成员。

丹妮拉是2002年麦克阿瑟奖的获得者,ACM、AAAI和IEEE的会士,以及美国国家工程院和美国艺术与科学院院士。她是机器人工业协会2017年恩格尔伯格(Engelberger)机器人奖的获得者。她在康奈尔大学获得了计算机科学博士学位。

丹妮拉还与Pilobolus舞蹈公司在科技与艺术的交叉领域合作了两个项目。《六翼天使》(Seraph)是一部关于人机友谊的田园故事,于2010年编舞,2010—2011年在波士顿和纽约演出。Umbrella项目是一个探索群体行为的参与式表演,于2012年编舞,并在剑桥、巴尔的摩和新加坡的PopTech 2012上表演。

"需要思考一下对人工智能的监管应该是什么样的。但我认为,不应该一开始就认为监管的目标是阻止人工智能,盖上潘多拉的盒子,或者阻止这些技术的部署,并试图让时光倒流。"

詹姆斯·曼伊卡

麦肯锡全球研究所主席兼主任

詹姆斯·曼伊卡是麦肯锡的高级合伙人和麦肯锡全球研究所(McKinsey Global Institute, MGI)主席,研究全球经济和技术趋势。詹姆斯与许多世界领先科技公司的首席执行官和创始人进行合作。他领导了人工智能和数字技术以及它们对组织、工作和全球经济影响的研究。詹姆斯被美国总统奥巴马任命为白宫全球发展委员会(Global Development Council)副主席,并被美国商务部长任命为数字经济咨询委员会(Digital Economy Board of Advisors)和美国国家创新咨询委员会(National Innovation Advisory Board)的成员。他是牛津互联网研究所(Oxford Internet Institute)、麻省理工学院数字经济倡议以及斯坦福大学人工智能百年研究委员会的成员,他还是 DeepMind 的研究员。

人工智能缔造师

马丁·福特：我想我们可以先回顾一下你的学术和职业生涯。我知道你来自津巴布韦。你是如何对机器人学和人工智能感兴趣，并最终在麦肯锡担任目前的职位的？

詹姆斯·曼伊卡：我在一个种族隔离的黑人小镇长大，那是在罗得西亚，也就是后来的津巴布韦。我一直以来都受到科学思想的启发，部分原因是我父亲是 20 世纪 60 年代初第一位从津巴布韦来到美国的黑人富布莱特学者。我父亲曾参观卡纳维拉尔角的美国宇航局（NASA），在那里他看到了火箭冲向天空。在我的童年时代，父亲从美国回来后，他给我灌输了科学、空间和技术的概念。所以，我在这个种族隔离的小镇长大，思考着科学和空间，用我能找到的任何东西建造模型飞机和机器。

当我进入大学时，这个国家已经变成津巴布韦，我的本科学位是电子工程，涵盖了大量的数学和计算机科学知识。在那里，一位来自多伦多大学的访问研究员让我参与了一个关于神经网络的项目，那时我了解了 Rumelhart 反向传播和 logistic-sigmoid 函数在神经网络算法中的使用。

时间很快过去了，我凭借足够好的成绩，获得了罗兹奖学金，并进入牛津大学，在那里我是程序设计研究组的成员，在托尼·霍尔（Tony Hoare）手下工作，他以发明快速排序（Quicksort）以及痴迷于编程语言的形式方法和公理规范而闻名。我攻读了数学和计算机科学硕士学位，在数学证明和算法的开发与验证方面做了大量工作。这时，我已经放弃了成为一名宇航员的想法，但我想，如果我从事机器人和人工智能方面的工作，我可能会接近与太空探索相关的科学。

最终我进入牛津大学的机器人研究组，他们实际上是在研究人工智能，但当时并没有多少人这么说，因为在经历了最近的一种"人工智能寒冬"或一系列寒冬之后，人工智能并没有达到其宣传和预期的效果，所以人工智能在当时有负面的含义。研究组把他们的工作称为除了人工智能以外的一切——可能是机器感知、机器学习，也可能是机器人或只是简单的神经网络；在那些日子里，没有人愿意把他们的工作称为人工智能。现在我们遇到了相反的问题，每个人都想把一切称为人工智能。

马丁·福特：那是什么时候？

詹姆斯·曼伊卡：那是 1991 年，我在牛津大学的机器人研究组开始攻读博士学位。我职业生涯的这一部分真的让我能够在机器人和人工智能领域与许多不同的人一起工作。我遇到了安德鲁·布莱克（Andrew Blake）和莱昂内尔·塔拉森科（Lionel Tarassenko），他们正在研究神经网络；迈克尔·布雷迪（Michael Brady），现在是迈克尔爵士，他在研究机器视觉；我遇到了休·杜兰特·怀特（Hugh Durrant-Whyte），他在研究分布式智能和机器人系统。他成了我的博士导师，我们一起制造了几辆自动驾驶汽车，还以我们正在开发的研究和智能系统为基础一起写了一本书。

通过我所做的研究，我最终与美国宇航局喷气推进实验室（NASA JPL）的一个团队合作，他们正在研究火星探测器。美国宇航局有兴趣将他们正在开发的机器感知系统和算法应用到火星探测器项目中。我想这是我离太空最近的一次！

马丁·福特：那么，实际上你写的一些代码是在火星探测器上运行的？

詹姆斯·曼伊卡：是的，我在加州帕萨迪纳 JPL 的人机系统组工作。我是在那里研究机器感知和导航算法的几位访问科学家之一，我们中的一些人在模块化和自动驾驶汽车系统以及其他地方找到了自己的研究方向。

在牛津大学机器人研究组的那段时间真正激发了我对人工智能的兴趣。我发现机器感知特别吸引人：如何为分布式和多智能体系统构建学习算法，如何使用机器学习算法来理解环境，以及如何开发能够自主构建这些环境模型的算法，特别是那些你对它们一无所知，必须边做边学的环境，比如火星表面。

我所做的很多工作不仅在机器视觉领域，而且在分布式网络、传感和传感器融合领域都有应用。我们正在构建这些基于神经网络的算法，它们结合了朱迪亚·珀尔所开创的贝叶斯网络、卡尔曼滤波器及其他估计和预测算法，以构建机器学习系统。其想法是，这些系统可以从环境中学习，从各种不同质量来源的输入数据中学习，并做出预测。它们可以绘制地图，收集所处环境的知识，然后可以做出预测和决策，就像智能系统一样。

最终我遇到了罗德尼·布鲁克斯，我们今天仍然是朋友，当时我在麻省理工学院做客座教授，在机器人组和海洋资助项目（Sea Grant Project）工作，那是一个建造水下机器人的项目。在那段时间里，我还结识了像斯图尔特·罗素这样的人，他是伯克利大学机器人学和人工智能专业的教授，他也曾在牛津大学我的研究小组工作过。事实上，那时我的许多同事都在持续做着开创性的工作，比如约翰·伦纳德（John Leonard），他现在是麻省理工学院的机器人学教授，还有安德鲁·泽斯曼（Andrew Zisserman），他现在在 DeepMind。尽管我已经进入了商业和经济的其他领域,但我一直密切关注着人工智能和机器学习方面的工作,并尽我所能跟上进度。

马丁·福特:鉴于你在牛津大学任教,你一开始就有一个技术性很强的方向吗?

詹姆斯·曼伊卡:是的,我是牛津大学巴利奥尔学院的教员和研究员,我给学生们讲授数学和计算机科学课程,以及我们在机器人学方面的一些研究。

马丁·福特:从那里跳槽到麦肯锡的商业和管理咨询公司,这听起来很不寻常。

詹姆斯·曼伊卡:这其实和其他事情一样,都是偶然的。我订婚了,并且收到了麦肯锡的邀请,要我加入他们在硅谷的工作,我觉得去麦肯锡会是一次短暂而有趣的旅程。

当时,我和我的许多朋友和同事一样,比如鲍比·拉奥(Bobby Rao),他也曾和我一起在机器人研究实验室工作,对构建可以参加 DARPA 无人驾驶汽车挑战赛的系统很感兴趣。这是因为我们的很多算法都适用于自动驾驶汽车和无人驾驶汽车,那时,DARPA 挑战赛就是可以应用这些算法的地方之一。那时我所有的朋友都搬到了硅谷。当时鲍比是伯克利的一名博士后,与斯图尔特·罗素等人一起工作,所以我想我应该接受麦肯锡在旧金山的工作。这是一种接近硅谷的方式,也是一种接近包括 DARPA 挑战赛在内的一些活动的举办地的方式。

马丁·福特:你现在在麦肯锡扮演什么角色?

詹姆斯·曼伊卡:我做了两件事。一件是与硅谷的许多先锋科技公司合作,在那里我有幸与许多创始人和首席执行官合作并为他们提供建议。另一件是随着时间的推移,在技术及其对商业和经济的影响的交叉领域领导研究。我是麦肯锡全球研究所的主席,我们不仅研究技术,还研究宏观经济和全球趋势,以了解它们对商业和经济的影响。我们有幸拥有出色的学术顾问,包括对技术影响思考颇多的经济学家,如埃里克·布林约拉夫森(Erik Brynjolffson)、哈尔·瓦里安(Hal Varian)、诺贝尔奖获得者迈克·斯宾塞(Mike Spence),甚至鲍勃·索洛(Bob Solow)。

为了将麦肯锡的事业与人工智能联系起来,我们一直在关注许多颠覆性技术,并跟踪人工智能的发展,我一直在与埃里克·霍维茨(Eric Horvitz)、杰夫·迪恩、德米斯·哈萨比斯和李飞飞等人工智能领域的朋友们保持着不断的对话和合作,同时也向芭芭拉·格罗斯这样的传奇人物学习。在我努力贴近技术和科学的同时,我和我的 MGI 同事花了更多的时间思考和研究这些技术对经济和商业的影响。

马丁·福特：我当然想深入研究经济和就业市场的影响，但让我们先谈谈人工智能技术。

你提到早在 20 世纪 90 年代你就在研究神经网络。在过去的几年里，深度学习呈现了爆炸式发展。你觉得怎么样？你认为深度学习是前进的圣杯，还是被夸大了？

詹姆斯·曼伊卡：我们只是发现了技术的力量，如深度学习和多种形式的神经网络技术，以及诸如强化学习和迁移学习等其他技术。这些技术仍然有很大的发展空间，对于它们能把我们带到什么地方，我们只是触及了表面。

无论是在图像和目标分类、自然语言处理还是生成式人工智能中，深度学习技术都在帮助我们解决大量的特定问题，在这些领域中，我们可以预测和创建序列，并输出其语音、图像等。我们将在所谓的"狭义人工智能"方面取得很大进展，也就是说，使用这些深度学习技术解决特定领域的问题。

相比之下，我们在所谓的"通用人工智能"方面进展缓慢。虽然我们最近取得的进展比过去很长一段时间内都要多，但我仍然认为，在迈向通用人工智能方面的进展将要慢得多，因为它涉及一系列复杂得多、困难得多的问题，需要更多的突破。

我们需要弄清楚如何思考像迁移学习这样的问题，因为人类做得非常好的一件事就是能够学习到一些知识，然后将所学的知识应用到全新的环境中或以前没有遇到的问题上。肯定会有一些激动人心的新技术出现，无论是在强化学习中，还是在模拟学习中——类似于 AlphaZero 已经开始做的事情——你可以自我学习和自我创建结构，也可以开始解决更广泛和不同类别的挑战，比如 AlphaZero 不同类型的游戏。在另一个方向上，杰夫·迪恩和 Google Brain 的其他人使用 AutoML 所做的工作非常令人兴奋。从帮助我们开始在自我设计的机器和神经网络方面取得进展的角度来看，这是非常有趣的。这些只是几个例子，有人可能会说，所有这些进展都在推动我们走向通用人工智能。但这些只是很小的一步，我们需要做的还有很多很多，对于高级推理等很多领域，我们几乎不知道如何去应对。这就是为什么我认为通用人工智能还有很长的路要走。

深度学习肯定会在狭义人工智能应用方面帮助我们。我们将看到越来越多的应用程序被转化为新产品和新公司。同时，值得指出的是，机器学习的使用和应用程序仍然存在一些实际的局限性，我们在一些 MGI 的工作中也指出了这一点。

马丁·福特：你有什么例子吗？

詹姆斯·曼伊卡：例如，我们知道许多技术仍然在很大程度上依赖于带标签数据，而在带标签数据的可用性方面仍然有很多限制。通常这意味着人们必须标记底层数据，这可能是一项庞大且容易出错的工作。事实上，一些自动驾驶汽车公司正在雇佣数百人手动标注数小时的原型车视频，以帮助训练算法。现在出现了一些新的技术来解决需要带标签数据的问题，例如，由埃里克·霍维茨等人率先提出的流内（in-stream）监督，使用诸如生成式对抗网络或 GAN 之类的技术，这是一种半监督技术，通过这种技术可以以一种减少对人工标注数据集的需求的方式生成可用数据。

但是，我们仍然面临第二个挑战，就是需要如此庞大和丰富的数据集。很有意思的是，你只需观察一下哪些领域可以获得大量的数据，就可以或多或少地确定那些正在取得惊人进展的领域。因此，我们在机器视觉领域取得了比其他应用领域更大的进步，这并不奇怪，因为现在每天都有大量的图像和视频被放到互联网上。现在，有一些很好的理由——监管、隐私、安全和其他方面——可能会在一定程度上限制数据的可用性。这也在一定程度上解释了为什么不同的社会在提供数据方面会有不同的进展速度。人口众多的国家自然会产生大量的数据，而不同的数据使用标准可能会使访问数据集，如大型健康数据集，并利用这些数据来训练算法变得更容易。因此，在中国，鉴于有更大的可用数据集，你可能会看到在"基因组学"（genomics）和"组学"（omics）中使用人工智能的更多进展。

因此，数据可用性是一个大问题，这或许可以解释为什么人工智能应用的某些领域在某些地方比其他地方发展得快得多。但我们也有其他的局限性需要解决，比如我们在人工智能中还没有通用的工具，我们还不知道如何解决人工智能中的一般问题。事实上，一件有趣的事是，你可能已经看到了，人们现在开始定义新形式的图灵测试。

马丁·福特：新的图灵测试？怎么做呢？

詹姆斯·曼伊卡：苹果的联合创始人史蒂夫·沃兹尼亚克（Steve Wozniak）实际上提出了他所谓的"咖啡测试"，而不是图灵测试，后者在很多方面都非常狭窄。咖啡测试很有趣：除非你有一个系统可以进入一个普通的、以前不为人知的美国家庭，并不知怎么地弄明白了如何煮一杯咖啡，否则我们还不能解决通用人工智能问题。这听起来微不足道但同时又很深刻的原因是，为了在一个陌生的家里煮一杯咖啡，你需要解决大量不可知的一般问题，你不知道东西会放在哪里，咖啡机或者他们拥有的其他工具是什么类型等，这是一个非常复杂的广义的问题解决方法，涉及系统必须解决的众多类别的问题。因此，如果想测试通用人工智能,我们可能需要这种形式的图灵测试,也许这就是我们需要去的地方。

我应该指出另一个局限性,那就是潜在的问题不是在算法上,而是在数据上。这是一个大问题,往往会分裂人工智能社区。一种观点认为,这些机器可能会比人类少一些偏见。你可以看到多个例子,比如人类判决和保释裁决,在这些情况下,使用算法可以消除许多人类固有的偏见,包括人类的易错性,甚至是一天中的时间偏见。招聘和晋升决策可能是另一个类似的领域,想想玛丽安·贝特朗(Marianne Bertrand)和森德希尔·穆莱纳森(Sendhil Mullainathan)的研究,他们研究了提交相同求职简历的不同种族群体收到回电的差异。

马丁·福特:这是在我为这本书进行的谈话中多次被提到的。人们应该希望人工智能能够超越人类的偏见,但问题似乎总是在于,用来训练人工智能系统的数据包含了人类的偏见,因此算法会获得这种偏见。

詹姆斯·曼伊卡:没错,这是对偏见问题的另一种观点,它认识到数据本身实际上可能存在很大的偏见,无论是在其收集、采样率(通过过采样或欠采样)方面,还是在不同人群或不同类型的个人资料的系统性意义上。

在借贷、治安和刑事司法案件中,普遍的偏见问题以相当惊人的方式表现出来,因此,在我们想要使用的任何数据集中,都可能存在已经建立起来的大规模偏见,其中许多可能是无意的。茱莉亚·安格文(Julia Angwin)和她在 ProPublica 的同事们在研究中强调了这些偏见,"麦克阿瑟天才奖"获得者森德希尔·穆莱纳森和他的同事们也强调了这些偏见。顺便说一句,这项工作最有趣的发现之一是,算法可能无法在数学上同时满足不同的公平定义,因此如何定义公平正成为一个非常重要的问题。

我认为这两种观点都有道理。一方面,机器系统可以帮助我们克服人类的偏见和不可靠性,但另一方面,它们也可能带来自己潜在的更大问题。这是我们需要克服的另一个重要限制。但在这里,我们又开始取得进展。让我特别兴奋的是,DeepMind 的西尔维亚·齐亚帕(Silvia Chiappa)所做的利用反事实公平和因果模型方法来解决公平和偏见的开创性工作。

马丁·福特:那是因为数据直接反映了人们的偏见,对吧?如果数据是从人们正常的行为中收集的,比如使用在线服务等,那么数据最终会反映出他们的偏见。

詹姆斯·曼伊卡:是的,但事实上这可能是一个问题,即使个人不一定有偏见。我给你举一个例子,在这个例子中,你不能责怪人类本身或者他们自己的偏见,但这恰恰向我们展示了我们的社会是如何以创造这些挑战的方式运作的。以治安为例。例如,我们知道,有些社区比其他社区受到更多监管,根据定义,每当社区受到更多监管时,就会收集更多关于这些社区的数据,供算法使用。

所以,如果我们选取两个社区,一个是高度监管的,另一个不是——不管是有意还是无意,事实是,这两个社区的数据采样差异将对犯罪预测产生影响。实际的数据收集本身可能没有显示出任何偏差,但是由于一个社区的过采样和另一个社区的欠采样,使用这些数据可能导致有偏差的预测。

另一个欠采样和过采样的例子可以在贷款中看到。在这个例子中,它以另一种方式工作,如果一个群体使用信用卡和电子支付,那么他们会有更多可用的交易,有更多关于这个群体的数据。过采样实际上有助于这个群体,因为我们可以对他们做出更好的预测,而如果一个欠采样的群体,因为他们用现金支付,没有多少可用的数据,算法对这些人群可能就不那么准确,因此在选择放贷时会更加保守,从本质上说,这会使最终的决定产生偏差。在面部识别系统中也存在这个问题,提姆尼特·格布鲁(Timnit Gebru)、乔伊·博奥兰姆维尼(Joy Buolamwini)和其他人的研究已经证明了这一点。

这可能不是人们在开发算法时存在的偏见,而是我们收集算法训练数据的方式带来的偏见。

马丁·福特:那么人工智能带来的其他风险呢?最近备受关注的一个问题是来自超级智能的存在风险的可能性。你认为我们应该担心的事情是什么?

詹姆斯·曼伊卡:嗯,有很多事情要担心。我记得几年前,我们一群人,包括许多人工智能先驱和其他杰出人物,包括埃隆·马斯克和斯图尔特·罗素,在波多黎各开会讨论人工智能的进展以及需要更多关注的问题和领域。这个小组最终在斯图尔特·罗素发表的一篇论文中写下了其中一些问题以及我们应该担心什么,并指出了在分析这些领域方面有哪些地方没有得到足够的关注和研究。自那次会议以来,需要担心的领域在过去几年里已经开始发生一些变化,但这些领域包括了一切——包括安全问题等。

这里有一个例子。如何阻止失控的算法?如何阻止失控的机器?我指的不是《终结者》,而是狭义的算法,这个算法会做出错误的解释,导致安全问题,或者只是让人们感到不安。为此,我们可能需要一个"红色大按钮"(Big Red Button),例如,一些研究团队正在研究DeepMind 在 GridWorlds 上的工作,已经证明许多算法理论上可以学会如何关闭自己的"关闭开关"。

另一个问题是可解释性。在这里,可解释性是一个用来讨论神经网络问题的术语:我们并不总是知道哪个特征或哪个数据集以某种方式影响了人工智能的决策或预测。这使得解释人工智能的决定,理解它为什么会做出错误的决定变得非常困难。当预测和决策具有可能影响生命的重大影响时,例如我们所讨论的,当人工智能被用于刑事司法或贷款申请时,这就非常重要。最近,我们看到了一些新的技术来应对解释性的挑战。一种很有前景的技术是使用局部可解释模型的不可知解释(Local-Interpretable-Model Agnostic Explanations,LIME)。LIME 试图确定训练模型最依赖的特定数据集来进行预测。另一种有前景的技术是使用广义可加模型(Generalized Additive Models,GAM)。它们额外使用单一特征模型,因此限制了特征之间的相互作用,从而随着特征的添加,可以确定预测中的变化。

另一个我们应该更多考虑的问题是"检测问题",也就是我们可能发现很难检测到对人工智能系统的恶意使用——可能是恐怖分子或犯罪分子。对于其他武器系统,如核武器,我们有相当强大的探测系统。很难在没有人知道的情况下引发核爆炸,因为人类有地震测试、放射性监测等。有了人工智能系统,就引出了一个重要的问题:我们如何知道人工智能系统何时被部署?

像这样的几个关键问题仍然需要相当数量的技术工作,我们必须在这些方面取得进展,而不是每个人都跑开,把注意力仅放在商业和经济利益的好处上。

所有这一切的一线希望是,一些组织和实体正在出现,并开始着手应对其中的许多挑战。一个很好的例子就是人工智能领域的合作。如果看看合作的议程,你会发现很多这样的问题正在被审视,关于偏见,关于安全,关于这些存在威胁的问题。另一个很好的例子是 OpenAI 的山姆·阿尔特曼(Sam Altman)、杰克·克拉克(Jack Clarke)和其他人正在做的工作,他们的目标是确保所有社会成员都能从人工智能中受益。

目前,在这些问题上取得最大进展的实体和组织往往是那些能够吸引人工智能超级明星的地方,即使在 2018 年,这些超级明星也往往是一个相对较小的群体。希望这个群体能随着时间的推移而扩展开来。我们也看到一些人才相对集中到那些拥有巨大计算能力和容量的地方,以及能够特别访问大量数据的地方,因为我们知道这些技术从这些资源中受益。问题是,有一种趋势,那就是在超级明星所在的地方,在有数据可用的地方,在有计算机容量可用的地方,会取得更多进展,你如何确保这些将继续广泛地提供给每个人?

人工智能缔造师

马丁·福特:你如何看待存在性威胁? 埃隆·马斯克和尼克·博斯特罗姆谈到了控制问题或者说对齐问题。一种情况是,我们可以通过递归改进快速起飞,然后就会有一个远超人类的超级智能机器。这是我们现在应该担心的事情吗?

詹姆斯·曼伊卡:是的,有些人应该担心这些问题——但不是每个人,部分原因是我认为超级智能机器的时间框架太遥远了,而且可能性相当低。但就像帕斯卡的赌注一样,有些人应该思考这些问题,但我不会让整个社会都为存在性问题而激动起来,至少现在还没有。

我非常高兴像尼克·博斯特罗姆这样聪明的哲学家在思考这个问题,我只是不认为它应该成为整个社会的一个巨大关注点。

马丁·福特:这也是我的想法。如果一些智库想关注这些问题,这似乎是个好主意。但在这一点上,很难证明政府投入大量资源是合理的。在任何情况下,我们可能都不希望政客们钻研这些问题。

詹姆斯·曼伊卡:不,这不应该是一个政治问题,但我也不同意一些人认为的发生这种情况的可能性为零,并且认为没人应该为此担心。

我们绝大多数人不应该为此担心。我认为应该更加担心目前存在的一些更具体的问题,例如安全、使用和滥用、可解释性、偏见、经济和劳动力影响问题以及相关的过渡。这些都是更大、更实际的问题,它们将从现在开始并在未来几十年内持续影响社会。

马丁·福特:就这些问题而言,你认为有监管的空间吗? 政府应该介入并监管人工智能的某些方面,还是我们应该依靠行业自行解决?

詹姆斯·曼伊卡:我不知道监管应该采取什么形式,但应该有人考虑在这种新环境下的监管。我不认为我们现在有任何合适的工具,任何合适的监管框架。

所以,我的简单回答是肯定的,需要思考人工智能的监管是什么样的。但我认为,不应该一开始就认为监管的目标是阻止人工智能,盖上潘多拉的盒子,或者阻止这些技术的部署,并试图让时间倒流。

我认为这会被误导,因为首先,精灵已经从瓶子里出来了;但更重要的是,这些技术带来了巨大的社会和经济效益。我们可以更多地讨论我们的整体生产率挑战,这是人工智能系统可以帮助解决的问题。我们还面临着人工智能系统可以帮助解决的社会"登月"挑战。

所以,如果监管的目的是减缓或阻止人工智能的发展,那么我认为这是错误的,但是如果监管的目的是考虑安全问题、隐私问题、透明度问题、关于这些技术的广泛可用性问题,以便每个人都能从中受益,那么我认为这些是人工智能监管应该考虑的正确问题。

马丁·福特:让我们来谈谈经济和商业方面。我知道麦肯锡全球研究所就人工智能对工作和劳动的影响发表了几份重要报告。

我在这方面写了很多论述,我在我的上一本书中提出了一个论点,那就是我们确实处于一场可能对劳动力市场产生巨大影响的大混乱的前沿。你有什么看法?我知道有不少经济学家认为这个问题被过分夸大了。

詹姆斯·曼伊卡:不,这并不是夸大其词。我认为我们正处在一个关键时刻,我们即将进入一场新的工业革命。我认为这些技术将对企业产生巨大的、变革性的和积极的影响,因为它们的效率、对创新的影响、对能够做出预测并找到解决问题的新方法的影响,而且在某些情况下,它们会超越人类的认知能力。根据我们在 MGI 的研究,人工智能对企业的影响对我来说无疑是积极的。

对经济的影响也将是相当变革性的,主要因为这将导致生产率的提高,而生产率是经济增长的引擎。这一切都将发生在我们面临老龄化和其他影响的时候,这些影响会给经济增长带来阻力。人工智能、自动化系统以及其他技术将对生产率产生这种变革性的、亟需的影响,从长远来看,这将带来经济增长。这些系统还可以大大加速创新和研发,从而产生改变经济的新产品和服务,甚至是商业模式。

我也对它对社会的影响持相当肯定的态度,因为它能够解决我之前提到的社会"登月"挑战。这可能是一个新的项目或应用,产生对社会挑战的新见解,或提出根本性的解决方案,或导致突破性技术的发展。这可能是在医疗保健、气候科学、人道主义危机或发现新材料方面。这是我和我的同事正在研究的另一个领域,从图像分类到自然语言处理和对象识别的人工智能技术显然可以在这些领域中做出巨大贡献。

说到这里,如果你说人工智能有利于商业,有利于经济增长,有助于解决社会"登月"问题,那么最大的问题是——那工作呢?我认为这是一个复杂得多的故事。但我想,如果要总结一下我对工作的看法,我会说,有些工作岗位会减少,但也有些会增加。

马丁·福特:所以,你认为,尽管会失去很多工作岗位,但净影响将是积极的?

人工智能缔造师

詹姆斯·曼伊卡：虽然会有失业，但也会有就业增加。在"就业增加"这一层面，就业机会将来自经济增长本身以及由此产生的活力。对工作的需求总是存在的，也会有一些机制，通过生产率和经济的增长，提高就业率和创造新的就业机会。此外，在中短期，对工作的需求有多种驱动因素是相对稳定的，其中包括随着越来越多的人进入消费阶层，世界各地的经济日益繁荣等。另一件将要发生的事情是所谓的"工作改变"，这是因为这些技术将以许多有趣的方式补充工作，但不会完全取代从事这项工作的人。

在之前的自动化时代，我们已经看到了关于失业、就业增加和就业改变这三个概念的不同版本。真正的争论是，所有这些事情的相对重要性是什么，最终结果是什么？我们失去的工作会比增加的工作多吗？这是个有趣的争论。

我们在 MGI 的研究表明，人们将取得突破，增加的工作将多于失去的工作；当然，这是基于围绕几个关键因素的一系列假设。因为不可能做出预测，我们围绕着多个相关因素提出了一些设想，在我们的中期设想中，我们将取得突破。有趣的问题是，即使世界上有足够多的工作，要解决的关键劳动力问题是什么，包括对工资等方面的影响，以及涉及的劳动力转型就就业增长而言，工作和工资状况要比其对企业和经济的影响更为复杂，正如我所说，这显然是积极的。

马丁·福特：在我们谈论工作和工资之前，让我先谈谈第一点：对企业的积极影响。如果我是一名经济学家，我会立即指出，如果看看最近的生产率数据，它们并没有那么好——就宏观经济数据而言，我们还没有看到生产率的任何增长。事实上，与其他时期相比，生产率一直相当低。你的意思是说在事情发展起来之前，会有一个滞后期吗？

詹姆斯·曼伊卡：MGI 最近发表了一份报告，生产率增长缓慢有很多原因，其中一个原因是在过去的 10 年里，我们的资本密集度达到了 70 年来的最低水平。

我们知道，资本投资和资本密集度是推动生产率增长的因素之一。我们也知道需求的关键作用——大多数经济学家，包括 MGI 的经济学家，经常关注生产率的供给侧效应，而不太关注需求侧效应。我们知道，当需求大幅放缓时，你可以在生产中尽可能高效，但衡量的生产率仍然不太理想。这是因为生产率的衡量有一个分子和一个分母：分子涉及增值产出的增长，这就要求产出被需求吸收。因此，无论出于何种原因，不管技术上有什么进步，如果需求滞后，就会损害产出的增长，从而拉低生产率的增长。

马丁・福特:这一点很重要。如果技术进步加剧了不平等并压低了工资,实际上是把普通消费者口袋里的钱掏出来,那么这可能会进一步抑制需求。

詹姆斯・曼伊卡:哦,当然。需求点(demand point)绝对是至关重要的,尤其是在发达经济体中,这些经济体中55%到70%的需求是由消费者和家庭支出驱动的。人们需要有足够的收入来消费所有生产出来的产品。需求是一个很大的因素,但我认为也有你提到的技术滞后问题。

关于你最初的问题,我很高兴在1999年至2003年间与麦肯锡全球研究所的一位学术顾问、诺贝尔奖获得者鲍勃・索洛共事。上一个生产率悖论出现在20世纪90年代末。在20世纪80年代末,鲍勃提出了一个被称为"索洛悖论"的现象,我们到处都看得见计算机,就是在生产率统计方面却看不见计算机的贡献。这一悖论最终在20世纪90年代后期得到了解决,当时我们有了足够的需求来推动生产率增长,但更重要的是,当我们拥有的非常大的经济部门——零售、批发和其他部门——最终采用了当时的技术:客户机-服务器架构、ERP系统。这改变了传统的业务流程,推动了经济中很多部门的生产率增长,最终产生了足以推动全国生产率增长的巨大影响。

现在,如果你快进到今天,我们可能会看到类似的情况,看看当前的数字技术浪潮,无论我们谈论的是云计算、电子商务还是电子支付,都可以看到它们无处不在,我们把它们放在口袋里,但数年来生产率增长一直非常缓慢。但如果你真正系统地衡量当今经济的数字化程度,看看当前的数字技术浪潮,令人惊讶的答案是:实际上,就资产、流程和人们如何使用技术而言,数字化程度并没有那么高。我们甚至还没有谈到人工智能或下一波技术的数字化评估。

你会发现,相对而言,数字化程度最高的行业是科技行业、媒体行业,或许还有金融服务行业。实际上,以占GDP或就业的比重来衡量,这些部门在总体规划中相对较小,所以相对来说,那些很大的部门并没有那么数字化。

以零售业为例,请记住零售业是最大的行业之一。我们都对美国电子商务的前景和亚马逊正在做的事情感到兴奋。但目前通过电子商务实现的零售额只有10%左右,而亚马逊占了这10%的很大一部分。零售业是一个非常大的经济部门,有很多中小型企业。这已经告诉你,即使在零售业这个我们认为高度数字化的大部门中,事实上,我们还没有取得广泛的进展。

所以,我们可能会经历另一轮索洛悖论。除非我们将这些非常大的部门高度数字化,并在业务流程中使用这些技术,否则我们将看不到足够的技术来推动国家生产率的提高。

马丁·福特:那么,你的意思是说,在全球范围内,我们甚至还没有开始看到人工智能和先进形式的自动化的影响?

詹姆斯·曼伊卡:还没有。这引出了另一个值得注意的问题:我们实际上将比我们想象的更需要生产率的增长,而人工智能、自动化和所有这些数字技术将是推动生产率增长和经济增长的关键。

为了解释这一原因,让我们看看过去 50 年的经济增长,看看 20 国集团(占全球 GDP 的 90% 多一点)过去 50 年的平均经济 GDP 增长率,1964 年到 2014 年的数据显示增长率为 3.5%, 这是这些国家的平均 GDP 增长。如果你做经典的增长分解和增长核算工作,就会发现 GDP 和经济增长来自两个方面:一个是生产率增长,另一个是劳动力供给的扩张。

在过去 50 年平均 3.5% 的 GDP 增长中,1.7% 来自劳动力供给的扩张,另外 1.8% 来自这 50 年的生产率增长。展望未来 50 年,由于老龄化和其他人口因素的影响,劳动力供给扩张带来的增长将从过去 50 年的 1.7% 骤降到 0.3% 左右。

因此,这意味着在未来 50 年里,我们将比过去 50 年更加依赖生产率的增长。除非生产率大幅提高,否则经济增长将会下滑。如果我们现在认为生产率增长对 GDP 增长很重要,确实如此,那么如果我们仍然希望经济增长和繁荣,那么在未来 50 年里,生产率的增长将更加重要。

马丁·福特:这有点触及经济学家罗伯特·戈登的观点,他认为未来经济可能不会有太大增长。[①]

詹姆斯·曼伊卡:当罗伯特·戈登说可能不会有经济增长的时候,他也在质疑我们是否会有可以与电气化和其他类似技术相媲美的足够大的创新,来真正推动经济增长。他怀疑是否会有像电力和其他一些过去的技术那样强大的东西。

马丁·福特:但希望人工智能将是下一个目标?

詹姆斯·曼伊卡:我们希望如此!它当然是像电力一样的通用技术,从这个意义上说,它应

---

① 罗伯特·戈登在 2017 年出版的《美国发展的崛起与衰落》(*The Rise and Fall of American Growth*)一书中对美国未来的经济增长提出了非常悲观的看法。

该有益于多种经济活动和多个经济部门。

马丁·福特：我想多谈谈麦肯锡全球研究所关于工作和工资状况的报告。能更详细地谈谈你所做的各种报告和你的总体发现吗？你用什么方法来判断一个特定的工作是否可能被自动化，以及有多少百分比的工作面临风险？

詹姆斯·曼伊卡：让我们把这分成三部分："失业""就业改变"和"就业增加"，因为每一条路径都有值得一提的地方。

关于"失业"，有很多研究和报告，对就业问题的推测已经变成了一种小型产业了。在 MGI，我们采取的方法在两个方面有点不同。一是我们进行了基于任务的分解，所以我们从任务开始，而不是从整个职业开始。我们使用各种数据源研究了 2 000 多个任务和活动，包括 O＊NET 数据集和通过研究任务获得的其他数据集。然后，美国劳工统计局（Bureau of Labor Statistics）追踪了大约 800 个职业；我们将这些任务映射到实际职业中。

我们还研究了执行这些任务所需的 18 种不同的能力，关于能力，我指的是从认知能力到感官能力，再到完成这些任务所需的身体运动技能。然后，我们试图了解技术在多大程度上可以实现自动化和执行这些相同的功能，接着我们可以映射回我们的任务，并显示机器可以执行的任务。我们已经研究了所谓的"当前演示的技术"，我们要区分的是那些已经在实验室或实际产品中实际演示过的技术，而不仅仅是一些假设的东西。通过观察这些"当前演示的技术"，根据典型的采用率和扩散率，我们可以提供一个对未来 15 年左右的情况的展望。

综观所有这些，我们得出结论，在美国经济的任务层面上，大约 50％的活动——不是工作，而是任务，强调这一点很重要——人们现在做的事情在原则上是可以自动化的。

马丁·福特：你的意思是，基于我们现有的技术，现在工人所做的工作中有一半可以被自动化？

詹姆斯·曼伊卡：现在，基于当前演示的技术，实现 50％的活动自动化在技术上是可行的。但也有一些不同的问题，比如这些可自动化的活动如何映射到整个职业中？

所以，当重新映射到职业时，我们发现只有 10％的职业有超过 90％的组成活动是可自动化的。

记住，这个数字描述的是任务，而不是工作。我们还发现，大约 60％的职业有约三分之一

（30％）的组成活动是可自动化的——当然，这一组合因职业而异。60％和30％的比例告诉你，更多的职业将得到技术的补充或增强，而不是被取代。这就导致了我之前提到的"就业改变"现象。

马丁·福特：我记得你的报告发表的时候，媒体对它进行了非常积极的报道，认为由于大多数工作只有一部分会受到影响，我们不必担心失业问题。但是如果你有三个工人，而且他们每个人的工作中有三分之一都是自动化的，这难道不会导致合并，三个工人变成两个工人吗？

詹姆斯·曼伊卡：当然，这就是我接下来要讲的内容。这是一个任务组合参数。一开始，它可能会给你一个适度的数字，但随后你开始意识到工作可以以很多有趣的方式重新配置。

例如，你可以结合和整合。也许临界点并不是你需要一个职业中的所有任务都是自动化的；相反，也许当接近70％的任务可以自动化时，你可能会说："让我们把工作和工作流程整合和重组吧。"所以，最初的计算可能是以适度的数字开始的，但是当你重组和合并工作，受影响的工作数量开始变得更多。

然而，我们在MGI的研究中发现了另一组我们认为在自动化问题的其他评估中被忽略的考虑因素。到目前为止，我们所描述的一切只是简单地问技术可行性问题，它给了你50％的数字，但这实际上只是你需要问的五个问题中的第一个。

第二个问题是关于开发和部署这些技术的成本。显然，技术上可行的事情并不意味着它会发生。

看看电动汽车。我们已经证明可以制造电动汽车，事实上，这在50多年前就是可行的，但它们是什么时候真正出现的呢？当购买、维护、收费等成本变得足够合理时，消费者想要购买它们，公司想要部署它们。这是最近才发生的。

因此，部署的成本显然是一个重要的考虑因素，而且会有很大的差异，这取决于你所讨论的是取代体力工作的系统，还是取代认知工作的系统。通常，当你要取代认知工作时，它主要是软件和一个标准的计算平台，所以边际成本经济性可以很快下降，因此成本不会太高。

另一方面，如果要取代体力劳动，那么你需要来制造一台有活动部件的实体机器，而这些东西的经济性虽然会下降，但不会像软件下降得那样快。因此，部署的成本是第二个重要的考虑因素，这将开始降低最初可能仅考虑技术可行性所建议的部署速度。

第三个考虑因素是劳动力市场的需求动态,考虑劳动力的质量和数量以及与之相关的工资。让我用两种不同的工作来说明这一点。我们要找一名会计,还要找一名园丁。先让我们看看这些考虑因素在这些职业中是如何发挥作用的。

首先,在技术上更容易实现会计的大部分工作(主要是数据分析、数据收集等)自动化,而实现园丁工作的自动化在技术上仍然比较困难,因为园丁主要是在高度非结构化环境中做体力工作。在这样的环境中,事物并不是完全按照你想要的那样排列——比如在工厂里,可能会遇到一些无法预见的障碍。因此,自动化这些任务的技术难度,我们的第一个问题,已经远远高于会计了。

然后我们看看第二个考虑因素:部署系统的成本,这又回到了我刚才提出的论点。就会计而言,需要在标准计算平台上运行具有近乎零边际成本的软件。对于园丁来说,这是一台有许多活动部件的实体机器。部署一台实体机器的成本总是——即使成本下降,机器人机器的成本也在下降——比会计自动化软件的成本更高。

现在我们要考虑的第三个关键因素是劳动力的数量和质量以及工资的变动。在这里,它再次倾向于让会计自动化,而不是让园丁自动化。为什么?因为在美国,我们付给园丁的工资大约是平均每小时 8 美元,而付给会计的工资大约是每小时 30 美元。会计自动化的动机已经远远高于园丁自动化的动机。在我们努力解决这一问题的过程中,我们开始意识到,从技术和经济角度来看,一些低工资工作实际上可能更难实现自动化。

马丁·福特:对大学毕业生来说,这听起来真是个坏消息。

詹姆斯·曼伊卡:没这么快实现自动化。通常情况下,区别在于是高工资还是低工资,或者是高技能还是低技能。但我真的不知道这是不是一个有用的区别。

我想说的是,可能被自动化的活动与传统的工资结构或技能要求并不一致。如果工作看起来主要是数据收集、数据分析,或者是在高度结构化的环境中进行的体力劳动,那么大部分工作都可能是可自动化的,无论是传统的高工资还是低工资、高技能还是低技能。另一方面,非常难以自动化的活动也跨越了工资结构和技能要求,包括需要判断或管理人员的任务,或者在高度非结构化和意外环境中进行的体力劳动。因此,许多传统的低工资和高工资工作都会受到自动化的影响,这取决于这些活动本身,但也有许多其他传统的低工资和高工资工作可能不受自动化的影响。

我想确保我们在这里也涵盖了所有不同的因素。第四个关键考虑因素与包含和超出劳动力替代的利益有关。你想要在某些领域进行自动化，但这并不是因为你在努力节约劳动力成本，而是因为你实际上得到了一个更好的结果，甚至是一个超出人类水平的结果。在这些领域，你会得到更好的感知或预测，而这是人类所无法做到的。一旦自动驾驶汽车达到比人类驾驶更安全、出错更少的水平，它们很可能成为这方面的一个例子。当这一领域开始超越人类能力并看到性能改进时，这将真正加快部署和采用业务案例的速度。

第五个考虑因素可以称为社会规范，这是一个广义的术语，指我们可能遇到的潜在监管因素和社会接受因素。

无人驾驶汽车就是一个很好的例子。今天，我们已经完全接受了这样一个事实：大多数商用飞机只有不到 7% 的时间由真正的飞行员驾驶。剩下的时间里，飞机自己在飞行。没有人真正关心飞行员的情况，即使这个数字下降到 1%，原因是没有人能看到驾驶舱内的情况。门关着，我们坐在飞机上。我们知道里面有飞行员，但我们是否知道他们在飞行并不重要，因为我们看不见。然而对于无人驾驶汽车来说，让人感到害怕的往往是，你可以看到驾驶座上没有人，汽车是自己行驶的。

现在有很多研究在关注人们对于与机器互动的社会接受度或舒适度。像麻省理工学院这样的地方正在研究不同年龄群体、不同社会环境和不同国家的社会接受程度。例如，在日本这样的国家，在社会环境中使用一台实体机器比其他一些国家更容易被接受。我们也知道，例如，不同的年龄群体对机器的接受程度根据不同的环境或设置而有所不同。如果我们转向医疗环境，一个医生去后面的房间里使用机器，远离你的视线，然后带着你的诊断结果回来，这样可以吗？我们大多数人都会接受这种情况，因为我们并不知道在那个医生的房间里发生了什么。但是，如果一个屏幕在你的房间，诊断结果突然就弹了出来，没有医生在那里给你讲解，你会接受吗？我们大多数人可能不会。所以，我们知道社会环境会影响社会接受度，这也会影响到这些技术在未来的应用。

马丁·福特：但归根结底，这对整个就业市场意味着什么？

詹姆斯·曼伊卡：好吧，关键是当你努力解决这五个关键问题时，你开始意识到自动化的速度和程度，以及将要减少的工作范围，实际上是一幅更为微妙的画面，可能会因职业和地点的不同而有所不同。

MGI 的上一份报告考虑了我刚才描述的因素,特别是考虑到工资、成本和可行性,我们开发了许多场景。我们的中期方案显示,到 2030 年,全球可能失去多达 4 亿个工作岗位。这是一个惊人的数字,占全球劳动力的比例约为 15%。不过,考虑到劳动力市场的动态,特别是我们一直在讨论的工资水平,发达国家的失业率将高于发展中国家。

然而,所有这些情况显然都取决于技术是否加速得更快,而这是有可能的。如果是的话,那么我们关于"当前演示的技术"的假设就站不住脚了。此外,如果部署成本下降的速度比我们预期的还要快,这也将改变局面。这就是为什么我们在实际预测流失的工作岗位数量的时候会有这么大的范围。

马丁·福特:"就业增加"方面呢?

詹姆斯·曼伊卡:"就业增加"方面很有意思,因为我们知道,只要经济增长且充满活力,就业和就业需求就会增长。过去 200 年来经济增长的历史中,有着充满活力、不断增长的经济体和充满活力的私营部门。

如果我们展望未来 20 年左右,会有一些相对有保障的工作需求驱动因素。其中之一是随着越来越多的劳动者进入消费阶层,并对产品和服务产生需求,全球日益繁荣。另一个因素是老龄化。我们知道老龄化将产生对某些工作的大量需求,这将导致一系列工作和职业的增长。现在有一个独立的问题是,这些工作是否会变成高薪工作,但我们知道,对护理工作和其他工作的需求将会上升。

在 MGI,我们还研究了其他的催化剂,比如我们是否会加快适应气候变化的步伐,改造我们的系统和基础设施——这将推动对工作的需求超越当前的进程和速度。我们也知道,如果美国和其他国家最终采取行动,着眼于基础设施的增长,并对基础设施进行投资,那么这也将推动对工作的需求。因此,工作的一个来源是不断增长的经济和这些工作需求的具体驱动力。

另一套工作机会都将来自于这样一个事实,那就是我们实际上将创造出以前不存在的新职业。我们在 MGI 做的一项有趣的分析是由我们的一位学术顾问,哈佛大学的迪克·库珀(Dick Cooper)提出的——研究美国劳工统计局(Bureau of Labor Statistics)。统计局通常追踪大约 800 种职业,在底部总是有一条线叫作"其他"。这一类被称为"其他"的职业通常反映了在当前测量期内尚未定义和不存在的职业,因此统计局没有为它们设立类别。现在,如果

人工智能缔造师

你看一下 1995 年的劳动统计表,网页设计师被归入"其他"类别,因为这是之前想象不到的,所以没有被分类。有趣的是,"其他"类别是增长最快的职业类别,因为我们不断地创造以前不存在的职业。

马丁·福特:这是我经常听到的一个论点。例如,就在 10 年前,还不存在涉及社交媒体的工作。

詹姆斯·曼伊卡:没错!如果你看一下美国这 10 年期间的工作情况,至少有 8% 到 9% 的工作是前一时期不存在的,因为是我们创造并发明了这些工作。这将是另一个工作来源,我们甚至无法想象会是什么,但我们知道它们将会在那里。一些人推测,这一类别将包括新型设计师,以及那些对机器和机器人进行故障检修和管理的人。这一未定义的新工作集将成为工作的另一驱动力。

当我们看到职业类别的增加,并考虑到这些不同的动力时,除非经济衰退,出现大规模停滞,否则增加的就业机会足以弥补失去的就业机会。当然,除非某些变数在我们脚下发生灾难性的变化,例如这些技术的发展和应用显著加速,或者我们最终导致大规模的经济停滞。所有这些结合起来,那么我们最终失去的工作岗位会比增加的多。

马丁·福特:好吧,但是如果你看一下就业统计数据,你会发现大多数工人不是都在一些非常传统的领域工作吗,比如收银员、卡车司机、护士、教师、医生或是办公室职员?这些都是 100 年前的工作类别,现在仍然是绝大多数劳动力就业的地方。

詹姆斯·曼伊卡:是的,经济仍然是由这些职业的很大一部分构成的。虽然其中一些会减少,但很少会完全消失,而且肯定不会像一些人预测的那样迅速。事实上,我们看到的一件事实是,在过去的 200 年里,我们看到了最大规模的就业机会减少。例如,我们研究了美国制造业的情况,以及从农业到工业化的转变。我们观察了不同国家的 20 种不同的大规模就业机会减少情况,以及每种情况下发生了什么,并将其与自动化和人工智能导致的就业机会减少的一系列情况进行了比较。结果发现,我们现在预期的范围并没有超出标准,至少在未来 20 年内是这样。除此之外,谁知道呢?即使有一些非常极端的假设,我们仍然处于历史上可见的变化范围内。

最大的问题是,至少在未来 20 年左右,是否有足够的工作提供给每个人。正如我们所讨论的,在 MGI 我们得出的结论是,除非我们做到了那些非常极端的假设,否则人们会有足够的工作。我们必须扪心自问的另一个重要问题是,在那些正在减少的职业和那些正在增长的职业之间,我们将看到的转变的规模有多大? 从一种职业到另一种职业,我们将看到何种程度的变动,工作场所需要在多大程度上调整和适应补充人类的机器,而不是让人类失去工作?

根据我们的研究,我们不确信以我们目前的课程和速度,我们已经做好准备,可以在技能、教育和在职培训方面管理这些转变。实际上,我们更担心的是转变的问题,而不是"是否会有足够的工作"的问题。

马丁·福特:那么,未来真的有可能出现严重的技能不匹配情况吗?

詹姆斯·曼伊卡:是的,技能不匹配是一个很大的问题。部门和职业的变化,人们不得不从一个职业转到另一个职业,适应更高或更低的技能,或只是不同的技能。

当你从部门和地理位置问题的角度来看待这一转变,比如在美国,会有足够的工作,但是当你深入到下一个层次去研究这项工作的可能位置时,你会发现地理位置不匹配的可能性,有些地方看起来比其他地方更容易陷入困境。这种转变是相当实质性的,我们还不太清楚是否准备好了。

对工资的影响是另一个重要问题。如果看看可能的职业转变,你会发现许多可能减少的职业都倾向于像会计师这样的中等工资职业。许多高薪职业都以某种形式涉及数据分析。它们还涉及高度结构化环境中的体力劳动,如制造业。因此,很多处于这样工资范围的职业未来将会减少。然而,许多像我们刚刚谈到的护理工作那样将会增长的职业,在目前的工资结构下,工资并不高。这些职业混合变动可能会导致严重的工资问题。我们需要改变这些工资动态的市场机制,或者发展一些其他机制来塑造这些工资的结构。

担心工资问题的另一个原因是对我们当中许多技术专家迄今为止的叙述的深入研究。当我们说,"不,别担心。我们不会取代工作岗位,机器会补充人们的工作",我认为这是真的,MGI 分析表明,60%的职业将只有大约三分之一的活动被机器自动化,这意味着人们将与机器一起工作。

但如果我们考虑工资的问题来研究这一现象,就不那么明确了,因为我们知道,当人类得到机器的补充时,你会有一系列的结果。比如说,一个高技能工人得到了机器的补充,机器做了它最擅长的事情,而工人仍然在做高附加值的工作来补充机器,那是很好的。这项工作的工资可能会提高,生产率也会提高,一切都会非常顺利,这是一个很好的结果。

然而,我们也可能有另一种极端情况,如果一个人的工作被一台机器补充,即使这台机器只完成了 30% 的工作,但是机器完成了这项工作的所有增值部分,那么留给人类的事情就不再需要技能或者不那么复杂了。这可能会导致工资降低,因为会有更多的人可以做那些以前需要专业技能或证书的工作。这就意味着你把机器引入这个职业的做法可能会给这个职业的工资带来潜在的压力。

这种补充工作的想法有着广泛的潜在结果,我们倾向于只庆祝结果好的一面,而不多谈论去技术化的另一面。顺便说一句,随着人们与不断发展且能力日益增强的机器一起工作,这也增加了持续的再培训的挑战。

马丁·福特:一个很好的例子就是全球定位系统对伦敦出租车司机的影响。

詹姆斯·曼伊卡:是的,这是一个很好的例子,在伦敦出租车司机的心目中,限制劳动力供给的部分实际上是对所有街道和捷径的"了解"。当你因为 GPS 而降低这项技能时,剩下的就只有驾驶了,而更多的人可以开车把你从 A 处带到 B 处。

这里的另一个例子,在传统形式的去技能化工作中,我们可以考虑呼叫中心接线员。过去,呼叫中心人员必须知道他们通常在技术层面上谈论什么,这样才能对你有所帮助。然而,如今机构将这些知识嵌入他们所阅读的脚本中,大部分人能读脚本就可以,他们其实并不需要知道技术细节,至少不需要像以前那么多;他们只需要能够遵循和阅读脚本,除非他们遇到了一个真正的极端情况,这时他们需要一个有深度的专家。

有许多服务工作和服务技术人员工作的例子,无论是通过呼叫中心,还是人们亲自到场进行现场维修,其中的一些工作正在经历这种大规模的去技能过程,因为知识被嵌入到技术或脚本中,或者以其他方式封装解决问题所需要的知识。最后,剩下的是一些更去技能化的东西。

马丁·福特:所以,总的来说,比起彻底失业,你更关心对工资的影响?

詹姆斯·曼伊卡:当然你总是会担心失业问题,因为总有这种极端情况的发生,导致我们在就业这场游戏中溃败。但我更担心这些劳动力转变问题,如技能转变、职业转变以及我们将如何支持人们度过这些转变。

我也担心工资的影响,除非我们在劳动力市场上改变对工作的重视程度。从某种意义上说,这个问题已经存在一段时间了。我们都说我们重视照顾孩子的人,也重视教师,但我们从未在这些职业的工资结构中充分反映出这一点,而且这种差异可能很快会变得更大,因为许多需求增加的职业都是这样的。

马丁·福特：正如你之前提到的，这可能会反馈到消费者需求问题上，这本身就抑制了生产率和增长。

詹姆斯·曼伊卡：当然。这将形成一个恶性循环，进一步损害就业需求。我们需要迅速行动。重新培训和在职培训之所以是一件非常重要的事情，首先是因为这些技能变化得非常快，人们需要非常快速地去适应。

我们已经有麻烦了。有研究指出，如果纵观大多数发达经济体在在职培训上的支出，可以看出在职培训的水平在过去20年到30年里一直在下降。鉴于在职培训在不久的将来将是一件大事，这是一个真正的问题。

另一个衡量标准是通常所说的"积极的劳动力市场支持"。这些是与在职培训不同的，是当工人从一个职业过渡到另一个职业时，在他们被解雇期间，你为他们提供的一种支持。这是我认为我们在上一轮全球化中搞砸的事情之一。

随着全球化的发展，人们可以整天争论全球化对生产率、经济增长、消费者选择和产品有多大好处。所有这些都是真实的，但当你通过工人的视角来看待全球化问题时，就有问题了。没有人为被淘汰的工人提供有效的支持。尽管我们知道全球化的痛苦只局限于特定的地区和部门，但它们仍然足够重要，并真正影响到许多人和社区。如果你和你的9个朋友于2000年在美国从事服装制造业工作，10年后，这些工作岗位中只有3个仍然存在；而如果你和你的9个朋友在纺织厂工作，情况也是如此。以密西西比州韦伯斯特县为例，该县三分之一的工作岗位因服装制造业的遭遇而流失，而服装制造业是该社区的主要组成部分。我们可以说，宏观层面看行得通，但如果你是这些遭受重创的社区中的一员，那就很让人难受了。

如果我们要去支持那些已经和将会被解雇的工人通过工作过渡，需要帮助他们实现从一份工作转到另一份工作，或从一种职业转到另一种职业，或从一个技能组合转到另一个，那么我们应该从后一个开始做。因此，这种工作过渡带来的挑战非常重要。

马丁·福特：你的意思是我们需要支持工人，不管他们是失业的还是正在转型的。你认为全民基本收入可能是个好主意吗？

詹姆斯·曼伊卡：在以下方面，我对全民基本收入的观点感到矛盾。我很高兴我们正在讨论这个问题，因为这是对我们可能存在工资和收入问题的一种承认，这在全世界引发了一场辩论。

我的问题是,我认为它忽略了工作所扮演的更广泛的角色。工作是一件复杂的事情,因为工作在提供收入的同时,它也做了一大堆其他的事情。它提供了意义、尊严、自尊、目的、社区和社会影响等。通过建立一个以全民基本收入为基础的社会,虽然可能解决工资问题,但不一定能解决工作带来的其他方面的问题。而且,我认为我们应该记住,还有很多工作要做。

有一段话让我印象深刻,也很吸引人,那就是美国林登·B.约翰逊总统的蓝带委员会(Blue Ribbon Commission)关于"技术、自动化和经济进步"(Technology,Automation,and Economic Progress)的报告,顺便提一下,该委员会成员中也包括鲍勃·索洛。报告的结论之一是"基本事实是技术消除的是就业,而不是工作。"

马丁·福特:总有一些工作需要去做,但它可能不被劳动力市场所重视。

詹姆斯·曼伊卡:它并不总是出现在我们的劳动力市场上。就拿护理工作来说,在大多数社会中,护理工作往往是由女性完成的,而且往往是没有报酬的。我们如何在劳动力市场以及对工资和收入的讨论中反映护理工作的价值? 工作就在那里。只是它是有报酬的工作,还是被认为是工作,并按照有报酬的工作那样得到补偿。

我喜欢全民基本收入引发了关于工资和收入的讨论,但我不确定它是否能像其他事情那样有效地解决工作问题。我更愿意考虑有条件的转移这样的一些概念,或者其他一些方式,以确保我们将工资与某种反映主动性、目的、尊严和其他重要因素的活动联系起来。这些关于目的、意义和尊严的问题最终可能会定义我们。

詹姆斯·曼伊卡

詹姆斯·曼伊卡是麦肯锡公司高级合伙人,麦肯锡全球研究所(MGI)主席。詹姆斯还在麦肯锡董事会任职。詹姆斯在硅谷工作了20多年,与许多世界领先科技公司的首席执行官和创始人在各种问题上展开了合作。在MGI,詹姆斯领导了技术、数字经济以及增长、生产率和全球化方面的研究。他出版了一本关于人工智能和机器人技术的书,另一本关于全球经济趋势的书,以及在商业媒体和学术期刊上发表了大量文章和报告。

詹姆斯被美国奥巴马总统任命为白宫全球发展委员会副主席(2012—2016年),并被美国商务部长任命为美国商务部数字经济咨询委员会和美国国家创新咨询委员会成员。他在外交关系委员会、约翰·D.和凯瑟琳·T.麦克阿瑟基金会、休利特基金会和马克尔基金会的董事会任职。

他还在学术顾问委员会任职,他是牛津大学互联网研究所、麻省理工学院数字经济倡议以及斯坦福大学人工智能百年研究委员会的成员,AIIndex.org团队的成员,也是DeepMind的研究员。

詹姆斯曾是牛津大学工程系的一员,是程序设计研究小组和机器人研究实验室成员,牛津大学巴利奥尔学院研究员,美国宇航局喷气推进实验室访问科学家,麻省理工学院的交换研究员。作为罗兹奖学金获得者,詹姆斯在牛津大学获得了机器人学、数学和计算机科学的博士、硕士学位,并以英裔美籍学者的身份在津巴布韦大学获得了电气工程的学士学位。

"我不清楚仅仅通过向这些大数据驱动的系统中添加更多的数据,就能达到在曼哈顿开车所需的精确度水平。你可能会达到99.99%的精确度,但如果计算一下,这比人类的情况差得多。"

格雷·马库斯

GEOMETRIC INTELLIGENCE(已被 UBER 收购)创始人兼首席执行官

纽约大学心理学和神经科学教授

格雷·马库斯是被 Uber 收购的机器学习公司 Geometric Intelligence 的创始人兼首席执行官,也是纽约大学的心理学和神经科学教授,还是多本书的作者和编辑,其中包括《大脑的未来》(*The Future of the Brain*)和畅销书《零号吉他》(*Guitar Zero*)。格雷的大部分研究都集中在理解儿童如何学习和同化语言上。他目前的工作是研究如何从人类的思维中获得启示,从而为人工智能领域提供参考。

人工智能缔造师

马丁·福特：你写了一本书，《克鲁格》（*Kluge*），讲的是大脑是一个不完善的器官，那么你大概不认为实现通用人工智能的途径是试图完美地复制人脑吧？

格雷·马库斯：不，我们不需要复制人脑及其所有的低效率。有些事情人们做得比现在的机器好得多，你想从中学习，但也有很多事情你不想复制。

我不确定通用人工智能系统看起来有多像一个人。然而，人类是目前我们所知的唯一一个能够对非常广泛的数据做出推论和计划并以一种非常有效的方式进行讨论的系统，因此研究人们如何做到这一点是值得的。

我的第一本书于 2001 年出版，书名是《代数思维》（*Algebraic Mind*），它将神经网络和人类进行了比较。我探讨了怎样才能使神经网络变得更好，我认为这些观点在今天仍然非常重要。

我的下一本书是《思维的诞生》（*The Birth of the Mind*），关于理解基因是如何在我们的头脑中构建先天结构的。它来源于诺姆·乔姆斯基（Noam Chomsky）和史蒂文·平克（Steven Pinker）的传统，他们相信有重要的东西存在于大脑中。在这本书中，我试图从分子生物学和发育神经科学的角度来理解"先天性"可能意味着什么。同样，我认为这些观点与今天的情况非常相关。

2008 年，我出版了《克鲁格：人类思维的偶然进化》（*Kluge：The Haphazard Evolution of the Human Mind*）。有些人可能不知道，"kluge"是一个老工程师的术语，指的是一个问题的笨拙解决方案。在这本书中，我认为在许多方面，人类的思维实际上就是这样的。我研究了关于人类是否最优的讨论（我认为显然不是），并试图从进化的角度理解为什么我们不是最优的。

马丁·福特：那是因为进化必须在现有的框架进行，并在此基础上进行构建，对吧？它不能回到过去从头开始重新设计一切。

格雷·马库斯：没错。这本书的很多内容都是关于我们的记忆结构，以及它与其他系统的比较。例如，当你把我们的听觉系统与理论上可能的情况进行比较时，我们就非常接近最优了。如果你把我们的眼睛和理论上的最佳状态进行比较，我们又一次接近了——在适当的条件下，你可以看到一个单光子，这太神奇了。然而，我们的记忆力并不是最优的。

你可以很快地把莎士比亚的全部作品上传到计算机，或者事实上，把大多数已经写出的东西上传到计算机,而计算机是不会忘记其中任何一部的。我们的记忆在容量和记忆的稳定性方面还远远没有达到理论上的最佳状态。随着时间的推移,我们的记忆往往会变得模糊。如果你每天都把车停在同一个地方,然后,今天突然换了个地方,你可能就记不起今天把车停在了哪里,因为你无法把今天的记忆和昨天的记忆区别开来。计算机永远不会有这样的问题。

我在书中提出的论点是,我们可以从我们的祖先需要从他们的记忆中得到什么的角度来审视和理解为什么人类有如此糟糕的记忆。这主要是宽泛的统计总结,比如:"山上的食物比山下的多。"我不需要记住是从哪一天开始获得这些记忆痕迹的,我只需要一个总的趋势,那就是山上比山下更肥沃。

脊椎动物进化出了这种记忆,而不是计算机使用的那种位置可寻址记忆,在这种记忆中,每一个位置都被分配给一个特定的功能。这就是为什么你可以在计算机上存储无限的信息,而不会有把信息混淆在一起的问题。人类在进化链上走了一条不同的道路,就我们需要改变的基因数量而言,为了围绕位置可寻址记忆从头开始重建系统,代价将非常高昂。

实际上,制造混合体是有可能的。谷歌是一种混合体,因为它在底层有位置可寻址记忆,然后在上层有线索可寻址记忆,也就是人脑所拥有的。这是一个更好的系统。谷歌可以像我们一样获取提示线索,但它有一个关于所有东西所在位置的主地图,因此它提供了正确的答案,而不是任意地歪曲答案。

马丁·福特:你能更详细地解释一下吗?

格雷·马库斯:线索可寻址记忆是由其他因素触发或辅助的记忆。还有一些疯狂的版本,比如依赖于姿势的记忆。也就是说,如果你站着学某样东西,那么你站着的时候比躺着的时候记得更清楚。最臭名昭著的一种是依赖于状态的记忆。举个例子,如果你一边准备考试一边喝酒,那么你在考试的时候喝醉可能会更好。我不建议这么做……关键是,你周围的状态和线索会影响你的记忆。

另一方面,你不能说"我想要 317 记忆位置"或"我在 1997 年 3 月 17 日学到的知识"。作为一个人,你不能像计算机那样把东西取出来。计算机有这些索引,它们实际上就像一组邮政信箱,放在 972 号信箱里的东西会无限期地留在那里,除非你故意篡改它。

我们的大脑似乎还没有掌握这一点。大脑没有一个内部寻址系统来确定单个记忆存储在哪里。相反,大脑似乎更像是在招标。它说:"有没有人能告诉我在阳光明媚的日子里我在开车时应该做什么?"你得到的是一组相关的记忆,但你不知道,至少在有意识的情况下,这些记忆在大脑中的具体位置。

问题是有时它们会混淆在一起,这就导致了如目击者证词出现问题这样的情况。你无法将某个特定时刻发生的事情与你后来的想法,或者你在电视上看到的、在报纸上读到的分开。所有这些东西都模糊不清,因为它们没有被清楚地存储起来。

马丁·福特:这很有趣。

格雷·马库斯:我在《克鲁格》一书中提出的第一个核心论点是,人类基本上有两种记忆,并且会被一种不太有用的记忆所束缚。我进一步论证了,一旦我们在进化过程中有了它,就不太可能从头开始,所以人类只是在它的基础上进行构建。这就像史蒂芬·杰·古尔德(Stephen Jay Gould)关于熊猫的拇指的著名论点。

一旦有了这种记忆,其他的事情也会随之而来,比如确认偏差。确认偏差是指你记住与你的理论一致的事实,而不是与你的理论不一致的事实。计算机不需要这样做。计算机可以搜索所有与邮政编码匹配的东西或所有与邮政编码不匹配的东西。它可以使用 NOT 运算符。使用计算机可以搜索我所在地区内所有 40 岁以上的男性,或者搜索所有不符合这些条件的人。人脑使用线索可寻址记忆,只能在数据中搜索匹配项,其他的所有事情都难多了。

如果我有一个理论,那么我可以找到符合这个理论的材料,但任何不符合的材料都不会那么容易浮现在我的脑海中,我无法系统地搜索它,这就是确认偏差。

另一个例子是聚焦错觉,我按两个顺序问你两个问题。我问你对你的婚姻感到有多幸福,然后问你对你的生活感到有多幸福,或者换另一种顺序问。如果我先问你,你对你的婚姻感到有多幸福,这就会影响你对自己生活的总体看法。你应该能够把这两件事完全分开。

马丁·福特:这听起来像丹尼尔·卡尼曼(Daniel Kahneman)的锚定理论,他说可以给人们一个随机的数字,然后这个数字会影响他们对任何事情的猜测。

格雷·马库斯:是的,这是一种变体。如果我先让你看看一美元钞票上的最后三位数字,再问你《大宪章》是什么时候签署的,这三位数字会牢牢地留在你的记忆中并对你产生影响。

马丁·福特:你的职业轨迹与人工智能领域的许多其他人很不一样。你早期的工作重点是

格雷·马库斯

理解人类语言和儿童学习语言的方式,近期你与他人共同创立了一家初创公司,并帮助创办了优步的人工智能实验室。

格雷·马库斯:我觉得有点像约瑟夫·康拉德(Joseph Conrad,1857—1924),他说波兰语,但用英语写作。虽然他的母语不是英语,但他对英语的运用有很多深刻的见解。同样的,我认为自己不是以机器学习或人工智能为母语的人,而是一个从认知科学领域来到人工智能领域并对人工智能有新见解的人。

我小时候做过很多计算机编程,对人工智能也有很多想法,但我读研究生时对认知科学比对人工智能更感兴趣。在读研期间,我和认知科学家史蒂文·平克一起研究,我们观察了孩子们是如何学习一种语言的过去式的,然后利用我们当时所拥有的深度学习的先驱,即多层和双层感知机来研究这个问题。

1986 年,大卫·鲁迈勒哈特和詹姆斯·L. 麦克勒兰德(James L. McClelland)发表了一篇题为《并行分布式处理:探索认知的微观结构》(*Parallel Distributed Processing: explorations in the microstructure of cognition*)的论文,表明神经网络可以学习英语的过去式。平克和我详细地看了一下这篇论文,虽然确实可以让一个神经网络过度规范化(overregularize),像孩子一样说"goed"或"breaked"之类的词,但所有关于他们何时以及如何犯下这些错误的事实实际上大不相同。针对这篇论文,我们可以假想孩子们使用的是规则和神经网络的混合体。

马丁·福特:你说的是不规则的词尾,孩子们有时会错误地把它们变成规则的。

格雷·马库斯:对,孩子们有时会将不规则动词规则化。我曾经对 11 000 个孩子用过去时态动词与父母交谈的话语进行过一项由机器驱动的自动分析。在我的研究中,我观察了孩子们什么时候会犯这些过度规范化错误,并绘制出这些错误的时间进程,以及哪些动词更容易出现这些错误。

我们的论点是孩子们似乎对规则化的词有固有印象。例如,他们知道加 ed,但与此同时,他们还具有某种联想记忆,现在可能会认为是一种神经网络,用来记忆不规则动词。这个想法是,如果你把动词"sing"变化成过去时态的"sang",你可能只是在使用你的记忆。如果你的记忆理解了"sing"和"sang",它将帮助你记住"ring"和"rang"。

然而,如果你把一个词的发音变化一下,听起来和你以前听过的不一样,比如"rouge",也就是"在脸上涂胭脂",那么这个词不需要听起来和你以前听过的词发音一样,你仍然知道要把 ed

加进去。你会说："Diane rouged her face yesterday。"

重点是，虽然神经网络在靠相似性来有效工作的任务上非常擅长，但在那些没有相似性但规则却可以被人类理解的任务上却非常弱。那是 1992 年，今天这一基本点仍然存在。大多数神经网络仍然存在这样一个问题：它们是由数据驱动的，而且相对于所接受的训练，它们并没有产生高水平的抽象。

神经网络能够捕捉到很多普通情况，但是如果考虑长尾分布，它们在尾部非常弱。这里有一个来自图片描述系统的例子：系统可能会告诉你一个特定的图像是一群孩子在玩飞盘，因为有很多这样的图片，但是如果你给它看一个贴满贴纸的停车标志，它可能会说这是一个装满食物和饮料的冰箱。这是一个真实的谷歌图片描述的结果。因为数据库中没有那么多停车标志被贴纸覆盖的示例，所以系统的表现非常糟糕。

神经网络无法在一些核心情况之外进行很好的归纳，这一关键问题是我整个职业生涯都感兴趣的事情。在我看来，这是机器学习领域还没有真正解决的问题。

马丁·福特：理解和学习人类语言显然是你研究的支柱之一。你能不能深入谈一下你所做的一些真实生活中的实验？

格雷·马库斯：在我从理解人类泛化能力的角度研究这一问题的这些年里，我对儿童和成人进行了研究，并最终在 1999 年对婴儿进行了研究，所有这些都表明人类非常善于抽象。

对婴儿的实验表明，7 个月大的婴儿能听到两分钟的人工语法，并能识别由该语法构成的句子规则。婴儿会用 A-B-B 语法听像"la ta ta"和"ga na na"这样的句子两分钟，然后会注意到"wo fe wo"的语法（A-B-A 语法）与"wo fe fe"的语法不同，而"wo fe fe"的语法与他们所听的其他句子相同。

这是通过他们观察语法的时间来衡量的。我们发现，如果改变语法，他们会观察得更久。这项实验证明，婴儿在很小的时候就有能力识别语言领域中非常深奥的抽象概念。另一位研究人员后来证明，新生儿也能做到同样的事情。

马丁·福特：我知道你对 IBM Watson 很感兴趣，它吸引你回到了人工智能领域。你能谈谈为什么 Watson 重新点燃了你对人工智能的兴趣吗？

格雷·马库斯：我对 Watson 持怀疑态度，所以当它在 2011 年首次在《Jeopardy!》中获胜时，我感到很惊讶。作为一名科学家，我训练自己去关注那些我做错的事情，我认为自然语言理解对于当代人工智能来说太难了。Watson 不应该能够打败《Jeopardy!》中的人类选手，但它确实做到了。这让我再次开始思考人工智能。

我最终发现 Watson 获胜的原因是因为它实际上是一个比最初看起来更狭隘的人工智能问题。这几乎总是答案。在 Watson 的案例中，因为《Jeopardy!》中 95％的答案都是维基百科页面的标题，它不是理解语言、对其进行推理等，而是主要从一个有限的集合（即维基百科标题的页面）进行信息检索。对于没有受过教育的人来说，这个问题实际上并不像看上去那么难，但它足够有趣，让我再次思考人工智能。

大约在同一时间，我开始为《纽约客》撰稿，在那里我写了很多关于神经科学、语言学、心理学以及人工智能的文章。在作品中，我试图运用我所知道的认知科学以及与之相关的一切知识——思维和语言如何运作、儿童的思维如何发展等，以便更好地理解人工智能以及人们所犯的错误。

我同时开始写作和思考更多关于人工智能的东西。其中一个是关于雷·库兹韦尔的一本书的评论文章。另一个是关于自动驾驶汽车，以及如果失控的校车冲过来他们如何做决定。另一篇很有先见之明的文章批评了深度学习，我认为作为一个研究群体，我们应该把它理解为众多工具中的一种，而不是人工智能问题的完整解决方法。当我写那篇文章的时候，我说我不认为深度学习能够做诸如抽象和因果推理之类的事情，如果仔细观察，你会发现深度学习现在仍然在与这一系列问题做斗争。

马丁·福特：让我们谈谈你在 2014 年创办的公司，Geometric Intelligence。我知道这家公司最终被优步收购了，不久之后你加入了优步，成为他们的人工智能实验室的负责人。你能跟我们分享一下这个历程吗？

格雷·马库斯：早在 2014 年 1 月，我意识到，我不应该只写关于人工智能的文章，而应该尝试创办一家自己的公司。我招募了一些优秀的人，包括我的朋友祖宾·加赫拉玛尼（Zoubin Ghahramani），他是世界上最优秀的机器学习者之一，在接下来的几年时间里，我经营了一家机器学习公司。我学到了很多关于机器学习的知识，我们构建了一些如何更好地泛化的想法，这些想法成为我们公司的核心知识产权。我们花了很多时间试图使算法更有效地从数据中学习。

就解决问题所需的数据量来说深度学习是极其贪婪的。在人工世界中,比如围棋游戏中,深度学习的效果很好,但在现实世界中的效果就不太好了,因为在现实世界中数据往往很昂贵或很难获得。我们花了很多时间试图在现实世界做得更好,并取得了一些不错的成绩。例如,我们可以用深度学习一半的数据量学习任意任务,比如 MNIST 字符识别任务。

消息传开后最终我们的公司在 2016 年 12 月被优步收购。经营公司的整个过程教会了我很多关于机器学习的知识,包括它的优点和缺点。我曾在优步工作过一段时间,帮助优步推出了人工智能实验室,然后就离开了。从那以后,我一直在研究人工智能和医学如何结合,也在思考机器人技术。

2018 年 1 月,我写了两篇论文①和几篇 Medium 上的文章。其中一部分是关于深度学习的,尽管它非常流行,是目前人工智能的最佳工具,但它无法让我们实现通用人工智能。第二部分是关于先天性,说的是,至少在生物学上,系统是从许多固有结构开始的,不管你说的是心脏、肾脏还是大脑。大脑的初始结构对于我们如何理解世界很重要。

人们谈论先天与后天,但实际上是先天与后天共同作用。大自然构建了学习机制,使我们能够以有趣的方式利用我们的经验。

马丁·福特:这是通过对非常小的婴儿的实验证明的。他们没有时间学习任何东西,但仍然可以做一些重要的事情,如识别面孔。

格雷·马库斯:没错。我对 8 个月大的婴儿的研究也证实了这一点,最近发表在《科学》杂志上的一篇论文表明,孩子在出生后的一年内就能进行逻辑推理。记住,先天并不完全指出生时。长胡子的能力并不是我出生时就拥有的,是和荷尔蒙和青春期有关的。人脑的大部分实际上是在子宫外发育的,但相对来说是在生命早期发育的。

观察像马这样的早熟物种,它们几乎一出生就可以行走,而且它们有相当复杂的视觉和障碍探测能力。人类的某些机制在出生后的第一年就建立起来了。你经常会听到人们说婴儿学会走路,但我认为事实并非如此。婴儿当然还需要一些肌肉力量的学习和校准等,但其中已经有一些机制是成熟的。一个包含完全发育的人类大脑的头部可能因为太大而无法通过产道。

---

① https://arxiv.org/abs/1801.00631。

马丁·福特：即使人类天生就有走路的能力，也得等到肌肉发育好后才能开始行走。

格雷·马库斯：对，肌肉也没有完全发育。我们出生的时候还没有完全发育好，我认为这会让人感到困惑。婴儿出生的最初几个月里发生的很多事情在很大程度上仍然是由基因控制的。这与学习本身无关。

观察一只野山羊宝宝，出生几天后，它就可以爬下山坡。它不是通过反复试验来学习——如果它从山坡上掉下来，它就死定了，但它可以完成惊人的寻路和动作控制。

我认为人类的基因组为我们的大脑应该如何运作提供了一个非常丰富的初稿，在此基础上还有很多的学习。当然，初稿中的一些内容是关于建立学习机制本身的。

人工智能领域中的人常常试图用尽可能少的先验知识来构建事物，我认为这是愚蠢的。事实上，科学家和普通人已经收集了很多关于这个世界的知识，我们应该把这些知识构建到人工智能系统中，而不是毫无理由地坚持应该从零开始。

马丁·福特：任何存在于大脑中的先天性都必须是进化的结果，所以有了人工智能，你既可以硬编码这种先天性，也可以使用进化算法来自动生成先天性。

格雷·马库斯：这种观点的问题在于进化是相当缓慢和低效的。它在几万亿个生物体上和数十亿年的时间里才取得了巨大的成果。目前还不清楚在一个合理的时间框架内，是否能在实验室里对进化进行足够深入的研究。

看待这个问题的一种观点是，前9亿年的进化并不是那么令人兴奋，主要进化出了不同版本的细菌，这并不令人兴奋。这里无意冒犯细菌。

然后进化突然加快发展，有了脊椎动物，然后是哺乳动物，接着是灵长类动物，最后，是我们人类。进化速度加快的原因就像在你的编程中有了更多的子程序和库代码。拥有的子程序越多，你就可以越快在其之上构建更复杂的东西。在灵长类动物的大脑上演化出一个有100或1 000个重要基因变化的人脑是一回事，但不可能实现像从细菌到人脑那样的飞跃。

从事进化神经网络研究的人开始研究时往往过于接近骨骼。他们试图进化出单个神经元和它们之间的连接，而我认为在生物进化中，比如人类，已经有了非常复杂的一套遗传程序。从本质上说，已经有一系列可以在其之上操作的基因，而人们还没有真正弄清楚如何在进化编程的环境下做到这一点。

我认为这些研究人员最终会实现基因编程,但部分原因是他们至今还没有偏见。这种偏见是:"我想在我的实验室里从零开始,通过7天的创造来证明我可以成为上帝。"这是荒谬的,这不会发生。

马丁·福特:如果你打算把这种先天性构建到一个人工智能系统中,你知道那会是什么样子吗?

格雷·马库斯:有两个部分。一个是功能上它应该做什么,另一个是机械上你应该怎么做。

在功能层面,我有一些明确的建议,这些建议来自我自己的工作,以及哈佛大学的伊丽莎白·斯皮尔克(Elizabeth Spelke)的工作。我在2018年初写的一篇论文中阐述了上述内容,在那篇论文中我谈到了10件需要做的事情①。我不会在这里深入探讨它们,但是像符号操作和表示抽象变量的能力,这些都是计算机程序的基础;对这些变量进行运算,就是计算机程序的本质;类型标记的区别,识别这个瓶子与一般的瓶子不同;因果关系;空间平移或平移不变性;物体倾向于在空间和时间上相连的路径上移动的知识;认识到有一系列的事物、地点等。

如果你有上述的知识,你就可以知道当特定的物体在特定的地方被特定的智能体操纵时,它们会做什么。这要比仅仅从像素中进行学习更好,从像素中学习尽管目前非常流行,但我现在看人工智能领域要达到终极目标这个方法还不够充分。

我们现在看到的是,人们在如Atari的《Breakout》这样的游戏的像素上进行深度强化学习,虽然得到的结果看起来令人印象深刻,但它们却非常脆弱。

DeepMind训练了一个人工智能来玩《Breakout》,它看起来做得很好。据称,它已经学会了突破墙壁并将球困在顶部,这样它就可以弹过很多块。然而,如果你把球拍往上移三个像素,整个系统就会崩溃,因为它并不是真的知道什么是墙,什么是弹跳。它实际上只是学习了一些偶发事件,并在它所记忆的偶发事件之间进行插值。这些程序没有学习到你所需要的抽象性,这就是用像素和非常低级的表征来做所有事情的问题。

马丁·福特:它需要更高层次的抽象来理解对象和概念。

格雷·马库斯:正是如此。你可能还需要实际建立某些如"对象"这样的概念。一种思考的

---

① https://arxiv.org/abs/1801.05667。

方式是像学习处理颜色的能力,你不会从黑白视觉开始,最终学会有颜色。首先,有两种不同的颜色感受器,它们对光谱的特定部分敏感。然后,你可以从那里学习到特定的颜色。你需要一些先天的能力,然后才能做其他的工作。也许以类似的方式,你需要先天具有一个"对象"的概念,也许还有对象不会随机出现和消失的约束。

想象一下,在一个有《星际迷航》中的传送机的世界里,如果任何东西都可以在任何时候出现在任何地方,那么你将永远无法从中学到东西。让我们了解这个世界的是这样一个事实:物体确实是在空间和时间上相连的路径上移动的,经过 10 亿年的进化,这可能是一种让你更快地离开地面的方式。

马丁·福特:让我们谈谈未来。你认为实现通用人工智能的主要障碍是什么? 我们能用现有的工具实现吗?

格雷·马库斯:我认为深度学习是进行模式分类的有用工具,模式分类是任何智能体都需要解决的一个问题。我们要么保留它,要么用更有效的东西代替它,我认为这是可能的。

同时,智能体还需要做其他类型的事情,而深度学习目前还不是很擅长。除了像翻译不需要真正理解的事情,或者至少不需要做近似翻译的事情,它不太擅长抽象推理,也不是一个很好的语言工具。它也不擅长处理以前从未见过的情况以及信息相对不完整的情况。因此,我们需要用其他工具来补充深度学习。

更普遍地说,人类对于世界的很多知识都可以通过数学或语言中的句子以符号化的方式编码。我们真的想把这些符号信息和其他更感性的信息结合起来。

心理学家讨论了自上而下的信息和自下而上的信息之间的关系。如果看一幅图像,光线会落在你的视网膜上,这是自下而上的信息,但你也会利用对世界的知识和对事物行为的经验,将自上而下的信息添加到你对图像的解释中。

目前深度学习系统专注于自下而上的信息。它们可以解释图像的像素,但不知道图像中所包含的物体。

最近的一个例子是论文《对抗性补丁》(*Adversarial Patch*)[①]。这篇论文中展示了如何通过在图像中添加贴纸来欺骗深度学习系统。作者拍摄了一张被深度学习系统非常自信地识别

---

① https://arxiv.org/pdf/1712.09665.pdf。

出来的香蕉照片,然后在照片中的香蕉旁边贴了一张看起来像一台迷幻烤面包机的贴纸。任何一个看到它的人都会说它是一根香蕉,旁边贴着一张看起来很有趣的贴纸,但是深度学习系统会立刻非常自信地说,它现在是一台烤面包机的图片。

深度学习系统只是试图说出图像中最突出的东西是什么,而高对比度的迷幻烤面包机抓住了它的注意力,使它忽略了完全清晰的香蕉。

这是一个很好的例子,说明了深度学习系统是如何只获取自下而上的信息的,而这正是你大脑的枕叶皮层所做的。它根本不能捕捉到你的额叶皮层在对真正发生的事情进行推理时所做的事情。

为了实现通用人工智能,我们需要能够捕捉自上而下的信息和自下而上的信息。另一种说法是,人类有各种各样的常识推理,而这必须是解决方案的一部分。深度学习并不能很好地抓住这一点。在我看来,我们需要把在人工智能领域有着悠久历史的符号操作与深度学习结合起来。它们被分开处理的时间太久了,现在是时候把它们结合起来了。

马丁·福特:如果必须指出最接近通用人工智能的一家目前正在运营的公司或一个正在进行的项目,你会指出谁?

格雷·马库斯:我对艾伦人工智能研究所的 Mosaic 项目感到非常兴奋。他们正在对道格·龙内特试图解决的问题进行第二次破解,这就是如何获取人类知识并将其转化为可计算的形式。这并不是要回答诸如奥巴马出生于哪里之类的问题——实际上,计算机可以很好地存储这些信息,并且可以从可用的数据中提取这些信息。

不过,有很多信息并没有被写出,比如,烤面包机比汽车小。很可能维基百科上没有人这么说,但我们知道这是真的,这让我们可以做出推论。如果我说"Gary 被烤面包机碾过",你会觉得很奇怪,因为烤面包机并不是那么大的东西,但"被车碾过"是合理的。

马丁·福特:所以这是符号逻辑领域的问题?

格雷·马库斯:嗯,有两个相关的问题。一个问题是,你到底是如何获得这些知识的?另一个问题是,你想用符号逻辑来操作吗?

我的最佳猜测是符号逻辑实际上很有用,我们不应该把它扔到窗外。我很愿意看到有人找到另一种方法来处理它,但我目前看不到人们有什么方法能很好地处理它,我也看不到我们如何能够在没有常识的情况下建立真正理解语言的系统。这是因为每次我对你说一句话时，都会有一些常识帮助你理解这句话。

如果我告诉你我要骑自行车从纽约到波士顿，我不必告诉你我不会在空中飞行，不会在水下航行，也不会绕道去加利福尼亚。你可以自己解决所有这些问题，你不需要从文字语句中得到这些信息，以你对人类的了解，知道他们喜欢选择更高效的路线。

作为一个人，你可以做出很多推论。如果你不能有效地从字里行间读出这些推论，你就不可能理解我的句子。我们在字里行间读取了大量内容，但要使事情正常进行，就必须有共同的常识，而我们还没有掌握人类共同常识的机器。

其中最大的项目是道格·龙内特的 Cyc，该项目始于 1984 年左右，据大多数人说，它的效果并不好。它是 30 年前以一种封闭的形式发展起来的。如今，我们对机器学习有了更多的了解，艾伦人工智能研究所致力于以开源的方式开展工作，让研究群体能够参与进来。我们现在对大数据的了解比 20 世纪 80 年代更甚，但这仍然是一个非常困难的问题。重要的是，当其他人都在躲避它的时候，他们却在面对它。

马丁·福特：你认为通用人工智能的时间表是什么？

格雷·马库斯：我不知道。我知道为什么它现在不在这里的大部分原因以及需要解决的问题，但我不认为能给出一个具体日期。我认为需要一个置信区间——统计学家会这样描述它。

我可能会告诉你，我认为如果我们非常幸运的话，它将在 2030 年到来，更有可能是 2050 年，或者最坏的情况是到 2130 年。关键是很难给出一个确切的日期。有很多事情我们都不知道。我一直在想比尔·盖茨（Bill Gates）是如何在 1994 年写下《未来之路》（*The Road Ahead*）这本书的，即便是他也没有意识到互联网将会改变一切。我的观点是，可能有很多我们没有预料到的事情。

现在，机器在智能方面很弱，但我们不知道人们接下来会发明什么。有很多资金进入这个领域，这可能会推动发展，或者可能比我们想象的要困难得多。我真的不知道。

马丁·福特：这仍然是一个相当紧迫的时间框架。你说的是最早约在 10 年后或者最晚约在 110 年后。

格雷·马库斯:这些数字当然可能是错误的。另一种看法是,虽然我们在狭义人工智能方面取得了很大的进展,但在通用人工智能方面,我们迄今还没有取得很大的进展。

苹果的 Siri 于 2010 年问世,它的工作原理与 1964 年开发的早期自然语言计算机程序 ELIZA 并无太大的不同。ELIZA 通过匹配模板,给人一种理解语言的错觉,而实际上它不理解语言。

我的乐观很大程度上来自于有多少人在努力解决这个问题,以及企业为解决这个问题投入了多少资金。

马丁·福特:人工智能并不仅仅是大学里的研究项目,这绝对是一个巨大的变化。如今,人工智能已成为谷歌和 Facebook 等大公司商业模式的核心。

格雷·马库斯:尽管在第一个所谓的"人工智能寒冬"出现之前的 20 世纪 60 年代和 70 年代初,在人工智能领域确实投入了大量资金,但现在对人工智能领域的投资远远超过了以往的任何一切。同样重要的是,要承认金钱不是解决人工智能问题的保证,但却很可能是一个先决条件。

马丁·福特:让我们关注对一项更细化的技术的预测:自动驾驶汽车。

我们什么时候才能叫到一辆只由人工智能驾驶的优步,它可以在任意地点接你,然后把你带到你指定的目的地?

格雷·马库斯:至少还需要 10 年,甚至更久。

马丁·福特:这几乎进入了与你的实现通用人工智能预测相同的时间区域。

格雷·马库斯:没错,主要原因是,如果你在曼哈顿或孟买这样非常繁忙的大都市开车,那么人工智能将面临很多不可预测的情况。在凤凰城有一辆无人驾驶汽车是一回事,那里天气很好,人口也少得多。曼哈顿的问题是,任何事情都有可能在任何时候发生,总会有人不是特别行为端正,也有人可能有攻击性,发生不可预知的事情的概率要高得多。

即使是路障这样用来保护人类的简单道路元素也会给人工智能带来问题。这些都是人类通过推理来处理的复杂情况。目前,无人驾驶汽车通过非常详细的地图和激光雷达之类的技术进行导航,但并不真正了解人类司机的动机和行为。人类的视觉系统还不错,对外面发生了什么以及他们在开车的时候做什么有很好的理解。机器试图通过大数据来绕过这个问题,我不清楚仅仅通过向这些大数据驱动的系统中添加更多的数据,是否就能达到在曼哈顿开车所需的精确度水平。可能会达到 99.99％ 的精确度,但是如果计算一下,这比人类的情况糟糕得多,而且在路上使用这种精确度太危险了,尤其是在像曼哈顿这样繁忙的街道上。

马丁·福特:也许有一个更短期的解决方案将你带到一个预先确定的地点,而不是你选择的地点?

格雷·马库斯:可能很快我们就会在凤凰城或者其他有限制的地方拥有它。如果能找到一条永远不需要左转的路线,在那里不太可能有人挡道,交通也很文明,也许就能很快实现。我们已经在机场有了单轨列车,它们按照预先设定的路径以类似的方式运行。

这是一个连续的过程,从非常受限的环境,如机场的单轨列车,那里应该没有人会在那条轨道上,到曼哈顿的街道,那里任何人、任何事都可能在任何时候出现。还有其他因素,比如天气比凤凰城复杂得多,雨夹雪、泥泞、冰雹、树叶、从卡车上掉下来的东西,什么都有。

进入一个无限开放系统的次数越多,挑战就越大,就越需要以通用人工智能系统的方式进行推理。无限开放系统不像通用人工智能本身那样具有开放性,但它已经开始接近这一点了,这就是为什么我的估计很接近。

马丁·福特:让我们谈谈我一直关注的一个领域:人工智能对经济和就业市场的影响。

许多人认为我们正处于一场新的工业革命的前沿,这将彻底改变劳动力市场的面貌。你同意吗?

格雷·马库斯:我同意这种说法,不过在一个稍慢的时间框架。无人驾驶汽车的难度比我们想象的要大,所以人类司机暂时还是安全的,但是快餐店的工人和收银员却深陷困境,而且工作场所有很多这样的人。我确实认为这些根本性的改变将会发生。

其中有些是缓慢的,但以 100 年的规模来说,如果某件事多花了 20 年,那也算不上什么。

无论是 2030 年还是 2070 年,人工智能机器人和就业在 21 世纪的某个时候都会出现问题。在某个时刻,我们需要改变社会结构,因为我们将达到这样一个临界点:就业机会减少,但仍然有处于工作年龄的人口。

也有反驳的声音,比如当大多数农业工作岗位消失时,它们只是被工业工作岗位所取代,但我不认为这是令人信服的。我们将面临的主要问题是规模以及一旦有解决方案,你就可以在任何地方以相对低廉的价格使用人工智能。

研发出首个成功的无人驾驶汽车算法/数据库系统可能需要 50 年的时间和数十亿美元的研究成本,但一旦人们拥有了它们,就会大规模地推广。一旦达到这个水平,数以百万计的卡车司机就会在几年之内失去工作。

目前还不清楚是否会有新的工作岗位出现,以取代现有规模的卡车驾驶行业的工作岗位。许多新出现的工作需要的人更少。例如,YouTube 创业就是一份好工作,你可以在家制作视频就赚取数百万美元。这太棒了,但可能只有 1 000 人能这样做,而不是 100 万人,这不足以弥补所有可能失去的卡车驾驶工作。

想找到我们以前没有的工作很容易,但在一个可以只用 18 个人就创建 Instagram 的时代,想找到可以雇佣大量员工的新行业却很难。

马丁·福特:大概有一半的现有劳动力从事基本上可预测的活动。他们所做的工作都被封装在数据中,最终将在一段时间内受到机器学习的影响。

格雷·马库斯:是的,但目前像这样的事情很难。人工智能系统并不像人类那样把数据理解为自然语言。例如,从医疗记录中提取信息是目前机器很难做到的事情。这是可预测的,也不是那么困难的工作,但要用机器把它做好还需要一段时间。不过,从长远来看,我同意你的看法。自然语言理解能力会提高,最终那些可预测的工作就会消失。

马丁·福特:鉴于你认为人工智能将在某个时候导致失业,你会支持基本收入作为解决这个问题的潜在方案吗?

格雷·马库斯:我认为没有什么别的选择。我们会到达那里,但问题是我们是通过一项普遍协议和平地到达那里,还是会发生街头骚乱、有人被杀害惨烈地到达那里。我不知道该怎么做,但我看不到任何其他结局。

马丁·福特:你可以说技术已经产生了这种影响。目前美国确实存在阿片类药物泛滥的情况,而工厂的自动化技术很可能是导致中产阶级就业机会消失的原因之一,或许阿片类药物的滥用与一些人,尤其是工薪阶层的人,感到丧失尊严甚至绝望有关?

格雷·马库斯:我会谨慎地做出这种假设。这也许是真的,但我不认为这两者之间的联系是牢不可破的。在我看来,一个更好的类比是,很多人把手机当作阿片类药物使用,智能手机成了人们新的阿片。我们可能正在走向一个有很多人只是在虚拟现实中闲逛的世界,如果经济学奏效,他们可能会相当高兴。我不知道这一切将走向何方。

马丁·福特:人工智能带来了一系列的风险。像埃隆·马斯克这样的人对存在性威胁发出的声音尤其大。在人工智能的影响和风险方面,你认为我们应该担心什么?

格雷·马库斯:我们应该担心人们恶意地使用人工智能。随着人工智能越来越多地嵌入到电网中,电网越来越容易被黑客攻击,真正的问题是,人们可能会利用人工智能所拥有的力量做什么。我并不担心人工智能系统独立地想要把我们当早餐或把我们变成回形针。这并非完全不可能,但没有确凿的证据表明我们正朝着这个方向前进。不过,有证据表明,我们正在赋予这些机器越来越多的权力,而我们不知道在短期内如何解决网络安全威胁。

马丁·福特:长期威胁呢?埃隆·马斯克和尼克·博斯特罗姆非常关注人工智能的控制问题,他们认为可能存在一个递归的自我改进循环,从而导致智能爆炸。你不能完全忽视,对吧?

格雷·马库斯:我没有完全忽视它,我不会说它的概率是零,但它在短期内发生的概率非常低。最近流传着一段机器人打开门的视频,这就是机器人的发展方向。

我们根本还不能强有力地驾驭我们的世界的人工智能系统,也不知道如何改进自己的机器人系统,除了以受限的方式,比如根据特定功能调整它们的行动控制系统。这不是当下的问题。我认为在这个领域投入一些资金并让一些人思考这些问题是很好的。我的问题是,正如我们在 2016 年美国大选中看到的,比如利用人工智能生成和锁定假新闻。这是今天的更紧迫的问题。

马丁·福特:前面你说通用人工智能最早在 2030 年就可以实现。如果一个系统是真正的智能,可能是超级智能的,我们需要确保它的目标与我们希望它做的一致吗?

格雷·马库斯:是的,我想是的。如果我们能这么快实现,我会感到惊讶,但正因为如此,我认为应该让一些人思考这些问题。我只是不认为它们是眼下最紧迫的问题。即使我们真的有了通用人工智能系统,谁又能说通用人工智能系统会对干涉人类事务感兴趣呢?

大约 60 年前,人工智能无法在跳棋比赛中获胜,而 2016 年,人工智能已经能够在围棋比赛中获胜,这是一项难度更大的比赛。你可以绘制一个游戏智商图,并制作一个量表来表示游戏智商在 60 年内从 0 上升到 60。然后你可以对机器的恶意性做类似的事情。机器恶意性在那一段时间里没有改变。没有关联，没有机器恶意。过去没有，现在也没有。这并不意味着它是不可能的——我不想做归纳论证，因为它从来没有发生过，它就永远不会发生——但没有任何迹象表明它会发生。

马丁·福特：在我看来，这像是一个门槛问题：除非你拥有通用人工智能，否则不会有机器恶意。

格雷·马库斯：可能吧。其中一些恶意与动机系统有关，你可以尝试构建一个论点，说通用人工智能是机器恶意的先决条件，但你不能说它是一个必要和充分的条件。

这是一个思维实验。我可以说出一个单一的遗传因素，它会使你实施暴力行为的概率增加 5 倍。如果你没有它，你的暴力倾向是相当低的。机器会不会有这种遗传因素？当然，遗传因素是性别，男性或女性。

马丁·福特：这是让通用人工智能成为女性的理由吗？

格雷·马库斯：性别是一个代理问题，不是真正的问题，但它是一个让人工智能非暴力的论点。我们应该有一些限制和规定，以减少人工智能变得暴力的可能性，或者减少它自己想出它想对人类做什么的可能性。这些都是很难回答的重要问题，但它们远没有马斯克那可能会让很多人去思考的言论那么直接。

马丁·福特：不过，他对 OpenAI 的投资听起来并不是一件坏事，应该有人去做那项工作。很难证明让政府在人工智能控制问题上投入大量资源是合理的，但私人实体这么做似乎是积极的。

格雷·马库斯：美国国防部确实在这些事情上花了一些钱，这是应该的，但必须有一个风险投资组合。比起这些特定的人工智能威胁，我更担心某些类型的生物恐怖主义，我更担心网络战，这是一个真正持续存在的问题。

这里有两个关键问题。一个是，网络战 X 计划发生的概率是否大于 0？答案显然是肯定的。另一个是，相对于你可能担心的其他风险，你会把这个排在哪里？我想说的是，这些都是不太可能发生的情况，还有其他更有可能发生的情况。

马丁·福特：如果在某个时候我们成功地构建了一个通用人工智能，你认为它会是有意识的吗？还是有可能是一个没有内在经验的智能僵尸？

格雷·马库斯：我认为是后者。我不认为意识是先决条件。这可能是人类或其他生物的一种副现象。还有另一个思维实验说，我们是否可以有一些行为和我一样但没有意识的事物？我想答案是肯定的。我们不确定，因为没有任何独立的方法来衡量意识是什么，所以很难为这些论点提供依据。

我们如何判断机器是否有意识？我怎么知道你是有意识的？

马丁·福特：嗯，你可以假设我是，因为我们是同一个物种。

格雷·马库斯：我认为这是一个糟糕的假设。如果发现意识是随机分布在全世界人口中四分之一的人身上呢？如果只是一个基因呢？我有超级味觉基因，这让我对苦味化合物很敏感，但我妻子没有。她看起来和我是同一个物种，但我们在这个属性上有所不同，所以也许我们在意识属性上也有所不同？开个玩笑，但我们不能用客观的方法来衡量。

马丁·福特：这听起来像是一个不可知的问题。

格雷·马库斯：也许有人会想出一个更聪明的答案，但到目前为止，大多数学术研究都集中在意识的一部分，我们称之为认识（awareness）。在什么情况下，你的中枢神经系统会在逻辑上意识到某些信息是可用的？

研究表明，如果你看某样东西只看了100毫秒，你可能不会意识到你看到了它。如果你看了半秒钟，你就很确定你真的看到了。有了这些数据，我们就可以建立一个特征，描述哪个神经回路在哪个时间段为你提供可以思考的信息，我们可以称之为认识。我们正在取得进展，但还不是针对一般的意识。

马丁·福特：显然你认为通用人工智能是可以实现的，但是你认为它是不可避免的吗？你认为有没有可能我们永远无法制造出一台智能机器？

格雷·马库斯：这几乎是不可避免的。我认为阻止我们到达那里的主要因素是其他令人类灭绝的存在性风险，比如被小行星撞击，把我们炸飞，或者制造一种超级疾病。我们在不断地积累科学知识，在软件和硬件建设方面做得越来越好，没有任何原则性的理由不这么做。我认为这几乎肯定会发生，除非我们重置时钟，我不能排除这种可能性。

马丁·福特：你对这个领域的监管有什么看法？你认为政府应该参与监管人工智能研究吗？

格雷·马库斯：我不清楚这些监管应该是什么。我认为人工智能资金的很大一部分应该解决这些问题，这些难以回答的问题。

比如说，我不喜欢自主武器的想法，但是简单地直接禁止它们可能是幼稚的，并会造成更多的问题，那就是有些人有，而其他人没有。这些规定应该是什么，应该如何执行？恐怕我没有答案。

马丁·福特：你认为人工智能会对人类产生积极的影响吗？

格雷·马库斯：希望如此，但我不认为这是必然的。人工智能帮助人类的最佳方式是加速医疗保健领域的科学发现。相反，目前人工智能的研究和实施主要是关于广告投放。

人工智能有很多积极的潜力，但我不认为在这方面有足够的关注。我们做了一些事，但还不够。我也知道会有风险、失业和社会动荡。在技术层面上，我是一个乐观主义者，因为我确实认为通用人工智能是可以实现的，但我更希望看到一些技术发展的改变以及如何去制定这些改变的优先级。现在，在如何使用和分配人工智能方面，我并不完全乐观地认为我们正朝着正确的方向前进。我认为要让人工智能对人类产生积极的影响，还有很多严肃的工作要做。

格雷·马库斯

格雷·马库斯是纽约大学心理学和神经科学教授。格雷的大部分研究都集中在理解儿童是如何学习和同化语言的,以及这些发现如何为人工智能领域提供信息。

他是多本书的作者,包括《思维的诞生》《克鲁格:人类思维的偶然进化》以及畅销书《零号吉他》,他在这本书中探索了学习弹吉他时所涉及的认知挑战。格雷还为《纽约客》和《纽约时报》撰写了大量关于人工智能和脑科学的文章。2014 年,他创立了后来被优步收购的机器学习初创公司 Geometric Intelligence,并担任首席执行官。

格雷以对深度学习的批评而闻名,他曾写道,目前的方法可能很快就会"碰壁"。他指出,人类的大脑不是一张白纸,而是预先设定了重要的结构,使学习成为可能。他认为,单靠神经网络无法获得更通用的智能,要继续取得进展,就需要将更多先天的认知结构融入人工智能系统。

"我很高兴人工智能真的在这个世界上产生影响,因为我从未想过它会在我的有生之年发生——因为人工智能的问题是如此的难。"

芭芭拉·格罗斯
哈佛大学自然科学系希金斯教授

芭芭拉·格罗斯是哈佛大学自然科学系希金斯教授(Higgins Professor)。在她的职业生涯中,她在人工智能领域做出了开创性的贡献,并由此产生了对话处理的基本原则,这些原则对于苹果的 Siri 或亚马逊的 Alexa 等手机智能个人助理来说非常重要。1993 年,她成为第一位担任美国人工智能促进协会主席的女性。

人工智能缔造师

马丁·福特：最初是什么促使你对人工智能感兴趣的？你的职业发展当时是怎么样的？

芭芭拉·格罗斯：我的职业生涯是一连串令人愉快的意外。上大学的时候，我以为自己会成为一名七年级的数学老师，因为我七年级的数学老师是我人生最初的 18 年里遇到的唯一一位认为女性也可以做数学的人，并且他告诉我，我的数学相当好。当我去康奈尔大学的时候，我的世界真正打开了，因为他们刚刚成立了计算机科学系。

当时美国没有计算机科学的本科专业，但康奈尔大学提供了参加一些相关课程的机会。我从计算机科学中一个相当偏数学的领域——数值分析开始，最后去了伯克利读研究生，一开始是攻读硕士学位，后来进入了博士课程。

我研究的是后来被称为计算科学的领域，然后短暂地研究理论计算机科学领域。我发现我喜欢的是计算机科学里数学领域的解决方案，而不是问题本身。所以当我需要一个论文题目时，我就去和很多人交谈。艾伦·凯（Alan Kay）对我说："听着，你必须为你的论文做些有雄心的事情。你为什么不写一个程序来读一个儿童故事，然后从其中一个角色的角度来讲述它呢？"这激发了我对自然语言处理的兴趣，也是让我成为一名人工智能研究者的起源。

马丁·福特：艾伦·凯？他发明了 Xerox PARC 的图形用户界面，对吧？史蒂夫·乔布斯（Steve Jobs）就是由此产生 Macintosh 的想法的。

芭芭拉·格罗斯：是的，艾伦是 Xerox PARC 工作中的关键人物。实际上，我和他一起开发了一种叫作 Smalltalk 的编程语言，这是一种面向对象的语言。我们的目标是建立一个适合学生（K12）学习的系统。我的儿童故事程序是用 Smalltalk 编写的。不过，在 Smalltalk 系统完成之前，我意识到儿童故事不仅仅是用来阅读和理解的故事，它们还被用来灌输一种文化，艾伦对我提出的挑战将是非常难以应对的。

在此期间，第一组语音理解系统也通过 DARPA 项目在进行开发，SRI 国际的工作人员对我说："如果你愿意冒险去做儿童故事，为什么不跟我们一起研究一种更客观的语言，以任务为导向的对话，但用的是语音而不是文字？"因此，我参与了 DARPA 的语音工作，研究能够帮助人们完成任务的系统，也就是从那时起，我真正开始从事人工智能研究。

正是这项工作使我发现，当人们一起完成一项任务时，他们之间的对话有一个依赖于任务结构的结构——而对话远不止是一对对问与答。从这个观点，我开始意识到作为人类，我们一般不会用一连串孤立的话语来表达，总会有一个更大的结构，就像一篇期刊文章、一篇报纸文章、一本教科书，甚至是这本书，我们都可以为这个结构建模。这是我对自然语言处理和人工智能的第一个重大贡献。

马丁·福特：你提到了你最著名的自然语言突破之一：尝试以某种方式模拟对话。也就是对话可以被计算，并且对话中存在某种可以用数学表示的结构这样一个观点。

我认为这已经变得越来越重要，因为我们已经在这个领域看到了很多进展。也许你可以谈谈你在那里所做的一些工作以及进展。与你开始研究时的情况相比，你对现在的自然语言处理能力感到惊讶吗？

芭芭拉·格罗斯：这绝对让我震惊。我早期的工作正是在这个领域，也就是如何能够建立一个计算机系统，它能够以一种看似自然的方式与一个人进行流利的对话。我联系上艾伦·凯并和他一起工作的原因之一，就是因为我们都对构建能与人类一起工作并适应人类，而不是要求人类反过来去适应它们的计算机系统感兴趣。

着手这项工作的时候，我看到许多关于句法和形式语义的语言学和哲学文献，以及计算机科学关于句法分析算法方面的文献。人们知道语言理解不仅仅是一个单独的句子，他们也知道语境很重要，但他们并没有正式的工具，没有数学，也没有计算结构来考虑语音系统中的语境。

我当时说，我们不能仅仅假设发生了什么，不能仅仅进行内省，我们必须获得人们在做一项任务时如何进行对话的样本。因此，我发明了这种方法，后来被一些心理学家称为"绿野仙踪"（The Wizard of Oz）方法。在这项研究中，我让两个人坐在两个不同的房间里，一个是专家，一个是学徒，我让专家向学徒解释如何完成某件事。正是通过研究他们共同工作时候的对话，我认识到了这些对话的结构及其对任务结构的依赖性。

后来我和辛蒂·西德纳（Candy Sidner）共同写了一篇论文，题目是《注意力、意图和话语结构》（*Attention, Intentions, and the Structure of Discourse*）。在那篇论文中，我们认为对话都有一个结构，其中一部分是语言本身，另一部分是你说话时的意向性结构（intentional structure）以及说话的目的是什么。这种意向性结构是对任务结构的一种概括。然后这些结构方面会由一个注意力状态的模型来调节。

马丁·福特：让我们快进到今天。你看到的最大的不同是什么？

芭芭拉·格罗斯：我看到的最大的不同是从本质上"聋哑的"语音系统，到今天非常擅长处理语音的系统。在早期，我们真的无法从语音中获得太多的东西，而且事实证明，在那时要得到正确的语法分析和意义是非常困难的。我们确实取得了长足的进步,今天的技术在处理个人话语或句子方面的能力令人难以置信地好,你可以从现代搜索引擎和机器翻译系统中看到这一点。

如果你考虑的是任何一个声称要进行对话的系统,其实它们根本不起作用,如果这个对话系统限制用户按照脚本进行对话,它们似乎会做得很好,但人们并不太擅长遵循脚本。有一些言论声称这些系统可以与人进行对话,但事实上,它们真的做不到。例如,据称可以与孩子对话的芭比娃娃是基于脚本的,但如果孩子以设计师没有预料到的方式做出回应,就会遇到麻烦。我认为它所犯的错误实际上带来了一些严重的伦理挑战。

类似的例子还出现在所有的电话个人助理系统上。例如,如果问最近的急诊室在哪里,你确实会得到离你最近的医院的答复,但是如果问哪里可以治疗扭伤的脚踝,系统可能只是带你到一个网页,告诉你如何治疗扭伤的脚踝。对于扭伤脚踝来说这也许不是一个严重的问题,但如果你问的问题是关于心脏病发作的,那么实际上这样的答复可能导致心脏病病人死亡。人们总会假设可以回答这些问题中的一个问题的系统可以回答其他问题。

基于从数据中学习的对话系统也出现了一个相关问题。2017 年夏天,我获得了计算语言学协会终身成就奖,几乎所有在会议上听我演讲的人都致力于基于深度学习的自然语言系统。我告诉他们:"如果想建立一个对话系统,你必须认识到 Twitter 并不是一个真正的对话。"要建立一个能够处理人们实际参与对话的对话系统,你需要有真实的人类进行对话的真实数据,而这类数据比 Twitter 数据更难获得。

马丁·福特:当你谈到脱离脚本时,在我看来,这是纯语言处理和真正的智能之间的模糊界限。真正的智能是指脱离脚本和处理不可预知情况的能力,这是机器人或自动机器与人之间的区别。

芭芭拉·格罗斯:你说得很对,这就是问题所在。如果拥有大量的数据,通过深度学习,可以让你,比如说,从一种语言的一个句子转到另一种语言的同一个句子,或者从一个问问题的句子转到这个问题的答案,或者从一个句子转到下一个可能的句子,但其实你对这些句子的真实含义并没有真正理解,所以也就没有办法脱离脚本。

这个问题要追溯到 20 世纪 60 年代由保罗·格赖斯(Paul Grice)、J. L. 奥斯汀(J. L. Austin)和约翰·塞尔(John Searle)阐述的一个哲学观点,即语言就是行动。例如,如果对计算机说"打印机坏了",那么我不希望它回答我"谢谢,这个事实已经被记录下来了"。我真正想要的是系统能做一些什么来修好打印机。要做到这一点,系统需要理解我为什么说这些话。

目前基于深度学习的自然语言系统对这类句子的学习效果普遍较差。原因是根深蒂固的。我们在这里看到的是,这些系统确实擅长统计学习、模式识别和大规模数据分析,但它们并没有深入到表层之下。它们无法推断出某人说话背后的目的。换句话说,它们忽略了对话的意向性结构成分。基于深度学习的系统通常缺乏智能的其他特征:它们往往不能进行反事实推理或常识推理。

除非你严格限制一个人能说的和能做的范围,否则你需要包含反事实推理在内的所有理解能力去参与到一个对话中;但限制了能力就会让人们很难做到他们实际想做的事情!

马丁·福特:你认为目前最先进的技术是什么?当我看到 IBM Watson 在《Jeopardy!》中获胜时,我非常惊讶!那真的很了不起。它真的是一个突破吗?还是有一些其他真正处于前沿的东西?

芭芭拉·格罗斯:苹果的 Siri 和 IBM 的 Watson 给我留下了深刻的印象,它们是工程领域的非凡成就。我认为今天的自然语言和语音系统是非常棒的。它们正在改变我们与计算机系统交互的方式,使我们能够完成很多事情。但这些系统远不及人类的语言能力,当你试图与它们进行对话时,你就会发现这一点。

当 Siri 在 2011 年问世时,我用了三个问题就打破了这个系统。Watson 犯错误的地方是最有趣的,因为它向我们展示了它不像人类那样处理语言的地方。

所以,一方面,我认为自然语言和语音系统的进步是惊人的。我们已经远远超出了 20 世纪 70 年代的水平,一部分原因是计算机的功能比以前更强大,还有一部分原因是现在有更多的数据。我很高兴人工智能真的在这个世界上产生了影响,因为我从未想过它会在我的有生之年发生——因为人工智能的问题是如此的难。

马丁·福特:真的,你没想到这会在你的有生之年发生?

芭芭拉·格罗斯:20 世纪 70 年代时?是的,我确实没有想到过。

马丁·福特:Watson 确实令我大吃一惊,尤其是它竟然可以处理双关语、笑话和非常复杂的语言表达。

芭芭拉·格罗斯:但是回到"绿野仙踪"的比喻,看看那些系统背后的实际情况,就会发现它们都有局限性。我们正处在一个非常重要的时刻,既需要了解这些系统擅长什么,也需要了解它们会在哪里失败。

这也就是为什么我认为对于这个领域,坦率地说是对于全世界来说,理解这一点很重要:如果我们不以取代人类或者建立通用人工智能为目标,那么我们可以在人工智能系统方面取得更大的进步,这对于全世界人们都有好处——而不是仅仅把注意力放在这些伟大的能力对什么有好处,对什么有坏处,以及如何用这些系统来对人类进行补充,如何用人来对这些系统进行补充。

马丁·福特:让我们把注意力放在脱离脚本,能够真正地进行对话的想法上。这直接关系到图灵测试,我知道你在这方面做了一些额外的工作。你认为图灵提出这个测试的目的是什么?这是一个很好的关于机器智能的测试吗?

芭芭拉·格罗斯:我提醒一下,图灵在 1950 年提出了他的测试,那时人们拥有了他们认为不可思议的新型计算机。当然,与今天的智能手机相比,这些系统什么都做不了,但在那个时候,许多人想知道这些机器是否能像人类一样思考。记住,图灵对"智能"(intelligence)和"思维"(thinking)的使用是相似的——他所说的智能并不是诺贝尔奖得主的那种科学类型的智能。

图灵提出了一个非常有趣的哲学问题,他对机器是否能表现出某种行为做了一些推测。20 世纪 50 年代也是心理学植根于行为主义的时代,因此他的测试不仅是一个操作层面的测试,也是一个无法看到表面背后机制的测试。

图灵测试不是一个很好的智能测试。坦白地说,我可能都无法通过图灵测试,因为我不太擅长开社交玩笑。对于人工智能领域应该做什么,它也不是一个很好的指导。图灵是一个非常聪明的人,但我曾认真地推测,如果他今天还活着,如果他知道我们现在所知道的学习是如何工作的,大脑和语言是如何工作的,以及人们是如何发展智能和思维的,那么他可能会提出一个不同的测试。

马丁·福特:我知道你已经提出了一些改进,甚至可以说是图灵测试的替代品。

芭芭拉·格罗斯:没人知道图灵会提出什么建议,但我提出了一个建议,鉴于我们知道人类智能的发展取决于社会交往,语言能力取决于社会交往,而且在许多环境中,人类活动是协作的,所以我建议我们的目标是建立一个系统,它是一个良好的团队伙伴,与我们可以合作得非常好,以至于我们意识不到它不是人类。我的意思是,这并不是说我们被愚弄了,认为笔记本电脑、机器人或手机是人类,而是当它犯了一个人类不会犯的错误时,你不会一直想"为什么它会那样做"。

我认为这是一个对于人工智能领域来说更好的目标,部分是因为它比图灵测试更有优势。

一个优势是你可以增量式地满足此目标——所以如果选择一个足够小的领域来构建一个系统,你就可以构建出属于那个领域的智能,这个系统就能很好地完成对应类型的任务。其实我们立马就能够找到依照上述方式工作的智能系统——那就是小孩子,在他们成长的过程中,便是按照不同的受限制的方式体现出智能的,然后他们继续以更加不同的方式来获得更多的不同类型的聪明才智。

使用图灵测试,系统要么成功要么失败,并没有如何逐步提高其推理能力的指导。为了科学的发展,你需要能够在这条道路上一步一步地前进。我提出的测试也认识到,在可预见的未来,人类和计算机系统将具有互补的能力,它建立在这种洞察之上,而不是忽视它。

在图灵 100 周年诞辰之际,我在爱丁堡的一次演讲中首次提出了这个测试。我说,考虑到计算机和心理学的进步,"我们应该考虑新的测试"。我向那次演讲的与会者询问他们的想法,并在随后的演讲中也这样做。到目前为止,收到的主要反馈都是这是一个很好的测试。

马丁·福特:我一直认为,一旦我们真正拥有了机器智能,当我们看到它的时候就会知道它的存在。这很明显,也许并没有一个真正明确的测试可以定义。我不确定有没有一个测试人类智能的方法,我的意思是,你怎么知道另一个人是智能的?

芭芭拉·格罗斯:这是一个非常好的观察。想想当我举"最近的急诊室在哪里以及心脏病发作时可以去哪里治疗"这个例子时说的话,你应该不会认为只能回答其中一个问题而不知道如何回答另一问题的人是有正常智能的。

你问的那个人有可能两个问题都回答不出来,如果你把他们扔到某个外国城市的话;但如果他们能回答其中一个问题,他们就一定能回答另一个问题。关键是,如果你有一台机器能同时回答这两个问题,那么在你看来它就是智能的;如果你有一台机器只能回答一个问题而不能回答另一个问题,那么它看起来就不那么智能了。

你刚才说的和我提出的测试是一致的。如果人工智能系统一直在运行并采取行动,就像你所期望的人类的行动那样智能,那么你就会认为它是智能的。现在很多人工智能系统的情况是,人们认为人工智能系统很聪明,然后它做了一些让他们吃惊的事情,之后人们就会认为它是完全愚蠢的。在那一刻,人类想知道为什么人工智能系统会以这种方式工作,或者为什么没有按他们期望的方式工作,到最后,他们就不再认为它有那么聪明了。

顺便说一句,我提出的测试是没有时间限制的;事实上,它应该在时间上得到延长。图灵的测试也不应该有时间限制,但是这个特性经常被人们遗忘,尤其是在最近的各种人工智能比赛中。

马丁·福特:那似乎很傻,在半个小时内人类都无法表现出很聪明。要证明真正的智能,必须有一段不确定的时间。我记得勒布纳奖(Loebner Prize),就是每年都在一定的限制条件下进行图灵测试。

芭芭拉·格罗斯:对,这证明了你所说的。它也表明了我们在自然语言处理领域很早就学到的,即如果你只有一个固定的任务和一组固定的问题(在这种情况下,一个固定的时间),那么廉价的技巧总是会胜过真正的智能处理,因为你只需要为测试来设计你的人工智能系统!

马丁·福特:你工作过的另一个领域是多智能体系统,听起来相当深奥。你能谈一谈并解释一下那是什么意思吗?

芭芭拉·格罗斯:当我和辛蒂·西德纳开发我前面提到的话语的意向模型时,我们首先尝试基于一些同事开发的个体机器人的人工智能规划模型方面的工作,来形式化关于言语行为理论的哲学。但当我们试图在对话的语境中使用这些技巧时,我们发现它们是不够的。这一发现使我们认识到,团队合作或协作活动,或一起工作,不能被简单地描述为个人计划的总和。

毕竟,这并不是说你有一个去做一组特定动作的计划,而我也有一个去做一组特定动作的计划,而它们只是恰好结合在一起。当时,由于人工智能规划研究人员经常使用的一些例子涉及玩具积木的堆砌,因此我使用了一个特定的例子,一个孩子有一堆蓝色的积木,另一个孩子有一堆红色的积木,他们搭建了一座既有红色积木又有蓝色积木的塔。但这并不是说有蓝色积木的孩子有一个关于那些积木摆放位置的计划,正好与有红色积木的孩子的计划里有空缺的地方相匹配。

在这一点上,辛蒂和我意识到,我们必须想出一种新的方式来思考——并在一个计算机系统中表示——多个参与者的计划,无论是人还是计算机智能体,或者两者兼有。这就是我如何开始多智能体系统研究的。

在这个领域工作的目标是思考计算机智能体与其他智能体之间的位置关系。在 20 世纪 80 年代,这一领域的工作主要涉及多个计算机智能体(多个机器人或多个软件代理)的情况,并提出了有关竞争和协调的问题。

马丁·福特:只是想确认一下:当你谈到一个计算机智能体时,指的是一个程序,一个执行某些动作、检索某些信息或做某些事情的过程,对吧?

芭芭拉·格罗斯：没错。一般来说，计算机智能体是一个能够自主行动的系统。最初，大多数计算机智能体都是机器人，但几十年来，人工智能的研究也涉及软件智能体。如今，在许多其他任务中，有用于搜索和在拍卖中竞争的计算机智能体。所以，一个智能体并不一定要是一个实际存在于世界上的机器人。

例如，杰夫·罗森海姆(Jeff Rosenheim)在早期的多系统智能体研究中做了一些非常有趣的工作，这些研究考虑了一些情况，比如有一群送货机器人，它们需要在城市各处送货，如果它们交换包裹的话，它们可以做得更有效率。他考虑了一些问题，比如在实际必须完成的任务上它们是会说实话还是撒谎，因为如果一个智能体撒谎，它可能会胜出。

整个多智能体系统领域现在解决了各种各样的情况和问题。有些工作侧重于战略推理，另一些则侧重于团队合作。而且，我很高兴地说，最近很多研究都在关注计算机智能体如何与人一起工作，而不仅仅是与其他计算机智能体一起工作。

马丁·福特：这种多智能体的工作直接激发了你在计算协作方面的工作吗？

芭芭拉·格罗斯：是的，我在多智能体系统方面的工作成果之一就是开发了第一个协作计算模型。

协作意味着什么？人们对一项整体任务进行划分并将其委派给不同的人，让他们自己去解决细节问题。我们彼此承诺去做子任务，并且(大多数情况下)不会偏离并忘记我们承诺要做的事情。

在企业中，一个普遍的情况是一个人不会试图做所有事情，而是根据其他人所拥有的专业知识将任务委托给他们。在非正式的合作中也是如此。

我与萨利特·克劳斯(Sarit Kraus)合作开发了一个协作模型，使这些直觉形式化，然后产生了许多新的研究问题，包括如何决定谁有能力做什么，如果出了问题会发生什么，以及对团队的义务是什么。所以，你不会突然消失或者说："哦，我失败了，对不起。希望你们没有我也能完成任务。"

2011年到2012年间，我在加利福尼亚休了一年的假，我决定看看这项关于协作的研究是否会为世界带来改变。所以，从那时起，我一直在医疗保健领域与斯坦福的儿科医生李·桑德斯(Lee Sanders)合作，开发新的医疗保健协调方法。特定的医疗情况是那些有着复杂医疗条件的孩子，需要看12名或15名医生。在这种情况下，我们需要问：如何提供系统来帮助那些医生共享信息，并更成功地协调他们正在做的事情。

马丁·福特：你认为医疗保健是人工智能最有前景的研究领域之一吗？毫无疑问，这似乎是经济中最需要转型和提高生产率的部分。我想说，如果能把变革医疗领域放在比拥有能翻转汉堡包和生产更便宜快餐的机器人更重要的位置上，我们的社会会变得更好。

芭芭拉·格罗斯：是的，医疗保健和教育都是非常重要的领域，我们应该专注于建立能够补充人类技能的系统，而不是取代人类的系统。

马丁·福特：让我们谈谈人工智能的未来。你怎么看待当前对深度学习的关注？我觉得一个普通人看了新闻后，可能会觉得人工智能和深度学习是同义词。说到人工智能，你认为什么是处于绝对前沿的？

芭芭拉·格罗斯：深度学习的这个"深度"的意思其实不是任何哲学意义上的深度。这个名字来源于神经网络有很多层。这并不是说，在成为更深层次的"思考者"的意义上，深度学习比其他类型的人工智能系统或学习更智能。它运作良好是因为它在数学上有更大的灵活性。

深度学习对于本质上符合端到端处理模式的特定任务尤其有效：一个信号进来，得到一个答案；但它也受到所获得的数据的限制。我们在识别白人男性比识别其他人种更好的系统中看到了这个局限性，因为在训练数据中有更多的白人男性的数据。我们也可以在机器翻译中看到它对于字面语言非常有效，有很多例子，但却不适合你在小说中看到的语言或者任何其他文学性或者头韵体的内容。

马丁·福特：当深度学习的局限性被更广泛地认识到时，你认为围绕深度学习的所有炒作都会遭到强烈反对吗？

芭芭拉·格罗斯：过去我经历过无数个人工智能寒冬，从它们之中脱离时，我感到既害怕又充满希望。我担心人们一旦看到深度学习的局限性就会说："哦，它真的不管用。"但我希望，因为深度学习对于很多事情和很多领域都是如此强大，所以不要有一个围绕深度学习的人工智能寒冬。

不过，我确实认为，要避免出现深度学习的人工智能寒冬，这一领域的人需要把深度学习放在正确的位置，并清楚其局限性。

我曾经说过："如果人工智能系统是以人为中心设计的，那么它就是最好的。"埃杰·卡马尔（Ece Kamar）指出，这些深度学习系统学习的数据来自人。深度学习系统是由人来训练的。

当这些深度学习系统出错时，如果有人在这个回路中纠正它们，它们会做得更好。一方面，深度学习是非常强大的，它使许多奇妙的事情得以发展。但深度学习并不是所有人工智能问题的答案。例如到目前为止，它对常识推理毫无用处！

马丁·福特：我认为人们正在研究，例如，如何建立一个系统，让它能从更少的数据中学习。目前，系统确实依赖于庞大的数据集才能正常工作。

芭芭拉·格罗斯：是的，但请注意，问题不仅仅是它们需要多少数据，而是数据的多样性。

我最近一直在思考这个问题，简单地说，为什么这很重要？如果我或者你正在建立一个在纽约或旧金山工作的系统，那将是一回事。但是这些系统正被世界各地拥有不同文化、不同语言、不同社会规范的人们所使用。你的数据需要来自那个空间所有部分的采样。对于不同的群体，我们没有相同数量的数据。如果我们使用很少的数据，我们不得不说（开个玩笑）："这是一个对高收入的白人男性非常有效的系统。"

马丁·福特：但这仅仅是因为你所用的例子是面部识别，而系统被提供的主要是白人的照片数据吗？如果扩大规模从更多样化的人群获得数据，那么这个问题就会得到解决，对吧？

芭芭拉·格罗斯：是的，但这只是我能给你的最简单的例子。让我举个医疗保健的例子吧。直到几年前，医学研究还只是针对雄性，我说的不仅仅是人类的男性，甚至在基础生物医学研究中也只谈论雄性小鼠。为什么呢？女性也有荷尔蒙啊！如果你正在开发一种新药，那么就会出现一个相似的年轻人和老年人的人群问题，因为老年人对剂量的需求与年轻人不同。如果你的大部分研究是针对年轻人的，那么你又会遇到数据偏见的问题。人脸数据是一个简单的例子，但是数据偏见的问题无处不在。

马丁·福特：当然，这不是人工智能独有的问题，人类在面对有缺陷的数据时也会遇到同样的问题。这是人们在做研究时做的决定所产生的数据偏见。

芭芭拉·格罗斯：是的，但现在看看在某些医学领域发生了什么。计算机系统可以"阅读所有的论文"（超过一个人的能力），并从中进行某些类型的信息检索并提取结果，然后进行统计分析。但如果大多数论文都是关于只在雄性小鼠或男性人类身上进行的科学研究，那么这个系统得出的结论是有限的。

法律领域也有这个问题，包括执法和公平问题。所以，当我们构建这些系统时，必须思考："好的。如何使用我的数据呢？"我认为医学是一个非常危险的领域，如果你不注意所使用数据的局限性的话。

马丁·福特：我想谈谈通向通用人工智能的道路。我知道你对制造与人合作的机器很有兴趣，但通过这些采访我可以告诉你，你的许多同事对制造将成为独立的外星智能的机器非常感兴趣。

芭芭拉·格罗斯：他们看了太多科幻小说了！

马丁·福特：但就实现真正智能的技术途径而言，我想第一个问题是你是否认为通用人工智能是可以实现的？也许你认为这根本不可能实现。未来的技术障碍是什么？

芭芭拉·格罗斯：我想告诉你的第一件事是，在 20 世纪 70 年代末，当我完成我的论文时，我和另一个学生有过这样的对话，他说："幸好我们并不在乎赚很多钱，因为人工智能永远不会有什么成就。"我经常回想那个预言，我知道我没有预知未来的水晶球。

我不认为通用人工智能是正确的发展方向。我认为对通用人工智能的关注实际上在伦理上是危险的，因为它引发了各种各样的问题，比如人们失去工作，机器人失去控制。这些都是值得思考的问题，但它们是非常遥远的未来，它们会分散人们的注意力。真正的问题是，我们现在所拥有的人工智能系统存在很多伦理问题，我认为因为可怕的未来场景而分散人们对这些问题的注意力是很不幸的。

通用人工智能是一个值得发展的方向吗？你知道，几百年来，人们一直在想，至少从《布拉格傀儡》(*The Golem of Prague*) 和《弗兰肯斯坦》(*Frankenstein*) 开始，人类是否能创造出像人类一样聪明的东西。我的意思是，你不能阻止人们的幻想和好奇，而我也不打算去尝试，但我不认为思考通用人工智能是对我们所拥有资源（包括我们的智能）的最好利用。

马丁·福特：通用人工智能的实际障碍是什么？

芭芭拉·格罗斯：我提到过一个障碍，那就是获得所需的广泛数据，并且是合乎道德地获得这些数据，因为从本质上说，你就像一个"老大哥"，观察很多人的行为并从中获取很多数据。我认为这可能是最大的问题和障碍之一。

第二个障碍是，现在存在的每一个人工智能系统都是具有专门能力的人工智能系统。可以打扫你的房子的机器人，或者可以回答有关旅行或餐馆问题的系统。从那种个体化的智能到可以灵活地从一个领域转移到另一个领域，从一个领域到另一个领域进行类比，并且不仅能思考现在，还能思考未来的通用智能，这些都是很难的问题。

芭芭拉·格罗斯

马丁·福特：一个主要的担忧是，人工智能将引发一场巨大的经济混乱，并可能对就业产生重大影响。这并不需要通用人工智能，只需要一个狭义的人工智能系统，这些系统可以很好地完成专门的工作，足以取代工人或使工作去技能化。对于潜在的经济影响，你的担忧有哪些？我们应该有多担心？

芭芭拉·格罗斯：是的，我很担心，但我担心的方式和其他人担心的方式有所不同。我想说，这不仅仅是一个人工智能问题，而是一个更广泛的技术问题。在这个问题中，我们这些各种各样的技术人员要承担部分责任，但商业世界也承担很多责任。

这里有一个例子。你曾经在有东西坏了的时候打电话给客服，你得和一个人谈谈。不是所有的客服人员都很好，但是那些很好的客服人员会理解你的问题并给你一个答案。

当然，人力是昂贵的，所以现在许多客户服务设置中，人力已经被计算机系统所取代。有一个阶段，公司解雇了更聪明的人，雇用了成本更低的人，这些人只能按照脚本行事，但这并不是很好。但是现在，当你有一个系统的时候，谁还需要一个只能遵循脚本的人呢？这种方法会导致糟糕的工作，也会导致糟糕的客户服务交互。

当你想到人工智能和日益智能化的系统时，会有越来越多的机会想到："好吧，我们可以取代人类。"但是如果系统不能完全胜任分配给它的任务，那么这样做就会有问题。这也是为什么我在不断宣传构建能与人类互补的人工智能系统。

马丁·福特：关于这一点，我写了很多的文章，我想说的是，这在很大程度上是技术和资本主义的交汇点。

芭芭拉·格罗斯：没错！

马丁·福特：资本主义有一种通过削减成本来赚取更多钱的内在驱动力，从历史上看，这是一件积极的事情。我的观点是，需要对资本主义进行调整，这样它才能继续蓬勃发展，即使我们正处于一个拐点，资本将真正开始以前所未有的程度取代劳动力。

芭芭拉·格罗斯：我完全同意你的看法。我最近在美国艺术与科学学院谈到了这一点，对我来说，有两个关键点。

我的第一个关键点是，这不仅仅是我们"能"构建什么系统的问题，而是我们"应该"构建什么系统的问题。作为技术人员，我们对此有一个选择，即使在资本主义制度下，我们也会购买任何省钱的东西。

人工智能缔造师

我的第二关键点是，我们需要将伦理融入计算机科学的教学中，这样学生们就可以学会从系统的这个维度思考代码的效率和优雅性。

在这次会议上，我给企业和市场营销人员举了沃尔沃的例子，沃尔沃通过制造安全的汽车而获得了竞争优势。我们需要它成为公司的一个竞争优势，使系统能够很好地与人协同工作。但要做到这一点，就需要工程师们不只是考虑替代人类，还要与社会科学家和伦理学家一起研究："好吧，我可以把这种能力加进去，但如果我这样做，将意味着什么？它如何与人相处？"

我们需要支持构建我们应该构建的那种系统，而不仅仅是那些在短期内看起来比较容易销售和节省资金的系统。

马丁·福特：除了经济影响之外，人工智能还有什么风险呢？你认为在人工智能方面，无论近期还是远期，我们应该真正关心的是什么？

芭芭拉·格罗斯：在我看来，围绕着人工智能提供的能力、它拥有的方法和它的用途，以及世界上流行的人工智能系统设计，存在着一系列问题。

但这里总会有一个选择。即使是关于武器，也会有选择。它们是完全自主的吗？这个回路中人在哪里？即使是有关于汽车，埃隆·马斯克也有选择。他本可以说特斯拉汽车拥有的是驾驶员辅助系统，而不是说他有一辆带自动驾驶仪的汽车，因为他当然还没有一辆带自动驾驶仪的汽车。人们陷入麻烦是因为他们相信自动驾驶仪的想法，相信它会起作用，然后发生事故。

因此，我们可以选择在系统中加入什么，对系统进行什么声明，以及如何测试、验证和设置系统。会发生灾难吗？这取决于我们做了什么选择。

对于每个参与构建以某种方式融入人工智能的系统的人来说，现在是一个绝对关键的时刻，因为那些不仅仅是人工智能系统：它们是包含人工智能的计算机系统。每个人都需要坐下来，作为设计团队的一部分，让那些能够帮助他们更广泛地思考他们正在构建的系统的意外后果的人参与进来。

我的意思是，法律谈论的是意想不到的后果，而计算机科学家谈论的是副作用。对于技术发展，目前我所担心的是，人们嘴上说"哦，我想我是不是可以造出做这样做那样的技术"，然后就直接造出来强加给全世界，是时候停止这样的做法了。我们必须考虑我们正在建立的系统的长期影响。这是一个社会问题。

我从教授"智能系统：设计和伦理挑战"课程到现在与哈佛大学的同事们一起努力，将伦理学教学融入每门计算机科学课程中,我们称之为嵌入式伦理学。我认为,设计系统的人不应该只考虑高效的算法和代码,还应该考虑系统的伦理含义。

马丁·福特:你认为对存在性威胁的关注太多了吗?埃隆·马斯克成立了 OpenAI,我认为这是一个致力于解决这个问题的组织。这是好事吗?这些担忧是我们应该认真对待的吗,即使它们可能在遥远的未来才会实现?

芭芭拉·格罗斯:有人可以很容易把一些非常糟糕的设计放在无人机上,这可能会造成非常大的破坏。所以,是的,我支持那些思考如何设计安全的系统、要构建什么样的系统以及如何教学生设计更符合道德规范的程序的人。

然而我确实认为,如一些人所说的,在我们找到如何避免所有这些威胁之前我们不应该做任何人工智能的研究或开发,这类言论太极端了。如果因为感知到的长期存在的威胁而停止那些通过人工智能让世界变得更美好的方式,那将是有害的。

我认为我们可以继续开发人工智能系统,但必须注意伦理问题,并诚实地面对人工智能系统的能力和局限性。

马丁·福特:你经常说"我们有选择"。鉴于你强烈认为我们应该建立与人类合作的系统,你建议这些选择主要由计算机科学家和工程师来做,还是由企业家来做?像这样的决定很大程度上是由市场的激励因素驱动的。这些选择应该由整个社会来做吗?是否存在监管或政府监督的空间?

芭芭拉·格罗斯:我想说的一点是,即使你设计的系统不是为了与人类合作,它最终也会与人类合作,所以最好考虑到人的因素。比如,微软的 Tay 机器人和 Facebook 的假新闻灾难就是设计师和系统的例子,人们没有充分考虑好他们如何将系统发布到"野外",进入一个充满了人的世界,在这个世界里并不是所有人都试图提供帮助且具有高度一致的认同性。你确实不能忽视人的因素!

所以,我绝对认为有立法的空间,有政策的空间,还有监管的空间。我之所以热衷于设计能与人很好地合作的系统,其中一个原因是我认为,如果你在思考设计时让社会科学家和伦理学家在场,那么你的设计会更好。这样,政策和法规只需要去做你在设计上做不到的事情,而不是过度反应或改造设计糟糕的系统。我认为如果能够将系统设计到它们能达到的最优状态,基于此设计政策,那么我们最终会得到更好的系统。

人工智能缔造师

马丁·福特：在一个国家内部，甚至在整个西方，可能出现一个关于监管的担忧，那就是与中国的竞争正在兴起，这是我们应该担心的事情吗？中国将超越我们，引领我们，而过多的监管可能会让我们处于不利地位吗？

芭芭拉·格罗斯：现在有两个不同的答案。我知道我的话听起来像是在重复，但如果我们停止所有人工智能的研发或严格限制它，那么答案是肯定的，我们会处于不利地位。

然而，如果我们在开发人工智能时考虑到了伦理推理和伦理思考以及代码的效率，那么答案是否定的，因为我们将继续开发人工智能。

马丁·福特：最后，我想问你一些关于这个领域的女性的问题。你对女性、男性或者刚刚起步的学生有什么建议吗？关于女性在人工智能领域的角色，以及在你的职业生涯中，女性的角色发生了怎样的变化，你想说些什么？

芭芭拉·格罗斯：我想对大家说的第一件事是，这个领域有一些世界上所有领域中最有趣的问题。人工智能引发的一系列问题总是需要把分析思维、数学思维、关于人和行为的思考以及关于工程的思考结合起来。你可以探索各种思维方式和各种设计。我相信其他人也认为他们的领域是最令人兴奋的，但我认为现在对我们来说人工智能领域更令人兴奋，因为我们有更强大的工具：看看我们的计算能力。当我刚开始研究这个领域时，我有一个同事会织着毛衣，等待计算机的返回结果！

像所有的计算机科学和技术一样，我认为最重要的是让最广泛的人群参与到人工智能系统的设计中来。我的意思是不仅仅是女性和男性，还有来自不同文化、不同种族的人，因为他们是将使用这些系统的人。如果不这样做，你将面临两大危险。一个是你设计的系统只适合某些人群，另一个是你的工作环境并不欢迎最广泛的人群，因此只能从特定的亚群体中受益。我们必须一起努力。

至于我的经历，一开始几乎没有女性参与人工智能，我的经历完全取决于和我一起工作的男性是什么样的人。我的一些经历很美妙，也有一些很可怕。每一所大学，每一家拥有技术团队的公司，都应该承担起确保不仅鼓励男性，也鼓励女性，以及来自代表性不足的少数族裔群体的人们的责任，因为最终我们知道，设计团队越多元化，设计就越好。

芭芭拉·格罗斯

芭芭拉·格罗斯是哈佛大学工程与应用科学学院的自然科学希金斯教授,也是圣塔菲研究所(Santa Fe Institute)讲座学者。她通过在自然语言处理、多智能体协作理论以及在人机交互应用方面的开创性研究,为人工智能领域做出了开创性的贡献。她目前的研究探索了如何使用其研究开发的模型来改善医疗保健协调和科学教育。

芭芭拉在康奈尔大学获得数学学士学位,在加州大学伯克利分校获得计算机科学硕士和博士学位。她获得过许多奖项和殊荣,包括当选为美国国家工程院、美国艺术与科学学院的院士,以及美国哲学学会、美国人工智能促进协会和美国计算机协会的会士。她获得了2009年ACM/AAAI艾伦·纽维尔(Allen Newell)奖、2015年IJCAI卓越研究奖和2017年计算语言学协会终身成就奖。她还因领导跨学科机构和对提高女性在科学领域的地位的贡献而闻名。

"当前机器学习过度依赖深度学习及其非透明结构实际上妨碍了自身的发展。人们需要从这种以数据为中心的哲学中将自己解放出来。"

朱迪亚·珀尔

加州大学洛杉矶分校计算机科学与统计学教授

认知系统实验室主任

朱迪亚·珀尔因其对人工智能、人类推理和科学哲学的贡献而闻名于世。在人工智能领域，他因在概率(或贝叶斯)技术和因果关系方面的研究尤其出名。他发表了 450 多篇科学论文，并出版了三部具有里程碑意义的著作:《启发式》(*Heuristics*) (1984)、《概率推理》(*Probabilistic Reasoning*)(1988)和《因果关系》(*Causality*)(2000,2009)。他在 2018 年出版的《为什么》(*The Book of Why*)一书,使他关于因果关系的研究被大众所接受。2011 年,朱迪亚获得了图灵奖,这是计算机科学领域的最高荣誉,常被比作计算机界的诺贝尔奖。

人工智能缔造师

马丁·福特：你的职业生涯漫长而辉煌。是什么原因让你进入计算机科学和人工智能领域的？

朱迪亚·珀尔：1936 年，我出生在以色列一个叫布内布拉克的小镇。我的好奇心很大程度上来自于我的童年和成长经历，既是以色列社会的一分子，也是有幸接受了独特而鼓舞人心的教育的一代人中的一员。我的高中和大学老师都是 20 世纪 30 年代从德国来的顶尖科学家，他们在学术界找不到工作，所以只能在高中教书。他们知道自己再也回不到学术界了，他们在我们身上看到了他们学术和科学梦想的希望。我们这一代人是这种教育实验的受益者——在那些恰好是高中教师的伟大科学家的指导下成长起来。我在学校从来没有出类拔萃过，我不是最好的，甚至不是第二名，我总是第三名或第四名，但总是非常积极地参与到老师所教授的每一个领域。我们是按时间顺序学习的，专注于发明或定理背后的发明家或科学家。正因为如此，我们认识到科学不只是事实的集合，而是人类与自然界的不确定性不断斗争的过程。这增加了我的好奇心。

我是在入伍后才投身科学事业的。我是一个集体农场的成员，本打算在那里度过我的一生，但聪明的人告诉我，如果我能运用我的数学技能，会更快乐。他们建议我去以色列理工学院（Technion）学习电子学，于是我在 1956 年这样做了。在大学里，我并不喜欢任何特定的专业，但我喜欢电路综合和电磁理论。1960 年，我获得了本科学位并且结婚了。我来美国的初衷是读研究生，获得博士学位，然后回去。

马丁·福特：你是说你打算回以色列？

朱迪亚·珀尔：是的，我的计划是拿到学位后回到以色列。我最初是在布鲁克林理工学院（现在是纽约大学的一部分）注册的，这是当时微波通信领域最顶尖的学校之一。然而，我付不起学费，我最终在新泽西州普林斯顿的 RCA 实验室的戴维·沙诺夫（David Sarnoff）研究中心工作。在那里，我是简·雷奇曼（Jan Rajchman）博士领导的计算机存储器小组的成员，这是一个面向硬件的小组。我们和这个国家的其他人一样，都在寻找可以用作计算机存储器的不同物理机制。这是因为磁芯存储器变得太慢，体积太大，以至于你不得不手动将它们串起来。

人们知道留给磁芯存储器的日子已经屈指可数了，所有人——IBM、贝尔实验室和 RCA 实验室——都在寻找各种可以作为存储数字信息的机制的现象。超导在当时很有吸引力，因为它制备存储器的速度快并且容易，即使它需要冷却到液氦温度。我当时在研究超导体中的循环电流,同样是为了存储,我发现了一些有趣的现象。甚至还有一种以我的名字命名的珍珠漩涡,它是一种在超导薄膜中旋转的湍流,产生了一种违反法拉第定律的非常有趣的现象。这是一个激动人心的时刻,无论是在技术方面,还是在鼓舞人心的科学方面。

1961 年和 1962 年,每个人都被计算机的潜在能力所鼓舞。没有人会怀疑计算机最终将模仿大多数人类智能任务。每个人都在寻找完成这些任务的技巧,甚至是硬件人员。我们一直在寻找产生联想记忆的方法,处理感知、物体识别、视觉场景的编码;我们知道的所有任务对通用人工智能来说都很重要。RCA 的管理层也鼓励我们想出一些发明。我记得我们的老板拉奇曼(Rajchman)博士每周来看我们一次,问我们有没有什么新的专利公开。

当然,随着半导体的出现,所有关于超导电性的研究都停止了,当时,我们并不认为半导体会成功。我们不认为微型化技术会取得如此大的成功。我们也不认为它们能克服电池耗尽后内存将被擦除这个漏洞。显然,它们做到了,半导体技术打败了所有竞争对手。那时,我在一家叫作 Electronic Memories 的公司工作,半导体的兴起让我失去了工作。这就是我进入学术界的原因,在那里我追寻着做模式识别和图像编码的旧梦想。

马丁·福特:你是从 Electronic Memories 直接去加州大学洛杉矶分校的吗?

朱迪亚·珀尔:我想去南加州大学,但他们不愿意雇用我,因为我太自信了。我想教软件,尽管我以前从未编程过,院长把我赶出了他的办公室。我最终进入加州大学洛杉矶分校,因为它给了我机会去做我想做的事情,我慢慢地从模式识别、图像编码和决策理论转向了人工智能。早期的人工智能由国际象棋和其他游戏程序所主导,这在一开始就吸引了我,因为我看到了捕捉人类直觉的关联性。在机器上捕捉人类的直觉一直是我的人生梦想。

在游戏中,直觉来自你评估动作强度的方式。机器能做什么和专家能做什么之间有很大的差距,挑战是在机器中捕获专家的评估。最后我做了一些分析工作,对启发式的含义做了一个很好的解释,并且提出了一种自动发现启发式的方法,它至今仍在使用。我相信我是第一个证明 alpha-beta 搜索是最优的以及其他关于什么使一种启发式优于另一种启发式的数学结果的人。所有这些工作都收录于我在 1983 年出版的《启发式》一书中。之后,专家系统出场了,人们对捕捉不同种类的启发式很感兴趣——不是国际象棋大师的启发式,而是高薪专业人士的直觉,比如医生或矿物勘探家。其目的是在计算机系统上模拟专业人员的表现,以取代或协助专业人员。我将专家系统视为捕捉直觉的另一个挑战。

人工智能缔造师

马丁·福特：澄清一下，专家系统主要是基于规则的，对吗？如果这是真的，那么就那样做。

朱迪亚·珀尔：没错，它是基于规则的，目的是捕捉专家的操作模式，是什么让专家在从事专业工作时做出这样或那样的决定。

我所做的是用一种不同的范式来取代它。例如，我们不是对医生——专家——建模，而是对疾病建模。你不必问专家他们是做什么的。相反，你应该问，如果得了疟疾或者流感，会出现什么样的症状；人们对这种疾病了解多少？根据这些信息，我们建立了一个诊断系统，可以对一系列症状进行检查，从而得出疑似疾病。它也适用于矿物勘探、故障排除或任何其他专业领域。

马丁·福特：这是基于你对启发式的研究，还是你现在指的是贝叶斯网络？

朱迪亚·珀尔：不，从我的书在 1983 年出版的那一刻起，我就离开了启发式，开始研究贝叶斯网络和不确定性管理。当时有很多关于管理不确定性的建议，但它们并不符合概率论和决策论的要求，我希望能正确且有效地完成它。

马丁·福特：能谈谈你在贝叶斯网络方面的工作吗？我知道它们被用于今天的很多重要应用中。

朱迪亚·珀尔：首先，我们需要了解当时的环境。在芜杂派（scruffies）和简约派（neats）之间有一种紧张的关系。芜杂派只想建立一个有效的系统，而不关心性能保证或者它们的方法是否符合任何理论。简约派则想知道为什么它们能起作用，并确保它们有某种形式的性能保证。

马丁·福特：澄清一下，这是对两组态度不同的人的昵称。

朱迪亚·珀尔：是的。今天，我们在机器学习社区也看到了同样的紧张局面，有些人（芜杂派）喜欢让机器去做重要的工作，不管它们是否能以最优的方式完成工作，也不管系统是否能够自我解释，只要工作完成了就行。简约派想要的是可解释性和透明性，能够自我解释的系统和有性能保证的系统。

嗯，在那个时候，芜杂派掌管一切，直到今天他们依然如此，因为他们有一个融资和通向工业的很好渠道。然而，工业是短视的，需要短期的成功，这造成了研究重点的不平衡。在贝叶斯网络时代也是如此，芜杂派是负责人。我是为数不多的主张根据概率论的规则正确行事的孤独者之一。问题是概率论,如果用传统的方法坚持的话,将需要指数级的时间和指数级的存储器,而我们负担不起这两种资源。

我在寻找一种有效的阅读方法,我受到了认知心理学家大卫·鲁迈勒哈特的启发,他研究了儿童如何快速可靠地阅读文本。他的建议是建立一个多层次系统,从像素级到语义级,再到句子级和语法级,它们互相握手并传递信息。一个级别不知道另一个级别在做什么,它只是传递消息。最终,当读到一个像"汽车"这样的词,并根据故事的上下文将其与"猫"区分开来时,这些信息就会汇聚到正确的答案上。

我试图用概率论来模拟他的架构,但做得并不好,直到我发现如果有一棵树作为连接模块的结构,那么确实会有这种收敛性。你可以异步地传播消息,最终,系统就会松弛到正确的答案。然后我们研究了 polytree,它是树的一个更奇特的版本,最终,在 1995 年,我发表了一篇关于一般贝叶斯网络的论文。

这个架构真的让我们大吃一惊,因为它很容易编程。程序员不必使用一个监督器来监督所有的元素,他们所要做的只是对一个变量被唤醒并决定更新其信息时所做的事情进行编程。然后该变量向其邻居发送消息。邻居们再给它们的邻居发消息,以此类推。系统最终松弛到正确的答案。

贝叶斯网络易于编程的特点使其为人们所接受。由我们而不是医生对疾病进行编程,依靠领域本身而不是处理领域的专家,就让系统变得透明,贝叶斯方法的这种思路让我们的方法容易被人们接受。系统的用户了解为什么系统会提供这样或那样的结果,他们也了解当环境发生变化时如何修改系统。你有模块化的优势,当为自然界中事物运作的方式建模的时候,就会得到这种优势。

这是我们当时没有意识到的,主要是因为没有意识到模块化的重要性。当我们意识到正是因果关系赋予了我们这种模块化,一旦失去因果关系,我们就失去了模块化,我们就进入了无人区。这意味着我们失去了透明性,失去了可重构性,以及其他我们喜欢的好特性。不过,当我在 1988 年出版关于贝叶斯网络的书时,我已经觉得自己像个反叛者了,因为我已经知道下一步将是建立因果关系模型,我的爱已经在另一个方向上了。

马丁·福特:我们总是听到人们说"相关性不是因果关系",所以永远无法从数据中得到因果关系。贝叶斯网络并不能提供一种理解因果关系的方法,对吧?

人工智能缔造师

朱迪亚·珀尔：不，贝叶斯网络可以在任何一种模式下工作。这取决于你构建它时的想法。

马丁·福特：贝叶斯的思想是根据新的证据来更新概率，这样你的估计会随着时间的推移变得更加准确。这是你在这些网络中构建的基本概念，你找到了一种非常有效的方法来处理大量的概率。很明显，这已经成为计算机科学和人工智能中一个非常重要的思想，因为它已经被广泛使用。

朱迪亚·珀尔：使用贝叶斯规则是一个老想法，有效地执行它是困难的部分。这是我认为机器学习必须做的事情之一。你可以获取证据并使用贝叶斯规则来更新系统，以提高其性能和改进参数。这都是利用证据更新知识的贝叶斯方案的一部分，它是概率知识，而不是因果知识，所以它有局限性。

马丁·福特：但它经常被使用，例如，在语音识别系统和所有我们熟悉的设备中。谷歌广泛使用它来做各种事情。

朱迪亚·珀尔：人们告诉我，每部手机都有一个贝叶斯网络来进行纠错，以最小化传输噪声。每部手机都有一个贝叶斯网络和信念传播，这是我们给消息传递方案起的名字。人们还告诉我，Siri 有一个贝叶斯网络，不过苹果公司对此太过保密，所以我还无法证实。

虽然贝叶斯更新是当今机器学习的主要组成部分之一，但是已经发生了从贝叶斯网络到不那么透明的深度学习的转变。人们允许系统自己在不知道连接输入和输出的函数的情况下调整参数。它的透明性不如贝叶斯网络，贝叶斯网络具有模块化的特点，而我们没有意识到这一点是如此重要。当对疾病进行建模时，实际上是对疾病的因果关系进行建模，而不是对专家进行建模，这样就得到了模块化。一旦我们意识到这一点，问题就不言自明了：你我称之为"因果关系"的要素是什么？它在哪里，你如何处理它？那是我的下一步。

马丁·福特：让我们谈谈因果关系。你出版了一本非常著名的关于贝叶斯网络的书，正是那本书使得贝叶斯技术在计算机科学中变得如此流行。但在那本书出版之前，你已经开始考虑把注意力转移到因果关系上了？

朱迪亚·珀尔：因果关系是产生贝叶斯网络的直觉的一部分，尽管贝叶斯网络的形式定义是纯概率的。你做诊断，做预测，但不做干预。理论上，如果不需要干预，就不需要因果关系。你可以用纯概率的术语来做贝叶斯网络所做的任何事情。然而，在实践中，人们注意到，如果按照因果关系的方向构建网络，事情就容易多了。问题是为什么。

现在我们知道我们渴望因果关系的特征，而我们甚至不知道这些特征来自因果关系。它们是模块性、可重构性、可迁移性等。当研究因果关系时，我意识到"相关性并不意味着因果关系"这句咒语比我们想象的要深刻得多。在得出因果结论之前，你需要有因果假设，而这是单从数据无法得出的。更糟糕的是，即使你愿意做出因果假设，你也无法表达它们。

在科学中没有一种语言可以用来表达像"泥巴不会引起下雨"或"公鸡不会引起太阳升起"这样简单的句子。你不能用数学来表达它，这意味着即使你想理所当然地认为公鸡不会引起太阳升起，你也不能把它写下来，你不能把它和数据结合起来，也不能把它和其他类似的句子结合起来。

简而言之，即使你同意用因果假设来丰富数据，也不能把这些假设写下来。它需要一种全新的语言。这一认识对我来说确实是一个冲击和挑战，因为我是在统计学的背景下成长的，我相信科学的智慧在于统计。统计允许你进行归纳、演绎、溯因和模型更新。在这里，我发现统计学的语言在绝望的无助中举步维艰。作为一名计算机科学家，我并不害怕，因为计算机科学家发明语言来满足他们的需要。但是应该发明什么样的语言呢？我们如何将这种语言与数据语言结合起来呢？

统计学讲的是一种不同的语言——平均数的语言、假设检验的语言，汇总数据并从不同的角度将其可视化。所有这些都是数据的语言，现在出现了另一种语言，因果的语言。我们如何把它们结合起来，让它们相互作用？我们如何对因果关系进行假设，将它们与我拥有的数据结合起来，然后得出结论，告诉我大自然是如何运作的？这是我作为一名计算机科学家和一名业余哲学家所面临的挑战。这本质上是哲学家的角色，捕捉人类的直觉，并以一种可以在计算机上编程的方式将其形式化。即使哲学家们不考虑计算机，但如果仔细观察他们在做什么，就会发现他们正在尽可能地用他们所能使用的语言把事情形式化。他们的目标是使它更易于解释和更有意义，以便计算机科学家最终能够对一台机器进行编程，让它执行令哲学家困惑的认知功能。

马丁·福特：你发明了用于描述因果关系的技术语言或图表吗？

朱迪亚·珀尔：不，不是我发明的。这个基本思想是由遗传学家休厄尔·赖特（Sewall Wright）在 1920 年提出的，他是第一个用箭头和节点写下因果图的人，就像一幅单向的城市地图。他毕生都在努力证明这样一个事实：你可以从这个图表中得到统计学家无法从回归、关联或相关性中得到的东西。他的方法很原始，但证明了一点，即他能得到统计学家无法得到的东西。

人工智能缔造师

我所做的是认真对待休厄尔·赖特的图表,将我所有的计算机科学知识背景都投入其中,对它们进行改造,并最大限度地利用它们。我提出了一个因果图,作为对科学知识进行编码的一种方式,也作为引导机器在各种科学中,从医学到教育,再到气候变暖,找出因果关系的一种方式。这些都是科学家们所担心的问题:什么导致了什么,自然如何将信息从一个原因传递到另一个结果,其中所涉及的机制是什么,你如何控制它,以及你如何回答涉及因果关系的实际问题。

这一直是我在过去30年里面临的人生挑战。我在2000年出版了一本关于这方面的书,2009年出版了第二版,叫作《因果关系》。2015年,我与他人合著了一本更基础的介绍。2018年,我与他人合著了《为什么》一书,这是一本面向普通读者的书,用通俗易懂的语言解释了这个挑战,让人们即使不知道方程式也能理解因果关系。方程式当然有助于凝练和专注于事物,但你不必成为一名火箭科学家来阅读《为什么》一书。你只需要遵循基本思想的概念发展。在那本书中,我从因果关系的角度来看待历史;我问是什么概念上的突破使我们的思维方式发生了改变,而不是什么实验发现了一种或另一种药物。

马丁·福特:我一直在读《为什么》这本书,我很喜欢。我认为你的工作的一个主要成果是因果模型现在在社会科学和自然科学中非常重要。事实上,前几天我刚看到一篇文章,是一位量子物理学家写的他用因果模型来证明量子力学中的一些东西。所以很明显,你的工作对这些领域产生了巨大的影响。

朱迪亚·珀尔:我读过那篇文章。事实上,我把它放在我的下一个阅读清单上,因为我不太能理解他们如此兴奋的现象。

马丁·福特:我从《为什么》一书中领会到的一个要点是,虽然自然科学家和社会科学家已经真正开始使用因果关系的工具,但你觉得人工智能领域已经落后了。你认为人工智能研究人员必须开始关注因果关系,才能使这个领域取得进展。

朱迪亚·珀尔:没错。因果建模并不是当前机器学习工作的前沿。今天的机器学习是由统计学家和相信可以从数据中学到一切的信念所主导的。这种以数据为中心的理念是有限制的。

我称之为曲线拟合。这听起来可能有点贬义,但我并没有贬损的意思。我的意思是,从描述性的角度来说,人们在深度学习和神经网络中所做的工作是将非常复杂的函数拟合到一堆点上。这些函数非常复杂,它们有成千上万的丘陵和山谷,错综复杂,你无法提前预测它们。但它们仍然只是一个将函数拟合到点云的问题。

这种哲学有明显的理论局限性,我说的不是观点,我说的是理论局限性。你不能做反事实的事情,也不能思考你从未见过的行为。我从三个认知层面来描述它:看、介入和想象。想象是最高层次,这一层次需要反事实的推理:如果以不同的方式做事,世界会是什么样子? 例如,如果奥斯瓦尔德没有杀死肯尼迪,或者希拉里赢得了大选,世界会是什么样子? 我们思考这些事情,并能与那些想象中的场景交流,我们很乐意参与到这个"让我们假装"的游戏中。

我们需要这种能力的原因是为了建立新的世界模型。想象一个不存在的世界给了我们想出新理论、新发明的能力,也给了我们修复旧行为的能力,从而承担责任、后悔和自由意志。所有这些都是我们创造不存在但可能存在的世界的能力的一部分,它们被广泛地创造出来而不是一通乱来。我们有规则来产生看似合理的反事实,而不是异想天开。它们有自己的内在结构,一旦我们理解了这一逻辑,我们就可以制造出能够想象事物、为自己的行为承担责任、理解道德和同情心的机器。

我不是未来主义者,尽量不去谈论我不理解的事情,但我进行了一些思考,我相信我理解反事实在所有这些人们梦寐以求的最终将在计算机上实现的认知任务中有多么重要。我有一些关于我们如何将自由意志、伦理、道德和责任编入机器的基本构想,但这些都属于构想的范畴。最基本的一点是,我们今天知道如何解释反事实和理解因果关系。

这些都是迈向通用人工智能的一小步,但我们可以从这些过程中学到很多东西,这也是我试图让机器学习社区了解的。我希望他们明白,深度学习是迈向通用人工智能的一小步。我们需要从因果推理中规避理论障碍的方式中学到些什么,这样我们就可以在通用人工智能中规避它们。

马丁·福特:所以,你的意思是深度学习仅限于分析数据,因果关系永远不能仅从数据中得到。既然人们能够进行因果推理,那么人类的大脑一定有一些内在的机制,允许我们创建因果模型。这不仅仅是从数据中学习。

朱迪亚·珀尔:创造是一回事,但即使有人为我们、我们的父母、我们的同龄人、我们的文化创造了它,我们也需要一种机制来利用它。

人工智能缔造师

马丁·福特：没错。这听起来像一个因果图，或者说因果模型实际上只是一个假设。两个人可能有不同的因果模型，在我们大脑中的某个地方有某种机制，允许我们在内部不断地创建这些因果模型，这就是我们可以基于数据进行推理的原因。

朱迪亚·珀尔：我们需要创造它们，修改它们，并在需要的时候扰乱它们。我们过去认为疟疾是由恶劣的空气引起的，现在我们不这么认为了。现在我们认为它是由一种名为按蚊的蚊子引起的。这很重要，因为如果是因为空气不好，那么我下次去沼泽地的时候会带上呼吸面罩；如果是因为按蚊，我就会带上蚊帐。这些相互竞争的理论对我们在这个世界上的行为产生了很大的影响。我们从一个假设到另一个假设的方法是反复试验，我称之为玩乐操纵（playful manipulation）。

这就是孩子学习因果结构的方式，通过玩乐操纵，这也是科学家学习因果结构的方式——玩乐操纵。但是我们必须有能力和模板来存储从这种玩乐操纵中学到的东西，这样我们才可以使用它、测试它并改变它。如果不能将它存储在一个简洁的编码中，存储在我们头脑中的某个模板中，我们就无法利用它，也无法改变它或玩转它。这是我们必须学习的第一件事；我们必须对计算机进行编程以适应和管理这个模板。

马丁·福特：所以，你认为应该在人工智能系统中构建某种内置的模板或结构，这样它就能创建因果模型？DeepMind 使用的是基于实践或反复尝试的强化学习。也许这是发现因果关系的一种方法？

朱迪亚·珀尔：确实如此，但强化学习也有局限性。你只能学习以前见过的行动。你不能推断出你从未见过的行动，比如提高税收、提高最低工资或者禁烟。此前香烟从未被禁止过，但是我们有这样一种机制，让我们能够规定、推断和想象禁烟可能产生的后果。

马丁·福特：那么，你认为因果思维的能力对于实现你所说的强人工智能或通用人工智能来说是至关重要的？

朱迪亚·珀尔：毫无疑问，这是必要的。至于是否足够，我不确定。然而，因果推理并不能解决通用人工智能的所有问题。它不能解决目标识别问题，也不能解决语言理解问题。我们基本上解决了因果难题，可以从这些解决方案中学到很多东西，这样我们就可以帮助其他任务绕过它们的障碍。

马丁·福特：你认为强人工智能或通用人工智能可行吗？你认为这有一天会发生吗？

朱迪亚·珀尔

朱迪亚·珀尔：我毫不怀疑这是可行的。但对我来说，"毫无疑问"意味着什么呢？意味着我坚信这是可以实现的，因为我并未看到任何阻碍强人工智能发展的理论障碍。

马丁·福特：你在 1961 年左右说过，当你还在 RCA 的时候，人们就已经在考虑这个了。你认为事情的进展如何？你失望吗？你对人工智能的进展有何评价？

朱迪亚·珀尔：一切进展顺利。有几次速度放慢，也有几次停滞不前。当前机器学习过度依赖深度学习及其非透明结构实际上妨碍了自身的发展。人们需要从这种以数据为中心的哲学中将自己解放出来。总的来说，该领域已经取得了巨大的进展，这主要归功于技术的进步和该领域所吸引的人才。他们是科学界最聪明的人。

马丁·福特：最近的进展大多是在深度学习领域。你似乎对此颇有微词。你指出，它就像曲线拟合，不是透明的，而实际上更像一个只生成答案的黑匣子。

朱迪亚·珀尔：它是曲线拟合，没错，它是在收获唾手可得的成果。

马丁·福特：它还是做了一些惊人的事情。

朱迪亚·珀尔：这真是太神奇了，因为我们没有意识到有那么多唾手可得的成果。

马丁·福特：展望未来，你认为神经网络会变得非常重要吗？

朱迪亚·珀尔：当神经网络和强化学习在因果关系建模中得到正确使用时，它们都将是必不可少的组成部分。

马丁·福特：那么，你认为它可能是一个混合系统，不仅包含神经网络，还包含来自人工智能其他领域的其他想法？

朱迪亚·珀尔：当然。即使在今天，人们仍会在拥有稀疏数据的情况下构建混合系统。但是，如果想要获得因果关系，可以外推或内插的稀疏数据的数量是有限制的。即使你有无限的数据，也无法分辨出 A 导致 B 和 B 导致 A 之间的区别。

马丁·福特：如果有一天我们有了强人工智能，你认为机器会有意识，会像人类一样拥有某种内在体验吗？

朱迪亚·珀尔：当然，每台机器都有一种内在体验。一台机器必须有其部分软件的蓝图，它不可能有软件的全部映射，而这违反图灵的停机问题(halting problem)。

然而,对于它的一些重要连接和重要模块有一个粗略的蓝图是可行的。机器必须对自己的能力、信念、目标和欲望进行编码。这是可行的。从某种意义上说,机器已经有了内在的自我,而在未来更是如此。对你所处的环境有一个蓝图,你如何对环境采取行动和做出反应以及回答反事实的问题,这些都相当于拥有了一个内在的自我。思考如果我用不同的方式做事会怎么样?如果我没有恋爱呢?所有这些都涉及操纵你的内在自我。

马丁·福特:你认为机器会有情感体验吗?未来的系统会感到快乐,也可能以某种方式感到痛苦?

朱迪亚·珀尔:这让我想起了马文·明斯基的《情感机器》(*The Emotion Machine*)。他谈到了对情感进行编程有多容易。你体内漂浮着化学物质,当然它们是有目的的。当紧急情况发生时,化学机器会干扰推理机器,有时会压倒推理机器。所以,情感只是一个设定优先级的化学机器。

马丁·福特:最后我想问你随着人工智能的发展我们应该担心的事情,有什么值得我们关注的吗?

朱迪亚·珀尔:我们不得不担心人工智能。我们必须了解我们创造了什么,我们必须了解我们正在培育一种新的智能物种。

一开始,它们会被驯化,就像我们的鸡和狗一样,但最终,它们会承担起自己的责任,对此我们必须非常谨慎。我不知道如何在不压制科学和科学好奇心的情况下谨慎行事。这是一个很难回答的问题,所以我不想就如何监管人工智能研究展开辩论。但是,我们绝对应该谨慎对待这种可能性,即我们正在创造一个新的超级物种,或者在最好的情况下,创造一个有用但可剥削的、不要求法定权利或最低工资的物种。

朱迪亚·珀尔

朱迪亚·珀尔出生于特拉维夫,毕业于以色列理工学院。1960 年,他到美国读研究生,次年在纽瓦克工程学院(即现在的新泽西理工学院)获得电气工程硕士学位。1965 年,他在罗格斯大学获得物理学硕士学位,并在布鲁克林理工学院(现纽约大学理工学院)获得博士学位。直到 1969 年,他在新泽西州普林斯顿的 RCA David Sarnoff 研究实验室和加利福尼亚州霍桑的 Electromic Memories 公司担任研究职务。

朱迪亚于 1969 年加入加州大学洛杉矶分校,现任该校计算机科学与统计学教授以及认知系统实验室主任。他因对人工智能、人类推理和科学哲学的贡献而享誉国际。他发表了 450 多篇科学论文,出版了三部具有里程碑意义的著作:《启发式》(1984)、《概率推理》(1988)和《因果关系》(2000,2009)。

朱迪亚是美国国家科学院、美国国家工程院的院士,也是美国人工智能协会的创始成员,他获得了许多科学奖项,其中包括 2011 年颁发的三个奖项:美国计算机协会图灵奖,以表彰他通过发展概率和因果推理的演算对人工智能做出的重要贡献;David E. Rumelhart 奖,以表彰他对人类认知理论基础的贡献;以色列理工学院颁发的哈维科学技术奖。其他荣誉还包括 2001 年伦敦经济学院拉卡托斯科学哲学奖(最佳科学哲学书籍),因"对哲学、心理学、医学、统计学、计量经济学、流行病学和社会科学的开创性贡献"而获得 2003 年 ACM 艾伦·纽维尔奖,以及 2008 年富兰克林研究所颁发的本杰明·富兰克林计算机与认知科学奖章。

"我们都在努力构建真正智能、灵活的人工智能系统。我们希望这些系统能够遇到一个新问题,并利用它们从解决许多其他问题中获得的知识,突然间能够以灵活的方式解决这个新问题,这本质上是人类智能的标志之一。问题是,我们如何将这种能力在计算机系统中构建出来?"

杰夫·迪恩

谷歌高级研究员(Senior Fellow),人工智能和 Google Brain 负责人

杰夫·迪恩于 1999 年加入谷歌,曾参与开发谷歌在搜索、广告、新闻和语言翻译等领域的许多核心系统,以及公司分布式计算架构的设计。近年来,他专注于人工智能和机器学习,并致力于 TensorFlow 的开发,这是谷歌广泛使用的用于深度学习的开源软件。他目前担任谷歌人工智能主管和 Google Brain 项目负责人,指导谷歌未来在人工智能领域的发展道路。

人工智能缔造师

马丁·福特：作为谷歌人工智能主管和 Google Brain 的负责人，你对谷歌的人工智能研究有什么愿景？

杰夫·迪恩：总的来说，我认为我们的角色是推动机器学习技术的发展，通过开发新的机器学习算法和技术来尝试构建更智能的系统，并建立软件和硬件基础设施，使我们能够在这些方法上取得更快的进展，并让其他人也将这些方法应用于他们所关心的问题。TensorFlow就是一个很好的例子。

Google Brain 是谷歌人工智能研究团队所拥有的几个不同的研究团队之一，其他一些团队的关注点略有不同。例如，有一个大型团队专注于机器感知问题，另一个团队专注于自然语言理解。这里并没有严格的界限，各个团队的兴趣都有重叠，而且我们在许多项目中与这些团队进行了大量的合作。

我们有时会与谷歌产品团队进行深度合作。我们过去曾与搜索排名团队合作，试图将深度学习应用于搜索排名和检索中的一些问题。我们还与谷歌翻译团队、Gmail 团队以及谷歌的许多其他团队进行了合作。第四个领域是研究新的和有趣的新兴领域，我们知道机器学习将是解决该领域问题的一个非常新且重要的部分。

我们有很多工作要做，例如，将人工智能和机器学习应用于医疗保健和机器人领域。这是两个例子，但我们也在研究早期的东西。我们有 20 个不同的领域，我们认为机器学习或我们特殊的专业知识可以真正帮助解决这些领域中的一些问题。所以，我的职责基本上就是让我们在所有这些不同类型的项目中尽可能地充满雄心壮志，并推动我们朝着公司新的、有趣的方向发展。

马丁·福特：我知道 DeepMind 非常关注通用人工智能。这是否意味着谷歌的另一项人工智能研究侧重于更窄、更实际的应用？

杰夫·迪恩：没错，DeepMind 更专注于通用人工智能，我认为他们有一个结构化的计划，他们相信如果解决了这个、这个和那个，就可能实现通用人工智能。这并不是说谷歌人工智能的其他部分没有考虑到这一点。谷歌人工智能研究机构的许多研究人员也致力于为通用智能系统（或者你称呼它为通用人工智能）构建新能力。我想说的是，我们的道路更加有机。我们做一些我们知道很重要但还不能实现的事情，一旦解决了这些问题，我们就会找出下一组我们想要解决的问题，这些问题将给我们带来新的能力。

这确实是一种略有不同的方法,但最终我们都在努力构建真正智能、灵活的人工智能系统。我们希望这些系统能够遇到一个新问题,并利用它们从解决许多其他问题中获得的知识,突然间能够以灵活的方式解决这个新问题,这本质上是人类智能的标志之一。问题是,我们如何将这种能力在计算机系统中构建出来?

马丁·福特:是什么原因让你对人工智能产生兴趣,然后在谷歌担任现在的职位?

杰夫·迪恩:我父亲在我 9 岁的时候自己组装了一台电脑,我在初中和高中期间都在用它学习编程。之后,我继续在明尼苏达大学攻读计算机科学和经济学的双学位。我的毕业论文是关于神经网络的并行训练,那是在 20 世纪 80 年代末和 90 年代初,神经网络变得炙手可热的时候。那时,我喜欢它们提供的抽象概念,这感觉很好。

我想很多人也有同感,只是我们没有足够的计算能力。如果我们能在那些 64 位处理器的机器上获得 60 倍的速度,我们实际上可以做很多伟大的事情。结果证明,我们需要的是 100 万倍的速度,而现在我们有了。

然后我去世界卫生组织工作了一年,为艾滋病毒和艾滋病监测与预测做统计软件。之后,我去了华盛顿大学的研究生院,在那里我获得了计算机科学博士学位,主要做编译器优化工作。后来我在帕洛阿尔托(Palo Alto)的工业研究实验室为 DEC 工作,然后加入了一家初创公司——我住在硅谷,这就是我要做的事情!

最终,在谷歌还只有 25 名员工时,我加入了谷歌,从那时起我就一直在这里工作。我在谷歌做过很多事情。我在这里做的第一件事就是开发我们的第一个广告系统。接下来,我在搜索系统和功能上工作了很多年,比如爬虫系统、查询服务系统、索引系统和排名功能等。然后,我转向了基础设施软件,比如 MapReduce、Bigtable 和 Spanner,以及我们的索引系统。

2011 年,我开始研究更多面向机器学习的系统,因为我开始对如何应用大量的计算非常感兴趣,我们必须训练非常庞大和强大的神经网络。

马丁·福特:你是 Google Brain 的负责人,也是它的创始人之一,它是深度学习和神经网络最早的实际应用之一。你能概括一下 Google Brain 的故事,以及它在谷歌所扮演的角色吗?

杰夫·迪恩:吴恩达那时是 Google X 的顾问,每周会来工作一天,有一天我在厨房碰到他,我问:"你最近在忙什么?"他说:"哦,我在这里还在摸索,但在斯坦福大学,我的学生们开始研究神经网络如何应用于不同类型的问题,而且它们开始起作用了。"20 年前,我在写本科毕业论文时就有了神经网络方面的经验,所以我说:"那很酷,我喜欢神经网络。它们是如何工作的?"我们开始讨论,然后提出了一个相对雄心勃勃的计划,试图使用尽可能多的计算来训练神经网络。

我们解决了两个问题:第一个是图像数据的无监督学习。我们从随机的 YouTube 视频中抽取了 1 000 万帧,并尝试使用无监督学习算法,看看如果我们训练一个非常大的网络会发生什么。也许你看过著名的猫神经元可视化?

马丁·福特:是的。我记得这在当时引起了很多关注。

杰夫·迪恩:这表明当你用大量数据对这些模型进行大规模训练时,会有一些有趣的事情发生。

马丁·福特:我想强调一下,这是一种无监督学习,从某种意义上说,它是从无结构、无标签的数据中有机地理解了猫的概念?

杰夫·迪恩:没错。我们给神经网络一堆来自 YouTube 视频的原始图像,并用无监督算法尝试建立一个表示,让它从这个紧凑的表示中重建那些图像。它学会做的其中一件事就是发现一种模式,如果画面中央有一只猫,它就会激活,因为这在 YouTube 视频中是比较常见的,所以这很酷。

我们做的另一件事是与语音识别团队合作,将深度学习和深度神经网络应用于语音识别系统中的一些问题。一开始,我们研究了声学模型,尝试将原始的音频波形转换为单词读音的一部分,比如"buh""fuh"或"ss"这些构成单词的部分。结果证明,我们可以使用神经网络比他们之前使用的系统做得更好。

这大大降低了语音识别系统的误字率。然后,我们开始寻找并与谷歌周边的其他团队合作,了解在语音处理、图像识别或视频处理中有哪些有趣的感知问题。我们还开始构建软件系统,使人们更容易应用这些方法来解决新问题,并且我们可以用一种不必由程序员人工指定的相对简单的方式来自动地将这些大型计算映射到多台计算机上。他们只需要说:"这是一个大模型,我想训练它,所以请开始用 100 台计算机来训练它。"这样就可以了。这是我们为解决这类问题而开发的第一代软件。

然后我们构建了第二代,即 TensorFlow,我们决定将这个系统开源。我们设计它的目标有三个。第一个目标是要非常灵活,这样就可以在机器学习领域快速尝试许多不同的研究想法。

第二个目标是能够扩展和解决拥有大量数据的问题，我们需要非常大的、计算成本很高的模型。第三个目标则是我们希望能够针对一个在同样底层软件系统中可以有效工作的模型，把一个科研想法转化成一个生产服务系统。我们在 2015 年底开放了它的源代码，从那时起，它被外界大量采用。现在有一个庞大的 TensorFlow 用户社区，用户遍及各种公司和学术机构，爱好者和公众用户都在使用它。

马丁·福特：TensorFlow 是否会成为云服务器的一个特性，以便你们的客户能够使用机器学习？

杰夫·迪恩：是的，但这里有些细微差别。TensorFlow 本身是一个开源软件包。我们希望我们的云是运行 TensorFlow 程序的最佳场所，但你也可以在任何你想要的地方运行它们。你可以在你的笔记本电脑上运行它们，你可以在你买的带有 GPU 显卡的机器上运行它们，你还可以在树莓派（Raspberry Pi）电脑和安卓系统上运行它们。

马丁·福特：对，但是在 Google Cloud 上，你会有张量处理器和专门的硬件来优化它吗？

杰夫·迪恩：没错。在 TensorFlow 软件开发的同时，我们一直致力于为这类机器学习应用设计定制处理器。这些处理器专门用于低精度的线性代数，这构成了过去 6 年到 7 年来你所看到的所有深度学习应用的核心。

处理器可以非常快速地训练模型，而且它们的效率更高。它们也可以用于推理，你实际上有了一个经过训练的模型，现在只想快速将其应用于一些生产用途，比如谷歌翻译，或者我们的语音识别系统，甚至谷歌搜索。

我们还推出了第二代张量处理单元（TPU），以多种方式提供给云客户。一种是在我们的一些云产品中提供，但另一种是他们可以只获得一个带有云 TPU 设备的原始虚拟机，然后他们可以在该设备上运行用 TensorFlow 表示的他们自己的机器学习计算。

马丁·福特：随着所有这些技术都被集成到云中，我们是否已经接近了机器学习像一种实用工具那样对所有人都可用的程度？

杰夫·迪恩：我们有各种各样的云产品，旨在吸引这个领域的不同支持者。如果你有机器学习的经验，那么可以获得一个带有这些 TPU 设备之一的虚拟机，并编写自己的 TensorFlow 程序，以一种可特别定制的方式解决你的特定问题。

如果你不是专家,我们还有一些其他的东西。我们有预先训练过的模型,你可以使用,不需要机器学习的专业知识。你可以给我们发送一幅图像或一段音频,我们会告诉你图像中有什么,例如,"那是一张猫的图片",或者"人们在图像中看起来很开心",或者"我们从图像中提取了这些词……"。在音频案例中则是"我们认为这就是人们在音频片段中所说的话……"。我们还有翻译模型和视频模型。如果你想要的是一个通用任务,比如阅读图像中的文字,那么这些是非常好的。

我们还有一套 AutoML 产品,基本上是为那些可能没有那么多机器学习专业知识,但想要为他们遇到的特定问题定制解决方案的人设计的。想象一下,如果你有一组零件的图像,这些零件在你的装配线上,有 100 种,你希望能够从图像的像素中识别出那是哪个零件。我们实际上可以让你不需要任何机器学习专业知识,通过这种被称为 AutoML 的技术来为你训练一个定制模型。从本质上讲,它可以像人类机器学习专家那样反复尝试大量的机器学习实验,但不需要你成为一个机器学习专家。它以一种自动化的方式进行,然后我们会给你一个非常高精度的模型来解决这个特定的问题,而不需要你具备机器学习的专业知识。

我认为这非常重要,因为想想今天的世界,世界上有一两万个组织已经在内部雇用了机器学习专家,并且正在有效地利用这些专家。这个数字是我编的,但它大概是这个数量级。然后,世界上所有拥有可用于机器学习的数据的组织,大概有 1 000 万个存在某种机器学习问题。

我们的目标是让这种方法更容易使用,这样你就不需要一门关于机器学习的硕士水平的课程。它更像是一个可以编写数据库查询的人。如果掌握数据库的用户能够用上一个有效工作的机器学习模型,那将是相当强大的。例如,每个小城市都有很多关于如何设置红灯计时器的有趣数据。现在,也许应该真的用机器学习来研究看看。

马丁·福特:人工智能的民主化是你正在努力实现的目标之一。那么通往通用智能的道路呢?你会看到哪些障碍呢?

杰夫·迪恩:现在使用机器学习的一个大问题是,我们通常会找到一个我们想用机器学习解决的问题,然后收集一个有监督的训练数据集。接着我们用它来训练一个非常擅长特定事情的模型,但是它不能做其他任何事情。

如果我们真的想要通用智能系统,我们想要一个可以做成千上万件事情的单一模型。然后,当第 100 001 件事情发生时,它基于从解决其他事情中获得的知识,开发出能有效解决新问题的新技术。这将有几个好处。其中之一是，可以通过利用丰富的经验来更快更好地解决新问题，从而获得令人难以置信的多任务优势，因为许多问题都有一些共同的方面。这也意味着你需要更少的数据，或者更少的观察来学习做一件新事情。

拧开一种瓶盖和拧开另一种瓶盖很像，除了可能有一种稍微不同的转动机制。解这道数学题和解其他数学题很像，除了需要稍微绕些弯。我认为这是在这些事情上真正需要采取的方法，我认为实验是其中很重要的一个部分。那么，系统如何从事物的演示中学习呢？监督数据是这样的，但我们在机器人领域也做了一些工作。我们可以让人类演示一项技能，然后机器人可以通过视频来学习这项技能，通过相对较少的人类倒东西的例子来学会倒东西。

另一个障碍是我们需要非常庞大的计算系统，因为如果真的想要一个单一的系统来解决所有的机器学习问题，那就需要大量的计算。另外，如果我们真的想尝试不同的方法，那么需要让这类实验的周转时间非常快。我们之所以投资建造大规模机器学习加速器硬件，比如我们的 TPU，部分原因是我们相信，如果想要这些大型、单一、强大的模型，那么它们有足够的计算能力来做有趣的事情并让我们取得快速进展是非常重要的。

马丁·福特：人工智能带来的风险呢？我们真正需要关注的是什么？

杰夫·迪恩：劳动力的变化将是政府和政策制定者真正应该关注的重要问题。很明显，即使在我们所能做的事情上没有显著的进展，计算机现在也能自动完成很多在四五年前还无法自动完成的事情，这是一个相当大的变化。这不仅仅是一个部门，而是一个跨越多种不同工作和就业的方面。

我曾在美国白宫科技政策委员会办公室（Office of Science and Technology Policy Committee）工作，该机构于 2016 年奥巴马政府任期结束时设立，召集了约 20 名机器学习专家和 20 名经济学家。在这个小组中，我们讨论了劳动力市场将受到何种影响。这绝对是你希望政府关注的，并为那些工作岗位发生变化或转换的人们弄清楚，他们如何获得新的技能或接受新的培训，使他们能够做那些不会面临自动化风险的事情？这是一个重要的方面，政府可以在其中发挥强有力而明确的作用。

马丁·福特：你认为有一天我们可能需要全民基本收入吗？

杰夫·迪恩：我不知道。这很难预测，我认为任何时候当我们经历技术变革，都会发生这些情况，这并不是什么新鲜事。工业革命、农业革命，所有这些都造成了整个社会的不平衡。

人工智能缔造师

人们的日常工作发生了巨大的变化。我认为这将是相似的，因为人们会创造出全新的事物，而这些事物是很难预测的。

所以，我认为人们在整个职业生涯中保持灵活性和学习新事物是很重要的。我想今天已经是这样了。50 年前，你去上学，然后开始一项事业，致力于这项事业很多年，而今天，你可能在一个岗位上工作几年，学到一些新技能，然后做一些不同的事情。我认为，这种灵活性很重要。

至于其他类型的风险，我不太担心尼克·博斯特罗姆的超级智能方面。我确实认为，作为计算机科学家和机器学习研究人员，我们有机会也有能力塑造我们希望机器学习系统如何在社会中集成和使用。

我们可以做出好的选择，也可以做出一些不太好的选择。只要我们做出正确的选择，让这些东西真正用于造福人类，这将会非常棒。我们将得到更好的医疗保健，通过与人类科学家合作，我们将能够自动生成新假设，从而有各种新的科学发现。自动驾驶汽车显然将以非常积极的方式改变社会，但与此同时，它也将成为劳动力市场混乱的一个来源。许多重要的发展都有细微差别。

马丁·福特：一个夸张的观点是，一个小团队（可能在谷歌）开发了通用人工智能，而这一小部分人并不一定与更广泛的劳动力市场混乱问题联系在一起，然后结果是这些少数人在为所有人做决定。你认为对某些人工智能研究或应用有监管的空间吗？

杰夫·迪恩：有可能。我认为监管是有作用的，但我希望监管是由该领域的专家来指导的。我认为有时监管存在一些滞后因素，因为政府和政策制定者正在追赶的是现在可能发生的情况。在监管或政策制定方面的下意识反应可能没有帮助，但与该领域的人进行有见地的对话是很重要的，因为政府要弄清楚自身想在告知事情应该如何发展方面扮演什么角色。

关于通用人工智能的发展，我认为我们以合乎伦理和合理的决策来做这件事是非常重要的。这就是为什么谷歌已经发布了一份明确的文件，阐明了处理这类问题的原则[①]。我们的人工智能原则文件是一个很好的例子，说明了我们的想法，不仅在技术发展方面，还有我们想用人工智能方法解决什么类型的问题，如何处理这些问题以及我们不会用人工智能做什么事情。

---

① https://www.blog.google/technology/ai/ai-principles/。

杰夫·迪恩

杰夫·迪恩于 1999 年加入谷歌，目前是谷歌研究团队的高级研究员，他领导 Google Brain 项目，是谷歌人工智能研究的总负责人。

杰夫于 1990 年，以最优等成绩获得明尼苏达大学计算机科学与经济学学士学位，1996 年获得华盛顿大学计算机科学博士学位，与克雷格·钱伯斯(Craig Chambers)合作研究面向对象语言的全程序优化技术。1990 年到 1991 年，杰夫为世界卫生组织的全球艾滋病应对项目工作，主要是开发软件对艾滋病大流行进行统计建模、预测和分析。1996 年到 1999 年，他在 DEC 位于帕洛阿尔托的西部研究实验室工作，在那里他从事低开销分析工具、用于无序微处理器的分析硬件的设计和基于网络的信息检索的相关工作。

2009 年，杰夫当选为美国国家工程院院士，还被任命为美国计算机协会会士和美国科学促进会会士。

他感兴趣的领域包括大规模分布式系统、性能监控、压缩技术、信息检索、机器学习在搜索和其他相关问题上的应用、微处理器架构、编译器优化以及以新的有趣方式组织现有信息的新产品开发。

"通过停止技术研发来阻止进步是错误的做法。……如果你没有在技术上取得进步，别人会，而他们的目的可能远没有你的向善。"

达芙妮·科勒

INSITRO 创始人兼首席执行官

斯坦福大学计算机科学兼职教授

达芙妮·科勒是斯坦福大学计算机科学的拉杰夫·莫特瓦尼(Rajeev Motwani)教授，她是该校的兼职教授，也是 Coursera 的创始人之一。她专注于人工智能在医疗保健领域的潜在益处，并在 Alphabet 旗下研究长寿问题的子公司 Calico 担任首席计算官。她是 Insitro 的创始人兼首席执行官，这是一家利用机器学习来研发新药的生物科技初创公司。

人工智能缔造师

马丁·福特：你的新角色是 Insitro 的创始人兼首席执行官，这是一家专注于使用机器学习进行药物研发的初创公司。你能告诉我更多的情况吗？

达芙妮·科勒：为了继续推动药物研究的进展，我们需要一个新的解决方案。问题是，开发新药越来越具有挑战性：临床试验成功率在个位数中段左右；据统计，开发一种新药的税前研发成本（一旦计入失败因素）将超过 25 亿美元。药物研发的投资回报率呈逐年线性下降趋势。一种解释是，现在药物开发在本质上更加困难：许多（也许是大多数）"低垂的果实"——换句话说，对大量人群有显著效果的制药目标——已经被发现。如果是这样，那么药物研发的下一个阶段将需要关注更加专业化的药物，这些药物的效果可能与具体情况有关，并且只适用于一小部分患者。确定合适的患者群体往往很困难，使得治疗的发展更具挑战性，这导致许多疾病得不到有效的治疗，许多患者的需求得不到满足。此外，市场规模的缩小迫使在一个更小的基础上摊销研发成本。

我们在 Insitro 的希望是，将大数据和机器学习应用于药物发现，帮助使这一过程更快、更便宜、更成功。为此，我们计划利用尖端的机器学习技术，以及生命科学领域出现的最新创新，使创建大型、高质量的数据集成为可能，从而改变这一领域的机器学习能力。大约 20 年前，当我刚开始在生物和健康的机器学习领域工作时，一个"大"数据集只有几十个样本。即使在 5 年前，拥有几百个样本的数据集也是罕见的例外。我们现在生活在一个不同的世界。我们有人类队列数据集（如英国生物样本库），其中包含大量高质量的测量数据——针对成千上万人的分子和临床数据。与此同时，一系列卓越的技术使我们能够在实验室中以前所未有的逼真度和吞吐量构建、扰动和观察生物模型系统。利用这些创新，我们计划收集和使用一系列非常大的数据集来训练机器学习模型，这将有助于解决药物发现和开发过程中的关键问题。

马丁·福特：听起来 Insitro 计划既要做湿实验室的实验工作，又要做高端机器学习。这些通常不会在一家公司内完成。这种融合会带来新的挑战吗？

达芙妮·科勒：当然。我认为最大的挑战实际上是文化，让科学家和数据科学家作为平等的伙伴一起工作。在许多公司中，一个团队决定方向，另一个团队则退居二线。在 Insitro，我们真的需要建立一种文化，让科学家、工程师和数据科学家紧密合作，定义问题、设计实验、分析数据并获得见解，引领我们找到新疗法。我们相信，建设好这个团队和这种文化对于我们任务的成功来说，与这些不同团队将创造出的科学或机器学习的质量一样重要。

达芙妮·科勒

马丁·福特：机器学习在医疗保健领域有多重要？

达芙妮·科勒：看看机器学习有所作为的地方，它确实是我们积累大量数据的地方，我们有可以同时思考问题领域以及机器学习如何解决问题的人。

现在，你可以从英国生物样本库(UK Biobank)或 All of Us 等资源获得大量数据，这些资源收集了大量关于人类的信息，使你能够开始思考人类的健康轨迹。另一方面，我们拥有令人惊叹的技术，如 CRISPR、DNA 合成、下一代测序以及各种各样的其他技术，这些技术结合在一起，能够在分子水平上创建大型数据集。

我们现在可以开始解读我认为最复杂的系统：人类和其他有机体的生物学。这对科学来说是一个难以置信的机会，这需要机器学习方面的重大发展，才能找出并创造我们需要的各种干预措施，让人们活得更久、更健康。

马丁·福特：让我们谈谈你自己的生活吧，你是如何开始从事人工智能研究的？

达芙妮·科勒：我当时是斯坦福大学的博士生，研究领域是概率建模。现在它看起来像人工智能，但那时它并不被认为是人工智能；事实上，对于人工智能来说，概率建模被认为是一种诅咒，因为当时的人工智能更关注逻辑推理。现在情况发生了变化，人工智能扩展到了许多其他学科。在某种程度上，是人工智能领域逐渐接纳了我的工作，而不是我选择进入人工智能领域。

我去了伯克利读博士后，在那里我开始真正思考我所做的事情与人们关心的实际问题之间的关系，而不仅仅是数学上的优雅。那是我第一次开始研究机器学习。1995 年，我回到斯坦福大学任教，开始研究与统计建模和机器学习相关的领域。我开始研究应用问题，在这些问题上，机器学习可以真正发挥作用。

我从事计算机视觉和机器人技术方面的工作，从 2000 年开始从事生物和健康数据方面的工作。我对技术辅助式(technology-enabled)教育也一直很感兴趣，我在斯坦福大学进行了很多实验，以提供更好的学习体验。这不仅是为了在校学生，也是试图为那些没有机会接受斯坦福教育的人提供课程。

斯坦福大学于 2011 年推出了首批三门 MOOC(大规模在线开放课程)，这对我们所有人来说都是一个惊喜，因为我们并没有真正尝试以任何协调的方式去推广它。它更像是关于斯坦福大学提供的免费课程的信息的一种病毒式传播。人们的反应令人难以置信，每门课程都有 10 万甚至更多的人注册。这真的是一个转折点，"我们需要做点什么来兑现在线教育这个机会的承诺"，这就是 Coursera 诞生的原因。

马丁·福特：在我们进入这个话题之前，我想多谈谈你的研究。你专注于贝叶斯网络和将概率融入机器学习。这是一种可以与深度学习神经网络整合的方法，还是一种完全独立或相互竞争的方法？

达芙妮·科勒：这个回答很微妙，包含了几个方面。概率模型是一个连续体，介于那些试图以一种可解释的方式（一种对人类有意义的方式）对域结构进行编码的模型和那些试图捕捉数据统计特性的模型之间。深度学习模型与概率模型相交——有些可以看作是对分布进行编码。它们中的大多数都选择将重点放在最大限度地提高模型的预测精度上，而这往往是以牺牲可解释性为代价的。在确实需要了解模型功能的情况下（例如在医疗应用中），可解释性和在域中合并结构的能力有很多优势。这也是一种有效处理没有大量训练数据，需要用先验知识弥补的情况的方法。另一方面，不需要任何先验知识，只让数据为自己说话的能力也有很多优势。如果能想办法把它们合并起来就好了。

马丁·福特：让我们谈谈 Coursera。是不是你和其他人在斯坦福教授的在线课程做得很好，然后你决定成立一家公司继续这项工作？

达芙妮·科勒：我们努力想找出下一步该怎么做。是继续斯坦福的努力吗？是发起一个非营利组织吗？还是创立一家公司？我们考虑了一下，认为创立一家公司是将我们产生的影响最大化的正确方式。所以，2012 年 1 月，我们成立了一家公司，现在叫作 Coursera。

马丁·福特：最初，人们对 MOOC 大肆宣传，认为全世界的人都将通过手机接受斯坦福大学的教育。它似乎是沿着已经拥有大学学位的人去 Coursera 获得额外证书的路线发展的，并没有像一些人预测的那样扰乱本科教育。你认为这种情况会变化吗？

达芙妮·科勒：我认为重要的是，我们从未说过这会让大学破产。有其他人这么说过，但我们从不赞同，我们不认为这是个好主意。在某些方面，MOOC 的典型加德纳技术成熟度周期被压缩短了。人们做出了这些极端的言论，2012 年"MOOC 会让大学破产"，12 个月后"大学还在，所以显然 MOOC 已经失败了"。这两种言论都是炒作周期的荒谬极端。

我认为我们确实为那些通常没有机会接受这种教育的人做了很多事情。约 25% 的 Coursera 学习者没有学位，约 40% 的 Coursera 学习者来自发展中经济体。如果你看看那些说他们的生活因在线教育而发生了显著改变的学习者所占的百分比,你会发现报告这种程度受益的人不成比例地来自社会经济地位较低的人或来自发展中经济体的人。

好处是存在的,但你是对的,绝大多数是那些能够访问互联网并意识到这种好处存在的人。我希望随着时间的推移,人们的认识和访问互联网的能力提高,更多的人能够从这些课程中受益。

马丁·福特:有一种说法是,我们往往高估短期内发生的事情,而低估长期会发生的事情。这听起来像是一个经典案例。

达芙妮·科勒:我认为这完全正确。人们认为我们将在两年内改变高等教育。大学大约有 500 年的历史了,发展缓慢。不过,我确实认为,即使在我们所经历的这 5 年里,也有相当多的变化。

例如,现在很多大学都有非常强大的在线课程,通常比校内课程的成本要低得多。当我们开始的时候,一所顶尖大学会开设任何形式的在线课程的想法是闻所未闻的。现在,数字教学已经融入许多顶尖大学的结构中。

马丁·福特:我不认为斯坦福大学会在未来 10 年被颠覆,但在美国的大约 3 000 所不那么挑剔(也不那么知名)的大学里接受教育仍然非常昂贵。如果出现了一个便宜而有效的学习平台,让你可以接触到斯坦福大学的教授,那么你就会开始想,为什么有人会在可以在线上斯坦福大学的时候,而去选择一所名气小得多的大学就学。

达芙妮·科勒:我同意。我认为这种转变将首先出现在研究生教育领域,特别是攻读专业硕士学位。本科经历中仍然有一个重要的社会因素,那就是你去结交新朋友,离开家,可能还会遇到你的生活伴侣。然而,对于研究生教育来说,参与的通常是有工作、配偶和家庭的成年人。对于他们中的大多数人来说,搬到别的地方去读全日制大学实际上是一种消极的做法,因此我们将看到这种转变首先发生在那里。

接下来,我想我们可能会看到那些规模较小的大学的学生开始怀疑这是否是对他们的时间和金钱的最佳利用,尤其是那些半工半读的学生,因为他们需要在攻读本科学位的同时工作谋生。我认为这是我们将在未来 10 年左右看到有趣转变的地方。

马丁·福特:技术会如何发展?如果有大量的人参加这些课程,那么就会产生大量的数据。我认为数据可以被机器学习和人工智能所利用。你如何看待技术在未来融入这些课程?它

人工智能缔造师

们会变得更具活力、更个性化吗？

达芙妮·科勒：完全正确。当我们创立 Coursera 的时候，技术在新教学方法上的创新是有限的，主要是把标准教学中已经存在的教学资源进行模块化。我们通过在课程材料中嵌入练习使课程更具互动性，但这并不是一种截然不同的体验。随着收集到的数据越来越多，学习变得越来越复杂，肯定会有更多的个性化。我相信你会看到的更像是一个个性化的导师，他会让你保持动力，帮助你克服困难。用我们现有的大量数据，所有这些事情都不难做到。这在我们创立 Coursera 的时候是不存在的，我们没有数据，我们只需要让这个平台起步。

马丁·福特：目前关于深度学习的宣传铺天盖地，人们很容易产生这样的印象：所有的人工智能都是深度学习。然而，最近有人提出，深度学习的进展可能很快就会"碰壁"，需要用另一种方法取代它。你觉得怎么样？

达芙妮·科勒：这不是一颗银弹，但我觉得没必要扔掉它。深度学习是向前迈出的非常重要的一步，但它会让我们达到完全的、人类水平的人工智能吗？我认为，在我们达到人类水平的智能之前，至少还有一个、可能更多个重大的飞跃需要发生。

在一定程度上，这与端到端训练有关，在这种训练中，你可以为一项特定任务优化整个网络。它会变得非常擅长这项任务，但是如果你改变了任务，就必须以不同的方式训练这个网络。在许多情况下，整个架构必须是不同的。现在，我们专注于深度和狭窄的垂直任务。这些都是非常困难的任务，我们正在取得重大进展，但每一个垂直任务并不能转化为它旁边的一个任务。人类真正的特别之处在于，如果愿意，人们能够使用相同的"软件"来执行许多任务。我认为我们在人工智能方面还没有达到那个水平。

另一个我们在通用智能方面还没有做到的是训练这些模型所需的数据量非常非常大，几百个样本通常是不够的。人类真的非常善于从非常少的数据中学习。我认为这是因为我们的大脑中有一个架构为我们必须处理的所有任务服务，而且我们非常擅长将一般技能从一条路径转移到另一条路径。例如，向一个从未使用过洗碗机的人解释如何使用洗碗机可能需要 5 分钟。对于一个机器人来说，这可能远远不够。这是因为人类拥有这些通常可以转移的技能和学习方式，而我们还无法将这些技能和学习方式提供给我们的人工智能体。

马丁·福特：在通往通用人工智能的道路上还有哪些障碍？你已经谈到了在不同领域学习和跨领域学习的能力，但是想象力和构思新想法的能力呢？我们该怎么做？

达芙妮·科勒:我认为我之前提到的那些事情非常重要:能够将技能从一个领域转移到另一个领域,能够利用这些技能从非常有限的训练数据中学习等等。在通往想象力的道路上我们已经有了一些有趣的进展,但我认为还有很长的路要走。

例如,考虑 GAN(生成对抗网络)。它们很擅长创造与它们以前看过的图像不同的新图像,但是这些图像是它们接受过训练的图像的混合体。你不能用计算机来创造印象派作品,这和我们以前做过的任何事情都大不相同。

一个更微妙的问题是与其他生物的情感联系。我不确定这是不是很好的定义,因为作为一个人,你可以假装。有些人会假装和别人有情感联系。所以,问题是,如果一台计算机能把自己伪装得足够好,你怎么知道那不是真的? 这让我们想起了关于意识的图灵测试,答案是我们永远无法确定另一个存在是否真的有意识,或者这意味着什么,如果行为与我们认为的"有意识"一致,我们就相信它。

马丁·福特:这是个好问题。为了拥有真正的通用人工智能,这是否意味着有意识,或者你会拥有一个超级智能的僵尸吗? 你能拥有一台超级智能但却没有任何内在体验的机器吗?

达芙妮·科勒:如果回到图灵的假设,也就是引发图灵测试的假设,他说意识是不可知的。我不知道你是否有意识,我只是相信这一点,因为你长得像我,而我觉得我有意识,又因为我们外表上有相似之处,所以我相信你也有意识。

他的观点是当我们在行为方面达到一定的表现水平时,我们将无法知道一个智能实体是否有意识。如果它不是一个可证伪的假设,那么它就不是科学,你只需要相信它。有一种观点认为,我们永远不会知道,因为它是不可知的。

马丁·福特:我现在想问一下人工智能的未来。你可以指出当前人工智能前沿的一个代表?

达芙妮·科勒:整个深度学习框架在解决机器学习中的一个关键瓶颈方面做了惊人的工作,那就是必须设计一个能够捕捉到足够多领域信息的特征空间,这样你才能获得非常高的性能,特别是在你对领域没有很强直觉的情况下。在深度学习之前,为了应用机器学习,你必须花费数月甚至数年的时间来调整底层数据的表示,以获得更高的性能。

现在,有了深度学习,再加上我们能够承受的数据量,真的可以让机器自己挑出那些模式,这是非常强大的。不过,重要的是要认识到,在构建这些模型时仍然需要大量的人类洞察力。它存在于一个不同的地方:在搞清楚什么才是刻画一个领域基础方面的模型的架构上。

例如,应用于机器翻译的网络,它们与应用于计算机视觉的架构非常不同,很多人类的直觉参与了它们的设计。直到今天,让人类参与设计这些模型仍然很重要,我还没有被让计算机像人类一样设计这些网络的努力所说服。你当然可以让计算机调整架构并修改某些参数,但总体架构仍然是由人类设计的。话虽如此,有几个关键的进展正在改变这一点。第一个是能够用大量的数据来训练这些模型。第二个是我前面提到的端到端训练,你从头到尾定义任务,并且训练整个架构以优化你真正关心的目标。

这是变革性的,因为性能差异非常显著。AlphaGo 和 AlphaZero 都是很好的例子。这里的模型是为了在游戏中获胜而训练的,我认为端到端训练,结合无限的训练数据(在这种情况下是可用的)是推动这些应用程序获得巨大性能提升的原因。

马丁·福特:随着这些进展,我们还要多久才能实现通用人工智能,又如何知道我们接近它了?

达芙妮·科勒:要实现这个目标,技术上还需要很多重大飞跃,而这些都是无法预测的随机事件。可能下个月就会有人提出一个绝妙的想法,也可能需要花上 150 年。预测随机事件何时发生是徒劳的。

马丁·福特:但是如果有了这些突破,它会很快发生吗?

达芙妮·科勒:即使有了突破,也需要大量的工程和工作才能使通用人工智能成为现实。回想一下深度学习和端到端训练的那些进展。这些想法的种子是在 20 世纪 50 年代播下的,每隔 10 年左右就会出现一次。随着时间的推移,我们已经取得了持续的进展,但是付出了多年的工程努力我们才达到现在的水平。我们离通用人工智能还很远。

我认为前进的一大步何时到来是不可预测的。当我们第一次、第二次或第三次看到它的时候,我们甚至可能都无法识别它。据我们所知,它可能已经被开发出来了,只是我们还不知道而已。在这一发现之后,还需要几十年的工作来真正设计实现它,直到它真正起作用。

马丁·福特:让我们谈谈人工智能的一些风险,从经济学开始。有一种观点认为,我们正处于一场新工业革命的前沿,但我认为很多经济学家实际上并不同意这一观点。你认为我们正在面临一个巨大的破坏吗?

达芙妮·科勒:是的,我认为我们正面临着经济方面的巨大破坏。这项技术最大的风险/机遇是,它将需要大量目前由人类完成的工作,而这些工作或多或少地将由机器接管。在很多情况下,采用它都存在社会障碍,但随着表现出的强劲的性能增长,它将遵循标准的颠覆性创新周期。

这种情况已经发生在律师助理和超市收银员身上,很快也会发生在那些货架整理员身上。我认为这些工作都将在 5 年到 10 年内被机器人或智能体所取代。问题是,我们能在多大程度上为人类创造出有意义的工作。在某些情况下,你可以发现这些机会,而在另一些情况下,你就不那么清楚了。

马丁·福特: 人们关注的颠覆性技术之一是自动驾驶汽车和卡车。你觉得什么时候你能呼叫一辆能带你去目的地的无人驾驶的优步车?

达芙妮·科勒: 我认为这将是一个渐进的转变,可能会有一个后备的人类远程驾驶员。我认为这正是很多这样的公司走向完全自主的中间步骤。

可以让一个远程司机坐在办公室里,同时控制三四辆车。当这些车辆陷入它们根本无法识别的困境时,它们会寻求帮助。有了这项保障措施,我想大概在 5 年内,我们将在一些地方提供自动驾驶服务。完全自主与其说是一种技术进化,不如说是一种社会进化,而这种进化更难预测。

马丁·福特: 我同意,但即便如此,在一个行业里很快就会出现一个巨大破坏,很多司机将会失业。你认为全民基本收入可以解决失业问题吗?

达芙妮·科勒: 现在做这个决定还为时过早。如果回顾一下历史上的一些重大革命:农业革命,工业革命,都有同样的预测,即大规模的劳动力破坏和大量的人员失业。世界变了,这些人找到了别的工作。现在就说这一次与其他几次完全不同还为时过早,因为每一次破坏都是令人惊讶的。

在我们关注全民基本收入之前,对于教育我们需要有更多的思考。总的来说,除了少数例外,这个世界在教育人们适应这个新现实方面投入不足,我认为考虑人们为了成功向前发展所需要的技能是非常重要的。如果这样做之后,我们仍然不知道如何保持大多数人的就业,那么这时我们就需要考虑全民基本收入。

马丁·福特: 让我们继续探讨其他一些与人工智能相关的风险。有两大类风险,一是短期风险,如隐私问题、安全、无人机和人工智能武器化;二是长期风险,如通用人工智能及其意义。

人工智能缔造师

达芙妮·科勒：我想说，没有人工智能，所有这些短期风险也都已经存在了。例如，今天已经有许多复杂且关键的系统可以被敌人入侵。

我们的电网目前还不是人工智能的，如果有人入侵电网，那将是一个重大的安全风险。现在黑客可以入侵心脏起搏器——再次强调，这不是一个人工智能系统，但它是一个有被黑客入侵风险的电子系统。至于武器，难道就不可能有人侵入一个超级大国的核反应系统并发动核攻击吗？所以，是的，人工智能系统存在安全风险，但我不知道它们与旧技术的相同风险在本质上是否不同。

马丁·福特：不过，随着技术的发展，风险是不是也在增加？你能想象未来无人驾驶卡车把我们所有的食物送到商店，然后有人入侵这些车的系统，让它们停下来吗？

达芙妮·科勒：我同意，只是这并不是质的区别。随着人们越来越依赖电子解决方案，由于电子解决方案的规模更大，相互联系更紧密，单点故障的风险也更大，风险也在不断增加。我们从个体司机送货到商店开始。如果想破坏这些，你就必须破坏每一个司机。我们再转向指挥大量卡车的大型运输公司，只需破坏其中一家就可以对运输造成更大程度的破坏。人工智能控制的无人驾驶卡车是下一步。随着集中化程度的提高，单点故障的风险也随之增加。

我并不是说这些系统不会带来更多的风险，在我看来人工智能在这方面并没有本质上的不同。随着我们越来越多地依赖那些会受到单点破坏影响的复杂技术，风险也在不断增加。

马丁·福特：回到军事以及人工智能和机器人技术武器化的问题上，人们对先进的商业技术被用于邪恶的方面感到担忧。我还采访了斯图尔特·罗素，他制作了一个关于这个话题的视频《杀戮机器人》。你担心这项技术会被用于威胁吗？

达芙妮·科勒：是的，我认为这项技术有可能落入任何人的手中，但当然，其他危险技术也是如此。用越来越简单的方法杀死更多人的能力是人类进化的另一个方面。早期，人类需要一把刀，可以一次杀死一个人。然后有了枪，可以杀五六个人。再后来有了突击步枪，可以杀死40人或50人。现在人类有能力以不需要大量技术秘诀的方式制造出脏弹。想想生物武器以及编辑和打印基因组，现在到了人类可以创造病毒的程度，那是另一种用无障碍的现代技术杀死很多人的方法。

滥用技术的风险是存在的，我们需要从更广泛的角度来考虑这些风险，而不仅仅是人工智能。我不认为智能杀手无人机比人工合成天花病毒并任其传播更危险。我们目前还没有关于这两种情况的解决方案，但后者似乎更有可能很快杀死很多人。

马丁·福特：让我们来谈谈那些长期风险，尤其是通用人工智能。这里有一个控制问题的概念，一个超级智能可能会设定自己的目标，或者以我们不期望的或者有害的方式实现我们设定的目标。你对这种担忧怎么看？

达芙妮·科勒：我认为现在还为时过早。在我看来，我们要达到那一步之前，需要有一些突破，而在我们得出结论之前，还有太多的未知数。可能形成的智能的本质是什么？它会有情感成分吗？什么将决定它的目标？它是想和我们人类互动，还是只想自己走？

有太多的未知因素，所以现在就开始计划似乎为时过早。我不认为它是在地平线上，即使我们达到了那个突破点，也需要几年甚至几十年的工程工作。这不会是我们某天醒来就会发现的一种突发现象。这将是一个工程化的系统，一旦我们弄清楚关键组件是什么，这将是一个开始思考我们如何调整和构建它们以获得最佳结果的好时机。现在，它只是非常早期的。

马丁·福特：现在已经有很多智库组织如雨后春笋般涌现，比如 OpenAI。你认为就投入的资源而言，这些还为时过早吗？还是你认为开始这项工作是一件卓有成效的事情？

达芙妮·科勒：OpenAI 做了很多事情。它所做的很多事情是创建开源人工智能工具，让大众能够使用真正有价值的技术。在这方面，我认为这是件好事。这些组织正在做很多工作去考虑人工智能的其他重要风险。例如，在 2017 年的一次机器学习会议（NIPS 2017）上有一个非常有趣的讨论，关于机器学习如何利用我们的训练数据中的隐性偏见，并将其放大到在捕捉最糟糕的行为（例如种族主义或性别歧视）时变得非常可怕的地步。这些都是我们今天要思考的重要问题，因为这些都是真实存在的风险，我们需要拿出切实的解决方案来改善它们。这就是这些智库正在做的部分工作。

这与你的问题非常不同，你的问题是我们如何将保障措施构建到一种目前尚不存在的技术中，以防止它出于目前尚不清楚的原因而有意识地试图消灭人类。它们为什么要关心消灭人类？现在开始担心这个还为时过早。

马丁·福特：你认为政府有必要对人工智能进行监管吗？

达芙妮·科勒：这么说吧，我认为政府对这项技术的了解程度是有限的，对政府来说，监管他们不了解的东西不是一个好主意。

人工智能缔造师

人工智能也是一项易于使用的技术，我不认为监督这项技术是正确的解决方案。

马丁·福特：有很多人特别关注中国。在某些方面，他们有一个优势：他们拥有大量的数据。我们有落后的风险吗？我们应该担心吗？

达芙妮·科勒：我认为答案是肯定的，而且我认为这很重要。如果你正在寻找一个有利的政府干预领域，我会说那就是促进技术进步，不仅可以保持与中国的竞争力，而且可以保持与其他政府的竞争力。这包括对科学的投资，包括对教育的投资，包括以一种尊重隐私的方式访问数据的能力并能够取得进展。

在我感兴趣的医疗保健领域，可以做一些事情来极大地提高取得进展的能力。例如，如果和病人交谈，你会发现他们中的大多数人都很高兴他们的数据被用于研究目的，以推动治疗的进展。他们意识到即使这对自己没有帮助，但最终也可以帮助其他人，他们真的很想这样做。然而，在共享医疗数据之前，人们需要跨越的法律和技术障碍现在是如此繁重，以至于共享医疗数据根本不会发生。这真的减缓了我们在收集多个病人的数据以及找出某些亚群的可能治疗方法等方面的进展。

这是一个政府层面的政策变化以及社会规范的变化可以发挥作用的地方。举个例子来说明，看看可以选择器官捐献的国家和可以选择退出器官捐献的国家之间器官捐献率的差异。两者都对一个人在死后是否捐献器官给予同等的控制权，但可以选择退出的国家的器官捐献率远高于不能退出的国家。人们创造了这样一种期望，即尽管你给了他们选择退出的机会，人们还是会很自然地选择加入。一个类似的数据共享系统将使其更加可用，并将使新研究的发表速度更快。

马丁·福特：你认为人工智能、机器学习以及所有这些技术带来的好处会超过风险吗？

达芙妮·科勒：是的，我是这么认为。我还认为，通过停止技术研发来阻止进步是错误的做法。如果你想减轻风险，需要考虑如何改变社会规范以及如何设置适当的保障措施。停止技术研发并不是一个可行的方法。如果你没有在技术上取得进步，别人会，而他们的目的可能远没有你的向善。我们需要让技术进步，然后思考将其引导到好的方面而不是坏的方面的机制。

达芙妮·科勒

达芙妮·科勒是斯坦福大学计算机科学的拉杰夫·莫特瓦尼教授。达芙妮在人工智能领域做出了重要贡献,尤其是在贝叶斯(概率)机器学习和知识表示领域。2004 年,她因在这一领域的工作而获得麦克阿瑟基金会奖学金。

2012 年,达芙妮和她在斯坦福大学的同事吴恩达一起创立了在线教育公司 Coursera。达芙妮担任该公司的联合首席执行官和总裁。她目前的研究主要集中在机器学习和数据科学在医疗保健领域的应用,她曾在谷歌 /Alphabet 旗下子公司 Calico 担任首席计算官,该公司致力于延长人类寿命。达芙妮是 Insitro 的首席执行官和创始人,这是一家生物科技初创公司,专注于利用机器学习进行药物研发。

达芙妮在以色列耶路撒冷希伯来大学获得本科和硕士学位,1993 年在斯坦福大学获得计算机科学博士学位。她的研究获得了许多奖项,是美国人工智能促进协会的会员。她于 2011 年进入美国国家工程院。2013 年,达芙妮被美国《时代》杂志评为全球最具影响力的百人之一。

"我不像其他人那样认为我们不知道该怎么实现通用人工智能，我们正在等待一些巨大的突破。我不认为是这样的，我认为我们知道怎么做，我们只是需要证明这一点。"

大卫·费鲁奇

ELEMENTAL COGNITION 创始人

BRIDGEWATER ASSOCIATES 应用人工智能总监

大卫·费鲁奇创立并领导了 IBM Watson 团队，从成立到 2011 年，Watson 战胜了有史以来最强的《Jeopardy!》玩家，取得了里程碑式的成功。2015 年，他创立了自己的公司 Elemental Cognition，专注于开发新型人工智能系统，大幅提高计算机理解语言的能力。

人工智能缔造师

马丁·福特：你是怎么对计算机感兴趣的？是什么让你走向人工智能的？

大卫·费鲁奇：我在计算机成为日常用语之前就开始对它感兴趣了。我的父母希望我成为一名医生，我的父亲讨厌在学校放假期间我在家里无所事事。在高中三年级的夏天，我父亲在报纸上为我找到了本地一所大学的数学课程，结果它实际上是一门在 DEC 计算机上使用 BASIC 的编程课。我认为这是非凡的，因为你可以给这台机器指令，如果能清晰地表达你在脑海中经历的过程或算法，你就可以让这台机器为你做这件事。机器可以存储数据和思维过程。我认为这就是我的出路！如果我能让机器为我思考并记住一切，那么我就不需要为了成为一名医生做那么多工作了。

它让我对存储信息、进行推理、思考、系统化或者转化算法的意义产生了兴趣，无论我的大脑正在进行什么样的过程。如果我能详细说明，就可以让计算机来执行，那是很吸引人的。这只是一个改变思想的认识。

当时我不知道"人工智能"这个词，但我对从数学、算法和哲学的角度来看协调智能的整个概念产生了浓厚的兴趣。我相信在机器中模拟人类智能是可能的。没理由认为它不可能。

马丁·福特：你在大学里学的是计算机科学吗？

大卫·费鲁奇：不，我对计算机科学或人工智能方面的事情一无所知，我上了大学，主修生物学，想成为一名医生。在学习期间，我让我的祖父母给我买了一台 Apple Ⅱ 电脑，然后我开始对所有我能想到的事情编程。最后，我为我的学院编写了很多软件，从用于实验室工作的绘图软件，到生态模拟软件，再到实验室设备的模数接口。当然，这是在这些东西出现（更不用说从互联网上下载）之前。我决定在大学的最后一年尽可能多地学习计算机科学，所以我辅修了计算机科学。我拿了最高生物学奖毕业，准备上医学院，但我觉得医学院并不适合我。

所以我的研究生专业是计算机科学，尤其是人工智能。我决定这才是我所热爱的，也是我想研究的。所以，我在纽约的伦斯勒理工学院（Rensselaer Polytechnic Institute，RPI）攻读硕士学位，在那里我开发了一个语义网络系统，这是我论文的一部分。我将其命名为 COSMOS，我确信它代表了与认知有关的知识，听起来很酷，但我不记得它的确切阐述。COSMOS 代表了知识和语言，能够进行有限形式的逻辑推理。

1985 年，我在 RPI 的一个工业科学展览会上做了关于 COSMOS 的演讲，当时 IBM Watson 研究中心的一些人员（他们刚刚开始自己的人工智能项目）看到我的演讲，他们问我是否想

大卫·费鲁奇

要一份工作。我原本的计划是继续攻读博士学位,但我在一本杂志上看到一则广告,说成为一名 IBM 研究员的话,在 IBM 可以用无限的资源研究任何你想研究的东西——听上去像是我梦寐以求的工作,所以我把广告剪下来,贴在我的公告栏上。当 IBM 研究中心的人向我提供那份工作时,我接受了。

1985 年,我开始在 IBM 研究中心做一个人工智能项目,但几年后,20 世纪 80 年代的人工智能寒冬来临,IBM 取消了所有与人工智能相关的项目。我被告知可以去做其他项目,但我不想做其他项目,我想做人工智能,所以我决定离开 IBM。我父亲很生我的气,他对于我没能成为一名医生已经很生气了,然后奇迹般地我找到了一份好工作,但两年后我辞职了。这对他来说可不是件好事。

我回到 RPI 攻读非单调推理的博士学位。我设计并建立了一个名为 CARE(心脏和呼吸专家)的医学专家系统,在那段时间里我学到了很多关于人工智能的知识。为了支持我的研究,我还参与了一项政府合同,在 RPI 建立了一个面向对象的电路设计系统。完成博士学位后,我需要一份工作。我父亲病得很重,他住在韦斯切斯特,那里也是 IBM 的总部所在地。我想离他近一些,所以给我在 IBM 工作时认识的人打了电话,最后回到了 IBM 研究中心。

当时 IBM 还不是一家人工智能公司,但 15 年后,通过 Watson 和其他项目,我帮助 IBM 朝着这个方向发展。我从未放弃过从事人工智能工作的愿望,多年来我建立了一支技能娴熟的团队,并抓住每一个机会去从事语言处理、文本和多媒体分析、自动问答等领域的工作。当人们对《Jeopardy!》感兴趣的时候,我是 IBM 中唯一一个相信这是可以实现的并且拥有一个有能力做到的团队的人。凭借 Watson 的巨大成功,IBM 得以转型为一家人工智能公司。

马丁·福特:我不想过多关注你在 Watson 的工作,因为这已经是一个非常有详尽记录的故事了。我想谈谈你离开 IBM 后对人工智能的看法。

大卫·费鲁奇:我对人工智能的看法是,有感知即认识事物的能力,有控制即做事情的能力,有认知即建立、发展和理解概念模型的能力,这些概念模型提供了交流的基础以及理论和思想的发展。

我在 Watson 项目中了解到的一件有趣的事情是,纯粹的统计方法仅限于"理解"部分,也就是它们能够对自己的预测或答案做出随意和易用的解释。纯数据驱动或统计方法的预测对于感知任务(如模式识别、语音识别和图像识别)和控制任务(如无人驾驶汽车和机器人)非常强大,但在知识空间,人工智能正在挣扎。

人工智能缔造师

我们已经看到了语音和图像识别（总的来说，与感知相关的东西）的巨大进步。我们也看到了控制系统的巨大进步，你可以看到驾驶无人机和各种机器人无人驾驶汽车。但说到基于计算机所阅读和理解的内容与它进行流畅的交流，我们离这一步还远得很。

马丁·福特：2015 年你创立了一家名为 Elemental Cognition 的公司，你能告诉我们更多的情况吗？

大卫·费鲁奇：Elemental Cognition 是一个人工智能的研究项目，它试图做真正的语言理解。它试图解决我们还没有破解的人工智能领域，也就是，我们能否创造一个能够阅读、对话和建立理解的人工智能？

一个人可能会通过阅读书籍，在头脑中形成丰富的世界运作模式，然后进行推理，并流利地进行对话和提出问题。我们通过阅读和对话来精炼和复合我们的理解。在 Elemental Cognition，我们希望我们的人工智能能够做到这一点。

我们要超越语言的表层结构，超越出现在词频中的模式，找到其潜在的意义。在此基础上，我们希望能够建立内部逻辑模型，人类可以创建并使用这些模型进行推理和交流。我们想要确保一个能产生兼容智能的系统。这种兼容智能可以通过人类的互动、语言、对话和其他相关经验，自主地学习和完善自己的理解。

思考认识和理解意味着什么是人工智能中非常有趣的一个部分。这并不像为图像分析提供标记数据那么容易，因为你和我可以读到相同的东西，但我们可以得出非常不同的解释。我们可以争论理解它意味着什么。今天的系统更多地进行文本匹配并查看单词和短语的统计出现次数，而不是开发语言背后复杂逻辑的分层和逻辑表示。

马丁·福特：让我们暂停一下，以确保人们明白这其中的重要性。现在有很多深度学习系统可以进行很好的模式识别，例如，可以在图片中找到一只猫，然后告诉你图像中有一只猫。但是目前还没有一个系统能像人那样真正理解猫是什么。

大卫·费鲁奇：确实如此，不过你我也会对一只猫是什么进行争论。这个问题有趣的地方是，究竟什么才是实际上理解。想想有多少人类的精力花费在帮助彼此发展出对事物的共享理解。开发出共享理解本质上就是任何创造或者传播信息的人，任何记者、艺术家、经理或者政客在做的事。这个工作就是让别人以他们自己的方式来理解事物。这是我们作为一个社会能够协作和快速进步的方式。

这是一个困难的问题，因为在科学领域，为了创造价值，我们已经开发出了完全明确的形式语言。因此,工程师使用规范语言,而数学家和物理学家则使用数学进行交流。当编写程序时,我们有明确的形式化编程语言。然而当我们一说起话来,滔滔不绝,丰富而微妙的情况出现了,那就是自然语言的话语是模棱两可,极其需要语境才能区分含义。如果我把一个句子断章取义,它可以有很多不同的意思。

不仅是说话时的语境,也是说话人的想法。要让你我充满信心地相互理解,对我来说,光说说是不够的。你必须问我问题,我们必须反复思考,使我们的理解保持一致,直到我们对我们的头脑中有一个相似的模型感到满意。这是因为语言本身并不是信息。语言是我们用来交流头脑中的模型的手段。这些模型是独立发展并细化的,然后我们需要调整它们才能进行交流。这种"产生"理解的概念是一种丰富的、分层的、高度语境化的东西,是主观的和协作的。

一个很好的例子是,我女儿7岁的时候,有一次正在做一些功课。她正在读一本关于电的科学书。书中说,能量是以不同的方式产生的,比如水流过涡轮机。我问了女儿一个简单的问题:"电是怎么产生的?"她回头看了看书上的文字,然后做了文本匹配,书上面说电是创造出来的,而"创造"是"产生"的同义词,还有这个短语:"通过水流过涡轮机"。

她走过来对我说:"我可以抄这句话来回答这个问题,但我不知道电是什么,也不知道它是如何产生的。"她一点儿也不明白,尽管她可以通过文本匹配来答对问题。然后我们进行了讨论,她得到了更丰富的理解。这或多或少就是目前大多数语言人工智能的工作方式——它并不理解。不同的是,我女儿知道她不理解。这很有趣。她对自己潜在的逻辑表达有更多的期望。我认为这是聪明的表现,但我在这件事上可能有偏见。哈!

看一篇文章中的字词并猜测答案是一回事。充分理解某些事物,以便能够与他人交流你的理解的丰富模型,然后讨论、探究并取得同步,从而增进你的理解,这是另一回事。

马丁·福特:你想象的是一个对概念有真正理解的系统,它能够进行对话并解释其推理。那不是人类水平的人工智能或通用人工智能吗?

大卫·费鲁奇:当你能够创造出一个可以自主学习的系统,换句话说,它可以阅读、理解和建立模型,然后与人交谈、解释并总结这些模型,那么你就接近了我所说的整体智能。

我认为一个完整的人工智能有三个部分:感知、控制和认知。就我们在感知和控制部分所取得的进展而言,深度学习的很多东西都是值得注意的,真正的问题是最后一部分。我们如何进行理解和与人类协作交流,从而创造共享的智能?这是非常强大的,因为我们构建、交流和组合知识的主要手段是通过我们的语言和构建与人类兼容的模型。这就是我用 Elemental Cognition 努力创造的人工智能。

马丁·福特：解决理解问题是人工智能的圣杯之一。一旦拥有了它，其他的事情也就迎刃而解了。例如，人们谈论迁移学习，或是将所知道的运用到另一个领域的能力，而真正的理解正意味着这一点。如果你真的理解了什么，你就应该能够把它应用到其他地方。

大卫·费鲁奇：完全正确。我们在 Elemental Cognition 所做的一件事就是测试一个系统如何理解并整合它在最简单的故事中所读到的知识。如果它读到的是关于足球的故事，那么它能把这种理解应用到曲棍球比赛或篮球比赛中去吗？它如何重用概念？它能对事物产生类似的理解和解释吗，在学会了一件事之后，能通过类推的方式进行推理，然后用类似的方式进行解释吗？

棘手的是，人类有两种推理方式。他们做我们可能认为是统计机器学习的事情，他们处理大量的数据点，然后概括模式并应用它。他们在头脑中产生了类似于趋势线的知识，并通过应用趋势直觉得出了新的答案。他们可能会看一些价值模式，当被问到下一步是什么时，直觉地说出答案是 5。当人们这样做的时候，他们做的更多的是模式匹配和推断。当然，这种泛化可能比简单的趋势线更复杂，因为在深度学习中泛化便是更复杂。

但是，当人们坐下来说："让我向你解释一下为什么这对我来说是有意义的——答案是 5，因为……"，现在他们在头脑中建立了更多的逻辑或因果模型，这就变成了一种完全不同的信息，最终会更加有力。它对于交流来说更有力，对于解释来说更有力，对于扩展来说也更有力，因为现在我可以批判它，说"等等，我知道你的推理哪里有问题"，而不是说"这只是我基于过去数据的直觉，相信我"。

如果我所拥有的只是难以解释的直觉，那么该如何发展，如何提高，如何扩展我对周围世界的理解？我认为这就是我们在对比这两种智能时所面临的一个有趣的困境。一种是专注于建立一个可解释的模型，你可以检查、辩论、解释和改进它；另一种是："我之所以依赖它，是因为它正确的时候多于错误的时候。"两者都很有用，但它们非常不同。你能想象：把代理权力交给那些无法解释自己的推理机器吗？听起来很糟糕。你愿意把代理权交给无法解释他们的推理的人吗？

马丁·福特：很多人认为深度学习，也就是你所描述的第二种模式，足以推动我们向前发展。听起来你认为我们还需要其他方法。

大卫·费鲁奇：无论如何，我都不是一个狂热的人。深度学习和神经网络之所以强大，是因为它们能够在大量数据中发现非线性、非常复杂的函数。我的意思是,如果我想通过函数根据身高来预测你的体重,那可能是一个用直线表示的非常简单的函数。预测天气不太可能用简单的线性关系来表示。更复杂系统的行为可能由多个变量的非常复杂的函数来表示(想想弯曲的,甚至是不连续的和多维的)。

你可以给一个深度学习系统提供大量的原始数据,让它找到一个复杂的函数,但最终,你仍然只是在学习一个函数。你可能会进一步争辩说,每一种形式的智能本质上都是在学习一种函数。但是,除非你努力学习输出人类智能本身的函数(它的数据是什么?),否则系统很可能会生成你无法解释的答案。

假设我有一台叫作神经网络的机器,如果载入足够的数据,它就能找到任意复杂的函数来将输入映射到输出。你会想:"哇!还有什么解决不了的问题吗?"也许没有,但现在的问题是,你有足够的数据来完全代表所有时期的现象吗?当我们谈论认识或理解时,我们首先要问,这个现象是什么?

如果我们讨论的是识别图片中的一只猫,那么很清楚这是什么现象,我们会得到一堆有标记的数据,我们会训练神经网络。如果你说"我如何理解这些内容?",我甚至不清楚能不能让人们对什么是理解达成共识。小说和故事是复杂的、多层次的,即使在理解上达成了足够的共识,也不足以让一个系统学习到潜在现象所代表的极其复杂的函数,即人类智能本身。

从理论上讲,如果你有足够的数据将每一个英语故事都映射到其意义上,并且有足够的数据来学习意义映射——学习大脑对于任意一组句子或故事会做什么——那么神经网络能学到吗?也许吧,但我们没有这些数据,就神经网络可能学习的函数的复杂性而言,我们不知道需要多少数据,我们也不知道学习它需要什么。人类可以做到这一点,但那是因为人类的大脑一直在与其他人互动,它天生就有这种能力。

我绝不会说"我有一个通用的函数查找器,我可以用它做任何事"。在某些层面上,这是肯定的,但是代表人类理解的函数的数据在哪里呢?我不知道。

我现在还不知道如何利用神经网络来吸引和获取这些信息。我确实有办法做到这一点,但这并不意味着我不使用神经网络和其他机器学习技术作为总体架构的一部分。

马丁·福特:你曾在一部名为《你相信这台电脑吗?》(*Do You Trust This Computer?*)的纪录片里出镜?你说:"3 年到 5 年内,我们将拥有一个能够自主学习理解以及建立理解的计算机系统,就像人类思维的工作方式一样。"这真的让我印象深刻。这听起来像是通用人工智能,但你给它一个 3 年到 5 年的时间框架。你真的是这个意思吗?

大卫·费鲁奇:这是一个非常激进的时间表,我可能是错的,但我仍然认为这是我们在未来 10 年左右可以看到的。这不会是一个 50 年或 100 年的等待。

我认为我们将看到两条路。我们将看到感知方面和控制方面继续取得跨越式的进展。这将对社会、劳动力市场、国家安全和生产率产生巨大影响,这些都是非常重要的,而这些都还没有涉及理解方面。

我认为这将给人工智能与人类互动带来更大的机会,像 Siri 和 Alexa 这样的应用将越来越多地在语言和思维任务中与人类互动。通过这些想法以及像我们在 Elemental Cognition 中构建的架构,我们将开始能够学习如何发展理解。

我所做出的 3 年到 5 年的估计是在说,这不是我们不知道如何去实现的事情。这是我们确实知道如何去实现的事情,这是一个投资正确的方法并投入必要的工程来实现它的问题。如果我认为这是可能的,但不知道如何实现,我会做出不同的估计。

不管等待的时间有多长,这在很大程度上取决于投资的去向。今天的很多投资都进入了纯粹的统计机器学习领域,因为它是如此短期有效和热门。有很多唾手可得的回报。我正在做的一件事是为另一项技术争取投资,我认为这项技术是我们发展理解所需要的。这一切都取决于如何应用投资以及投资的时间窗口。我不像其他人那样认为我们不知道该怎么实现通用人工智能,我们正在等待一些巨大的突破。我不认为是这样的,我认为我们知道怎么做,我们只是需要证明这一点。

马丁·福特:你会把 Elemental Cognition 描述成一家通用人工智能公司吗?

大卫·费鲁奇:公平地说,我们致力于构建一种具有自主学习、阅读和理解能力的自然智能,我们正在实现以这种方式与人类进行流利对话的目标。

马丁·福特:据我所知,另外一家同样关注这个问题的公司是 DeepMind,但我也被你们不同的方法所震撼。DeepMind 专注于通过游戏和模拟环境进行深度强化学习,而我从你这里听到的是,通往智能的道路是通过语言。

大卫·费鲁奇:让我们再重申一下目标。我们的目标是产生一种以逻辑、语言和推理为基础的智能,因为我们想要产生一种兼容的人类智能。换言之,我们希望创造出一种能够像人类处理语言那样去处理语言的模型算法,能够通过语言学习,能够通过语言和推理流利地传递知识。这是非常明确的目标。

我们确实使用了各种机器学习技术。我们用神经网络做很多不同的事情。然而,神经网络并不能单独解决理解问题。换句话说,它不是一个端到端的解决方案。我们还使用连续对话、形式推理和形式逻辑表示。对那些可以用神经网络有效地学习的事物,我们就用神经网络。对那些不可以用神经网络学习的事物,我们就找其他方式来获取和建模信息。

马丁·福特:你也在研究无监督学习吗? 我们今天拥有的大多数人工智能都是使用标记过的数据进行训练,我认为真正的进步可能需要让这些系统像人一样,从环境中有机地学习。

大卫·费鲁奇:我们两者兼顾。我们做语料库和大型语料库分析,这是无监督的。我们从大型语料库中进行无监督学习,但我们也从标注的内容中进行监督学习。

马丁·福特:让我们谈谈人工智能的未来含义。你认为在不久的将来是否有可能出现一场巨大的经济破坏,很多工作将被去技能化或消失?

大卫·费鲁奇:我认为这绝对是我们需要关注的事情。我不知道此次人工智能革命是否会比以前(比如工业革命)新技术的出现更加剧烈,但我认为它应该是非常重要的,其影响至少是与工业革命相当。

我认为会有人流离失所,也会有劳动力转型的需要,但我不认为这会是灾难性的。在这个转变过程中会有一些痛苦,但最终,我的猜测是,它可能会创造更多的就业机会。我认为这也是历史上发生过的事情。有些人可能会陷入其中,他们不得不接受再培训;这当然会发生,但并不意味着整体就业机会会减少。

马丁·福特:有没有可能出现技能不匹配的问题? 例如,许多新的工作是为机器人工程师、深度学习专家等人而创造的?

大卫·费鲁奇:当然,这些工作会被创造出来,也会出现技能不匹配的情况,但我认为其他工作也会被创造出来,会有更多的机会让人们重新集中注意力并问自己:"如果机器在做这些事情,那么我们希望人类做什么?"在医疗保健和护理领域有着巨大的机遇,在这些领域中人与人之间的接触是很重要的。

我们在 Elemental Cognition 所设想的未来是人类和机器智能紧密而流畅地协作。我们认为这是思维上的伙伴关系。通过与能够学习、推理和交流的机器建立思维上的伙伴关系,人类可以做更多的事情,因为他们不需要那么多的训练和技能来获取知识并有效地应用知识。

在这种合作中,我们也在训练计算机变得更聪明,更能理解我们的思维方式。

看看今天人们免费提供的所有数据,这些数据都是有价值的。你和计算机的每一次互动都有价值,因为计算机越来越聪明了。那么,我们应该在什么阶段开始付钱并且更加规律地付钱与机器交互呢?我们希望计算机能够以与人类更融洽的方式进行交互,那么为什么我们不付钱来帮助实现这个目标呢?我认为人机合作的经济学本身是很有趣的,但会有很大的转变。无人驾驶汽车是不可避免的,有相当多的人有体面的蓝领驾驶工作,我认为这将会发展。我不知道这是否会成为一种趋势,但肯定会是一种过渡。

马丁·福特:你对埃隆·马斯克和尼克·博斯特罗姆都在谈论的超级智能的风险有何看法?

大卫·费鲁奇:我认为任何时候你给了一个机器杠杆,都有很多理由需要担心。这是指你让它控制一些可以放大错误或不良行为影响的事情。例如,如果让机器控制电网、武器系统或无人驾驶汽车网络,那么任何错误都可能被放大成一场重大灾难。如果出现网络安全问题或者一个邪恶分子入侵了系统,它会放大错误或黑客的影响。这才是我们应该特别关注的。随着我们让机器控制越来越多的东西,如交通系统、食品系统和国家安全系统,我们需要格外小心。这与人工智能并没有什么特别的关系,只是你必须在设计这些系统时考虑到错误情况和网络安全。

尼克·博斯特罗姆等人谈论的另一件事是,机器可能会发展自己的目标并决定为了实现自己的目标而毁灭人类。这是我不太关心的事情,因为很少有动机让机器做出这样的反应。你得给计算机编程序才能做这样的事。

尼克·博斯特罗姆谈到了这样一个想法:你可以给机器一个善意的目标,但因为它足够聪明,它会找到一个复杂的计划,当它执行该计划时会出现意想不到的情况。我的回答很简单,你为什么要这么做?我的意思是,你不会让一台生产回形针的机器必须通过电网作用来完成生产任务,最后问题其实还是回到深思熟虑的对安全性的设计上。比起人工智能突然有了自己的愿望和目标,或者计划牺牲人类去制造更多的回形针,我认为还有许多其他人类问题更值得关注。

马丁·福特:你怎么看待人工智能的监管,有必要吗?

大卫·费鲁奇:监管的理念是我们必须关注的。作为一个行业,当我们让机器做出影响我们生活的决定时,我们必须广泛地决定谁应该对什么负责。无论是在医疗保健、政策制定还是任何其他领域,情况都是如此。作为受机器决策影响的个体,我们是否有权得到我们能够理解的解释?

从某种意义上说,我们今天已经面对了这类问题。例如,在医疗保健领域,我们有时会得到这样的解释:"我们认为你应该这样做,我们强烈建议你这样做,因为 90% 的情况下这都会发生。"你得到的是统计平均值,而不是各个病人的具体情况。你对此满意吗? 你能要求机器解释为什么会给这个病人推荐这种治疗方法吗? 不是关于概率,而是关于个案的可能性。这引发了非常有趣的问题。

在这个领域,政府需要介入并提出:"责任落在哪里? 作为机器决策的潜在主体,我们应该承担什么?"

另一个我们稍微谈论的领域是,当设计具有巨大影响力的系统时,如错误或黑客攻击之类的负面影响会被大幅地放大,并对人类社会产生广泛的影响,你的标准是什么? 你不希望减慢技术进步的速度,但同时,你也不希望对部署此类系统的控制过于随意。

还有一个有点冒险的监管领域是劳动力市场。你是否会放慢脚步说:"不能用机器来做这项工作,因为我们想保护劳动力市场?"我认为有一些东西可以帮助社会平稳过渡,避免剧烈的影响,但与此同时,我们不希望随着时间的推移减缓我们社会的进步。

马丁·福特:自从你离开 IBM,他们围绕 Watson 建立了一个庞大的业务部门,并试图将其商业化,但结果好坏参半。你如何看待 IBM 的经验和他们所面临的挑战,这是否与你对构建可自我解释的机器的关注有关?

大卫·费鲁奇:我不大了解,但从商业角度来说,我的感觉是,他们抓住了 Watson 这个品牌,帮助 IBM 进入人工智能行业,我认为他们抓住了这个机会。我在 IBM 工作的时候,他们在做各种各样的人工智能技术,这些技术在公司的不同领域非常分散。我想当 Watson 在《Jeopardy!》中获胜并向公众展示了一种真正显而易见的人工智能能力时,所有这些兴奋和动力帮助 IBM 在一个品牌下组织和整合了他们的所有技术。这种展示让他们有能力在内部和外部对自己进行很好的定位。

至于商业方面,我认为 IBM 在利用这种人工智能方面处于一个独特的位置。这与消费空间大不相同。IBM 可以通过商业智能、数据分析和优化广泛地进入市场。它们可以提供目标价值,例如在医疗保健应用程序中。

很难衡量他们有多成功,因为这取决于把什么算作人工智能,以及在商业战略中的位置。我们拭目以待。在我看来,就目前消费者的看法而言,Siri 和亚马逊的 Alexa 似乎备受瞩目。它们是否在商业方面提供了良好的价值,这是一个我无法回答的问题。

人工智能缔造师

马丁·福特：有人担心中国可能有优势，因为他们有更多的人口、更多的数据。这是我们应该担心的吗？美国是否需要更多的产业政策来提高竞争力？

大卫·费鲁奇：我认为这些东西会影响生产率、劳动力市场、国家安全和消费市场，所以非常重要。作为一个国家，要保持竞争力，必须投资人工智能，以提供广泛的投资组合。不要把所有的鸡蛋放在一个篮子里。必须吸引和留住人才才能保持竞争力，所以我认为毫无疑问，国界造成了一定的竞争，因为它对经济和安全竞争有很大的影响。

最具挑战性的平衡举措是如何在保持竞争力的同时，仔细考虑控制、监管和其他影响，如隐私。这些都是棘手的问题，我认为世界所需要的是在这个领域有更多深思熟虑和知识渊博的领导者，他们可以帮助制定政策并进行沟通。这是一项非常重要的服务，了解得越多越好，因为如果你看看其幕后的东西，就会发现这不是一件简单的事情。有很多棘手的问题，很多需要做出选择的技术问题。也许你需要人工智能！

马丁·福特：考虑到这些风险和担忧，你对人工智能的未来持乐观态度吗？

大卫·费鲁奇：归根结底，我是个乐观主义者。我认为追求这种技术是我们的宿命。让我们回到我最初开始研究人工智能时感兴趣的内容：理解人类智能；以数学和系统的方式理解它；理解什么是限制，如何增强它，如何发展它，以及如何应用它。计算机为我们提供了一种工具，通过这种工具，我们可以试验智能的本质。你不能拒绝。我们将自我意识与我们的智能联系在一起，那么我们怎么能不竭尽所能去更好地理解它，更有效地运用它，并了解它的长处和短处呢？这才是我们的命运。这是最基本的探索——我们的大脑是如何工作的？

这很有趣，因为我们在思考人类是如何探索太空以及寻找其他智能生物，而事实上，我们身边就有一种智能在成长。这到底是什么意思？智能的本质是什么？即使我们要找到另一个物种，我们也会在探索智能最基本的本质时，对于什么是可以期待的，什么是可能的，什么是不可能的知道得更多。我们的命运就是要应对这一切，我认为，最终它将极大地提高我们的创造力和我们的生活水平，这是我们今天无法想象的。

这是存在性风险，我认为它会影响我们对自己的看法，以及我们对人类独特之处的认识。认真对待这些将是一个非常有趣的问题。对于任何一个给定的任务，我们都可以得到一个做得更好的机器，那么我们的自尊去哪儿呢？我们的自我意识去哪儿呢？它是否又回到了同理心、情感、理解以及本质上可能更具灵性的事物上吗？我不知道，但当我们开始以一种更客观的方式来理解智能时，这些都是有趣的问题。你无法逃避它。

大卫·费鲁奇

大卫·费鲁奇是一位屡获殊荣的人工智能研究员,他创立并领导了 IBM Watson 团队,从 2006 年到 2011 年 Watson 战胜了有史以来最强的《Jeopardy!》玩家,取得了里程碑式的成功。

2013 年,David 加入 Bridgewater Associates,担任应用人工智能总监。他在人工智能领域近 30 年的经验,以及他对看到计算机流畅地思考、学习和交流的热情,促使他在 2015 年与 Bridgewater 合作成立了 Elemental Cognition 有限责任公司。Elemental Cognition 专注于开发新型人工智能系统,极大地加速了自动语言理解和智能对话。

大卫毕业于曼哈顿学院,获得生物学学士学位,在伦斯勒理工学院获得计算机科学博士学位,专攻知识表示和推理。他拥有超过 50 项专利,在人工智能、自动推理、自然语言处理、智能系统架构、自动故事生成和自动问答等领域发表过论文。

大卫被授予 IBM Fellow 称号(45 万员工中只有不到 100 人拥有此项技术殊荣),并因其在创建 UIMA 和 Watson 方面的工作而获得了许多奖项,包括芝加哥商品交易所的创新奖和 AAAI 费根鲍姆奖(AAAI Feigenbaum Prize)。

"我们没有制造出任何机器能比得上昆虫，所以我不担心超级智能会很快出现。"

罗德尼·布鲁克斯

RETHINK ROBOTICS 主席

罗德尼·布鲁克斯被公认为世界上最杰出的机器人学家之一。罗德尼是 iRobot 公司的联合创始人，该公司是消费机器人（主要是 Roomba 真空吸尘器）和军用机器人（比如那些在伊拉克战争中用于拆除炸弹的机器人）领域的行业领导者（iRobot 在 2016 年剥离了其军用机器人部门）。2008 年，罗德尼与他人共同创立了一家新公司 Rethink Robotics，专注于开发灵活、协作的制造机器人，这些机器人可以与人类工人一起安全地工作。

人工智能缔造师

马丁·福特：在麻省理工学院期间，你创办了 iRobot 公司，它现在是世界上最大的商用机器人厂商之一。这是怎么发生的？

罗德尼·布鲁克斯：1990 年，我与科林·安格尔（Colin Angle）和海伦·格莱纳（Helen Greiner）一起创办了 iRobot。在 iRobot，我们有 14 个失败的商业模式，直到 2002 年才有了成功的商业模式，在那一年，我们发现有两种商业模式在同一年中起了作用。第一个是军用机器人。它们被部署在阿富汗，任务是进入洞穴看看里面有什么。然后，在阿富汗和伊拉克的冲突期间，大约有 6 500 个被用于处理路边炸弹。

同一年，我们推出了 Roomba，这是一个真空吸尘机器人。2017 年，公司全年收入为 8.84 亿美元，自 Roomba 推出以来，其出货量已超过 2 000 万台。我认为，就出货量而言，Roomba 可以说是有史以来最成功的机器人，而它实际上是基于 1984 年左右我在麻省理工学院开始开发的昆虫级智能机。

当我在 2010 年离开麻省理工学院时，我彻底辞职并创办了一家名为 Rethink Robotics 的公司，在那里我们制造了世界各地工厂使用的机器人。到目前为止，我们已经运送了成千上万的机器人。它们与传统工业机器人的不同之处在于，和它们在一起很安全，它们不需要被关在笼子里，你可以让它们知道你想要它们做什么。

在我们使用的最新版本的软件 Intera 5 中，向机器人展示你想要它们做什么时，它们实际上会编写一个程序。这是一个表示行为树的图形程序，如果你愿意，你可以操作它，但不是必须这样做。自它发布以来，更高端的公司希望能够进入并精确调整机器人在被告知要做什么之后所做的具体操作，但不关注底层表示是什么。这些机器人使用力反馈，使用视觉，在真实的环境中工作，一天 24 小时，一周 7 天，一年 365 天，在世界各地都有真人在它们周围。我认为它们无疑是目前大规模部署的最先进的人工智能机器人。

马丁·福特：你是如何走在机器人和人工智能的最前沿的？你的故事从哪里开始？

罗德尼·布鲁克斯：我在澳大利亚南部的阿德莱德长大，1962 年，我母亲找到了两本美国的《是什么和为什么之书》（*The How and Why Wonder Book*）系列书。一本是《电》（*Electricity*），另一本是《机器人和电子大脑》（*Robots and Electronic Brains*）。我被迷住了，在我剩余的童年时光里，我利用从书本上学到的知识来探索和尝试制造智能计算机，最终制造机器人。

罗德尼·布鲁克斯

我在澳大利亚攻读了数学学士学位,并开始攻读人工智能博士学位,但我意识到一个小问题,那就是澳大利亚没有计算机科学系或人工智能研究人员。从 1977 年开始,我申请了三所我听说过的研究人工智能的学校:麻省理工学院(MIT)、卡内基梅隆(美国匹兹堡)和斯坦福大学。我被麻省理工学院拒绝了,但被卡内基梅隆大学和斯坦福大学录取了。我选择了斯坦福大学,因为它离澳大利亚更近。

我在斯坦福大学的博士研究是和汤姆·宾福德(Tom Binford)一起研究计算机视觉。在那以后,我去了卡内基梅隆大学读博士后,然后又去了麻省理工学院读了一个博士后,最后在 1983 年回到斯坦福大学,成为终身教职教师。1984 年,我回到麻省理工学院当教师,在那里待了 26 年。

在麻省理工学院读博士后期间,我开始更多地研究智能机器人。1984 年,当我回到麻省理工学院时,我意识到我们在机器人感知建模方面取得的进展是多么的微不足道。我从昆虫身上得到了启发,它们拥有 10 万个神经元,比我们拥有的任何机器人都要出色得多。然后我开始尝试建立昆虫级别的智能模型,这就是我最初几年所做的。

然后,我在麻省理工学院管理着马文·明斯基创立的人工智能实验室。随着时间的推移,它与计算机科学实验室合并,成了 CSAIL,即计算机科学和人工智能实验室,至今仍是麻省理工学院最大的实验室。

马丁·福特:回顾过去,你认为自己在机器人或人工智能领域的职业生涯中最突出的成就是什么?

罗德尼·布鲁克斯:最让我感到骄傲的是 2011 年 3 月,日本发生地震,海啸摧毁了福岛核电站。大约在事故发生一周后,我们得到消息,日本当局确实遇到了问题,因为他们无法让任何机器人进入核电站,去搞清楚发生了什么。当时我还是 iRobot 的董事会成员,我们在 48 小时内运送了 6 个机器人到福岛核电站并培训了电力公司的技术团队。结果是,他们承认,关闭反应堆依赖于我们的机器人,因为机器人能够为他们做他们自己无法做到的事情。

马丁·福特:我记得那个关于日本的故事。这有点令人惊讶,因为日本通常被认为是机器人技术的最前沿,但他们却不得不求助于你的公司才能得到能够解决问题的机器人。

罗德尼·布鲁克斯:我认为这是一个真正的教训。真正的教训是,媒体大肆宣传他们的先进程度,远远超过他们的真实水平。每个人都认为日本拥有不可思议的机器人能力,而这是由一两家汽车公司领导的,实际上他们拥有的只是很棒的视频,与现实无关。

我们的机器人已经在战区服役 9 年了,每天都被成千上万的人使用。它们并不迷人,人工智能的能力也被认为是微不足道的,但这是真正的现实,也是今天的现实。我一生中的大部分时间都在告诉人们,当他们看到视频,就认为伟大的事情即将发生,或者由于机器人将接管我们的工作,明天会有大规模失业时,他们是在妄想。

我认为,在 Rethink Robotics,如果 30 年前没有实验室演示,那么现在就认为我们可以把实验室演示变成实用产品还为时过早。这就是从实验室演示到实际产品需要的时间。自动驾驶也是如此,现在每个人都对自动驾驶非常兴奋。人们忘记了,第一辆在高速公路上以每小时 55 英里的速度行驶了 10 英里的自动驾驶汽车是 1987 年在慕尼黑附近演示的。1995 年,第一次有一辆汽车横穿美国,驾驶员手离开方向盘,脚离开踏板,从一个海岸开到另一个海岸,这个项目被称为 No Hands Across America。明天我们会看到量产的自动驾驶汽车吗?不,开发这样的技术需要很长很长很长的时间,我认为人们仍然高估了这项技术的部署速度。

马丁·福特:听起来你好像不太相信库兹韦尔加速回报定律,一切都在变得越来越快的想法。你认为事情的发展速度是一样的?

罗德尼·布鲁克斯:深度学习是非常棒的,这一领域之外的人进来后都会说,哇哦。我们习惯了指数级,因为摩尔定律中有指数级,但是摩尔定律正在变慢,因为你不能再把特征尺寸减半了。不过,它所带来的是计算机架构的复兴。50 年来,你不能做任何不寻常的事情,因为其他人会超过你,仅仅因为摩尔定律。现在我们开始看到计算机架构的蓬勃发展,我认为这是计算机架构的黄金时代,因为摩尔定律的终结。这又回到了雷·库兹韦尔以及那些像他一样看到这些指数级发展趋势并认为每件事都会是指数级发展的人身上。

某些事情是指数级的,但不是所有事情。如果读过戈登·摩尔(Gordon Moore)1965 年的论文《集成电子的未来》(*The Future of Integrated Electronics*)——摩尔定律起源于此,你会发现论文的最后一部分专门讨论了该定律不适用于哪些领域。例如,摩尔说,该定律并不适用于能量存储,因为能量存储不是关于 0 和 1 的信息抽象,而是关于大容量属性。

以绿色科技为例。10 年前,硅谷的风险投资家们损失惨重,因为他们认为摩尔定律无处不在,而且适用于绿色科技。不,事情不是这样的。绿色科技依赖于大容量,它依赖于能量,而不是某种物理上可减半而你仍旧拥有同样信息内容的事物。

回到深度学习,人们认为因为一件事发生了,然后又发生了另一件事,它就会变得越来越好。对深度学习来说,反向传播的基本算法是在 20 世纪 80 年代开发出来的,经过 30 年的努力,人们最终让它发挥了惊人的作用。20 世纪 80 年代和 90 年代,由于缺乏进展,它基本上被放弃了,但同时被放弃的还有其他 100 种东西。没人能预测这 100 种东西中哪一种会成功。反向传播恰好伴随着一些额外的东西,如夹断、更多的层和更多的计算,得到了一些伟大的成果。你永远无法预料到最后是反向传播而不是其他 99 种方法取得了现在的成功。这绝不是不可避免的。

深度学习取得了巨大的成功,它将取得更多的成功,但它不会永无止境地成功。它是有限制的。雷·库兹韦尔短期内不会上传自己的意识。这不是生物系统的工作方式。深度学习可以做一些事情,但是生物系统依赖于数百种算法,而不只是一种算法。在取得进展之前,我们还需要数百种算法,而我们无法预测它们何时会出现。每当我看到雷·库兹韦尔,我就提醒他,生命有限。

马丁·福特:那太刻薄了。

罗德尼·布鲁克斯:我也会死的。我对此毫不怀疑,但他不喜欢被人指出来,因为他是科技宗教人士之一。科技宗教有不同的版本。有硅谷的亿万富翁们正在创办的生命延长公司,还有把你自己上传到像雷·库兹韦尔这样的计算机人那里。我想也许再过几个世纪,我们仍然是凡人。

马丁·福特:我倾向于同意这一点。你提到了自动驾驶汽车,我想具体问一下,你觉得它移动的速度有多快? 现在在亚利桑那州,应该有谷歌的真正的无人车在路上行驶。

罗德尼·布鲁克斯:我还没有看到细节,这比任何人想象的都要长。山景城(加州)和凤凰城(亚利桑那州)与美国其他大部分城市都属于不同类型的城市。我们可能会在那里看到一些演示,但要想真正实现"移动即服务"的运营并最终实现盈利,还需要几年的时间。我所说的盈利,是指几乎以优步亏损的速度赚钱,优步去年亏损 45 亿美元。

马丁·福特:人们普遍认为,由于优步每次出行都在赔钱,如果他们不能实现自动驾驶,这就不是一个可持续的商业模式。

人工智能缔造师

罗德尼·布鲁克斯：我今天早上刚看到一篇报道，说优步司机的时薪中位数是 3.37 美元，所以他们仍然在亏损。目前放弃自动驾驶所需的昂贵传感器并找到替代方案的变化幅度不会太大。我们甚至还没有找到适合自动驾驶汽车的实际解决方案。谷歌汽车的车顶安装了一堆昂贵的传感器，而特斯拉尝试了内置摄像头，但失败了。毫无疑问，我们将看到一些令人印象深刻的演示，它们被编造出来。我们看到来自日本的机器人，那些演示是编造的。

马丁·福特：你是说假的？

罗德尼·布鲁克斯：不是假的，但幕后有很多你看不到的东西。你推断或者对正在发生的事情进行归纳，但这些不是真的。这些演示背后有一个团队，在凤凰城的自动驾驶演示背后也会有团队，这些离真实实现还有很长的距离。

另外，像凤凰城这样的地方和我在马萨诸塞州剑桥居住的地方不同，那里都是杂乱的单行道。这就引发了一些问题，比如在我住的小区，自动驾驶汽车在哪里接乘客？它会在路中间接吗？会停在公共汽车道上吗？它通常会堵塞道路，所以速度一定要快，人们也许会对着它鸣笛等等。完全自动驾驶系统要在世界上运行还需要一段时间，所以我认为即使在凤凰城，我们也会在很长一段时间后才看到指定地点的接送，它们还无法很好地融入现有的道路网络。

我们已经开始看到优步推出指定地点的接送服务。他们现在有了一个新的系统（优步曾在旧金山和波士顿尝试，现在扩展到 6 个城市），你可以在优步系统中排队等候，而其他人则在风雨中瑟瑟发抖地候车。我们设想，除了没有司机，自动驾驶汽车将和今天的汽车一样。不，它们的使用方式会有变化。

我们的城市在汽车刚出现时就被改造了，我们也需要为这项技术改造我们的城市。不会和今天一样，只是车里没有司机。这需要很长时间，不管人们在硅谷有多狂热，这都不会很快发生。

马丁·福特：让我们推测一下。像今天优步所做的那样，一款大规模无人驾驶产品，它会在曼哈顿或旧金山的某个地方接上你，然后带你去指定的另一个地方，这需要多长时间才能实现？

罗德尼·布鲁克斯：这将是循序渐进的。第一步可能是你需要走到一个指定的接送地点，汽车就等在那里。这就像今天搭乘一辆 Zipcar(美国汽车共享公司的一项计划),Zipcar 有指定的停车位。这比我目前从优步获得的服务来得早,优步会停在我家门口。在某种程度上,我们会看到很多自动驾驶汽车在我们的普通城市里行驶,但这需要几十年的发展时间,而且需要进行城市改造,而我们还没有完全搞清楚它们将成为什么样。我不知道这是否会在我的有生之年发生。

例如,如果要让自动驾驶汽车无处不在,如何给它们加油或充电? 它们去哪里充电? 谁给它们充电? 好吧,一些初创公司已经开始考虑电动自动驾驶汽车的车队管理系统可能如何工作。它们仍然需要有人来做维护和正常的日常操作。要想让自动驾驶汽车成为大众产品,必须要有一整套这样的基础设施,这还需要一段时间。

马丁·福特:我还做过其他一些预测,预计在 5 年内类似优步的产品会出现。我想你认为那是完全不现实的吧?

罗德尼·布鲁克斯:是的,那完全不现实。我们可能会看到它的某些方面。这将是不同的,有一大堆新公司和新业务必须支持它,但还没有发生。让我们从基本的开始。你打算怎么上车? 它怎么知道乘客是谁? 如果你在开车时改变主意,想去另一个地方,你怎么告诉它? 可能在语音方面,亚马逊 Alexa 和谷歌 Home 已经向我们展示了语音识别有多好,所以我认为我们会期待语音方面的工作。

看看监管体系,你能告诉汽车做什么吗? 如果你没有驾驶执照,你能告诉汽车做什么? 一个 12 岁的孩子,被父母安排坐车去参加足球训练,他能告诉汽车做什么吗? 这辆车是接受 12 岁孩子的语音指令,还是不听他的? 还有大量人们没有提及的实际问题和监管问题有待解决。现在,让一个 12 岁的孩子坐出租车去某个地方是可以的,但在很长一段时间内都不会发生在自动驾驶汽车上。

马丁·福特:让我们回到之前你对昆虫研究的评论。这很有趣,因为我经常认为昆虫是很好的生物机器人。我知道你自己已经不再是一个研究者了,但我想知道,目前在构建接近昆虫能力的机器人或智能方面正在发生什么,这对我们迈向超级智能有何影响?

罗德尼·布鲁克斯:简单地说,我们没有制造出任何机器能比得上昆虫,所以我不担心超级智能会很快出现。我们不能仅仅用少数无监督的例子来复制昆虫的学习能力,我们不能像昆虫那样适应世界环境。我们当然不能复制昆虫的结构,那是很神奇的。没有任何东西可以接近昆虫的意识水平。我们有很好的模型可以观察事物并将其分类,甚至在某些情况下给它们贴上标签,但这与昆虫的智能有相当大的不同。

马丁·福特:回想 20 世纪 90 年代,当你开始开发 iRobot 的时候,你认为从那以后,机器人技术是否达到甚至超过了你的预期,还是一直令人失望?

罗德尼·布鲁克斯:当我 1977 年来到美国时,我对机器人非常感兴趣,最终从事计算机视觉研究。当时世界上只有三个移动机器人。其中一个机器人在斯坦福大学,汉斯·莫拉维奇(Hans Moravec)在那里进行实验,让机器人在 6 小时内移动 60 英尺穿过一个大房间;另一个机器人在美国宇航局喷气推进实验室(JPL);最后一个机器人在法国图卢兹的系统分析和体系结构实验室(LAAS)。

当时世界上只有三个移动机器人,iRobot 现在每年运送数以百万计的移动机器人,所以从这个角度来看,我很高兴。我们做了很大的改变,走了很长的一段路。机器人领域的发展并没有引起大家的关注,是因为在同一时间范围内,我们经历了从房屋大小的主机计算机到数十亿规模的智能手机这一更加惊人的变化。

马丁·福特:从昆虫开始,我知道你一直致力于创造机械手。有一些来自不同团队的机械手的惊人视频。你能告诉我这个领域进展如何吗?

罗德尼·布鲁克斯:是的,我想把我在 iRobot 做的移动商业机器人工作与我在麻省理工学院和我的学生一起做的工作区别开来,所以我在麻省理工学院的研究从昆虫变成了仿人机器人,结果,我开始在那里工作,研究机械臂。那项工作进展缓慢。在实验室演示中有各种令人兴奋的事情发生,但是它们专注于一项特定的任务,这与我们更普遍的操作方式非常不同。

马丁·福特:是硬件问题还是软件问题导致进展缓慢,是机制还是仅仅是控制的问题?

罗德尼·布鲁克斯:是一切。有很多事情需要你同时取得进展。你必须在机械结构、形成皮肤的材料、嵌入手部的传感器以及控制它的算法上取得进展,所有这些都必须同时发生。你不可能在没有其他辅助的情况下,单独跑在前面。

让我给你举个例子来彻底说明。你可能见过那些塑料抓取玩具,它们的一端有一个手柄,挤压它,另一端就会张开一只小手。你可以用它们去抓取难以够到的东西,或者去够一个你自已够不着的灯泡。

这只非常原始的手可以做目前机器人无法做到的非常棒的操作,但它来自一块令人惊讶的廉价的塑料,你用它来做这些操作。这就是关键,你在操纵。通常,你会看到研究人员设计的新机械手的视频,是一个人握着机械手,移动它来完成一项任务。人们可以用这个小小的塑料抓取玩具完成同样的任务。如果事情真的这么简单,我们可以把这个抓取玩具绑在机械臂的末端,让它来完成任务——人类可以用手臂末端的这个玩具来完成任务,为什么机器人不能呢?这里少了一些令人吃惊的东西。

马丁·福特:我看到一些报道称,深度学习和强化学习正被用于让机器人通过练习甚至仅通过观看 YouTube 视频来学习做事。你对此有什么看法?

罗德尼·布鲁克斯:记住,它们是实验室演示。DeepMind 有一个团队在使用我们的机器人,他们最近发表了一些有趣的力反馈工作,利用机器人把夹子固定在物体上,每一项工作都是由一个非常聪明的研究团队花几个月的时间煞费苦心地完成的。它和人类完全不一样。如果你给任何人展示一些灵巧的动作,他们马上就能做到。机器人还远没有达到这样的水平。

我最近组装了一些宜家的家具,有人说这是一个很棒的机器人测试。给机器人一个宜家家具套装,再给它们附带的说明书,让它们来组装。我在组装那些家具的时候做了 200 个不同的灵巧任务。假设我们用我的机器人(这种机器人我们卖了几千个,是最先进的,比现今销售的任何其他机器人都有更多的传感器),尝试复制这一切。如果我们在一个非常有限的环境中工作几个月,可能会得到我刚刚知道并完成的这 200 个任务中的一个的粗略演示。再一次,认为一个机器人很快就能完成所有这些任务,这简直是一种疯狂的想象,现实情况是大不相同的。

马丁·福特:现实是什么?展望未来 5 年到 10 年,我们将在机器人和人工智能领域看到什么?现实地说,我们应该期待什么样的突破?

罗德尼·布鲁克斯:你永远不能期待突破。我预计 10 年后的热点将不再是深度学习,而是一种推动进步的新热点。

对我们来说,深度学习是一项很棒的技术。它使得亚马逊 Echo 和谷歌 Home 的语音系统得以实现,这是一个了不起的进步。我知道深度学习也会使其他的进步成为可能,但是会有一些新技术来取代它。

马丁·福特：你说的深度学习，是指使用反向传播的神经网络吗？

罗德尼·布鲁克斯：是的，但是要有很多层。

马丁·福特：也许接下来的新技术仍然是神经网络，但使用不同的算法或贝叶斯网络？

罗德尼·布鲁克斯：可能吧，也可能是非常不同的东西，是我们不知道的。不过，我敢保证，在 10 年内，将会有一个新的热门话题，人们将利用它来开发应用程序，它将使某些其他技术突然流行起来。我不知道它会是什么，但在 10 年的时间内，我们肯定会看到这种情况发生。

我们不可能预测什么会起作用，为什么会起作用，但可以用一种可预测的方式来说明一些关于市场拉动力的事情，而市场拉动力将来自于几个目前正在发生的不同的大趋势。

例如，退休老人与适龄劳动人口的比例正在发生巨大变化。根据数字，这个比例正在从 9 个适龄劳动人口与 1 个退休人口的比例（9：1），变为 2 个适龄劳动人口与 1 个退休人口的比例（2：1）。世界上将有更多的老年人。这取决于国家和其他因素，但这意味着，随着老年人的身体越来越虚弱，帮助他们做事将有市场拉动力。我们已经在日本的机器人贸易展上看到了这一点，那里有很多机器人的实验室演示，帮助老年人做一些简单的事情，比如上下床，进出浴室，一些简单的日常事务。这些事情目前需要一对一的人力帮助，但随着适龄劳动人口与老年人口比例的变化，劳动力将不能满足这一需求。这将推动机器人帮助老年人。

马丁·福特：我同意老年人护理领域对机器人和人工智能行业来说是一个巨大的机遇，但就帮助老年人自理所需的灵巧性而言，这似乎非常具有挑战性。

罗德尼·布鲁克斯：这不会是简单地用机器人系统替代人，但有需求，就会有积极的人努力想出解决方案，因为这将是一个令人难以置信的市场。

我认为我们也将看到建筑工程的拉动力，因为我们正在以惊人的速度推动世界城市化。我们在建筑中使用的许多技术都是罗马人发明的，其中一些技术还有更新的空间。

马丁·福特：你认为那会是建筑机器人还是建筑规模的 3D 打印？

罗德尼·布鲁克斯：3D 打印可能会在某些方面发挥作用。它不会打印整个建筑，但我们肯定会看到打印的预制构件。我们将能够在场外制造更多的部件，这反过来又会导致在交付、提升和移动这些部件方面的创新。那里有很多创新的空间。

农业是另一个可能出现机器人和人工智能创新的行业,尤其是在气候变化扰乱我们的食物链的情况下。人们已经在谈论城市农业,把农业从田野带到工厂。这是机器学习非常有用的地方。我们现在有了计算能力,可以为需要生长的每一粒种子建立一个循环,为它提供生长所需的确切营养物质和条件,而不必担心外面的实际天气。我认为气候变化将以一种不同于目前的方式推动农业自动化。

马丁·福特:那么真正的家用消费型机器人呢? 人们经常举的例子是机器人会给你拿啤酒。听起来这可能还有一段路要走。

罗德尼·布鲁克斯:科林·安格尔(Colin Angle)是 iRobot 公司的首席执行官,他和我在 1990 年共同创立了 iRobot 公司,他已经谈论这个话题 30 年左右了。我想暂时我还是得自己去冰箱里拿。

马丁·福特:你认为会不会有一种真正无处不在的消费型机器人,通过做一些人们认为绝对不可或缺的事情来使消费市场饱和?

罗德尼·布鲁克斯:Roomba 是不可或缺的吗? 不,但它能以足够低的成本做一些有价值的事情,人们愿意为它买单。它并不是不可或缺的,只是一个提供方便的非必需品。

马丁·福特:我们什么时候才能让机器人做更多的事情,而不仅仅是四处移动和给地板吸尘? 什么时候有拥有足够灵巧性来完成一些基本任务的机器人?

罗德尼·布鲁克斯:我真希望我知道! 但是没人知道。每个人都在说机器人将要接管世界,但我们甚至不能回答什么时候它能给我们拿啤酒。

马丁·福特:我最近看到一篇关于波音公司首席执行官丹尼斯·米伦伯格(Dennis Muilenburg)的文章,说波音将在未来 10 年内让自主飞行的无人驾驶空中出租车载着人们四处飞行,你觉得这个预测怎么样?

罗德尼·布鲁克斯:我会把这个与认为我们将拥有飞行汽车相比较。人们可以开着飞行汽车四处转转,这一直是一个梦想,但我认为它不可能实现。

我记得优步前 CEO 特拉维斯·卡兰尼克(Travis Kalanick)曾宣称,他们将在 2020 年部署自主飞行的优步。这是不可能发生的。这并不是说我不认为我们会有某种形式的自主个人交通工具。我们已经有了直升机和其他机器，它们可以在没有人驾驶的情况下可靠地从一个地方飞行到另一个地方。我认为更重要的是它的经济性，这将决定何时会发生，但我不知道何时会发生。

马丁·福特：那么通用人工智能呢？你认为这是可以实现的吗？如果可以，你认为在什么时间框架内我们有50％的机会实现它？

罗德尼·布鲁克斯：是的，我认为这是可以实现的。我猜是2200年，但这只是一个猜测。

马丁·福特：告诉我怎样才能实现，我们将面临哪些障碍？

罗德尼·布鲁克斯：我们已经谈到了灵巧性的障碍。导航和操纵世界的能力对于理解世界很重要，但世界的背景比物理世界要广泛得多。例如，没有一个机器人或人工智能系统知道今天和昨天是不同的一天，除了日历上的一个名义数字。没有经验记忆，没有对每天生活在这个世界上的理解，也没有对长期目标的理解并朝着这些目标不断前进。当今世界上的任何一个人工智能程序都是生活在"现在"海洋中的低能特才。给人工智能程序一些输入，然后它会做出反应。

AlphaGo程序或国际象棋程序不知道什么是游戏，不知道如何玩游戏，不知道人类的存在，它们不知道这些。当然，如果通用人工智能等同于人类，它必须有完全的意识。

早在50年前，人们就围绕着棋类游戏的人工智能程序做研究项目。在20世纪80年代到90年代，我参与了一个研究适应性行为模拟的团体。从那以后，我们并没有取得多大的进展，我们也不知道该怎么做。目前还没有人在做通用人工智能的工作，那些声称要推进通用人工智能的人实际上正在重新做约翰·麦卡锡（John McCarthy）在20世纪60年代谈论的同样的事情，现在这些人取得的进展跟几十年前麦卡锡他们差不太多。

这是个难题。这并不意味着你在很多技术上没有取得进展，只是有些事情需要几百年才可以实现。我们认为我们是关键时刻的黄金人物。很多人都认为，现在通用人工智能对我们而言并不是现实，我也没有看到任何证据。

马丁·福特：有人担心我们会在先进人工智能的竞争中落后于中国。你认为我们正在进入一场新的人工智能军备竞赛吗？

罗德尼·布鲁克斯

罗德尼·布鲁克斯：你说得对，会有一场竞赛。公司之间已经有了竞争，国家之间也将会有竞争。

马丁·福特：如果像中国这样的国家在人工智能领域取得实质性的领先地位，你认为这对西方来说是一个巨大的危险吗？

罗德尼·布鲁克斯：我认为事情没那么简单。我们将看到人工智能技术的不均衡部署。我认为我们已经在中国看到了这一点，他们在面部识别方面的部署方式是我们不希望在美国看到的。至于新的人工智能芯片，像美国这样的国家承担不起落后的后果。然而，要想不落后，就需要我们目前所不具备的领导能力。

我看到有政策说，我们需要更多的煤矿工人，同时削减科学预算，包括像国家标准与技术研究所（NIST）这样的机构的预算。这是疯狂的，是妄想的，是落后的思想，是毁灭性的。

马丁·福特：让我们来谈谈与人工智能和机器人技术相关的一些风险或潜在危险。让我们从经济问题开始。许多人认为，我们正处于一场新工业革命规模的大混乱的风口浪尖。你相信吗？这会不会对就业市场和经济产生重大影响？

罗德尼·布鲁克斯：是的，但不是人们谈论的那种方式。我不觉得这是人工智能的问题。我认为这种重大影响是世界的数字化和在世界上创造新的数字途径。我喜欢用的例子是收费公路。在美国，我们已经基本上取消了收费公路和收费桥梁上的人工收费员。这不是专门由人工智能完成的，但它完成了，因为在过去30年里，我们已经建立了一系列的数字化通道。

让我们取消收费员的其中一个东西是标签，你可以在挡风玻璃上贴上标签，给你的车一个数字签名。另一个技术进步是计算机视觉，其中有一个具有深度学习功能的人工智能系统，可以对车牌拍摄快照并可靠地读取它。不过，不仅仅是在收费站。还有其他的数字链恰好让我们走到了这一步。你可以去一个网站注册你的车的标签和属于你的特定序列号，同时提供你的驾照号码，这样就有了备份。

还有一种数字银行，可以让第三方在不接触你的实体信用卡的情况下定期为你的信用卡开账单。过去你必须拥有实体信用卡，现在它变成了一个数字链。对于那些经营收费站的公司来说还有一个副作用，那就是他们不再需要卡车来收钱并把钱送到银行，因为他们拥有这个数字供应链。

一整套的数字组件组合在一起，使这项服务自动化，人工收费员被取消。在这里人工智能是很小但不可或缺的一部分，但不是一夜之间这个人就被人工智能系统所取代了。正是这些渐进式数字化通道使劳动力市场发生了变化，而不是简单的一对一替代。

马丁·福特：你认为这些数字链会破坏很多基层服务工作吗？

罗德尼·布鲁克斯：数字链可以做很多事情，但不能做所有事情。数字链留下的是一些我们通常不太重视的但却是维持社会运转所必需的工作，比如帮助老年人上厕所，或者帮助他们进出浴室。不仅仅是这些任务——看看教学。在美国，我们没有给予教师应有的认可和薪资，我不知道如何改变我们的社会来重视这项重要的工作，并使其在经济上有价值。随着一些工作岗位因自动化而消失，对于那些没有被自动化取代的工作，我们该如何认识并感到庆幸呢？

马丁·福特：听起来你不是在暗示大规模失业将会发生，而是说工作岗位将会改变。我认为将会发生的一件事是，很多理想的工作将会消失。想想白领的工作吧，他们坐在计算机前，做着一些可预测的例行公事，一遍又一遍地写着同样的报告。这是人们上大学时想要得到的非常理想的高薪工作，而这份工作将受到威胁，但打扫酒店房间的女佣将是安全的。

罗德尼·布鲁克斯：我不否认这一点，我否认的是人们说，哦，这是人工智能和机器人造成的。正如我所说的，我认为这更多地取决于数字化。

马丁·福特：我同意，但人工智能也将部署在这个平台上，所以事情可能会发展得更快。

罗德尼·布鲁克斯：是的，有了这个平台，部署人工智能肯定会更容易。当然，另一个担忧是，这个平台是建立在完全不安全的组件上的，任何人都可能会攻击这些组件。

马丁·福特：让我们继续讨论安全问题。除了经济破坏，还有什么是我们真正应该担心的？哪些真正的风险，比如安全，是你认为合理的，我们应该关注的？

罗德尼·布鲁克斯：安全是最重要的。我担心的是这些数字链的安全性以及我们为了获得一定的易用性而自愿放弃隐私。我们已经看到了社交平台的武器化。相较于担心一个有自我意识的人工智能会做一些任性的或不好的事情，更可能的是，有人找出如何利用这些数字链中的弱点，从而导致坏事发生，无论他们是国家、犯罪企业，还是卧室里的孤独黑客。

马丁·福特：那机器人和无人机的真正武器化呢？本书的受访者之一斯图尔特·罗素拍摄

了一部相当恐怖的电影《杀戮机器人》,讲述了这些担忧。

罗德尼·布鲁克斯:我认为这类事情在今天是非常有可能的,因为它不依赖人工智能。《杀戮机器人》是一种观点,认为机器人和战争是一个糟糕的组合。还有另一种反应。在我看来,一个机器人总能承担得起开第二枪。一个刚高中毕业的 19 岁孩子,在异国他乡漆黑的夜里,身处枪林弹雨之中,他无法再开第二枪。

有一种观点认为,将人工智能排除在军事用途之外将使问题消失。但我认为你更需要思考你不希望发生的是什么情形并对其进行立法,而不是针对使用的特定技术。很多这些情形都可以在没有人工智能的情况下出现。

举个例子,当我们下一次登月时,将严重依赖人工智能和机器学习,但在 20 世纪 60 年代,我们往返月球时并没有这两项技术。我们需要考虑的是行动本身,而不是使用什么特定技术来执行这种行动。立法反对一项技术是幼稚的,因为没有考虑到可以用这项技术做的好事,比如让系统开第二枪,而不是第一枪。

马丁·福特:那么关于通用人工智能控制问题和埃隆·马斯克关于召唤恶魔的评论呢? 这是我们现在应该讨论的问题吗?

罗德尼·布鲁克斯:1789 年,当巴黎人第一次看到热气球的时候,他们担心灵魂会从高空被吸走。这和我们对通用人工智能的理解是一样的。我们还不知道它会是什么样子。

我写了一篇文章,《预言人工智能未来的七宗罪》(*The Seven Deadly Sins of Predicting the Future of AI*)[①],这七宗罪都被总结在这篇文章当中。未来不会是一个和今天完全相同的世界,而是一个有着人工智能超级智能的世界。随着时间的推移,它将逐渐到来。我们完全不知道世界或人工智能系统会变成什么样子。对于生活在远离现实世界的泡沫中与世隔绝的学者来说,预测人工智能的未来只是一场权力游戏。这并不是说这些技术不会出现,但在它们出现之前,我们不知道它们会是什么样子。

马丁·福特:当这些技术突破真正到来时,你认为有监管的空间吗?

罗德尼·布鲁克斯:正如我之前所说,需要监管的是这些系统可以做什么,不允许做什么,而不是

---

① https://rodneybrooks.com/the-seven-deadly-sins-of-predicting-the-future-of-ai/。

它们背后的技术。今天我们是否应该停止对光学计算机的研究,因为它们可以更快地执行矩阵乘法,能更快地应用更深入的学习? 不,这太疯狂了。自动驾驶送货卡车可以在旧金山拥堵的地区并排停车吗? 这似乎是一件需要监管的事情,而不是技术本身。

马丁·福特:考虑到所有这些因素,我认为你总体上是个乐观主义者? 你要继续努力,所以你必须相信,这一切的好处将超过任何风险。

罗德尼·布鲁克斯:是的,当然。世界人口过剩,我们必须走这条路才能生存下去。我很担心生活水平下降,因为随着人们年龄的增长,世界没有足够的劳动力。另外,我担心安全和隐私问题。这些都是真实存在的危险,我们可以看到它们的轮廓。

好莱坞式的通用人工智能接管是很遥远的未来,我们甚至不知道如何去思考这个问题。我们应该担心我们现在面临的真正危险和风险。

罗德尼·布鲁克斯

罗德尼·布鲁克斯是一位机器人企业家,拥有斯坦福大学计算机科学博士学位。他目前是 Rethink Robotics 公司的董事长兼首席技术官。在 1997 年至 2007 年的 10 年间,罗德尼担任麻省理工学院人工智能实验室以及后来的麻省理工学院计算机科学与人工智能实验室的主任。

他是多个组织的成员,包括美国人工智能促进协会,他是该协会的创始会员。到目前为止,在他的职业生涯中,他因在该领域的工作获得了许多奖项,包括计算机和思想奖、IEEE Inaba 创新引导生产科技奖、机器人工业协会的 Engelberger 机器人领导奖和 IEEE 机器人和自动化奖。

罗德尼甚至在 1997 年埃罗尔·莫里斯(Error Morris)的电影《快速、廉价与失控》(*Fast, Cheap and Out of Control*)中饰演自己。这是一部以他的论文命名的电影,目前的烂番茄分数高达 91%。

"比起担心超级智能奴役人类，我更担心的是周围的人利用科技来进行伤害。"

辛西娅·布雷西亚

麻省理工学院媒体实验室个人机器人小组负责人

JIBO, INC. 创始人

辛西娅·布雷西亚是麻省理工学院媒体实验室个人机器人小组的负责人，也是 Jibo, Inc. 的创始人。她是社交机器人和人机交互领域的先驱。2000 年，她设计了世界上第一个社交机器人 Kismet，作为她在麻省理工学院博士研究的一部分。JIBO 登上了《时代》杂志的封面，被评为 2017 年度最佳发明。在媒体实验室，她开发了多种专注于人机社交互动的技术，包括开发新算法、理解人机交互的心理学，以及应用于儿童早期学习、家庭人工智能和个人机器人、老龄化、医疗保健和健康等领域的新型社交机器人设计。

人工智能缔造师

马丁·福特：你知道什么时候个人机器人会成为一种真正的大众消费品，什么时候我们会像拥有电视机或智能手机那样拥有一个机器人？

辛西娅·布雷西亚：实际上我认为我们已经开始看到这个愿景了。2014 年，当我在为我的初创公司 Jibo（一款家庭社交机器人）筹集资金时，所有人都认为我们的竞争对手是智能手机，人们将会在家里使用触摸屏来实现互动和控制。那年圣诞节，亚马逊发布了 Alexa，现在我们知道这些 VUI（语音用户界面）助手实际上是人们在家里使用的机器。这打开了整个机会空间，你可以看到人们愿意使用语音设备，因为简单方便。

早在 2014 年，在消费者层面大多数与人工智能互动的人是那些在手机上使用 Siri 或谷歌助手的人。现在，仅仅数年之后，所有人，从儿童到 98 岁的老人，都在和他们的语音智能设备交谈。与人工智能互动的人的类型和 2014 年相比已经发生了根本性变化。那么，现在会说话的扬声器和设备会是它的终结吗？当然不是。我们正处于与周围的人工智能互动的新方式的初始时代，未来这些人工智能将与我们共存。我们收集的大量数据和证据甚至通过 Jibo 获得那些都非常清楚地表明，这种更深入的协作式社交情感、个性化、主动参与能够以这样一种深层次的方式支持人类的体验。

我们从这些天气或新闻播报的事务性 VUI 人工智能开始，但你可以看到这将如何增长并转变为对家庭真正有价值的关键领域，比如将教育从学校延伸到家庭，将医疗保健从医疗机构扩展到家庭，使人们负担得起或能够居家养老等等。当你谈论那些巨大的社会挑战时，它是关于一种新型的智能机器，可以通过协作的方式让你参与到一个扩展的智能终端设备中去，并与你一起分享、交流和改变。这就是社交机器人的意义所在，很明显这是未来的发展方向，而现在我们才刚刚起步。

马丁·福特：不过，这种技术确实存在风险和担忧。人们担心如果孩子们过多地与 Alexa 互动，会对他们的成长产生影响，或者人们对机器人被用作老年人的伴侣持反乌托邦的观点。你如何解决这些问题？

辛西娅·布雷西亚：让我们说说需要完成的科学研究，以及这些机器现在所做的事。这两方面为以合乎道德和有益性并支持我们人类价值观的方式创造这些技术提供了设计机会和挑战。那些机器还不存在。所以，是的，你可以就 20 年到 50 年后可能发生的事情进行反乌托邦式的对话，但目前需要解决的问题是：我们面临着这些社会挑战，我们拥有一系列必须在人类支持系统的背景下设计的技术。仅靠技术并不是解决方案，技术必须支持我们的人类支持系统，而且技术必须在日常生活中有意义。要做的工作是了解如何以正确的方式做到这一点。

当然总会有批评者和人们绞着手想："哦，天哪，会发生什么？"你需要这样的对话，你需要那些能发射出信号弹的人说小心这个、小心那个。在某种程度上，我们生活在一个负担不起另一种选择的社会里，你负担不起帮助。这些技术有机会提供可扩展的、可负担的、有效的、个性化的支持和服务。这是个机会，人们确实需要帮助。没有帮助是不能解决问题的，所以我们必须弄清楚怎么做。

我们需要与那些试图创造改变人们生活的解决方案的人进行真正的对话和真正的合作——你不能只是批评。归根结底，每个人最终都想要同样的东西，构建系统的人并不想要一个反乌托邦式的未来。

马丁·福特：你能多谈谈 Jibo 和你对未来的展望吗？你认为 Jibo 最终会进化成一个在家里跑来跑去做一些有用的事情的机器人吗？还是说它会更专注于社交方面？

辛西娅·布雷西亚：我认为未来会有很多不同类型的机器人，而 Jibo 是第一个，并且正在引领着道路。我们将看到其他公司生产其他类型的机器人。Jibo 本来是一个具有可扩展技能的平台，但其他机器人可能更专业。将来会有这样的机器人，但也会有物理辅助机器人。丰田研究院就有一个很好的例子，他们正在研究移动式灵巧机器人，为老年人提供身体支持，但他们承认这些机器人还需要具备社交和情感技能。

至于什么会进入人们的家中，这将取决于它的价值主张是什么。如果你是一个居家养老者，你可能会想要一个与父母帮助孩子学习第二语言时所需的不同的机器人。最后，一切都将取决于价值主张是什么以及机器人在你家里扮演的角色，包括所有其他因素，如价格。这是一个将继续增长和扩大的领域，这些系统将在家庭、学校、医院和机构中使用。

马丁·福特：你是怎么对机器人感兴趣的？

辛西娅·布雷西亚：我在加州利弗莫尔长大，那里有两个美国国家实验室。我的父母都是计算机科学家，所以我是在一个工程和计算机科学被视为拥有很多机会的家庭里长大。我也有像乐高这样的玩具，因为我的父母很重视这种建设性的媒介。

在我成长的过程中，没有像现在这么多的地方让孩子们使用计算机，但我可以去国家实验室，在那里有各种各样的活动——我记得打孔卡片！因为我的父母，我能够比很多同龄人更早地接触计算机，毫不奇怪，我的父母是最早一批把个人计算机带回家的人。

人工智能缔造师

第一部《星球大战》电影在我大约10岁时上映，那是我第一次顿悟的时刻，也让我踏上了我独特的职业轨迹。我记得我被机器人迷住了。这是我第一次看到机器人以成熟和协作的角色出现，不只是无人机或自动装置，而是它们彼此之间以及与人类之间都有情感和联系的机械生物。这不仅仅是因为机器可以做的令人惊奇的事情，还因为它们与周围人类建立起的人际关系，才真正触动了我对机器的这种情感共鸣。因为那部电影，我从小就抱持着机器人可能是那样的态度，这影响了我的很多研究。

马丁·福特：罗德尼·布鲁克斯也是本书的采访对象，他是你在麻省理工学院的博士生导师。他对你的职业道路有什么影响吗？

辛西娅·布雷西亚：那时我决定长大后真正想做的是成为一名特殊的宇航员，所以我知道我需要获得相关领域的博士学位，我决定我的未来是太空机器人。我申请了很多研究生院，其中一所录取我的就是麻省理工学院。我去麻省理工学院参观了一周，我还记得在罗德尼·布鲁克斯的移动机器人实验室的第一次经历。

我记得我走进他的实验室，看到所有这些受昆虫启发的机器人，它们完全自主地四处走动，根据研究生们的研究工作内容，做着各种不同的任务。对我来说《星球大战》的那一幕又重演了。我记得我曾想过，如果将来会有《星球大战》中那样的机器人，那将会发生在这样的实验室里。这就是开始的地方，很可能就在那个实验室里，我决定我必须在那里，这就是我决定去麻省理工学院的原因。

所以，我去麻省理工学院读研究生，罗德尼·布鲁克斯是我的学术导师。当时，罗德尼的哲学一直是一种非常受生物学启发的智能哲学，这在整个领域并不典型。在研究生阶段，我开始阅读大量关于智能的文献，不仅仅是关于人工智能和计算方法的，还有关于智能的自然形式和智能模型的。心理学和我们可以从行为学以及其他形式的智能和机器智能中学到的东西之间深层次的相互作用一直是我工作的主线和主题。

当时，罗德尼·布鲁克斯正在研究小型有腿机器人，他写了一篇论文《快速、廉价与失控：机器人入侵太阳系》（*Fast，Cheap and Out of Control：A Robot Invasion of the Solar System*），其中提到不是发射一两个非常大、非常昂贵的探测器，而是发射许多许多小型自主探测器，如果这么做，人类就可以更容易地探索火星和其他种类的天体。那是一篇非常有影响力的论文，我的硕士论文实际上是关于开发第一个受行星微型探测器启发的原始机器人。作为一名研究生，我有机会在喷气推进实验室（JPL）工作，我倾向于认为其中一些研究对于

"旅居者号"(Sojourner)和"探路者号"(Pathfinder)都有贡献。

几年后,我在完成我的硕士论文,即将开始我的博士工作,当时罗德尼正在休假。当他回来时,他宣布我们要做仿人机器人。这令人震惊,因为我们都以为仿生机器人会从昆虫进化到爬行动物,也许是进化到哺乳动物。可以这么说,我们本以为会沿着智能的进化链发展,但罗德尼坚持认为必须是仿人的。这是因为当他在亚洲尤其是在日本时,发现日本已经在开发仿人机器人,他看到了这一点。当时我是一名高年级研究生,所以我开始领导研发这些仿人机器人以探索具身认知理论。这个假设是说物理具身性的本质有对机器可以达到或者学到的智能的非常强的限制和影响。

1997年7月5日,美国宇航局"旅居者号"火星探测器登陆火星。那时,我正在攻读一个完全不同的博士学位,我记得当时我想,现在我们派机器人去探索海洋和火山,因为价值主张是机器可以完成对人来说太枯燥、太脏、太危险的任务。探测器真正的意义在于它能让人们远离危险的工作环境,这就是为什么你需要它们。我们可以让机器人登陆火星,但它们不会出现在我们的平常家中。

正是从那一刻起,我开始思考学术界是如何为专家开发这些神奇的自主机器人的,但是没有人真正接受设计智能机器人和研究智能机器人本质的科学挑战,而这是必须要做的,以便它们能与社会中的人共存——从孩子到老人,所有人。这就像计算机曾经是专家们使用的又大又贵的设备,而后来人们开始考虑在每个家庭的书桌上都放上一台计算机。现在是自主机器人技术的时代。

我们已经认识到,当人们与自主机器人互动或谈论它们时,会将其拟人化。人们会运用自己的社会思维机制来尝试理解它们,所以假设社会交流、人际交流是普遍的交流。在那之前,对机器智能本质的关注更多的是围绕着人们如何参与和操纵物理上的无生命世界。这是一个彻底的转变,我们开始思考如何制造一个机器人,它能够以一种对人类来说很自然的方式与人类进行协作、交流和互动。那是一种完全不同的智能。看看人类的智能,我们拥有各种各样的智能,而社会和情感智能是极其重要的,当然也是我们合作、在社会群体中生活以及我们如何共存、共情与协调的基础。当时,没有人研究这个。

那时我已经读了很长时间的博士了,那天我走进罗德尼的办公室,我说:"我必须改变我为攻读博士学位所做的一切。我的博士研究必须是关于机器人和人们的日常生活的;必须是关于机器人的社交和情感智能的。"值得赞扬的是,罗德尼明白这是思考这些问题的一个非常重要的方式,这将是让机器人成为我们日常生活中的一部分的关键,所以他让我去研究了。

从那时起,我制造了一个全新的机器人Kismet,它被公认为世界上第一个社交机器人。

马丁·福特:我知道Kismet现在在麻省理工博物馆。

辛西娅·布雷西亚:Kismet真的是一个开始。正是这个机器人开创了人际的人机社交互动、协作和伙伴关系的领域,它更类似于《星球大战》中的机器人。我知道我不可能制造出一个能与成年人的社交和情感智能相匹敌的自主机器人,因为人类是这个星球上社交和情感最复杂的物种。问题是我能对什么样的实体建模,因为我来自一个受到生物学启发的实验室,唯一表现出人际交互行为的实体是生物,主要是人。所以我认为应该从婴儿和看护者的关系开始研究,看看我们的社交能力从何而来以及随着时间的推移它是如何发展的。Kismet对婴儿阶段的非言语的、情感的交流进行建模,因为如果婴儿不能与他的看护者形成情感纽带,他就无法生存。为了照顾一个婴儿,看护者必须做出牺牲并做很多事情。

我们生存机制的一部分是能够形成这种情感联系,并拥有足够的社交能力,这样看护者——母亲、父亲或任何其他人——就会被迫将新生儿或年幼的婴儿视为一个成熟的社会和情感存在。这些互动对我们发展真正的社交和情感智能至关重要,这是一个完整的引导过程。这是另一个承认即使人类拥有进化天赋,如果我们不在正确的社会环境中长大,也不会发展这些能力的时刻。

人际交互能力成为一个非常重要的交叉点,不仅仅是你给人工智能机器人编程和赋予它什么,你还必须深入思考社会学习以及如何在实体中创建行为,以使人类用户将其视为社交的、情感的同时还可以产生共鸣并与之建立联系的响应实体。正是从这些互动中,人类可以发展和成长,并通过另一个发展轨迹来发展完整的成人社交和成人情感智能。

这一直是一种哲学,这就是为什么Kismet不是被塑造成普通婴儿的样子,而是特别需要照顾的样子。我记得我读过很多动画文献,其中提出了一些问题,比如,如何设计一些东西来激发人们的社交、情感、培养本能,让人们以一种潜意识的方式与Kismet互动并自然地培养它?由于机器人的设计方式,它的运动质量、外观和声音质量的各个方面都是为了尝试创造正确的社交环境,让机器人能够参与、互动并最终能够学习和发展。

21世纪初,很多研究都是为了理解人际互动的机制以及人们如何真正交流,不仅仅是语言交流,更重要的是非言语交流。人类交流的很大一部分是非语言的,我们对可信度和亲和性等的许多社会判断,都在很大程度上受到非语言交流的影响。

今天的语音助手,互动是非常事务性的,感觉很像下棋。我说什么,机器也说什么,我又说什么,机器也再说什么,依此类推。当人与人之间互动时,发展心理学的相关文献谈到"沟通之舞",我们的沟通方式在参与者之间不断地相互适应和调节,这是一种微妙的、细致入微的舞蹈。首先,我在影响听者,当我说话和做手势的时候,听者证明了我的非语言暗示与我自己的动态关系。他的暗示一直在影响着我,影响着我对互动如何进行的推断,反之亦然。我们是一对动态耦合的合作伙伴。这就是人际互动和人际交流的真正含义,许多早期的研究都试图捕捉这种动态,并理解非语言方面以及语言方面的重要性。

当时发展的下一个阶段是真正创造一个能够以这种人际交往方式与人合作的自主机器人,推动社会和情感智能以及其他思想的理论研究,而现在这些机器人可以进行合作活动。对人工智能,我们有这样一种认识习惯,即仅仅因为有一种能力对我们人类来说很容易做到,因为我们已经进化到做到这一点,那么它一定不会那么难,但实际上,我们是这个星球上社交和情感最复杂的物种。在机器中构建社交和情感智能非常非常困难。

马丁·福特:而且,在计算上也很有挑战性?

辛西娅·布雷西亚:对。思考清楚我们有多复杂,可以说比很多其他能力,比如视觉或操纵能力,更重要。机器必须使它的智能和行为与我们的相一致。它必须能够从语境来推断和预测我们的想法、意图、信念、欲望等。我们做什么,说什么,我们的行为模式。如果能制造出一台机器,让人们参与到这种伙伴关系中来,这种伙伴关系不必是体力劳动或体力帮助,而是社交和情感领域的帮助和支持,那会怎么样? 我们开始研究机器人的新应用,这些智能机器可能会对教育、行为改变、健康、指导、衰老等方面产生深远影响……但人们甚至还没有考虑过,因为他们太过专注于体力劳动的体力方面了。

当你开始关注那些社交和情感支持非常重要的领域,这些往往是人类自身成长和转变的领域。如果机器人的任务不仅仅是制造一个东西,如果你真正想要帮助改进或制造的东西是人自己呢? 教育就是一个很好的例子。如果能学到一些新的东西,你就变了。你能够做一些原本做不到的事情,你现在拥有了原本没有的机会。另一个例子是居家养老或控制慢性病。如果能保持健康,你的生活就会发生改变,因为你将能够做一些事情并获得一些机会,否则你将无法做到。

社交机器人拓宽了制造业和自动驾驶汽车以外具有社会意义的大量领域的相关性和应用。

人工智能缔造师

我毕生工作的一部分就是试图展示人类在一个维度上有身体能力,但与此相反的,这一点非常重要,就是这些机器能够以一种释放人类潜能的方式与人类互动、参与并支持人类。为了做到这一点,你需要吸引所有人去思考和理解我们周围的世界。我们是一个高度社会化和具有深刻情感的物种,参与和支持人类智能的其他方面是非常重要的,这样才能释放人类的潜能。社交机器人社区的工作一直集中在那些具有巨大影响的领域。

我们最近才开始认识到,欣赏与人类合作的机器人或人工智能实际上非常重要。很长一段时间以来,人类与人工智能或人类与机器人协作并不是人们认为的必须解决的一个被广泛采纳的问题,但现在这已经改变了。

现在人工智能的扩散影响了社会的许多方面,人们开始意识到人工智能和机器人领域不再仅仅是需要计算机科学或工程领域的努力。技术已经进入社会,我们必须更全面地考虑这些技术的社会整合和影响。

Baxter 机器人由 Rethink Robotics 制造。这是一种制造机器人,被设计用来在装配线上与人类协作,不是被拴在远离人类的地方,而是与人类并肩工作。为了做到这一点,Baxter 有一张"脸",这样同事们就可以预期、预测和理解机器人接下来可能会做什么。它的设计支持我们的心理理论,这样我们就可以与它合作。我们可以通过阅读这些非语言线索来进行评估和预测,因此机器人必须支持人类的理解方式,这样我们就可以将我们的行为和精神状态与机器的行为和精神状态相吻合,反之亦然。我想说 Baxter 是一个社交机器人,它恰好是一个制造型社交机器人。我认为我们将会有类型广泛的机器人,它们都具有社交性,这意味着它们能够与人类合作,它们可能会完成各种各样的任务,从教育、医疗保健到制造和驾驶,以及任何其他任务。对于任何旨在以以人为本的方式与人类共存的机器,我认为交际能力是一种与我们人类的思维方式和行为方式相吻合的关键的智能。不管机器的物理任务或功能是什么,如果它是协作的,它就是一个社交机器人。

今天我们看到各种各样的机器人被设计出来。它们仍然在进入海洋和生产线,但现在我们也看到这些其他类型的机器人进入人类空间,例如自闭症的教育和治疗应用。不过,值得记住的是,社交方面也非常困难。在改进和增强机器人技术的社交和情感协作智能方面还有很长的路要走。随着时间的推移,我们会看到社交智能、情感智能和物理智能的结合,我认为这是合乎逻辑的。

马丁·福特:我想问你关于人类水平的人工智能或通用人工智能方面的进展。首先,你认为这是一个现实的目标吗？

辛西娅·布雷西亚：我认为问题实际上是，我们想要在现实世界中获得什么样的影响？我认为想要了解人类智能是一个科学问题和挑战，而尝试了解人类智能的一种方法就是对其进行建模，并将其应用到可以在世界上得到体现的技术中，并尝试了解这些系统的行为和能力如何很好地反映出人们的行为。

然后，还有一个现实的应用程序问题：这些系统应该给人们带来什么价值？对我来说，问题一直是如何设计这些智能机器，让它们与人类的行为方式、决策方式以及体验世界的方式相吻合，这样通过与这些机器一起工作，我们就能建立更好的生活和一个更美好的世界。这些机器人必须和人类一样才能做到这一点吗？我不这么认为。我们已经有很多人了。问题是，使人类能够扩展自身能力从而真正更有力地影响世界的协同作用、互补性和增强作用究竟是什么。

我个人的兴趣和热情所在就是理解如何为互补的伙伴关系进行设计。这并不意味着必须制造出完全和人类一样的机器人。事实上，我觉得我已经得到了团队中人类的部分，现在我正试图弄清楚如何构建团队中机器人的部分，从而提升团队中人类的部分。在做这些事情的时候，我们必须思考人们需要什么才能过上充实的生活，感受到向上的流动性，他们和他们的家庭能够繁荣和有尊严地生活。因此，不管我们如何设计和应用这些机器，都需要以一种既支持人类的伦理价值又支持人类价值的方式来完成。人们需要感觉到他们可以为他们的社区做出贡献。你不会想让机器做所有的事情，因为那不会让人类繁荣昌盛。如果我们的目标是人类的繁荣昌盛，那么这就给了我们一些非常重要的制约因素，即这种关系的本质是什么以及这种协作是如何实现的。

马丁·福特：为了实现通用人工智能，需要取得哪些突破？

辛西娅·布雷西亚：我们现在所知道的是如何构建特殊用途的人工智能，它拥有足够的人类专业知识，我们可以对其进行加工、磨炼和优化，使其能够在狭窄的领域超越人类智能。然而，那些人工智能不能做多种需要完全不同的智能的事情。我们不知道如何制造出一台机器，它可以像孩子一样成长，并以一种持续的方式发展和扩展它的智能。

我们最近在深度学习方面取得了一些突破，这是一种监督学习方法。然而，人们学习的方式多种多样。我们还没有在能从实时体验中学习的机器上看到同样的突破。人们可以从很少的例子中学到东西并加以概括。我们不知道如何制造出能做到这一点的机器。我们不知道如何制造出具有人类水平常识的机器。我们可以制造出拥有领域知识和信息的机器，但不知道如何去实现人类都认为理所当然的那种常识。我们不知道如何制造一台具有高情感智能的机器。我们不知道如何制造一台具有深度思维理论的机器。这样的例子不胜枚举。有很多科学研究要做，在试图弄清楚这些事情的过程中，我们将更深刻地认识和理解我们是如何拥有智能的。

马丁·福特：让我们谈一些潜在的不利因素、风险以及我们应该合理担心的事情。

辛西娅·布雷西亚：我认为现在真正的风险是那些有邪恶意图的人利用这些技术来伤害人类。比起担心超级智能奴役人类，我更担心的是周围的人使用科技进行伤害。人工智能是一种工具，可以用它来造福和帮助人们，也可以用它来伤害别人，或让一群人凌驾于其他人之上。人们对隐私和安全有很多合理的担忧，因为这与我们的自由息息相关。人们对于民主有很多担忧，当我们有虚假新闻和泛滥的机器人谎言时，你会怎么做，人们正在努力理解什么是真的，并寻求一个共同点。这些都是非常真实的风险。自主武器确实存在风险。还有一个问题是人工智能技术让人工智能在不同人群之间的不平等差距持续拉大而非缩小。我们需要开始努力使人工智能更加民主化和更具包容性，这样我们才能拥有一个人工智能真正造福所有人而不是少数人的未来。

马丁·福特：但是，超级智能和对齐或控制问题最终是真正需要关注的问题吗，即使它们在遥远的未来？

辛西娅·布雷西亚：嗯，那你必须真正深入理解你所说的超级智能的实质，因为它可能意味着很多不同的东西。如果它是一种超级智能，为什么我们要假设驱动我们的动机和动力产生的进化力量与超级智能的进化力量是一样的呢？我听到的很多恐惧基本上都是把我们人类的包袱映射到了人工智能上，这些包袱是我们为了在一个充满敌意、充满竞争的复杂世界中生存而进化出来的。为什么要假设一个超级智能将被同样的机制所束缚呢？它不是人类，为什么会这样呢？

创造这一切的实际驱动力是什么？谁来构建它，为什么？谁来投入时间、精力和金钱呢？是大学还是公司？你必须考虑到什么样的社会和经济驱动力会导致通用人工智能的产生，这将需要大量的人才、资金和人力来完成。

马丁·福特：肯定有很多人感兴趣。像 DeepMind 的德米斯·哈萨比斯这样的人肯定有兴趣构建通用人工智能，或者至少更接近它。这是他们的既定目标。

辛西娅·布雷西亚：人们可能对构建它感兴趣，但大规模的资源、时间和人才从何而来？我的问题是，与我们现在看到的情况相比，实际上是什么社会驱动条件和力量投资来创造这一切？我只是问了个很实际的问题。想一想这条路是怎么样的,需要多少投资才能达到目标。导致这一结果的驱动因素是什么？我不认为机构或实体有动机为实现真正的超过人类的通用人工智能提供资金。

马丁·福特:兴趣和投资的一个潜在驱动力可能是与中国,或许还有其他国家的人工智能军备竞赛。人工智能确实在军事和安全领域有应用,所以这是一个值得关注的问题吗？

辛西娅·布雷西亚:我认为我们总是会在技术和资源方面与其他国家展开竞争,事情就是这样。这并不一定需要通用智能,你刚才所说的一切并不一定需要通用智能,它们可以是更广泛、更灵活但更有限制的人工智能。

我要强调的是,现在存在着超级通用智能与目前可以推动此方向工作的实体机构以及解决这些问题的人员和人才的驱动力是什么的争论。相对于真正的通用超级智能,我看到了更多关于人工智能领域的理由和论据。当然,在学术界和研究领域,人们绝对对创造它非常感兴趣,人们将继续致力于它。但是,当你掌握了资源、时间、人才和耐心,为实现这一目标做出长期承诺时,我并不清楚谁会在实际意义上推动这一进程,仅仅从谁将提供这些资源的本质来看,我还不清楚。

马丁·福特:你认为对就业市场的潜在影响是什么？我们正处在新工业革命的前沿吗？是否有可能对就业或经济产生巨大影响？

辛西娅·布雷西亚:人工智能是一个强大的工具,可以加速技术驱动的变革。现在很少有人知道如何设计它,也很少有实体拥有能够部署它的专业知识和资源。我们生活在一个社会经济差距日益扩大的时代,在这个时代,我觉得我最大的担忧之一是人工智能会被应用于缩小还是加剧这种差距。如果只有少数人知道如何开发、设计它,并把它应用于他们关心的问题,那么世界上将有很多人无法真正从中受益。

让每个人都能受益于人工智能的一个解决方案是通过教育。现在,我已经投入了大量的精力试图解决针对K12(译者注:K12是美国基础教育的统称)的人工智能教育这样的问题。今天的孩子们是在人工智能的陪伴下长大的,他们不再是数字原生代,而是人工智能原生代。在他们成长的时代,总是能够与智能机器互动,所以对他们来说,这些不是黑盒系统。今天的孩子需要开始接受有关这些技术的教育,让他们能够用这些技术进行创造,在这样做的过程中,以一种赋权的态度成长,这样他们就能够应用这些技术,在全球范围内解决他们和他们的社区的重要问题。在一个日益由人工智能驱动的社会,我们需要一个懂人工智能的社会。这是必须要发生的事情,从行业的角度来看,拥有这种专业技能的高素质人才已经很短缺了,根本无法很快地雇佣到这些人才。人们对人工智能的恐惧是可以被操纵的，因为他们不理解它。

即使从这个角度来看，我认为目前的组织有很多利益相关者希望打开帐篷，对能够发展这种专业知识和理解的更广泛的多元化的人更具包容性。就像你可以有早期的数学和早期的识字能力一样，我认为可以有早期的人工智能教育。这种人工智能教育就是了解课程水平、概念的复杂程度以及实践活动和社区，以便学生在成长过程中对理解人工智能和使用人工智能开发项目有更多的了解。他们不必等到大学才能获得这些知识。我们需要有更多的人能够理解这些技术并将其应用于对他们来说很重要的问题。

马丁·福特：你似乎关注的是那些朝着专业或技术职业发展的人，但大多数人都不是大学毕业生。例如，人工智能可能会对驾驶卡车或快餐店服务等工作产生巨大影响。我们需要政策来解决这个问题吗？

辛西娅·布雷西亚：我认为很明显会有破坏，现在人们谈论得最多的就是自动驾驶汽车。这是一种破坏，问题是那些工作发生变化或被解雇的人需要接受培训，这样他们才能在劳动力市场上保持竞争力。

人工智能还可以用于以一种负担得起的、可扩展的方式对人们进行再培训，以保持我们的劳动力活力。人工智能教育可以发展为职业计划。对我来说，人工智能教育和个性化教育系统是我们应该关注的最大的人工智能应用领域之一。很多人负担不起请家教或去学校接受教育的费用。如果能利用人工智能使这些技能、知识和能力更具可扩展性和可负担性，那么你将使更多的人在他们的一生中变得更加灵活和有适应力。对我来说，这只是在说明我们需要加倍努力，真正思考人工智能在增强人们能力和帮助我们的公民适应不断变化的工作现实方面的作用。

马丁·福特：你对人工智能领域的监管有何看法？你会支持这样的事情继续下去吗？

辛西娅·布雷西亚：在我的研究领域，这还为时过早。在提出任何对社交机器人合理的政策或法规之前，我们需要对它有更多的了解。我确实觉得现在围绕人工智能发生的对话是非常重要的，因为我们开始看到一些重大的意外后果。我们需要有一个严肃的持续对话来解决这些问题，我们要讨论隐私、安全以及所有这些至关重要的问题。

对我来说，这只是一个细节问题。我们将从一些影响较大的领域开始，然后也许从这些经验中，我们将能够更广泛地思考正确的做法是什么。很明显，你试图在确保这些技术支持人类价值和公民权利的能力与支持创新以创造机会之间取得平衡。两者之间总是需要平衡，所以，对我来说，关键在于你如何在这条路上走下去，从而实现这两个目标的具体细节。

辛西娅·布雷西亚

辛西娅·布雷西亚是麻省理工学院媒体艺术与科学副教授,她在媒体实验室创立并领导了个人机器人小组。她也是 Jibo, Inc. 的创始人。她是社交机器人和人机交互的先驱。她撰写了《设计社交机器人》(*Designing Sociable Robots*)一书,并在期刊和会议上发表了 200 多篇同行评议的文章,涉及社交机器人、人机交互、自主机器人、人工智能和机器人学习等主题。她在自主机器人、情感计算、娱乐技术和多智能体系统等领域担任多个期刊编委会的成员。她还是波士顿科学博物馆的监督员。

她的研究重点是开发个人机器人的原理、技巧和技术,这些机器人具有社会智能,以人类为中心与人类进行互动和交流,与人类一起工作,像学徒一样向人类学习。她开发了一些世界上最著名的机器人生物,从小型六足机器人,到将机器人技术嵌入人们熟悉的日常物品,再到创造具有高度表现力的仿人机器人和机器人角色。

辛西娅被公认为全球杰出的创新者、设计师和企业家。她是美国国家工程院吉尔布雷斯讲座奖和 ONR 青年研究员奖的获得者。她获得了《技术评论》杂志的 TR100/35 奖,以及《时代》杂志 2008 年和 2017 年的最佳发明奖。她曾多次获得设计奖,包括被提名为美国通信设计奖的入围者。2014 年,她被《财富》杂志评为最有前途的女企业家,还获得了欧莱雅美国数字新一代女性奖(L'Oréal USA Women in Digital Next Generation Award)。她还获得了 2014 年乔治·R. 斯蒂比茨计算机与通信先锋奖(George R. Stibitz Computer and Communications Pioneer Award),以表彰她在社交机器人和人机交互方面的开创性贡献。

"如果我们能找到与一岁半孩子的思维水平相当的结构放入我们已有的机器人硬件中，那将是非常有用的一项技术。"

乔什·特南鲍姆

麻省理工学院计算认知科学教授

乔什·特南鲍姆是麻省理工学院大脑与认知科学系的计算认知科学教授。他研究人类和机器的学习与推理，其目标是从计算的角度理解人类智能，并使人工智能更接近人类的水平。他将自己的研究描述为"对人类思维进行逆向工程"，并回答"人类是如何从如此少的信息中学到如此多的知识的？"

人工智能缔造师

马丁·福特：让我们先来谈谈通用人工智能或者人类水平的人工智能。你认为这是可行的，也是我们最终会实现的目标吗？

乔什·特南鲍姆：让我们具体谈谈这里的意思，你是指像科幻电影中的机器人，类似于 C-3PO 或 Data 指挥官？

马丁·福特：并不一定是指能够四处走动和操纵事物，而是指一种可以毫无时间限制地通过图灵测试的智能。可以与之进行长达数小时的广泛对话，这样你就会确信它是真正智能的。

乔什·特南鲍姆：是的，我认为完全有可能。我们是否会创建它或何时能够制造出它还很难知道，因为这一切都取决于我们作为社会个体所做的选择。但这是绝对有可能的——我们的大脑和我们的存在证明，可以有这样的机器。

马丁·福特：通用人工智能的进展如何？你认为我们需要克服哪些最主要的障碍才能达到这个目标？

乔什·特南鲍姆：一个问题是实现的可能性，另一个问题是它迭代到什么版本才是最有趣或最令人满意的？这可能与早期的设想有很大关系，因为我们可以决定哪些版本的通用人工智能是有趣和令人满意的，我们可以追求这些。我不是在积极研究那些能做你所说的事情的机器——那只是一个你可以与之交谈数小时的无实体语言系统。我认为"系统必须达到人类智能的高度才能进行这种对话"这种说法是完全正确的。我们所说的智能与我们的语言能力——我们使用语言工具与他人和自己进行交流和表达思想的能力——是密不可分的。

语言绝对是人类智能的核心，但我认为我们必须从语言出现之前的智能早期阶段开始，语言是建立在这个基础之上的。如果我要勾画出一个高层次的路线图来构建你所说的那种形式的通用人工智能，我想可以大致上把它分为三个阶段，对应于人类认知发展的三个大致阶段。

第一个阶段，基本上是孩子出生后的一年半，在我们真正成为语言生物之前，我们已经拥有了所有的智能。主要的成就是发展对物质世界和他人行为的常识性理解。我们称之为直觉物理学，直觉心理学：目标、计划、工具以及与之相关的概念。第二个阶段，从约一岁半到三岁，利用常识性理解的基础来建立语言，真正理解短语是如何工作的，并且能够构造句子。然后是第三个阶段，从三岁开始，现在你已经建立了自己的语言，使用语言来建立和学习其他的一切。

所以，当你谈论一个通用人工智能系统，它可以通过图灵测试，并且你可以与之交谈数小时，我同意这在某种意义上反映了人类智能的高度。然而,我的观点是,通过这些中间阶段来实现这一目标是最有趣和最有价值的。既因为这是我们理解人类智能构造的方式,也因为我认为如果我们把人类智能及其发展作为人工智能的指导和灵感,那么我们将能够实现它。

马丁·福特:我们通常以二元对立的方式来看待通用人工智能:要么我们拥有真正的人类水平的智能,要么它只是我们现在拥有的一种狭义的人工智能。我想你的意思是可能存在一个很大的中间地带,对吗?

乔什·特南鲍姆:是的。例如,在会谈中,我经常播放 18 个月大的孩子做着非常聪明的事情的视频,我很清楚,如果我们能制造出一个拥有一岁半孩子的智力的机器人,我会称之为通用人工智能。这不是成年人的水平,但是一岁半的孩子对他们所理解的世界有一个灵活的、通用的理解,而这个世界和成年人所理解的世界是不一样的。

你和我生活在一个可以追溯到几千年前最早有人类历史记载的世界里,我们可以想象几百年后的未来。我们生活在一个包含许多不同文化的世界里,我们了解这些文化是因为我们听说过它们,也读过它们。一般一岁半的孩子并不生活在这样的世界里,因为我们只能通过语言进入那个世界。然而,在他们生活的世界里,在他们眼前的时空环境里,他们确实拥有一种灵活的、通用的、常识性的智能。对我来说,这是第一件需要研究的事情,如果我们能制造出一个具有这种智能水平的机器人,那将是非常了不起的。

看看今天的机器人,你会发现在硬件方面,机器人技术正在取得巨大进展。基本的控制算法允许机器人四处走动。想想由马克·雷伯特(Mark Raibert)创立的波士顿动力(Boston Dynamics)公司。你听说过他们吗?

马丁·福特:是的。我看过他们的机器人行走、开门的视频等等。

乔什·特南鲍姆:那些都是真的,是受生物学启发的。马克·雷伯特一直想要了解动物和人类的腿部运动特征,他是生物系统行走建模领域的一员。他深知,测试这些模型的最佳方法是制造真正的机器人,并观察生物腿部运动的原理。他意识到,为了验证这个想法,他需要一家公司的资源来实际制造这些东西。所以,这就是波士顿动力公司的由来。

在这一点上,无论是波士顿动力还是其他机器人,比如罗德尼·布鲁克斯与 Baxter 合作的机器人,我们都看到了这些机器人用它们的身体做着令人印象深刻的事情,比如拿起物体和打开门,但它们却根本没有思维和大脑。波士顿动力公司的机器人大多由人类用操纵杆操纵,人类的思维为它们设定高层次目标和计划。如果我们能找到与一岁半孩子的思维水平相当的结构放入我们已有的机器人硬件中，那将是非常有用的一项技术。

马丁·福特：你认为谁是目前通用人工智能发展的领先者？DeepMind 是主要候选人吗？还是有其他你认为正在取得显著进展的项目？

乔什·特南鲍姆：嗯，我认为我们处于最前沿，但是这个领域的每个人都在做出自己的贡献，因为他们认为这是正确的方法。话虽如此，我还是很尊重 DeepMind 正在做的事情。他们当然做了很多很酷的事情，并且他们得到了很多关注，这是当之无愧的，他们的动机是试图建立通用人工智能。但对于实现更像人类的人工智能的正确方式，我确实有与他们不同的看法。

DeepMind 是一家大公司，他们提出过多种观点，但总体而言，他们的重心是构建一个试图从零开始学习一切的系统，这不是人类的工作方式。人类和其他动物一样，在我们的大脑中天生就有很多结构，就像我们的身体一样，我的方法是更多地从人类认知发展中得到启发。

DeepMind 内部有些人也有类似的想法，但该公司一直在做的重点以及真正的深度学习精神，是我们应该尽可能多地从零开始学习，这是构建最强大的人工智能系统的基础。我认为这是不正确的。我认为这是人们自己编造的一种说法，我认为这不符合生物学的运作方式。

马丁·福特：很明显，你认为人工智能和神经科学之间有很多协同作用。你是如何对这两个领域产生兴趣的？

乔什·特南鲍姆：我的父母都对与智能和人工智能相关的东西非常感兴趣。我的父亲杰伊·特南鲍姆（Jay Tenenbaum）——人们常叫他马蒂（Marty）——是早期的人工智能研究员。他是麻省理工学院的本科生，也是约翰·麦卡锡去斯坦福大学建立人工智能实验室后的第一批人工智能博士之一。他是计算机视觉领域的早期创导者，也是美国人工智能专业组织 AAAI 的创始人之一。他还管理着一个早期的工业人工智能实验室，基本上，在我还是个孩子的时候，我经历了 20 世纪 70 年代末和 80 年代的前一波人工智能热潮，我在小时候就能参加人工智能会议。

我在旧金山湾区长大，有一次我父亲带我去南加州，当时那里有一个苹果人工智能大会，那是在 Apple II 时代。我记得当晚苹果公司为参加这场大型人工智能会议的所有与会者租下了迪斯尼乐园。所以那天我们飞到那里就是为了能够连续看 13 遍《加勒比海盗》，现在回头看看，你就会知道人工智能当时的声势有多浩大了。

现在它被夸大了，但当时也是如此。有初创企业，有大公司，他们都致力于人工智能将改变世界。当然，那段时间并没有实现短期内所承诺的各种成果。我父亲也曾担任过一段时间的斯伦贝谢帕洛阿尔托研究实验室（Schlumberger Palo Alto Research Lab）的主任，这是一个主要从事人工智能研究的实验室。我小时候就在那里玩耍，在那期间，我结识了许多伟大的人工智能领军人物。与此同时，我的母亲邦妮·特南鲍姆（Bonnie Tenenbaum）是一名教师，获得了教育学博士学位。从这个角度来看，她对孩子们的学习和智力非常感兴趣，她会让我接触各种各样的谜题和脑筋急转弯——这些问题和我们现在在人工智能领域研究的一些问题没有太大区别。

在我成长的过程中，我一直对思考和智能感兴趣，所以当我读大学的时候，我想要主修哲学或物理学。我主修的是物理专业，但我从没想过自己会成为物理学家。我上心理学和哲学课时，我对神经网络很感兴趣，1989 年我上大学的时候，神经网络正处于第一次浪潮的顶峰。在那个时候，如果你想研究大脑或思维，你必须学会如何将数学应用到现实世界，这正是人们宣传物理学的目的，所以物理学似乎是一个不错的选择。

我真正认真地进入这个领域是在我大二的时候上了一门关于神经网络的课之后，那应该是在 1991 年。在那期间，父亲把我介绍给了他在斯坦福大学的朋友兼同事罗杰·谢泼德（Roger Shepard），他是有史以来最伟大的认知心理学家之一。虽然他早已退休，但他是 20 世纪 60 年代、70 年代和 80 年代对心理学过程进行科学和数学研究的先驱者之一，当时我有幸和他一起工作。我在他那里得到了一份暑期工作，和他一起为他一直在研究的理论编写一些神经网络实现。这个理论是关于人类和许多其他生物如何解决泛化的基本问题的，事实证明，这是一个非常深刻的问题。

哲学家们对此已经思考了数百年，甚至数千年。柏拉图和亚里士多德思考过，休谟、密尔和康普顿也思考过，更不用说许多 20 世纪的科学哲学家了。最基本的问题是，我们如何超越具体的经验而达到普遍的真理？还是超越过去到达未来？罗杰·谢泼德一直在思考这些问题，他正在研究一种基础数学，即一个生物在经历了某种刺激后会产生某种好的或消极的后果，如何找出世界上其他哪些事物可能会产生同样的后果？

罗杰引入了一些基于贝叶斯统计的数学理论来解决这个问题，这是关于生物体如何从经验中归纳一般理论的一个非常优雅的公式，他希望神经网络能够尝试采用这个理论，并以一种可扩展的方式来实现它。不知怎的，我最后和他一起做这个项目。通过这段经历，我接触到

人工智能缔造师

了神经网络以及早期的贝叶斯认知分析，你可以将我以后的大部分职业生涯看作是在用这些相同的想法和方法工作。我很幸运能够接触到来自于伟大思想家和那些我从小就想与其一起工作的人们的一些令人兴奋的想法，这促使我想要攻读这个领域的研究生学位。

后来我去了麻省理工学院读研究生——现在我是这个系的教授。获得博士学位后，罗杰非常支持我并帮助我来到斯坦福大学，我在那里做了几年的心理学助理教授，然后回到麻省理工学院的大脑与认知科学系，也就是我现在所在的地方。这条路线的一个关键特点是，我从自然科学的角度来研究人工智能，思考人类的思维和大脑是如何工作的，或者广义上来说，是生物智能。我试图从数学、计算和工程学的角度来理解人类的智能。

我把我所做的描述为"思维逆向工程"，这意味着从工程师的视角来尝试解决智能如何在人类大脑中工作的基本科学问题。我们的目标是用工程技术工具来理解和建立语言模型。我们把思维看作一个不可思议的机器，它是经过各种过程设计的，如生物和文化的进化、学习和发展，并被开发来解决问题。如果我们像一个工程师一样去理解它被设计用来解决什么问题以及它是如何解决这些问题的，那么我们认为这是用来阐述我们的科学的最好方式。

马丁·福特：如果你给一个正在考虑从事人工智能研究的年轻人提供建议，你会说研究脑科学和人类认知很重要吗？你认为纯粹的计算机科学被过分强调了吗？

乔什·特南鲍姆：我一直认为这两件事是同一枚硬币的两面，对我来说都很有意义。我对计算机编程很感兴趣，我对你的能为智能机器编程的想法也很感兴趣。但我总是被这个显然是有史以来最大的科学甚至是哲学问题之一的问题所激励。它可以与构建智能机器联系起来并具有共同目的，这是最令人兴奋的想法，也是最有前途的想法。

我的个人研究背景不是特别在生物学方面，而是更像是你所说的心理学或认知科学。更多的是关于大脑的软件，而不是大脑的硬件，尽管唯一合理的科学观点是把它们看作是紧密联系的，因为它们本来就是。这是我进入麻省理工学院的部分原因，在那里有大脑和认知科学系。在20世纪80年代中期，它曾被称为心理学系，但它一直是一个具有生物学基础的心理学系。

对我来说，最有趣和最大的问题是科学问题。工程方面的问题是找到一种制造更智能机器的方法，对我来说，这个方法的价值是它可以作为我们科学模型正在按照设定的目标工作的一种验证。这是一个非常重要的测试，一个合理和严格的检查，因为在科学方面有许多模型可能符合一些人收集的关于人类行为或神经数据的数据集，但如果这些模型不能解决大脑和思维必须解决的问题,那么它们可能是不正确的。

对我来说这一直是一个重要的制约因素,我们希望大脑和思维运作的模型能够与我们在科学方面拥有的所有数据相吻合,同时也能够作为工程模型来实现,能够接受与进入大脑的相同类型的输入并提供相同类型的输出。这也会带来各种各样的应用和回报。如果我们能够从工程学的角度理解智能是如何创造思维并在大脑中工作的,那么这就是将神经科学和认知科学的理论转化为各种人工智能技术的一条直接途径。

更普遍地说,我认为如果你像工程师一样对待科学,你说神经科学和认知科学的重点不只是收集一堆数据,而是要理解基本原理——大脑和思维工作的工程原理,那么这就是关于如何进行科学研究的一种观点,然后你的观点就可以直接转化为对人工智能有用的想法。

如果回顾一下这一领域的历史,我认为说人工智能领域中许多,即使不是大多数,最好的、有趣的、新颖的和独创的想法都来自那些试图理解人类智能如何工作的人是不无道理的。这包括我们现在称之为深度学习和强化学习的基础数学,也可以追溯到数学逻辑的发明者之一——布尔,或拉普拉斯在概率论方面的工作。尤其是最近一段时间,朱迪亚·珀尔对理解认知数学和人们在不确定情况下推理的方式非常感兴趣,这启发了他在人工智能的概率推理和因果建模的贝叶斯网络方面的开创性工作。

马丁·福特:你把你的工作描述为"思维逆向工程"的尝试,请告诉我你尝试这样做的实际方法。你是如何开展工作的? 我了解到你做了很多儿童方面的研究。

乔什·特南鲍姆:在我职业生涯的第一个阶段,我总是从一个大问题开始,然后再回到这样一个问题:我们如何从这么少的信息中学习到这么多? 人类如何从一个例子中学习概念,而不是从成百上千的例子中学习概念,就像机器学习系统一直以来所做的那样?

你可以在成年人身上看到这一点,但也可以在孩子们学习一个词的意思时看到这一点。孩子们通常可以通过一个新词在正确语境中使用的例子来学习这个词,无论它是指一个物体的名词,还是指一个动作的动词。你可以展示让孩子们第一次看见长颈鹿的样子,现在他们知道长颈鹿长什么样儿了;你可以向他们展示一个新的手势或舞蹈动作,或者你如何使用一个新的工具,他们马上就明白了;他们自己可能无法做出那个动作或者使用那个工具,但他们开始理解发生了什么。

或者想想学习因果关系。我们在统计学基础课程中学到,相关性和因果关系不是一回事,相关性并不总是意味着因果关系。你可以研究一个数据集,你可以测量出这两个变量是相关的,但这并不意味着其中一个导致了另一个。可能是 A 导致 B,B 导致 A,或者是某个第三变量导致了这两者。

相关性并不意味着因果关系这一事实经常被引用,以表明利用观测数据来推断世界潜在的因果结构是多么困难,然而人类却做到了这一点。事实上,我们解决了这个问题的一个更难的版本。即使是年幼的孩子通常也能从一个或几个例子中推断出一种新的因果关系——他们甚至不需要看到足够的数据来验证统计上显著的相关性。想想你第一次看到智能手机的时候,不管是 iPhone 还是其他带有触摸屏的设备,有人用手指划过一小块玻璃面板,就会突然有东西亮起来或移动起来。你以前从来没有见过这样的事情,但只需要看一次或几次,就可以理解这是一种新的因果关系,这只是学习如何控制它并完成各种有用的事情的第一步。即使是一个很小的孩子也能学会用某种方式移动手指和屏幕亮起来之间的这种新因果关系,你就会对各种其他可能的动作展开联想。

这些关于我们如何从一个或几个例子进行概括的问题,是我在读本科时就开始和罗杰·谢泼德一起研究的。早期,我们利用这些来自贝叶斯统计、贝叶斯推理和贝叶斯网络的概念,运用概率论的数学知识来阐述人们对世界因果结构的认知心理模型的运作方式。

事实证明,由数学家、物理学家和统计学家开发的用来在统计环境中从非常稀疏的数据进行推理的工具,在 20 世纪 90 年代被应用于机器学习和人工智能领域,并使该领域发生了革命性的改变。这是人工智能从早期的符号范式向更具统计性的范式转变的一部分。对我来说,这是一种思考我们的大脑如何从稀疏的数据中做出推论的非常有力的方式。

在过去 10 年左右的时间里,我们的兴趣更多地转向了这些认知心理模型从何而来。我们研究婴儿和幼儿的思维和大脑,并努力试图理解那些建立了我们对世界的基本常识理解的最基本的学习过程。在我职业生涯的头 10 年左右,也就是从 20 世纪 90 年代末到 2000 年末,我们用这些贝叶斯模型对人类认知的各个方面进行了建模,取得了很多进展,例如感知的某些方面、因果推理、人们如何判断相似性、人们如何学习单词的含义,以及人们如何制定某种计划、决策或理解他人的决定等。

然而,似乎我们仍然没有真正理解究竟什么是智能——一种灵活的、通用的智能,它能做所有你能做的事情。10 年前,在认知科学领域,我们有很多非常令人满意的个人认知能力模型,使用的是人们从稀疏的数据中进行推理的数学方法,但我们没有一个统一的理论。我们有工具,但我们没有任何一种常识模型。

看看机器学习和人工智能技术,和 10 年前一样,我们越来越多地使用机器系统来做一些我们过去认为只有人类才能做的了不起的事情。我们有一定意义上的人工智能,但从这些人工智能技术的层面上说,我们没有实现真正的人工智能。我们仍然没有该领域创始人最初愿景的真正的人工智能,我想,也就是你所说的通用人工智能——具有与人类相同的能自己解决问题的那种灵活的、通用的、常识性智能的机器。但我们现在正开始为此打下基础。

马丁·福特:通用人工智能是你所关注的重点吗?

乔什·特南鲍姆:是的,在过去的几年里,我一直对通用智能感兴趣。我试着去理解它会是什么样子,以及我们如何从工程学的角度来捕捉它。我深受一些同事的影响,比如苏珊·凯里(Susan Carey)和伊丽莎白·斯皮尔克,他们现在都是哈佛大学的教授,研究婴儿和幼儿智能的这些问题。我认为这是我们应该寻找的地方,这是我们所有智能的起点,也是最深入和最有趣的学习方式发生的地方。

伊丽莎白·斯皮尔克是任何从事人工智能中人类研究领域的人都应该知道的最重要的人物之一。她的著名研究表明,婴儿在 2 个月到 3 个月大的时候,就已经了解了世界上的某些基本事物,比如世界是如何由三维的物理物体组成的,这些物体不会眨眼就消失了。这就是我们通常所说的客体永久性(object permanence)。过去人们认为这是孩子们在一岁时开始学习的知识,但斯皮尔克和其他人已经证明,在许多方面,我们的大脑天生就已经准备好从物理对象和我们称之为意向性智能体的角度来理解世界。

马丁·福特:关于先天结构在人工智能中的重要性存在争议。这是否证明这种结构非常重要?

乔什·特南鲍姆:早在 1950 年,艾伦·图灵在他介绍图灵测试的同一篇论文中提出了这样一个想法:可以通过观察人类如何成长来构建机器智能——一个从婴儿开始,像孩子一样学习的机器,所以这可能是人工智能中最古老的好想法。这是图灵关于如何建造一台能通过图灵测试的机器的唯一建议,因为那时没有人知道该如何做。图灵建议,与其尝试构建一个像成年人一样的机器大脑,不如构建一个儿童大脑,然后按照我们教孩子的方式来教它。

图灵在提出他的建议时,实际上在先天—后天问题上持有一定的立场。他的想法是,儿童的大脑可能一开始就比成人的大脑简单得多。他说,或多或少,"孩子的大脑大概就像一个从文具店刚买的笔记本:有一个很简单的工作机制,还有很多空白纸张。"因此,构建类似小孩的机器将是可规模化的人工智能路线一个明智的起点。图灵可能是对的。但他不知道我们现在对人类思维的实际起始状态的了解。我们现在从伊丽莎白·斯皮尔克、蕾妮·巴亚尔容(Renee Baillargeon)、劳拉·舒尔茨(Laura Schulz)、艾莉森·高普尼克(Alison Gopnik)和苏珊·凯里等人的工作中得出的结论是,婴儿大脑有比我们想象的要复杂得多的结构。我们也知道,孩子们还有很多更聪明和复杂的学习机制。所以,在某种意义上,我们目前从科学方面的理解是,先天和后天的可能性构造均比我们首次提出人工智能概念时要复杂得多。

如果不只是看图灵的建议,而是看很多人工智能研究人员后来引用这个想法的方式,你会知道他们并不是在研究关于婴儿大脑如何工作的真正科学,而是被那些直觉的但不正确的观点所吸引,即婴儿大脑一开始非常简单,或者只是发生了某种简单的试错或无监督学习。这些通常是人工智能领域的人们谈论孩子如何学习的方式。孩子们确实从尝试和错误中学习,他们确实是在无监督的情况下学习,但这种方式要复杂得多,尤其是他们从少得多的数据中学习的方式以及更深入的理解和解释框架。而看看机器学习通常所指的试错学习或无监督学习,它仍然在使用一种相对肤浅的非常依赖数据的学习模式。

认知科学家和发展心理学家的见解启发了我,他们试图解释和理解我们所看到的和我们如何想象我们没有看到的事物;我们如何制订计划和解决问题,试图让这些结构真正存在;学习是如何运用这些认知心理模型来指导我们的解释、理解、计划、想象、提炼和调试,并建立新的模型。我们的大脑不只是在大数据中建立模型。

马丁·福特:这就是你最近在儿童方面的工作重点吗?

乔什·特南鲍姆:是的,我正在试图理解即使是年幼孩子也可以通过非常稀疏的数据在他们的头脑中建立世界模型的方式。这实际上是一种与目前大多数机器学习正在研究的方法根本不同的方法。对我来说,正如图灵所建议的,以及许多人工智能领域的人所意识到的那样,这并不是构建一个类人人工智能系统的唯一方法,但这是我们所知道的唯一可行的方法。

看看人类的孩子们,他们是在已知的宇宙中我们知道可行的通向人工智能的唯一途径。一条可靠的、可重复的、稳健的可扩展途径,在开始时所知道的远远少于成年人的知识面,然后发展到成人水平的智能。如果我们能够理解人类是如何学习的,那么这肯定是一条构建更真实人工智能的途径。它还将解决一些伟大的科学问题,这些问题与我们的身份息息相关,比如作为人类存在的意义。

乔什·特南鲍姆

马丁·福特：所有这些想法与当前对深度学习的过度关注有什么关系？显然，深度神经网络已经改变了人工智能，但最近我听到更多反对深度学习过度宣传的声音，甚至有人认为我们可能面临一个新的人工智能寒冬。深度学习真的是主要的前进途径吗，还是只是工具箱中的一个工具？

乔什·特南鲍姆：大多数人认为深度学习只是工具箱中的一个工具，很多深度学习领域的人也意识到了这一点。"深度学习"一词已经超出了它最初的定义。

马丁·福特：我将深度学习广义地定义为任何使用具有许多层的复杂神经网络的方法，而不是使用包含特定算法（如反向传播或梯度下降）的非常技术性的定义。

乔什·特南鲍姆：对我来说，使用多层神经网络的方法也是工具箱中的一个工具。它擅长的是模式识别问题，并且已经被证明是一种实用的、可扩展的方法。这种深度学习真正取得成功的地方，要么是在传统的模式识别的问题上，如语音识别和目标识别，要么是在某种程度上被强迫定义或转化为模式识别的问题上。

以围棋为例。人工智能研究人员长期以来一直认为下围棋需要某种复杂的模式识别，但他们并不一定明白这个问题可以用与解决视觉和语音感知问题同样的模式识别方法来解决。然而，现在人们已经证明，可以将由更加传统的模式识别领域发展起来的神经网络用于围棋、国际象棋或者类似的棋类游戏的解决方案的一部分。我认为这些模型很有趣，因为它们使用了我们这里所说的深度学习，但它们不仅仅是这样做，它们还使用了传统的博弈树搜索和期望值计算等等。AlphaGo是深度学习人工智能领域最引人注目和最著名的成功案例，但是它不是一个纯粹的深度学习系统。它使用深度学习作为下棋和博弈树搜索系统的一部分。

这已经代表了深度学习扩展到深度神经网络之外的方式，但是，使其工作得如此出色的秘密武器是深度神经网络结构及其训练方法。这些方法是在游戏玩法结构中寻找模式，这些模式超越了人们以前能够自动找到的模式。然而，如果你把目光从单一的任务，比如下围棋或国际象棋，转移到更广泛的智能问题上，把所有的智能问题变成模式识别问题的想法是荒谬的，我认为任何认真思考的人都不会相信这一点。我的意思是也许有人会这么说，但我觉得这太疯狂了。

每一位认真的人工智能研究人员都必须同时思考两件事。一是他们必须认识到，深度学习和深度神经网络为我们在模式识别方面的工作做出了巨大贡献，而模式识别可能会成为任何成功的智能系统的一部分。同时,你也必须认识到从我所说的各个方面来看,智能都远远超出了模式识别的范围。对世界进行建模的活动有很多,比如解释、理解、想象、规划和建立新的模型,而深度神经网络并不能真正地对世界建模。

马丁·福特:这种限制是你在工作中要解决的问题之一吗?

乔什·特南鲍姆:嗯,在我的工作中,我一直对找到其他类型的工程工具感兴趣,我们需要这些工具来解决超越模式识别的智能方面的问题。其中一种方法是参考该领域早期的思想浪潮,包括图形模型和贝叶斯网络的思想,当我进入这个领域时,它们是最重要的思想。朱迪亚·珀尔可能是那个时代这个领域中最重要的名字。

也许最重要的是最早的思想浪潮,通常被称为"符号主义人工智能",很多人会讲一个故事,在人工智能的早期,我们认为智能是符号化的,但后来我们知道这是一个糟糕的想法。它不起作用,因为它太脆弱,不能处理噪音,不能从经验中学习。所以我们必须采取统计方法,然后又必须采取神经网络方法。我认为这是一个非常错误的表述。早期的思想强调符号推理和抽象语言在形式系统中的表达能力,是非常重要和非常正确的思想。我认为只有现在我们才处于这样的一个位置,作为一个领域,作为一个社区,去尝试理解如何将这些不同模式的最佳思想和功能结合在一起。

人工智能领域的三次浪潮——符号时代、概率和因果时代以及神经网络时代——是我们如何以计算的方式思考智能的三个主流想法。这些想法都有兴衰起伏,每一个都有所贡献,但神经网络在过去几年确实取得了最大的成功。我一直对如何把这些想法结合起来很感兴趣。我们如何将这些想法中的精华结合起来,为智能系统和理解人类智能构建框架和语言?

马丁·福特:你能想象一种混合体,把神经网络和其他更传统的方法结合起来构建一个综合性的东西吗?

乔什·特南鲍姆:我们不只是想象,我们实际上已经拥有了它。现在,这种混合体的最好例子就是概率编程。当我做演讲或写论文时,我经常指出概率编程是我在工作中使用的通用工具。有些人知道这件事。人工智能并不像神经网络那样被广泛接受,但我认为它将以自己的形式得到越来越多的认可。

所有这些术语,如神经网络或概率编程,都只是模糊的术语,随着使用这些工具集的人更多地了解什么是有效的、什么是无效的以及他们需要什么其他东西,这些术语不断地被重新定义。当我谈到概率程序时,我有时喜欢说它们与概率的关系就像神经网络与神经元的关系一样。也就是说,神经网络是受到早期对神经元工作方式的抽象概念的启发:如果你将神经元连接成一个网络,无论是生物层面上还是人工模拟上,然后你用某种方式使这个网络足够复杂,它就会变得非常强大。神经元的核心作用仍然存在,有一些基本的处理单元,它们接受输入的线性组合并通过非线性传递,但是如果看看现在人们使用神经网络的方式,它们远远超出了任何一种神经科学的原始灵感。事实上,它们将来自概率和符号程序的思想引入其中。我想说的是,概率程序只是从不同的方向接近相同的综合体。

概率程序的概念始于人们在 20 世纪 90 年代所做的工作,当时人们试图为大规模概率推理建立系统语言。人们意识到,为了获取真正的常识知识,需要拥有的不只是进行概率推理的工具,还需要拥有类似于早期人工智能时代的抽象、符号组件。仅仅用数字工作是不够的,你必须用符号。真正的知识不只是像你在概率论中所做的那样,用数字计算出其他数字,而是用符号形式来表达抽象知识,无论是表达数学、编程语言还是逻辑。

马丁·福特:这就是你一直关注的方法?

乔什·特南鲍姆:是的,我很幸运在 21 世纪头 10 年的中后期与我的团队中的学生和博士后一起工作,特别是诺亚·古德曼(Noah Goodman)、维卡什·曼辛卡(Vikash Mansinghka)和丹·罗伊(Dan Roy),我们建立了一种语言,称之为 Church,以阿朗佐·丘奇(Alonzo Church)的名字命名。这是一个基于我们所说的 Lambda 演算将高阶逻辑语言组合在一起的例子,Lambda 演算是 Church 的通用计算框架。这就是像 Lisp 和 Scheme 这样的计算机编程语言的底层形式化基础。

我们用这种形式主义来表示抽象知识,并用它来概括概率推理和因果推理的模式。这对我自己和其他人来说都有很大的影响,因为他们都在思考如何建立一个具有常识性推理能力的系统——一个真正进行推理的系统,而不仅仅是在数据中找到模式,它还具有可以在许多情况下进行抽象概括的能力。例如,我们利用这些系统来捕捉人们的直觉心理理论,即我们如何根据他人的信念和欲望来理解他们的行为。

在过去的 10 年里,使用这些概率程序的工具,我们第一次能够建立合理的、定量的、预测性的、概念上正确的模型,来描述人类甚至是幼儿,如何理解其他人在做什么,并将人们的行为不仅仅视为世界上的运动,而是理性计划的行为表达。我们也能够看到人们是如何通过观察人类在世界各地的移动来了解他们要什么和他们想什么,从而推断出他们的信念和欲望的逆向思维。这是一个连婴儿都会做的核心常识性推理的例子。这是人们真正实现智能的一部分;他们看到其他人在做某事,并试图弄清楚他们为什么这样做,以及这是否是他们应该学习的一个正确的引导。对我们来说,这些都是关于概率程序思想的一些最初真正引人注目的应用。

马丁·福特:这些概率方法可以和深度学习结合起来吗?

乔什·特南鲍姆:可以,在过去几年里,人们使用了同样的工具集并开始在神经网络中结合。对于这些概率程序来说,一个关键的挑战是实现推理是困难的,因为我们 10 年前就在构建这些程序,现在还在继续。你可以写下捕捉人们对世界认知和推理的心理模型的概率程序,例如他们的心理理论或直觉物理学,但实际上要让这些模型从你可进行推断的数据中快速做出推论,这在算法上是一项艰巨的挑战。人们已经转向神经网络和其他类型的模式识别技术,作为在这些系统中加速推理能力的一种方式。同样,你可以想想 AlphaGo 是如何利用深度学习来加速在博弈树中的推理和搜索。它仍在博弈树中进行搜索,但使用神经网络进行快速、灵敏、直观的预测来指导它的搜索。

类似的,人们开始使用神经网络来寻找推理模式,从而加快这些概率程序中的推理速度。神经网络的机制和概率程序的机制越来越相似。人们正在开发新的人工智能编程语言,把所有这些东西结合在一起,而你不必决定使用哪种语言。在这一点上,它们都是单一语言框架的一部分。

马丁·福特:当我和杰弗里·辛顿交谈时,我提出了一种混合方法的建议,但他对此非常不屑。我有一种感觉,深度学习阵营里的人也许不仅仅是在思考一个生物体一生的学习,而且是在思考生物体的进化过程。人类的大脑进化了很长一段时间,在某些早期的形式或生物体中,它肯定更接近于一张白纸。所以,这或许支持了一种观点,即任何有用的结构都可能随着社会的进步而出现?

乔什·特南鲍姆:毫无疑问,人类的智能在很大程度上是进化的产物,但这样一来,我们的进化也必须包括生物进化和文化进化。我们所拥有的知识的,以及我们如何理解我们自己拥有的知识,很大一部分来自文化的发展。这是几代人在群体中积累的知识。毫无疑问,一个在荒岛上长大的婴儿,如果周围没有其他人类的话,他的智力会低得多。嗯,从某种意义上说,他们可能和我们同样聪明,但他们知道的比我们知道的要少得多。从严格意义上说,他们也不会那么聪明,因为使我们聪明的许多方式,比如我们的思维系统——无论是数学、计算机科学、推理,还是我们通过语言获得的其他思维系统——更普遍地说,都是许多聪明的人类在许多代人的发展中积累起来的。

很明显,当我们观察自己的身体时,生物进化已经建立了具有惊人功能的、令人难以置信的复杂结构。我们没有理由认为大脑会有什么不同。当我们观察大脑时,在进化中建立的真正神经网络的复杂结构并不是那么明显,它也不仅仅是一块由杂乱无章的随机连接组成的白板。

我认为不会有神经科学家认为大脑是类似白板的东西。真正的生物灵感必须被认真对待,至少在任何一个人的大脑的一生中,有大量的结构是内置的,这些结构既包括帮助我们理解世界的最基本模型,也包括使我们的模型发展到超过这个起点的学习算法。

我们从基因和文化上得到的部分经验是比我们今天在深度学习中所拥有的学习方法更强大、更灵活、更快的学习方法。这些方法使我们能够从很少的例子中学习,并更快地学习新事物。任何一个认真研究真正的人类婴儿的大脑启动方式和儿童的学习方式的人,都必须考虑到这一点。

马丁·福特:你认为深度学习能够通过建立一个进化模型来成功地获得更普遍的智能吗?

乔什·特南鲍姆:DeepMind 的一些人和其他遵循深强化学习理念的人会说,他们在从更普遍的意义上思考进化,这也是学习的一部分。他们会说,白板系统并不是试图捕捉婴儿的行为,而是捕捉许多代人的进化过程。

我认为这是一个合理的说法,但我对此的回应是也要从生物学中寻找灵感,也就是说,好吧,也请看看进化是如何工作的。它不是通过一个固定的网络结构并在其中做梯度下降来工作的,这是当今的深度学习算法的工作方式;相反,进化实际上构建了复杂的结构,而这种结构的构建对其进化能力的影响至关重要。

进化做了大量的架构搜索,它设计机器。它跨越不同的物种或多代人构建了非常不同的结构化机器。我们可以在身体中明显地看到这一点,但没有理由认为在大脑中有任何不同。进化论建立了具有复杂功能的复杂结构,并且它是通过一个与梯度下降非常不同的过程来实现的,更像是在开发程序空间中的搜索,这种想法对我很有启发。

我们在这里所做的很多工作是思考如何将学习或进化视为类似于在程序空间中搜索。这些程序可能是遗传程序,也可能是认知层面的思考程序。关键是,它看起来并不像一个大型固定网络架构中的梯度下降。你可以说,这仅仅是利用神经网络进行深度学习,这样的过程其实是尝试演化的过程,而非人类婴儿的行为原理,但是我真的不认为深度学习和人类婴儿或者演化行为的原理一样。

然而,深度学习是一个经过高度优化的工具包,尤其是在科技行业。人们已经证明,当你用GPU和大型分布式计算资源放大大型神经网络时,可以用它们做有价值的事情。你从DeepMind或谷歌人工智能(举两个例子)看到的所有进步,基本上都是靠这些资源以及一个强大的集成软件和硬件工程程序(专门为深度学习进行优化)实现的。我想说的是,当你拥有了一项技术,硅谷投入了大量资源来优化它,它就会变得非常强大。对谷歌这样的公司来说,走这条路,看看能走到哪里是合理的。同时,我只是想说,当你观察深度学习在生物学中的作用,无论是在人类个体的一生中还是在进化过程中,它看起来确实有很大的不同。

马丁·福特:你对机器有意识这个想法怎么看? 这是一种逻辑上与智能相结合的东西,还是你认为这是一种完全独立的东西?

乔什·特南鲍姆:这是一件很难讨论的事情,因为意识这一概念对不同的人意味着很多不同的含义。有哲学家,也有认知科学家和神经科学家,他们都在以一种非常认真和深入的方式研究它,对于如何研究它还没有达成共识。

马丁·福特:让我换个说法,你认为一台机器可以有某种内在体验吗? 这是合理的、可能的甚至是一般智能所必需的吗?

乔什·特南鲍姆:回答这个问题的最好方法就是梳理出我们所说的意识的两个方面。一个方面是哲学界所说的感受质(qualia)或主观体验,这在任何形式的系统中都很难捕捉到。想想"红色的红色"(the redness of red),我们都知道红色是一种颜色,绿色是另一种颜色,我们也知道它们给人的感觉是不同的。我们想当然地认为,当别人看到红色时,他们不仅称之为红色,而且他们的主观体验和我们是一样的。我们知道有可能制造出拥有这些主观体验的机器,因为我们拥有这些主观体验。我们是否必须这样做,或者我们是否能够在我们正在尝试制造的机器上这样做,这很难说。

还有另一个我们可以称之为意识的方面,可以称之为自我意识。我们以某种统一的方式体验世界,自己也置身其中。更简单的说法是,这些对类人智能是必不可少的。我的意思是,当我们体验这个世界时,我们并不是通过数以千万计的细胞放电来体验它。

描述大脑在任何时刻的状态的一种方法是观察每个神经元的活动水平,但这不是我们主观地体验世界的方式。我们体验到的世界是由物体组成的,我们所有的感官聚集在一起,形成对这些事物的统一理解。这是我们体验世界的方式,我们不知道如何将这种层面的体验与神经元联系起来。我认为,如果我们要构建具有人类水平的智能系统,那么它们就必须拥有那种对世界的统一体验。它需要在对象和智能体的层次上,而不是在神经元放电的层次上。

其中一个关键部分是自我意识——我就在这里,我不只是我的身体。这实际上是我们目前正在积极研究的东西。我正在和哲学家劳里·保罗(Laurie Paul)以及我以前的一个学生和同事托默·乌尔曼(Tomer Ullman)一起写一篇论文,暂定名为《自我逆向工程》(*Reverse Engineering the Self*)。

马丁·福特:这是否遵循和思维逆向工程一样的思路?

乔什·特南鲍姆:是的,它试图采用我们的逆向工程方法,理解"自我"的这一简单方面。我认为它简单,但它是意识所代表的一大类事物的一个小方面;理解什么是人类基本的自我意识以及以这种方式制造机器意味着什么。这是一个非常有趣的问题。人工智能领域的研究者,尤其是那些对通用人工智能感兴趣的人,会告诉你,他们正在尝试制造能够自主思考或学习的机器,但是你应该问:"制造能够真正自主思考或自主学习的机器意味着什么?"除非它有自我意识,否则你能做到这一点吗?

看看今天的人工智能系统,无论是自动驾驶汽车,还是 AlphaGo 等在某种意义上被宣传为"为自己学习"的系统,它们实际上并没有自我,那不是它们的一部分。它们并不真正明白自己在做什么,就像我进入一辆车,我在车里,开车去某个地方的时候,我才明白我在做什么。如果我下围棋,我会明白我是在玩游戏,如果我决定学围棋,那我就是在为自己做决定。我可以通过请别人教我来学习围棋;我可以自己练习,也可以和别人练习。我甚至可能决定成为一名职业围棋选手,然后去围棋学院学习。也许我认定我是认真的,我想努力成为世界上最好的棋手之一。当一个人成为世界级围棋选手时,他们就是这样做的。在许多不同的时间尺度上,他们都是在自我意识的引导下为自己做一系列决定的。

目前我们在人工智能领域中还没有这样的概念。我们没有会主动为自己做任何事情的系统,即使是在高级层面上。我们没有像人类那样有真正目标的系统,而是有人类为实现目标而构建的系统。我认为如果想要具有类人的、人类水平智能的系统,它们必须为自己做很多事情,而现在工程师们正在做这些事情,这是绝对必要的,并且我认为它们有可能做到。

人工智能缔造师

我们试图从工程学的角度来理解，一个智能体自身为了设定它尝试解决的问题或者学习问题而做出大量决策的含义，所有这些决策目前都是由工程师来完成的。我认为，如果要使机器达到人类水平的智能，我们很可能必须拥有这样的机器。我认为这也是一个真正有意义的问题，即我们是否想那样做，因为我们不必那样做。我们可以决定我们真正想要给机器系统多大程度的自我或自治。即使不像人类那样拥有完全的自我意识，它们也可以为我们做一些有用的事情。这可能是一个重要的决定。我们认为这可能是技术和社会发展的正确道路。

马丁·福特：我想问你一些与人工智能相关的潜在风险。就人工智能可能对社会和经济产生的影响而言，无论近期还是长期，我们真正应该担心的是什么？

乔什·特南鲍姆：人们经常宣传的一些风险是，我们将看到某种奇点，可能是接管世界的超级智能机器，可能是拥有与人类存在不相容的自身目标的机器。这在遥远的未来是有可能发生的，但我并不特别担心，部分原因是我刚刚谈到的。我们仍然不知道如何赋予机器任何程度的自我意识。它们会自己决定以牺牲人类的利益来接管世界的想法是很遥远的事情，从现在到那时还有很长的路。

老实说，我更担心的是短期的发展。我认为，在我们现在所处的位置和实现任何一种人类水平的通用人工智能之前，更不用说超人类水平的了，我们将开发出越来越强大的算法，这些算法可能带来各种风险。这些算法将被人们用于实现目标，有些是好的，有些是不好的。许多不好的目标只是人们追求自己的私利，但其中一些实际上可能是邪恶的或坏的。与任何技术一样，它们可以用来做好事，但也可以出于自私目的用来做坏事。我们应该担心这些问题，因为它们是非常强大的技术，已经在所有这些方面得到了应用，例如，在机器学习中。

我们需要考虑的近期风险是每个人都在谈论的。我希望我对如何思考这些风险有好的想法，但我没有。我认为更广泛的人工智能社区越来越意识到，他们现在需要考虑近期的风险，无论是隐私还是人权。甚至像人工智能或更普遍的自动化如何重塑经济和工作环境这样的话题。该话题比人工智能本身更大，它是更广泛的技术问题。

如果想指出新的挑战，我认为其中一个与工作有关，这很重要。在人类历史的大部分时间里，我的理解是大多数人都找到了某种谋生手段，无论是狩猎、采集、耕种、在制造厂工作，还是做生意。你将用生命的第一阶段学习一些东西，包括一门手艺或技能，这些技能可以为你建立某种终身受用的谋生之道。你也可以发展一套新技能或改变你的工作，但没必要这么做。

现在,我们越来越多地看到的是,技术正在发生变化并且已经发展到这样的程度,即许多工作和生计变化、存在或消失的速度飞快。总有技术上的变化会导致某个行业的工作消失,而使其他行业出现,但过去这是跨时代发生的。现在,这种情况发生在几代人之内,这给劳动力带来了一种不同以往的压力。

越来越多的人将不得不面对这样一个事实:你不能只学习一套特定的技能,然后用它们来工作一辈子。你可能必须不断地再训练自己,因为技术正在改变,不仅更先进,而且比以往任何时候都发展得更快。人工智能是这个事实的一部分,但它远不止人工智能。我认为这些是我们这个社会必须考虑的事情。

马丁·福特:考虑到事情可能发展得如此之快,你会不会担心很多人不可避免地被甩在后面? 全民基本收入是我们应该认真考虑的吗?

乔什·特南鲍姆:是的,我们应该考虑基本收入,但我认为没有什么是不可避免的。人类是一个有恢复力和灵活性的物种。是的,我们学习和再训练自己的能力可能有局限性。如果技术持续发展,特别是以这样的速度,我们可能不得不这样做。但是,我们在之前的人类历史中也看到过这种情况。只是它展开得比较慢。

我认为公平地说,我们大多数人在所处的社会经济阶层中工作谋生,我们是作家、科学家或技术专家,会发现如果我们追溯到几千年前的人类历史,他们会说:"那不是工作,只是玩乐!如果不是从早到晚在地里劳作,那就不是真正在工作。"所以,我们不知道未来的工作将会是什么样子。

它可能从根本上发生改变,这并不意味着你每天花8小时做一些有经济价值的事情的想法就消失了。我们是否必须有某种全民基本收入,或者只是看到经济以一种不同的方式运转,我并不知道,我当然不是这方面的专家,但我认为人工智能研究人员应该成为这一话题的一部分。

另一个更大、更紧迫的话题是气候变化。我们不知道人类造成的气候变化的未来会是什么样子,但我们知道越来越多的人工智能研究人员正在为此做出贡献。无论是人工智能还是比特币挖矿,只要看看计算机越来越多地被用于什么用途,以及大规模且正在加速的能源消耗就知道了。

人工智能缔造师

作为人工智能研究人员,我们应该思考我们所做的事情实际上是如何为气候变化做出贡献的,以及我们应该如何为解决其中一些问题做出积极贡献。我认为这是一个对社会来说很紧迫的具体问题,人工智能研究人员可能没有考虑太多,但它们正逐渐关注这一问题,甚至可能会给出部分解决方案。

还有类似的问题,比如人权,人工智能技术可以被用来监视人们,但是研究人员也可以利用这些技术帮助人们弄清楚自己何时被监视。作为研究人员,我们不能阻止这个领域发明的东西被用于不良目的,但是我们可以更加努力地开发好的目的,也可以开发和使用这些技术来抵抗不良行为者或不良的用途。这些都是人工智能研究者需要考虑的道德问题。

马丁·福特:你认为监管机构可以发挥作用,以确保人工智能仍然是一股积极的社会力量吗?

乔什·特南鲍姆:我认为硅谷的风气是非常自由主义的,他们认为我们应该打破限制,让其他人来收拾残局。老实说,我希望政府和科技行业之间的分歧和敌意能少一些,多关注一些共同的目标。

我是一个乐观主义者,确实认为这些不同的各方可以而且应该更多地合作,人工智能研究人员可以成为这种合作的标准制定者之一。我认为作为一个领域,更不用说作为一个社会,我们需要这种合作。

马丁·福特:请你更具体地评论一下尼克·博斯特罗姆所写的超级智能的前景以及对齐或控制问题。我认为他担心的是,虽然实现超级智能可能需要很长时间,但我们可能需要更长的时间来研究如何保持对超级智能系统的控制,这也是他认为我们现在应该关注这个问题的论点基础。你对此有何回应?

乔什·特南鲍姆:我认为人们这样想是合理的。我们也在考虑同样的事情。我不认为这是我们应该思考的首要目标,因为虽然你可以想象某种超级智能会对人类构成存在性风险,但我认为我们还有其他更紧迫的存在性风险。机器学习技术和其他类型的人工智能技术已经在很多方面加剧了人类目前面临的重大问题,其中一些已经发展到了存在性风险的水平。

我想在它的背景之下,谈谈人们应该在所有的时间尺度上思考问题。价值对齐问题很难解决,目前解决这一问题的挑战之一是我们不知道什么是价值。我个人认为,当人工智能安全研究人员谈到价值对齐时,他们对什么是价值有一个非常简单甚至可能是幼稚的想法。我们在计算认知科学领域所做的一些工作中,实际上是在试图理解并反向设计什么是人类的价值观。例如,什么是道德原则? 这些不是我们从工程学角度所能理解的。

我们应该考虑这些问题,但我的方法是,我们必须先更好地了解自己,然后才能在技术方面开展工作。我们必须了解我们的价值观到底是什么,作为人类,如何来学习和了解它? 什么是道德原则? 从工程学的角度来说,它是如何工作的? 我认为,如果能理解这一点,那就是理解我们自己的重要组成部分,也是认知科学发展的重要组成部分。

随着机器不仅变得更加智能,而且更加具有实际的自我意识,它们成为自主的行为者,这将是有用的,而且可能是必不可少的。这对于解决你所说的这些问题是很重要的。只是我认为我们还远没有理解如何解决它们以及它们如何在自然智能中发挥作用。

我们也意识到,有一些短期内真正重大的风险和问题并不属于人工智能价值对齐范畴,而是比如我们对气候做了什么? 如今,政府或公司是如何利用人工智能技术来操纵人们的?

这些都是我们现在应该担心的事情。我们当中的一部分人应该思考如何成为好的道德行为者,以及如何做一些真正让世界变得更好而不是更糟的事情。我们应该参与到诸如气候变化之类的事情中,这是当前或近期的风险,人工智能可以改善或恶化这些风险。相对于我们也应该思考的超级智能价值取向,我认为我们更多的是从基础科学的角度思考——拥有价值到底意味着什么?

人工智能研究人员应该致力于所有这些事情。只是价值对齐问题是非常基础的研究问题,还远远没有付诸实践,也没有必要付诸实践。我们需要确保我们不会忽视当前人工智能需要处理的现实道德问题。

马丁·福特:你认为我们能够成功地确保人工智能的利大于弊吗?

乔什·特南鲍姆:我天生就是个乐观主义者,所以我的第一反应是肯定的,但我们不能认为这是理所当然的。不仅仅是人工智能,科技,无论是智能手机还是社交媒体,都在改变我们的生活,改变我们与他人互动的方式。它确实在改变人类体验的本质。我不确定它是否总是向好的方向发展。当你看到一家人都在玩手机,或者看到社交媒体带来的负面影响时,你很难保持乐观。

我认为重要的是我们要意识到并研究这些技术对人们造成的疯狂影响! 它们正在侵入我们的大脑、我们的价值体系、我们的奖励体系,以及我们的社交互动系统,而且这种方式显然不全是积极的。我认为需要更积极的直接研究来理解和思考这个问题。在这个领域,我们不能保证技术总会给我们带来好的结果，而现在的人工智能，包括有机器学习算法，未必是好的一方。

我希望领域内大家能够以一种非常积极的方式来思考这个问题。从长远来看，是的，我乐观地认为我们将打造出一种总体来说有益的人工智能，但我认为这确实是一个关键时刻，我们所有在这个领域工作的人都要真正认真对待这个问题。

马丁·福特：你最后还有什么想说的吗，或者有什么我没有问但你觉得重要的事情吗？

乔什·特南鲍姆：这些问题激励着我们正在做的工作，也激励着我们这个领域的许多人，这些问题是人们长久以来一直在思考的问题。智能的本质是什么？什么是思想？作为人类意味着什么？最令人兴奋的是，我们现在有机会研究这些问题，可以在这些问题上取得真正的工程和科学进步，而不是简单地把它们看作抽象的哲学问题。

当我们考虑构建任何大型人工智能，尤其是通用人工智能时，我们不仅仅将其视为一个技术和工程问题，也是人类有史以来思考过的最大科学问题之一的一个方面。它的思考方式和思考智能的本质是什么或者它在宇宙中的起源是什么是一样的？将其作为更大项目的一部分来追求的想法是非常令人兴奋的，我们都应该为此感到兴奋和鼓舞。这意味着要想办法令技术让我们更聪明，而不是更愚蠢。

我们有机会更多地了解以人类的方式拥有智能意味着什么，并学习如何构建技术，使我们个人和集体更加聪明。能够做到这一点是非常令人兴奋的，但当我们致力于技术方面的工作时，我们也必须认真对待这一点。

乔什·特南鲍姆

乔什·特南鲍姆是麻省理工学院大脑与认知科学系的计算认知科学教授。他也是麻省理工学院计算机科学和人工智能实验室(CSAIL)以及大脑、思维和机器中心(CBMM)的成员。乔什研究人类和机器的感知、学习和常识性推理,其目标是从计算的角度理解人类智能,并使人工智能更接近人类的水平。乔什于1993年在耶鲁大学获得物理学学士学位,1999年在麻省理工学院获得博士学位。在麻省理工学院人工智能实验室完成短暂的博士后研究后,他加入了斯坦福大学,成为心理学助理教授和计算机科学(客座)助理教授。2002年,他回到麻省理工学院任教。

他和他的学生在认知科学、机器学习和其他人工智能相关领域发表了大量文章,他们的论文在人工智能各个领域的会议上都获得了奖项,包括计算机视觉、强化学习和决策、机器人、人工智能中的不确定性、学习和发展、认知建模与神经信息处理等方面的主要会议。他们引入了几种广泛使用的人工智能工具和框架,包括用于非线性降维的模型、概率编程以及用于无监督结构发现和程序归纳的贝叶斯方法。个人方面,他获得了美国实验心理学家协会颁发的霍华德·克罗斯比·沃伦奖章,美国心理学协会颁发的杰出科学奖,以表彰他早期对心理学的贡献,以及美国国家科学院颁发的托兰研究奖,他还是实验心理学家协会和认知科学协会的会员。

"如果你看到一个问题，比如'一头大象能通过一扇门吗?'，虽然大多数人几乎可以立刻回答这个问题，但机器却很难回答。对一方来说容易的事对另一方来说却很难，反之亦然。这就是我所说的人工智能悖论。"

奥伦·埃齐奥尼

艾伦人工智能研究所首席执行官

奥伦·埃齐奥尼是艾伦人工智能研究所(Allen Institute for Artificial Intelligence)的首席执行官，这是由微软联合创始人保罗·艾伦(Paul Allen)成立的一个独立机构，致力于为共同利益开展人工智能方面的高影响力研究。奥伦负责监督多个研究项目，其中最著名的或许是 Mosaic 项目，这是一个 1.25 亿美元的项目，旨在在人工智能系统中构建常识——这通常被认为是人工智能中最困难的挑战之一。

人工智能缔造师

马丁·福特：Mosaic 项目听起来很有趣。你能跟我说说这个以及你在艾伦研究所做的其他项目吗？

奥伦·埃齐奥尼：Mosaic 项目专注于赋予计算机常识。迄今为止，人类建立的许多人工智能系统都非常擅长于狭义的任务。例如，人类已经建立了可以下围棋下得很好的人工智能系统，但是它不会注意到房间可能着火了这种事情。这些人工智能系统完全缺乏常识，而这正是我们试图通过 Mosaic 解决的问题。

我们在艾伦人工智能研究所的首要任务是让人工智能为共同利益服务。我们正在研究如何利用人工智能让世界变得更美好。其中一些是通过基础研究实现的，而其余的则更多地带有工程色彩。

一个很好的例子是一个叫作语义学者（Semantic Scholar）的项目。在语义学者项目中，我们研究的是科学搜索和科学假设生成问题。因为科学家们被越来越多的出版物所淹没，我们意识到，就像我们所有人在经历信息过载时一样，科学家们确实需要帮助来消除这种混乱，而这就是语义学者所做的。它使用机器学习和自然语言处理以及各种人工智能技术，帮助科学家找出他们想要阅读的内容以及如何在论文中找到结果。

马丁·福特：Mosaic 项目包含符号逻辑吗？我知道有一个叫作 Cyc 的老项目，那是一个非常劳动密集型的过程，人们会尝试写下所有的逻辑规则，比如对象之间是如何关联的，我认为它有点笨拙。这是你用 Mosaic 做的事吗？

奥伦·埃齐奥尼：Cyc 项目的问题是，35 年来，对开发者来说这真的是一场斗争，原因正如你所说的那样。但在我们的案例中，希望利用更现代的人工智能技术——众包、自然语言处理、机器学习和机器视觉——以一种不同的方式获取知识。

对于 Mosaic 项目，我们也从一个非常不同的角度开始。Cyc 是从内到外开始的，他们说："好的。我们将建立这个常识知识库，并在此基础上进行逻辑推理。"现在，我们的做法是：我们将从定义一个基准开始，在这个基准上我们评估任何程序的常识性能力。然后这个基准允许测量一个程序有多少常识，一旦我们定义了这个基准（这不是一个微不足道的任务），我们就可以建立它，并能够根据经验和实验来衡量我们的进展，这是 Cyc 无法做到的。

马丁·福特：那么，你打算创建某种可以用于常识的客观测试？

奥伦·埃齐奥尼：没错！就像图灵测试是一种人工智能或智商测试一样，我们也将有一个人

奥伦·埃齐奥尼

工智能的常识测试。

马丁·福特：你还研究过一些尝试通过生物学或其他大学学科的考试系统。这是你一直关注的事情之一吗？

奥伦·埃齐奥尼：保罗·艾伦有一个富有远见和激励人心的例子，他甚至在艾伦人工智能研究所成立之前就以各种方式研究过这个例子，他的想法是，一个程序可以阅读教科书中的一个章节，然后回答书后面的问题。因此，我们提出了一个相关的问题："让我们采用标准化测试，看看能在多大程度上构建出在这些标准化测试中取得好成绩的程序。"这是我们在科学背景下的 Aristo 项目的一部分，也是在数学问题背景下的 Euclid 项目的一部分。

对于我们来说，通过定义一个基准任务来着手解决一个问题，然后不断地改进它的性能是非常自然的。因此，我们在这些不同的领域都是这样做的。

马丁·福特：进展如何？成功吗？

奥伦·埃齐奥尼：坦率地说，结果好坏参半。我想说，我们在科学和数学方面的测试都是最先进的。在科学方面，我们举办了一个 Kaggle 竞赛，我们发布了问题，来自世界各地的数千个团队参加了比赛。通过这个比赛，我们想看看我们的测试是否遗漏了什么，我们发现实际上我们的技术比其他任何团队的都做得更好，至少比参与竞赛的人做得更好。

从目前的水平来看，将其作为研究重点并发表一系列的论文和数据集，我认为这是非常有益的。不利的是，我们在这些测试上的能力仍然相当有限。我们发现，当进行一个完整的测试，我们得到的成绩大约是 D，这不是一个很好的成绩。这是因为这些问题相当困难，往往还涉及视觉和自然语言。但我们也意识到阻碍前进的一个关键问题实际上是缺乏常识。所以，这是促使我们进行 Mosaic 项目的原因之一。

真正有趣的是，有一种我喜欢称之为人工智能悖论的东西，也就是对人类来说很困难的事情，比如下世界冠军级别的围棋，对机器来说却很容易。另一方面，有些事情对人类来说很容易，例如，如果你看到一个问题，比如"一头大象能通过一扇门吗？"，虽然大多数人几乎可以立刻回答这个问题，但机器却很难回答。对一方来说容易的事对另一方来说却很难，反之亦然。这就是我所说的人工智能悖论。

现在，标准化测试的编写者们想采用一个特定的概念，比如光合作用或者重力，让学生在特定的背景下应用这个概念，这样就能证明他们理解了。结果发现，在六年级的水平上，表示像光合作用这样的概念,并且把它展示给机器是非常容易的,所以我们很容易就能做到。但是在需要语言理解和常识性推理的特定情况下应用这个概念时,机器就会遇到困难。

马丁·福特:那么,你认为在 Mosaic 项目上的工作通过提供一个常识性理解的基础就可以加速其他领域的进程?

奥伦·埃齐奥尼:是的。一个典型的问题是,"如果在一个黑暗的房间里有一株植物,把它移到靠近窗户的地方,植物的叶子会生长得更快、更慢还是和原来一样?"人们看到这个问题后就会明白,如果把植物移到离窗户更近的地方,就会有更多的光,而更多的光意味着光合作用进行得更快,因此叶子可能生长得更快。但事实证明,计算机确实很难做到这一点,因为当你说"把植物移近窗户时会发生什么",人工智能并不一定理解你的意思。

这些例子说明了是什么促使我们进行 Mosaic 项目,以及多年来我们在 Aristo 和 Euclid 项目中头疼的事情。

马丁·福特:是什么促使你从事人工智能领域的工作,你是如何开始在艾伦研究所工作的?

奥伦·埃齐奥尼:我真正开始对人工智能的探索是在高中读了《哥德尔、埃舍尔、巴赫:集异璧之大成》(*Gödel, Escher, Bach: An Eternal Golden Braid*)这本书之后。这本书探讨了逻辑学家库尔特·哥德尔(Kurt Gödel)、艺术家 M. C. 埃舍尔(M. C. Escher)和作曲家约翰·塞巴斯蒂安·巴赫(Johann Sebastian Bach)的相关主题,并阐述了许多与人工智能相关的概念,如数学和智能。这就是我对人工智能着迷的开始。

后来我去了哈佛上大学,大二的时候,那里刚刚开设人工智能课程。所以,我上了我的第一堂人工智能课,我完全被吸引住了。当时人们在人工智能方面并没有做太多工作,但是,在乘地铁就可以到达的很近的地方,我来到了麻省理工学院人工智能实验室,我记得麻省理工学院人工智能实验室的联合创始人马文·明斯基在讲课。实际上,《哥德尔、埃舍尔、巴赫:集异璧之大成》的作者道格拉斯·霍夫斯塔德(Douglas Hofstadter)是一位客座教授,我参加了道格拉斯的研讨会,对人工智能领域更加着迷了。

我在麻省理工学院的人工智能实验室找到了一份兼职程序员的工作,对于一个刚刚开始职业生涯的人来说,就像他们说的那样,我欣喜若狂。因此,我决定攻读人工智能的研究生学位。我的研究生院在卡内基梅隆大学,在那里我和汤姆·米切尔(Tom Mitchell)一起工作,他是机器学习领域的奠基人之一。

奥伦·埃齐奥尼

我职业生涯的下一步是成为华盛顿大学的一名教师,在那里我研究了许多人工智能方面的课题。与此同时,我也参与了一些基于人工智能的初创企业,这非常令人兴奋。这一切促使我加入艾伦人工智能研究所,更具体地说,在 2013 年,保罗·艾伦的团队联系我,想让我成立一个人工智能研究所。因此,2014 年 1 月,我们成立了艾伦人工智能研究所。时间一下子快进,我们来到了今天。

马丁·福特:作为保罗·艾伦的研究所的负责人,我想你和他有很多接触。你对他创办艾伦人工智能研究所的动机和愿景有何看法?

奥伦·埃齐奥尼:我真的很幸运,这些年来我和保罗·艾伦有过很多接触。当我第一次考虑这个职位时,我读了保罗·艾伦的《理想的人》(*Idea Man*),这本书让我感受到了他的智慧和远见。在读保罗的书时,我意识到他真的是在按照美第奇家族的传统行事。他是一位科学界的慈善家,签署了由比尔·盖茨夫妇和沃伦·巴菲特共同发起的"捐赠誓言",公开将他的大部分财富用于慈善事业。促使他创立人工智能研究所的原因是,自 20 世纪 70 年代以来,他一直对人工智能和如何在机器中嵌入语义信息和文本理解信息的问题着迷。

多年来,保罗和我有过多次交谈和电子邮件交流,保罗继续帮助塑造研究所的愿景,不仅在资金支持方面,也在项目选择和研究所的方向确立方面。保罗仍然非常亲力亲为。

马丁·福特:保罗还创立了艾伦脑科学研究所(Allen Institute of Brain Science)。考虑到这两个领域是相关的,这两个组织之间是否存在某种合作关系?你是否与脑科学研究人员合作或共享信息?

奥伦·埃齐奥尼:是的,没错。早在 2003 年,保罗就创立了艾伦脑科学研究所。在艾伦研究所的这个角落里,我们称自己为"AI2",部分原因是我们是人工智能的艾伦研究所,这有点像开玩笑,但也因为我们是第二个艾伦研究所。

回到保罗的科学慈善事业,他的策略是创办一系列的艾伦研究所。我们之间的信息交流非常密切。但是我们使用的方法确实是完全不同的,因为脑科学研究所真正关注的是大脑的物理结构,在 AI2,我们采用了一种更为经典的人工智能方法来构建软件。

马丁·福特:那么,在 AI2,你不一定要通过逆向设计大脑来构建人工智能,实际上你更多的是在采用一种设计方法,你是在构建一个受人类智能启发的大脑架构吗?

奥伦·埃齐奥尼:完全正确。当人们想研究飞行的原理,最终有了飞机,现在我们已经开发出了波音 747,它在很多方面都与鸟类有很大的不同。在人工智能领域有一些人认为,我们创造的人工智能很可能会以非常不同于人类智能的方式实现。

马丁·福特：目前深度学习和神经网络受到了极大的关注。你觉得怎么样？它们被夸大了吗？深度学习是否会成为人工智能的主要发展方向，还是只是其中的一部分？

奥伦·埃齐奥尼：我的答案是以上皆是。深度学习已经取得了一些引人瞩目的成就，我们在机器翻译、语音识别、目标检测和人脸识别方面可以看到这一点。当有很多标记的数据，有很强大的计算机能力，这些模型是高性能的。

但同时，我确实认为深度学习被夸大了，因为有人说它确实让我们走上了一条通向人工智能，可能是通用人工智能，甚至可能是超级智能的明确道路。仿佛这一切就在眼前。这让我想起了一个比喻，一个孩子爬到树顶，指着月亮说："我正在去月球的路上。"

我认为，事实上还有很长的路要走，还有很多问题没有解决。从这个意义上说，深度学习被过分夸大了。我认为现实情况是，深度学习和神经网络是工具箱中特别好的工具，但它仍然有许多问题，如推理、背景知识、常识和许多其他大部分未解决的问题。

马丁·福特：我确实从和其他人的交谈中得到了这样的感觉，他们对机器学习的未来发展充满信心。这个想法似乎是，如果有足够的数据，并且学习得更好，特别是在像无监督学习这样的领域，那么常识性推理就会自然地出现。听起来你不会同意。

奥伦·埃齐奥尼："涌现智能"（Cemergent Intelligence）的概念实际上是认知科学家道格拉斯·霍夫斯塔德在过去谈论过的。现在人们在不同的语境下有意识地、有常识地谈论它，但这真的不是我们所看到的。我们确实发现人们，包括我自己，对未来有各种各样的猜测，但作为一名科学家，我喜欢把结论建立在我们所看到的具体数据上。我们看到的是人们使用深度学习作为大容量的统计模型。大容量只是某种行话，它意味着你投入的数据越多，这个模型就越好。

统计模型的核心是基于相乘、相加、相减等运算的矩阵。它们离你能看到常识或意识的出现还有很长的路要走。我的感觉是没有数据支持这些说法，如果有这样的数据出现，我将非常兴奋，但我还没有看到。

马丁·福特：除了你正在进行的工作，你认为还有哪些项目是真正处于前沿的？人工智能领域最令人兴奋的事情是什么？你会在哪些地方寻找下一个可发展的方向，是 AlphaGo 呢，还是有其他项目？

奥伦·埃齐奥尼：嗯，我认为 DeepMind 是一些最激动人心的工作正在进行的地方。

事实上，我对 AlphaZero 比 AlphaGo 更感兴趣，它们能够在没有手工标记的例子的情况下取得优异的成绩，这相当令人兴奋。与此同时，我认为领域中的每个人都同意，当处理棋盘游戏时，它是非黑即白的，有一个评估功能，这是一个非常有限的领域。所以，我想看看目前在机器人和自然语言处理方面的工作，看看有什么令人兴奋的。我认为在"迁移学习"领域也有一些工作，人们试图将一个任务的经验映射到另一个任务。

杰弗里·辛顿正在尝试开发一种不同的深度学习方法。在 AI2，我们有 80 个人在研究如何将符号主义方法和知识与深度学习范式结合起来，我认为这也非常令人兴奋。

另外一种是"零次学习"（zero-shot learning），即人们试图编写程序，让它们即使在第一次看到某样东西时也可以学习。还有一种是"一次学习"（one-shot learning），即一个程序只看到一个例子，就能做一些事情。我觉得那很令人兴奋。纽约大学心理学和数据科学助理教授布伦登·莱克（Brenden Lake）正在做一些与此相关的研究。

汤姆·米切尔在卡内基梅隆大学做的终身学习的工作也非常有趣——他们试图建立一个看起来更像人的系统：不仅仅是运行一个数据集，建立一个模型，然后就完成了。相反，它持续运作，不断地尝试学习，然后在较长的时间内在此基础上学习。

马丁·福特：我知道有一种新兴的技术叫作"课程学习"，从简单的事情开始，然后转向困难的事情，就像人类学生一样。

奥伦·埃齐奥尼：没错。但如果我们在这里退后一步，我们可以看到，人工智能是一个充斥着浮夸和过度夸张的用词的领域。这个领域起初被称为"人工智能"，对我来说，这不是一个最好的名字。还有"人类学习"和"机器学习"，这两个词听起来都很宏大，但实际上，它们使用的技术非常有限。我们刚才谈到的所有这些术语——课程学习就是一个很好的例子——都是指我们试图扩展一套相对有限的统计技术，并开始采取更多人类学习的特征的方法。

马丁·福特：让我们谈谈通往通用人工智能的道路。你认为这是可以实现的吗？如果是这样，你认为我们最终必然会实现通用人工智能吗？

奥伦·埃齐奥尼：是的。我是一个唯物主义者，所以我不相信人类大脑中除了原子之外还有其他东西，我认为思维是一种计算形式，很有可能经过一段时间后我们会思考出如何在机器中实现它。

我确实认识到，也许我们还不够聪明，即使有计算机的帮助，我们也无法做到这一点，但我的直觉是，我们可能会实现通用人工智能。至于时间线，我们离通用人工智能还很远，因为有

人工智能缔造师

太多的问题需要解决,我们甚至还不能对机器进行恰当的定义。

这是整个领域最微妙的事情之一。人们看到这些惊人的成就,比如一个在围棋比赛中击败人类的程序,他们会说:"哇!智能肯定即将到来。"但当你接触到一些更微妙的东西,比如自然语言或者对知识的推理时,结果是在某种意义上,我们甚至都不知道该如何定义这些问题。

巴勃罗·毕加索(Pablo Picasso)有句名言——计算机是没用的,因为它们只会回答问题而不是问问题。所以,当我们严格定义一个问题时,当我们可以用数学或计算的方式来定义它时,我们真的很擅长敲击键盘并找出答案。但是有很多问题我们还不知道如何恰当地表达,比如如何在计算机中表示自然语言?或者,什么是常识?

马丁·福特:要实现通用人工智能,我们需要克服的主要障碍是什么?

奥伦·埃齐奥尼:我和人工智能领域的学者讨论这些问题时,比如什么时候可以实现通用人工智能,我最喜欢做的一件事就是识别我称之为矿井中的金丝雀(译者注:由于金丝雀对有害气体的敏感度超过人类,所以矿工下井会带着金丝雀,如果它暴毙,就说明井下有危险气体,须立即逃生。因此,金丝雀就成了矿工们的警报器)的东西。就像煤矿工人在矿井里放金丝雀来警告有危险气体一样,我觉得存在一些垫脚石——如果我们实现了这些,那么人工智能将处于一个完全不同的世界。

其中一个垫脚石是一个真正能够处理多种不同任务的人工智能程序。一个既能说话又能看东西的人工智能程序,它能玩棋盘游戏,能过马路,还能走路和嚼口香糖。是的,这是一个笑话,但我认为对人工智能来说,有能力做更复杂的事情是很重要的。

另一个垫脚石是,这些系统要有更高的数据处理效率,这是非常重要的。那么,需要从多少个例子中学习呢?如果有一个人工智能程序真的可以从一个例子中学习,这很有意义。例如,我可以给你看一个新物体,你看着它,把它拿在手里,你会想:"我拿到了。"现在,我可以给你看这个物体的很多不同图片,或者这个物体在不同光线条件下的不同图片,有一部分被其他物体遮住了,你仍然可以说:"是的,那是同一个物体。"但是机器还不能仅凭一个例子就做到这一点。因此数据处理效率对我来说是迈向通用人工智能的一个真正的垫脚石。

自我复制是迈向通用人工智能的另一个引人注目的垫脚石。我们能拥有一个实体化的、可以复制它自己的人工智能系统吗?那将是煤矿里的一只巨大的金丝雀,因为那样的话,人工智能系统就可以制造很多个自己的副本。人类有一个相当辛苦和复杂的过程来复制自己,而人工智能系统不需要。你可以很容易地复制软件,但不能复制硬件。这些是我想到的一些通向通用人工智能的主要垫脚石。

马丁·福特：也许在不同领域运用知识的能力是一种核心能力。你举的例子是学习教科书的某一章。能够获得这种知识，不只是回答有关它的问题，而是能够在现实世界中运用它。这似乎是真正智能的核心。

奥伦·埃齐奥尼：我完全同意你的观点，这个问题只是前进道路上的一步。这是在现实世界中使用人工智能，也是在不可预知的情况下使用人工智能。

马丁·福特：我想谈谈与人工智能相关的风险，但在此之前，你是否想多谈谈你认为人工智能最大的好处是什么，在哪些领域最具发展前景？

奥伦·埃齐奥尼：有两个例子在我看来很具代表性。第一个是自动驾驶汽车，仅在美国高速公路上，每年就有超过 35 000 人死亡，有大约 100 万起事故导致人们受伤，研究表明，我们可以通过使用自动驾驶汽车来大幅减少这一数字。当我看到人工智能如何直接转化为拯救生命的技术时，我非常兴奋。

第二个例子，也是我们正在研究的，是科学，它一直是经济增长、医学进步的引擎，总的来说，是人类进步的引擎。然而，尽管取得了这些进步，仍然有许多挑战，无论是埃博拉病毒、癌症，还是对抗生素有抗药性的超级细菌。科学家们需要来帮助解决这些问题，并加快行动。有了语义学者这样的项目，就有可能通过提供更好的医疗结果和更好的医学研究来拯救人们的生命。

在这些问题上，我的同事埃里克·霍维茨是最有感触的人之一。当他回应那些对人工智能会夺去人生命的担忧时，他有一句名言。他说，实际上，人工智能技术的缺乏已经导致了人类的死亡。美国医院中死亡病例的第三大死因是医生的失误，而许多失误是可以通过人工智能来避免的。所以，我们未能使用人工智能技术来挽救生命才是真正让人丧命的原因。

马丁·福特：既然你提到了自动驾驶汽车，让我试着给你确定一个时间框架。假设在曼哈顿的某个随机地点，你叫了一辆出租车。一辆无人驾驶的自动驾驶汽车来了，它会把你带到另一个随机地点。你认为我们什么时候会将其视为一项广泛可用的消费者服务？

奥伦·埃齐奥尼：我认为这可能是 10 年到 20 年后的事情了。

马丁·福特：让我们来谈谈风险。我想从我谈论过很多的一个问题开始，那就是潜在的经济破坏以及对就业市场的影响。我认为很有可能我们正处于一场新工业革命的前沿，它可能真的会产生变革性的影响，可能会毁掉很多工作岗位，或者使很多工作岗位去技能化。你觉得呢？

人工智能缔造师

奥伦·埃齐奥尼：我非常同意你的观点，从某种意义上说，我和你一样，都尽量不去过度关注超级智能的威胁，因为我们应该少考虑一些虚构的问题，多考虑一些现实的问题。但我们确实有一些非常现实的问题，其中最突出的一个，也许不是最突出的，就是就业问题。制造业工作岗位的减少是一个长期趋势，而由于自动化、计算机自动化和基于人工智能的自动化，我们现在有可能会大幅加快这一进程。所以，我确实认为这里有一个非常现实的问题。

我想说的一点是，人口统计数据也对我们有利。作为一个物种，人类平均拥有的孩子数量越来越少，而人类寿命越来越长，尤其是在婴儿潮之后，社会老龄化正在加剧。所以，在接下来的 20 年里，我认为我们将看到自动化程度的提高，但也会看到工人数量的增长不会像以前那么快。人口因素对我们有利的另一种方式是，虽然在过去 20 年中，越来越多的女性进入劳动力市场，女性在劳动力市场所占的比例不断上升，但这种影响现在已经趋于平稳。换言之，想要工作的女性现在已经在工作了。所以，我认为在接下来的 20 年里，我们不会看到工人数量的增加。但我认为自动化夺走人们工作的风险仍然很高。

马丁·福特：从长远来看，你如何看待将全民基本收入作为一种让社会适应自动化带来的经济后果的方法这一观点？

奥伦·埃齐奥尼：我认为，我们已经在农业和制造业中看到的情况显然将会重演。假设我们不争论确切的时间。很明显，在未来的 10 年到 50 年里，许多工作要么会完全消失，要么会发生根本性的改变——这些工作将会以更少的人来更有效地完成。

如你所知，从事农业工作的人数比过去少得多，与农业相关的工作现在也复杂得多。所以，当这种情况发生时，我们会有这样一个问题："人们会怎么做？"我不一定知道，但我确实对这个问题有一个贡献，我在 2017 年 2 月为《连线》杂志写了一篇题为《因自动化而流离失所的工人应该尝试一份新工作：护理者》(*Workers displaced by automation should try a new job：Caregiver*)[①]的文章。

我在那篇文章中说，在我们正在讨论的经济形势下，最脆弱的一些工人是那些没有高中学历或大学学历的人。我不认为我们能够沿用煤矿工人的工作原理让数据从业者取得成功，我们不太可能给这些人提供技术再培训，让他们很容易地成为新经济的一部分。我认为这是一个重大挑战。

考虑到目前的环境，我们甚至无法实现全民医疗或全民住房的情况下，我不认为全民基本收入会很容易实现。

---

① https://www.wired.com/story/workers-displaced-by-automation-should-try-a-new-job-caregiver/。

马丁·福特：很明显，任何可行的解决方案都将是一个巨大的政治挑战。

奥伦·埃齐奥尼：我不知道是否有一个通用的解决方案或是灵丹妙药，但我对这个问题的贡献是思考那些非常以人为本的工作。想想那些提供情感支持的工作：和某人一起喝咖啡，或者做一个陪伴者。我认为，当我们考虑到老年人、有特殊需求的孩子，当我们考虑到像这样的各种人群时，这些工作是我们真正想要一个人而不是一个机器人参与的。

如果我们想让社会为这些工作分配资源，给从事这些工作的人更好的报酬和更大的尊严，那么我认为人们有机会从事这些工作。也许我的提议存在很多问题，我不认为它是灵丹妙药，但我确实认为这是一个值得投资的方向。

马丁·福特：除了对就业市场的影响，你认为在未来的 10 年或 20 年里，我们在人工智能方面还应该真正关注些什么？

奥伦·埃齐奥尼：网络安全已经是一个重要的问题，如果我们有了人工智能，这个问题会变得更加重要。另一个让我担忧的是自主武器，这是一个可怕的方面，特别是那些可以自己做出生死抉择的武器。但我们刚才谈到了，就业风险仍然是我们最应该关注的问题，甚至比安全和武器更为重要。

马丁·福特：通用人工智能带来的存在性风险，以及与超级智能有关的对齐或控制问题呢？这是我们应该担心的吗？

奥伦·埃齐奥尼：我认为，让一小部分哲学家和数学家来思考存在性威胁是件好事，所以我不会直接否定它。同时，我不认为这些是我们应该关注的首要问题，我也不认为现在对于超级智能的威胁能做很多有效努力。

我认为值得考虑的一件有趣的事情是，如果一个超级智能出现了，能够与它沟通、与它交谈将是非常好的。我们在 AI2 所做的——其他人也在做的——关于自然语言理解的工作，似乎是对人工智能安全的一个非常有价值的贡献，至少和担心人工智能对齐问题同等重要，对齐问题实际就是一个与强化学习和目标函数有关的技术问题。

所以，我不会说我们在为人工智能安全做准备方面的投资不足，当然，我们在 AI2 所做的一些工作实际上隐含着对人工智能安全方面的关键投资。

马丁·福特：最后你有什么想说的吗？

奥伦·埃齐奥尼：嗯，还有一点我想说，我认为人们在人工智能的讨论中经常会忽略一个问题,那就是智能和自主性之间的区别。①

我们很自然地认为智能和自主性是紧密相关的。但是你可以拥有一个高度智能的系统,而它可能基本上没有自主性,计算器就是一个例子。这只是一个微不足道的例子,但是像AlphaGo这样的东西,它能下围棋下得很好,但是除非有人按下按钮,否则它不会再下一盘:这就是高智能但低自主性。

你也可以有高自主性但低智能。我常开玩笑的一个例子是一群青少年在周六晚上喝酒:这就是高自主性但低智能。在现实世界中我们都经历过的一个例子是计算机病毒,它的智能很低,但在计算机网络中有很强的传播能力。我的观点是,我们应该明白我们正在构建的系统有这两个维度:智能和自主性,而通常自主性才是可怕的部分。

马丁·福特:无人机或机器人可以在没有人类参与和授权的情况下决定杀人,这在人工智能领域确实引起了很大的关注。

奥伦·埃齐奥尼:没错,当它们具有自主性的时候,它们可以自己做出生死抉择。另一方面,智能实际上可以帮助拯救生命,因为它们更有针对性,当出现不可接受的人员伤亡,或者锁定错误的人或建筑物为目标时,可以中止计划。

我想强调的是,我们对人工智能的很多担忧其实是对自主性的担忧;作为一个社会,自主性是人类可以选择衡量的目标。

我喜欢把"人工智能"理解为"增强智能",就像语义学者和自动驾驶汽车这样的系统一样。我是一个人工智能乐观主义者,对它充满热情,我从高中起就把我的整个职业生涯都献给人工智能的原因之一,是我看到了用人工智能做好事的巨大潜力。

马丁·福特:是否有空间来监管解决自主性问题? 你会提倡这种方式吗?

奥伦·埃齐奥尼:是的,我认为对于强大的技术来说,监管是不可避免的,也是恰当的。我将重点关注监管人工智能的应用,比如人工智能汽车、人工智能服装、人工智能玩具和人工智能在核电站的应用,而不是该领域本身。注意,人工智能和软件之间的界限相当模糊!

我们正处于人工智能的全球竞争中,所以我不会急于监管人工智能本身。当然,美国国家安全运输委员会(National Safety Transportation Board)等现有监管机构已经在关注人工智能汽车以及最近优步发生的事故。我认为监管是非常恰当的,它将会发生,而且应该发生。

---

① https://www.wired.com/2014/12/ai-wont-exterminate-us-it-will-empower-us/。

奥伦·埃齐奥尼

奥伦·埃齐奥尼是艾伦人工智能研究所的首席执行官,这是一家由微软联合创始人保罗·艾伦于 2014 年成立的独立非营利研究机构。AI2 位于西雅图,拥有 80 多名研究人员和工程师,其使命是"在人工智能领域进行高影响力的研究和工程,一切都是为了共同利益"。

奥伦于 1986 年获得哈佛大学计算机科学学士学位。1991 年,他在卡内基梅隆大学获得博士学位。在加入 AI2 之前,奥伦是华盛顿大学的教授,在那里他与其他人合著了 100 多篇技术论文。奥伦是美国人工智能促进协会的会员,也是一位成功的连续创业者,他创办或共同创办了许多技术初创公司,这些公司被 eBay 和微软等大公司收购,奥伦帮助开创了元搜索(1994 年)、在线比较购物(1996 年)、机器阅读(2006)、开放信息提取(2007)、学术文献的语义检索(2015)等。

"人工智能是有史以来最好的东西。我们应该全心全意地拥抱它，并通过拥抱人工智能来解开人类大脑的秘密。我们无法仅靠自己做到。"

布莱恩·约翰逊

企业家

KERNEL 和 OS FUND 创始人

布莱恩·约翰逊是 Kernel、OS Fund 和 Braintree 的创始人。在 2013 年以 8 亿美元的价格将 Braintree 出售给 PayPal 之后，约翰逊在 2014 年用其中的 1 亿美元创立了 OS Fund。他的目标是投资那些在硬科学领域取得突破性发现以解决我们最紧迫的全球问题的企业家和公司。2016 年，约翰逊用另外 1 亿美元创立了 Kernel。Kernel 正在构建脑机接口，旨在为人类提供从根本上增强认知能力的选择。

人工智能缔造师

马丁·福特：你能解释一下 Kernel 是什么吗？它是如何开始的？它的长期愿景是什么？

布莱恩·约翰逊：大多数人在创立公司时头脑中都会先构想出一个产品，然后他们就按照构想的产品去做。我是从一个已经确定的问题开始创建 Kernel 的——我们需要构建更好的工具来读写神经代码，来解决疾病和功能障碍，来阐明智能的机制，并扩展我们的认知。看看我们现在用来与大脑交互的工具——我们可以通过核磁共振扫描得到大脑的图像，可以通过头皮外的脑电图记录不好的信息，但这些记录并不能提供太多信息，我们还可以植入电极来治疗疾病。除此之外，我们的大脑在很大程度上无法与我们的五种感官之外的世界接触。我用 1 亿美元创办了 Kernel，目的是找出我们可以构建哪些工具。我们已经探索了几年，我们仍然有意保持低调。我们有一个 30 人的团队，我们对自己的现状感到非常满意。我们正在非常努力地寻找下一个突破。我希望我能给你更多关于我们目前情况的细节。我们会及时发布出来，但现在我们还没准备好。

马丁·福特：我读过的文章提到，你从医学应用开始，以帮助治疗癫痫等疾病。我的理解是，你一开始想尝试一种涉及脑部手术的植入性方法，然后你想利用你所学的知识，最终转移到能增强认知的方法，同时希望实现微创。是这样吗？还是你在想象我们都会在某个时刻把芯片植入大脑？

布莱恩·约翰逊：在我们的大脑中植入芯片是我们一直在考虑的一个途径，但我们也开始研究神经科学的每一个可能的切入点，因为这个事情的关键是弄清楚如何创造一个可盈利的业务。弄清楚如何制造一种可植入芯片是一个选择，但还有很多其他选择，我们正在研究各种可能的选择。

马丁·福特：你是怎么想到创办 Kernel 和 OS Fund 的？你早期的职业生涯是如何让你走到这一步的？

布莱恩·约翰逊：我职业生涯的起点是在 21 岁的时候，那时我刚从厄瓜多尔的摩门教传教士那里回来。我在那里生活，目睹了极端的贫困和苦难。在我生活在极度贫困之中的两年里，唯一困扰我的问题是，我怎样做才能为世界上最多的人创造最大的价值？我不是为了名利，我只是想在这个世界上做些好事。我思考了所有我能找到的选择，没有一个让我满意。正因为如此，我决心成为一名企业家，建立一个企业，并在 30 岁退休。在我 21 岁的头脑里，这很有意义。我很幸运，14 年后的 2013 年，我将自己的公司 Braintree 以 8 亿美元现金的价格卖给了 PayPal。

那时，我也离开了摩门教，它定义了我对生活的全部认识，当我离开时，我必须从头开始重建自己。当时我已经35岁了，离我最初的人生思考已经14年了，而造福人类的初衷并没有被我丢弃。我问自己，我能做什么才能最大限度地提高人类生存的可能性。在的那一刻，我并不清楚人类是否拥有自己生存和在我们面临的挑战中生存所需要的东西。我看到了这个问题的两个答案，它们是 Kernel 和 OS Fund。

OS Fund 背后的理念是，世界上大多数管理者或投资者并不具备科学专业知识，因此他们通常会投资于他们更熟悉的领域，比如金融或交通。这意味着没有足够的资金投入科学研究中。我的想法是，如果我能以一个非科学家的身份证明，我可以投资于世界上一些最难的科学并在这方面取得成功，我就会创造一个其他人可以效仿的模式。因此，我向 OS Fund 投资了1亿美元，5年后，我们的业绩在美国公司中名列前茅。我们已经进行了28项投资，已经能够证明，我们可以成功地投资这些基于科学研究的企业家，他们正在创造改变世界的技术。

第二个是 Kernel。一开始，我和200多个非常聪明的人交谈，问他们近期正在做什么以及为什么做。从那以后，我会问他们后续的问题来理解他们如何思考这些假设，而我忽略的一件事是，大脑是一切事物的创造者，我们作为人类所做的一切都源于我们的大脑。我们建造的一切，努力成为的一切，努力解决的每一个问题。它生活在任何事物的上游，但却不在任何人的关注范围内。美国国防部高级研究计划局和艾伦脑科学研究所等机构也做出了一些努力，但大多数都集中在特定的医学应用或神经科学的基础研究上。我可以确定世界上基本没有人提到过，大脑是目前已知的最重要的东西，因为所有事物都位于大脑的下游。这是一个非常简单的观察结果，但它却是一个盲点。

我们的大脑位于眼睛后面，而我们关注的是它下游的一切。目前还没有一项与此相关的工作，能够让我们阅读和编写神经信号代码来读写我们的认知。因此，有了 Kernel，我们开始基于基因组来进行大脑方面的工作，也就是对基因组进行测序，然后创建一个工具来编写基因组。在2018年，我们可以读取和编辑 DNA，这就是一个让我们成为人类的基础构建，我想对大脑做同样的事情，也就是创建能够读取和编写我们认知的代码。

我想希望能够读写人类大脑的原因有很多。我在这一切背后的基本信念是，我们需要从根本上提升自己作为一个物种的水平。人工智能的发展非常迅速，人工智能的未来是什么，谁都说不准。专家的意见众说纷纭。我们不知道人工智能是沿着线性曲线、S曲线、指数曲线还是在一个间断平衡之上增长，但我们知道人工智能的前景是长期向好的。

人类的进步速度是平缓的。听到这儿，人们会反驳说我们比500年前的人类进步了很多，但事实并非如此。是的，目前的我们能够理解更复杂的东西，例如，更复杂的物理和数学概念，但是我们这个物种总的来说和几千年前完全一样。我们有同样的癖好，也会犯同样的错误。即使你证明我们作为一个物种正在进步，但如果与人工智能相比，人类的水平就显得停滞不前。想象一张关于人工智能和人类的发展图，人工智能在向上和向右快速发展，而人类在平缓向右发展。所以问题是，人工智能和我们之间的差距多大时，我们开始有危机感？它只会由我们运行，那么我们作为一个物种该怎么办呢？这是一个很重要的问题。

另一个原因是基于人工智能带来的就业危机迫在眉睫这一现状。人们想出的最有创意的办法是全民基本收入，基本上就是挥舞着白旗，说我们应付不了，我们需要政府提供一些钱。这些对策中根本没有讨论人类的根本性进步。我们需要弄清楚的不仅是如何推动自己前进，而是如何进行根本性的转变。我们需要承认人类要从根本上改善自己的原因是无法想象未来。我们的想象力局限于我们所熟悉的东西。

如果把人类带回古腾堡和印刷机的年代，然后说，请描绘一幅充满奇迹的未来可能实现的画面，他们是做不到的。他们永远不会想象到互联网和计算机的发展。同样的道理也适用于人类的根本性的进化。我们不知道未来会发生什么。我们所知道的是，如果想成为一个有意义的物种，我们必须大幅提升自己。

还有一个原因是，不知何故，人工智能成了我们所有人都应该关心的最大威胁，在我看来，这是愚蠢的。我最担心的是人类。我们一直是我们自己最大的威胁。纵观历史，我们对彼此做过可怕的事。是的，我们用技术做了很多了不起的事情，但我们也给彼此造成了巨大的伤害。所以，问人工智能是否存在风险，我们应该优先考虑这个问题吗？我想说人工智能是有史以来最好的东西。我们应该全心全意地拥抱它，并通过拥抱人工智能来解开人类大脑的秘密。我们无法仅靠自己做到。

马丁·福特：还有很多其他的公司和 Kernel 处于同一领域。埃隆·马斯克有 Neuralink，我想 Facebook 和 DARPA 也在做一些类似的工作。你觉得有没有直接的竞争对手？还是Kernel 的方法是独一无二的？

布莱恩·约翰逊：DARPA 做得很好。他们研究大脑已经有很长一段时间了，他们已经成为这个领域的代表。该领域另一个有远见的人是保罗·艾伦和他创办的艾伦脑科学研究所。我发现的差距不在于理解大脑的重要性,而是将大脑作为我们所关心的一切事物的主要切入点。然后通过这个框架,创建读写神经代码的工具,进而能够读写人类。

我创办了 Kernel,不到一年后,埃隆·马斯克和马克·扎克伯格都做了类似的事情。埃隆创办了一家与我的公司大体相似的公司,我们都在试图找出人类如何更好地与人工智能打交道的方法,Facebook 决定做他们的事情,专注于在 Facebook 体验中进一步与用户互动。虽然,Neuralink、Facebook 和 Kernel 在未来几年内是否会取得成功仍有待确定,但至少我们正在努力,我认为这对整个行业来说是一个鼓舞人心的趋势。

马丁·福特:你能预估这一切要花多长时间吗?你认为什么时候会有某种现成的设备或芯片来提高人类的智能?

布莱恩·约翰逊:这真的取决于形式。如果是可植入的,需要一个较长的时间框架,但如果不是植入性的,那么需要的时间较短。我对时间框架的猜测是,在 15 年内,神经接口将像今天的智能手机一样普遍。

马丁·福特:这看起来很激进。

布莱恩·约翰逊:当我说神经接口时,我并没有具体说明它的类型。我并不是说在人们的大脑里植入芯片,我只是说用户可以在线控制大脑。

马丁·福特:可以将信息或知识直接下载到大脑中这个想法怎么样?一个简单的界面是一回事,实际下载信息似乎特别具有挑战性,因为我不相信我们对信息是如何存储在大脑中的有任何真正的了解。所以,你可以从另一个来源获取信息并将其直接注入你的大脑,这个想法看起来完全像是一个科幻概念。

布莱恩·约翰逊:我同意这一点,我认为没有人能够明确地推测这种能力。我们已经证明了增强学习或增强记忆的方法,但是解码大脑思想的能力还没有被证明,所以无法给出具体日期,但是我们正在发明我们所说的技术。

马丁·福特:我写过很多文章讨论关于工作自动化的可能性,以及失业率上升和劳动力不平等的可能性。我提倡基本收入,但你说这个问题可以通过提高人们的认知能力来更好地解决。我认为会出现很多问题。

其一,它无法解决一个问题,即大部分工作是常规的和可预测的,最终将由专门的机器自动化。提高员工的认识并不能帮助他们保住这些工作。此外,每个人的能力水平都是不同的,如果添加一些技术来提高认知能力,可能会提高门槛,但可能不会让每个人都平等。因此,许多人的能力可能仍然低于使他们具有竞争力的门槛。

另一个经常被提出的观点是,提高认知能力的机会并不是平等的。最初,它将只对富人开放。即使这些神经接口设备越来越便宜,越来越多的人买得起它们,但是可以肯定的是,这些神经接口设备将会有不同的版本,更好的型号只有富人才能买到。有没有可能这种技术实际上会增加不平等,也许会增加问题而不是解决它?

布莱恩·约翰逊:关于这个问题有两点。每个人最关心的问题都是关于不平等、关于政府控制你的大脑、人们入侵你的大脑以及控制你的思想。当人们考虑到与大脑交互的可能性时,他们会立即进入止损模式——会出什么问题呢?

然后,脑海中浮现出不同的情景:事情会变糟吗?是的。人们会做坏事吗?是的。这就是问题的一部分,人类总是这么做。会有意想不到的后果吗?是的。一旦你通过了所有这些对话,就会进入另一种维度的思考。当我们问这些问题时,我们假设人类在这个星球上处于无可争议的安全位置,我们可以放弃作为一个物种的所有担忧,因此可以优化平等和其他事情。

我的基本前提是,我们有可能因为伤害自己和外部因素而面临着灭绝的风险。我是带着这样的想法来进行这次对话的:我们是否应该提升自己不是一个过于前瞻性的问题。这并不是说我们该不该或者利弊如何,我是说如果人类不自我提升,就会灭绝。然而,这并不是说我们应该不计后果,或者不加思考,或者应该接受不平等。

我的意思是,讨论前面提到的对话是绝对必要的。一旦我们认识到这一点,我们就可以思考:既然有了这个前提,我们如何才能最大限度地满足社会中每个人的利益?我们如何确保以稳定的步伐共同前进?我们如何确保在知道人们可能会滥用它的情况下设计系统?有句名言说,互联网是为罪犯而设计的,所以问题是,我们如何在知道人们会滥用它的情况下设计神经接口?我们如何在知道政府想侵入你的大脑的情况下设计神经接口?我们该如何面对所有这些事情?这是一个目前还没有讨论过的情形。人们停止了这种过于前瞻性的争论,我认为这是短视的,也是我们作为一个物种陷入困境的原因之一。

马丁·福特:听起来你是在提出一个很实际的论点,即实事求是地说,我们可能不得不接受更加恶化的不平等待遇。我们可能需要提升一部分人的能力，这样他们才能解决我们所面临的问题。然后在问题解决之后，我们可以把注意力转向让系统为每个人服务。你是这个意思吗？

布莱恩·约翰逊：不，我的意思是我们需要发展这项技术。作为一个物种，我们需要提升自己，以便在面对人工智能时能够发挥作用，并避免毁灭自己。我们已经拥有了可以自我毁灭的武器，几十年来我们也一直处于危险的边缘。

让我把它放在一个新的框架里。我认为有可能在2050年，人类回顾过去时会说："哦，天哪，你能相信2017年的人类认为保留能够毁灭整个地球的武器是可以接受的吗？"人类存在的未来比我们所能想象的更加非凡。现在，我们被困在对现实世界的认知观念中，我们无法摆脱这样一种观念的束缚：我们也许能够创造一个充满和谐而不是竞争的未来，我们也许有足够的资源和乐观的心态让我们所有人共同繁荣。

我们会立刻意识到，我们总是努力去伤害彼此。这就是为什么我们需要提升自己，以克服我们固有的这些限制和认知偏见。所以，我赞成同时提高每个人的能力。这给这项技术的发展带来了负担，但这是积极的影响。

马丁·福特：当你这样描述的时候，我感到你思考的不仅仅是提高智能，还包括道德和伦理行为以及决策。你认为科技有潜力让我们变得更有道德和无私吗？

布莱恩·约翰逊：更清楚一些地说，"智能"这个词在概念上有很大的局限性。人们把智能和智商联系在一起，而我不会这样做，我不想只提智能。当我谈到人类从根本上改善自己时，我指的是在每一个可能的领域。例如，描绘一幅我认为可能发生的人工智能的画面。人工智能非常擅长执行社会的后勤部分，一个例子是它在驾驶汽车方面会比人类好得多。给人工智能足够的时间，它会变得更好，道路上的死亡人数也会更少。也许某天人类会说："你能相信人类曾经自己开车吗？"人工智能更擅长操作飞机上的自动驾驶仪，更擅长下围棋和象棋。

想象一下这样的场景：我们可以将人工智能发展到一定程度，让人工智能在很大程度上管理着每个人生活中的后勤事务，包括交通、服装、个人护理、健康——一切都是自动化的。在那个世界里，我们的大脑能够从需要占用每天80%时间的后勤工作中解放出来了，它可以自由地追求更高阶的复杂性工作。我们如何面对这样的场景？例如，如果研究物理和量子理论

人工智能缔造师

产生的奖励系统和今天观看卡戴珊姐妹的奖励系统是一样的呢？如果我们发现我们的大脑可以扩展到四维、五维或十维呢？我们会创造什么？我们该怎么办？

这个世界上有很多难以理解的概念，因为我们的大脑让我们相信能够看清一切，我们能理解周围的一切，而当前的现实是唯一的现实。我们无法看到认知增强的未来世界是什么样子，这限制了我们去思考它的想象力。就像回到过去，让古腾堡想象所有将来被写出来的书，文学界已经蓬勃发展了几个世纪。同样的道理也适用于神经增强，所以你开始意识到这个话题有多么庞大。

探讨这个话题，我们将触及人类想象力的极限，我们将了解到人类增强技术，人们将不得不面对他们所有的恐惧，甚至非常开放的去思考这个问题。他们必须与人工智能和解，必须弄清楚人工智能是好事还是坏事。如果人类真的增强了自己，会是什么样子呢？把所有这些都融入一个主题中是非常困难的，这就是为什么这些问题如此复杂，但也如此重要的原因。然而，要到达一个社会层面来讨论这个问题是非常困难的，因为需要将你的思维方式助接（scaffold）到所有相关层面上，也需要让某些人乐意助接这些不同的层面，这是此事最难的地方。

马丁·福特：假设你真的可以建立这项技术，那么在社会中，我们如何谈论它，并真正去思考它的影响力，特别是在一个民主国家？看看社交媒体发生了什么，很多意想不到的问题显然已经出现。我们在这里谈论的可能是一个全新的社交互动和互联水平，也许类似于今天的社交媒体，但被极大地放大了。怎么解决这个问题？我们应该如何应对这个问题？

布莱恩·约翰逊：第一个问题是，为什么我们会期待出现与社交媒体不同的情况呢？完全可以预见的是，人类会利用他们被赋予的工具，沿着赚钱、获得地位、尊重和优于他人的路线来追求他们自己的利益。这是人类的天性，也是我们一直以来所做的。我们还没有提升自己，我们是一样的。

我们希望这一切会像社交媒体一样发生；毕竟，人类还是人类。我们永远都是人类。这就是我们要提升自己的原因。我们知道人类是怎么处理这些事情的，这是一个经过验证的模型。我们有几千年的数据来了解人类是怎么处理这些事情的。我们需要超越人类，达到类似于人类 3.0 或 4.0 的水平。作为一个物种，我们需要从根本上提升自己，这超出了我们的想象，问题是我们现在还没有工具来做到这一点。

马丁·福特：你是说所有这些在某种意义上都必须受到监管吗？有一种可能性，作为一个个体，我可能不希望自己的道德得到提升。也许我只是想提高我的智能、速度或者类似的，这样我就可以从中获利，而不必购买其他你认为对人类有益的东西。难道不需要对它进行一些全面的监管或控制，以确保它的使用方式对每个人都有利吗？

布莱恩·约翰逊：我可以从两方面调整你的问题框架吗？首先，你关于监管的声明含蓄地假设我们的政府是唯一可以对利益进行仲裁的组织。我不同意这种假设。政府并不是世界上唯一一个能够调控利益的组织。我们有可能创建自我维持的监管社区，不必依赖政府。新的监管机构或自我监管机构的建立可能会使政府不再是唯一的管理者。

其次，你对道德和伦理的陈述假设你作为一个人有权决定你想要什么样的道德和伦理。如果你回顾历史，在地球存在的四十多亿年里，几乎所有的生物物种都已经灭绝了。人类正处于一个生死攸关的境地，我们需要意识到这一点，因为我们并非生来就处于一种领先的地位。我们需要进行非常严肃的思考，这并不意味着我们不会有道德伦理，相反我们应该有。这只是意味着我们需要权衡利弊才能意识到我们正处于一个艰难的境地。

举个例子，有几本已经出版的书，比如汉斯·罗斯林（Hans Rosling）的《真相：十个理由告诉你我们错看了世界，以及为什么事情比你想象得更好》（*Factfulness：Ten Reasons We're Wrong about the World，and Why Things Are Better Than You Think*）和史蒂文·平克（Steven Pinker）的《人性中的善良天使：为什么暴力有所减少》（*The Better Angels of Our Nature：Why Violence Has Declined*）。这些书基本上是在说，这个世界并不坏，尽管每个人都说它有多糟糕，但所有的数据都在表明它正在变得更好，而且变好的速度正在加快。未来与过去截然不同。我们从未有过以人工智能形式发展得如此之快的智能。人类从未拥有过如此具有破坏性的工具。我们以前从未面对过这样的未来，这是我们第一次面对这样的未来。

这就是为什么我不相信历史决定论的观点，即因为我们过去做得很好，将来就一定会做得很好。我对未来持乐观的态度，但我同样保持谨慎的态度。我要提醒大家，为了在未来取得成功，我们必须实现未来所需的读写能力。我们还必须能够开始规划、思考和创造未来的模型，使我们能够成为未来的读写者。

如果你现在把我们作为一个物种来看，我们就只能凭直觉行事了。当出现危机时，我们会意识到，但我们无法提前计划，而作为人类，我们知道这一点。如果我们不为它做计划，我们通常不会取得成功。所以，如果我们希望在未来生存下去，是什么让我们有信心做到这一点？我们没有计划，也没有考虑过，除了个人、州、公司或国家，我们不考虑其他任何事情。我们以前从来没有这样做过。我们如何以一种深思熟虑的方式来处理这个问题，从而让我们能够持续关注我们所关心的事情？

马丁·福特：让我们更广泛地谈谈人工智能。首先，关于你的投资组合公司以及它们在做什么，你有什么可以谈谈的吗？

布莱恩·约翰逊：我投资的公司正在利用人工智能推动科学探索的发展。这是它们的一个共同点，无论是在开发治疗疾病的新药，还是在寻找新的蛋白质，用于农业、食品、药物、药品或物理产品。无论这些公司是在设计微生物，比如合成生物，还是在设计新材料，比如真正的纳米技术，它们都在使用某种形式的机器学习。

机器学习是一种工具，它比我们以前拥有的任何工具都能更快更好地促进研究的新发现。亨利·基辛格（Henry Kissinger）曾给《大西洋月刊》写过一封公开信，称当他知道 AlphaGo 在国际象棋和围棋中的表现时，他担心的是"战略上前所未有的走法"。他把世界看作一种棋盘游戏，因为他在冷战时期从政，当时美国和俄罗斯是主要竞争对手，我们确实是，无论是在国际象棋方面还是作为民族国家。他看到把人工智能应用于国际象棋和围棋时——人类天才已经玩这些游戏几千年了——当我们在几天之内把这个游戏交给 AlphaGo 时，人工智能想出了我们以前从未见过的天才走法。

所以，一直在我们眼皮底下的是一个未被发现的天才。我们不知道，自己也看不到，但人工智能展示出来了。亨利·基辛格看到了这一点，他说，这让我害怕。我也看到了，但我认为这是世界上最好的事情，因为人工智能有能力向我们展示我们自己看不见的东西。人类对未来的想象总是受限制的。我们无法想象从根本上提升自己意味着什么，无法想象有什么可能性，但人工智能可以填补这一空白。这就是为什么我认为这是发生在我们身上最好的事情；对我们来说，生存是至关重要的。问题是，当然，大多数人都接受了那些直言不讳的人关于恐惧的叙述，但我认为这种叙述在社会中持续下去是有害的。

马丁·福特：埃隆·马斯克和尼克·博斯特罗姆等人表达了一种担忧，他们谈到了人工智能快速起飞的情景，以及与超级智能有关的控制问题。他们的关注点是担心人工智能可能会背离我们。这是我们应该担心的吗？我听过这样的说法：通过增强认知能力，我们将能够更好地控制人工智能。这是一个现实的观点吗？

布莱恩·约翰逊

布莱恩·约翰逊: 我很感谢尼克·博斯特罗姆对人工智能所带来风险的深思熟虑。他开始了整个讨论,他在组织讨论方面做得非常出色。这是一个很好的时机来思考我们如何预测不期望的结果并努力避免这些结果,我非常感激他花费他的精力来做这件事。

关于埃隆,我认为他所做的散布恐惧的行为在社会上是消极的,因为相比之下,他所做的并没有像尼克所做的那样彻底和周到。埃隆基本上只是把它带到了社会上,在一群不能明智地评论这个话题的人中间制造和施加恐惧,我认为这是不幸的。我还认为,作为一个物种,我们应该更谦卑地承认自己的认知局限,并思考如何以各种可能的方式提升自己。事实上,散布恐惧不是我们作为一个物种的首要任务,这表明我们需要谦卑。

马丁·福特: 我想问你的另一件事是,在人工智能方面以及在 Kernel 所做的神经接口技术方面,我们与其他国家存在着明显的竞争。你对此有什么看法? 竞争是积极的吗,因为它会带来更多的知识? 这是一个安全问题吗? 我们是否应该采取某种产业政策来确保我们不会落后?

布莱恩·约翰逊: 这就是当今世界的运作方式。人类是有竞争的,民族国家是有竞争的,每个人都追求自己的利益高于他人。这正是人类的行为方式,我每次都会得到同样的结论。

我为人类想象的、为我们的成功铺平道路的未来是一个我们被彻底改善的未来。这是否意味着我们生活在一个和谐的社会,而不是一个以竞争为基础的社会? 也许吧。会不会是别的意思? 也许吧。这是否意味着我们的伦理和道德的重塑,以至于今天甚至无法从我们的角度认识到这一点? 也许吧。我想说的是,我们可能需要对我们自己和整个人类改变国际竞争局面的潜力有一定程度的想象力,我不认为现在这种竞争最终大家会有好的结局。

马丁·福特: 你已经承认,如果你所考虑的这类技术落入了错误的人手中,那将会带来巨大的风险。我们需要在全球范围内解决这个问题,这似乎是一个全球性问题。

布莱恩·约翰逊: 我完全同意,我认为我们绝对需要以最大的注意力和谨慎性来关注这种可能性。根据历史发展来看,人类和民族国家需要有这样的对策。

同样的,我们需要扩展想象力,使我们能够改变这一基本现实,使我们不必假定每个人都只会为自己的利益而工作,人们为了达到目的,会对他人不择手段。在一个社会环境下,我们并没有对这些基本原则提出质疑。因为很难想象未来会与我们现在的生活有什么不同,所以人类的大脑把我们困在当前对现实的认知中。

马丁·福特：你讨论了你对人类可能会灭绝的担忧，但总的来说，你是个乐观主义者吗？你认为作为一个种族，我们会面临这些挑战吗？

布莱恩·约翰逊：是的，我可以肯定地说我是个乐观主义者。我绝对看好人类。我对我们面临的困难所做的陈述是为了对风险做出适当的评估。我不想我们逃避现实。作为一个物种，我们面临着一些非常严峻的挑战，我认为需要重新考虑如何处理这些问题。这就是我创建 OS Fund 的原因之一——我们需要发明新的方法来解决手头的问题。

正如我多次谈论的，我认为需要重新思考我们作为人类存在的首要原则，以及作为一个物种我们可以成为什么样的人。为此，我们需要把自己的提升放在首位，而人工智能是绝对必要的。如果可以优先考虑我们的提升并完全融入人工智能，以一种共同进步的方式，我认为可以解决我们面临的所有问题，我认为我们可以创造一个比我们想象的更神奇和更奇妙的存在。

布莱恩·约翰逊

布莱恩·约翰逊是 Kernel、OS Fund 和 Braintree 的创始人。

2016 年,他创立了 Kernel,投资 1 亿美元建立先进的神经接口来治疗疾病和功能障碍,阐明智能机制,并扩展认知。Kernel 的使命是随着健康寿命的延长,显著提高我们的生活质量。他认为人类的未来将由人类与人工智能(HI+AI)的结合来定义。

2014 年,布莱恩投资 1 亿美元成立了 OS Fund,投资于企业家,将基因组学、合成生物学、人工智能、精密自动化和新材料开发等领域的突破性发现商业化。

2007 年,布莱恩创立了 Braintree(并收购了 Venmo),并于 2013 年以 8 亿美元的价格将其出售给了 PayPal。

布莱恩是一位户外探险爱好者、飞行员,也是一本儿童读物《代码 7》(Code 7)的作者。

关于何时才能达到人类水平的人工智能的调查结果

作为这本书中记录的对话的一部分,我请每个参与者给我一个他或她的最佳猜测,那就是至少有 50%的可能性实现通用人工智能(或人类级人工智能)的日期。这项非正式调查的结果如下所示。

我采访过的一些人不愿意猜测具体的年份。许多人指出,通往通用人工智能的道路是高度不确定的,还有许多未知的障碍需要克服。尽管我尽了最大的努力去说服他们,还是有 5 个人拒绝给出猜测。其余的 18 人中的大多数人希望自己的猜测保持匿名。

正如我在引言中提到的,这些猜测被两个愿意公开名字的人提供的日期巧妙地括在了其中:雷·库兹韦尔的 2029 年和罗德尼·布鲁克斯的 2200 年。

以下是这 18 个猜测:

2029 年 ················· 11 年(从 2018 年起)

2036 年 ···························· 18 年

2038 年 ···························· 20 年

2040 年 ···························· 22 年

关于何时才能达到人类水平的人工智能的调查结果

2068 年(3) ·················· 50 年

2080 年 ·················· 62 年

2088 年 ·················· 70 年

2098 年(2) ·················· 80 年

2118 年(3) ·················· 100 年

2168(2) ·················· 150 年

2188 年 ·················· 170 年

2200 年 ·················· 182 年

平均值:2099 年,距离 2018 年 81 年

和我交谈过的几乎每个人都有很多关于通用人工智能之路的话要说,很多人——包括那些拒绝给出具体猜测的人——也给出了实现通用人工智能的时间间隔,因此个人访谈提供了更多关于这个迷人的话题的见解。

值得注意的是,与其他已经完成的调查相比,2099 年这个日期是相当悲观的。AI Impacts 网站①显示了许多其他调查的结果。

大多数其他调查的结果显示,2040 年到 2050 年间实现人类水平的人工智能的概率为 50%。值得注意的是,这些调查中的大多数都包括了更多的参与者,在某些情况下,可能还包括了人工智能研究领域之外的人。

值得一提的是,在我交谈过的人数少得多但也非常精英的人中,确实有几位乐观主义者,但总体而言,他们认为实现通用人工智能至少还需要 50 年,或许还需要 100 年甚至更长的时间。如果你想看到一个真正会思考的机器,吃你的蔬菜吧。

---

① https://aiimpacts.org/ai-timeline-surveys/。

致谢

这本书确实是团队合作的成果。Packt Acquisitions 的编辑本·雷诺·克拉克(Ben Renow-Clarke)向我提出这个项目时,我立即意识到这本书的价值,它将试图深入那些负责构建极有可能重塑我们世界的技术的最重要研究人员的思想。

本在指导和组织这个项目以及编辑个人访谈方面发挥了重要作用。我的工作主要集中在安排和主持采访上。Packt 非常有能力的团队处理了大量的工作,包括转录音频记录,然后编辑和组织采访文本。除了本之外,还包括多米尼克·谢克沙夫特(Dominic Shakeshaft)、亚历克斯·索伦梯诺(Alex Sorrentino)、拉迪卡·阿提卡(Radhika Atitkar)、桑迪普·塔奇(Sandip Tadge)、阿米特·拉马达斯(Amit Ramadas)、拉杰维尔·萨姆拉(Rajveer Samra)以及克莱尔·鲍耶(Clare Bowyer),感谢她为封面所做的工作。

我非常感谢我的 23 位受访者,他们都非常慷慨地抽出时间,尽管他们的日程安排已经很满了。我希望并相信他们在这个项目上投入的时间已经产生了效果,将给未来的人工智能研究人员和企业家带来启发,也将对正在兴起的关于人工智能、它将如何影响社会以及我们需要做些什么来确保这种影响是积极的那些讨论做出重大贡献。

最后,我要感谢我的妻子赵小小(Xiaoxiao Zhao)和我的女儿伊莱恩(Elaine),感谢她们在我努力完成这个项目的过程中给予的耐心和支持。